全国高职高专"十三五"规划教材

计算机基础实训教程
(Windows 7+Office 2010)

主 编 薛晓萍 龚电花 黎夏克

副主编 马 静 邝楚文 李观金

中国水利水电出版社
www.waterpub.com.cn

内 容 提 要

本书是一本讲述计算机基础知识和应用的教材,其主要内容包括计算机基础知识、中文 Windows 7 的使用、Word 2010 的使用、Excel 2010 的使用、PowerPoint 2010 的使用、Internet 基础及多媒体技术七个部分。

本书内容丰富,知识面广,力图反映计算机应用的最新知识和技术,为读者建立一个关于计算机技术及其应用的正确概念和框架,从而为信息时代的学习和工作打下坚实的基础。本书注重实用性和可操作性,叙述上力求深入浅出、简明易懂,实例丰富,方便自学。

本书可作为高等院校各专业计算机基础教学教材,也可作为全国计算机一级水平考试和各类计算机培训教材。

图书在版编目（CIP）数据

计算机基础实训教程：Windows 7+Office 2010 / 薛晓萍, 龚电花, 黎夏克主编. -- 北京：中国水利水电出版社, 2016.2（2019.7 重印）
全国高职高专"十三五"规划教材
ISBN 978-7-5170-4091-0

Ⅰ. ①计… Ⅱ. ①薛… ②龚… ③黎… Ⅲ. ①Windows操作系统－高等职业教育－教材②办公自动化－应用软件－高等职业教育－教材 Ⅳ. ①TP3

中国版本图书馆CIP数据核字(2016)第025678号

策划编辑：陈宏华　　责任编辑：石永峰　　封面设计：李　佳

书　　名	全国高职高专"十三五"规划教材 计算机基础实训教程（Windows 7+Office 2010）
作　　者	主　编　薛晓萍　龚电花　黎夏克 副主编　马　静　邝楚文　李观金
出版发行	中国水利水电出版社 （北京市海淀区玉渊潭南路 1 号 D 座　100038） 网址：www.waterpub.com.cn E-mail：mchannel@263.net（万水） 　　　　sales@waterpub.com.cn 电话：（010）68367658（发行部）、82562819（万水）
经　　售	北京科水图书销售中心（零售） 电话：（010）88383994、63202643、68545874 全国各地新华书店和相关出版物销售网点
排　　版	北京万水电子信息有限公司
印　　刷	三河市鑫金马印装有限公司
规　　格	184mm×260mm　16 开本　22.5 印张　558 千字
版　　次	2016 年 2 月第 1 版　2019 年 7 月第 5 次印刷
印　　数	13001—17000 册
定　　价	45.00 元

凡购买我社图书,如有缺页、倒页、脱页的,本社发行部负责调换

版权所有·侵权必究

前　　言

当前，以计算机为代表的信息科学技术已经直接渗透到经济、文化和社会的各个领域，它正在迅速改变着人们的观念、生活和社会的结构，是当代发展知识经济的支柱。计算机应用技术与大学各个专业的学习、科研、工作的结合更加紧密，专业课与以计算机技术为核心的信息技术的融合促进了学科的发展，各学科各专业对学生的计算机应用能力也有更高和更加具体的要求，所以计算机水平成为衡量大学生业务素质与能力的突出标志，计算机知识的应用能力是高等学校学生必须具备的基本能力。

本书根据教育部高等学校非计算机专业计算机基础课程教学指导委员会最新提出的《关于进一步加强高校计算机基础教学的意见》，结合近几年的大学计算机基础课程教学改革实践而编写。

本书包括计算机基础知识、中文 Windows 7 的使用、Word 2010 的使用、Excel 2010 的使用、PowerPoint 2010 的使用、Internet 基础及多媒体技术七个部分。本书力求基于系统理论，注重实际应用，符合现代教育理念，详略得当，以便给学生留有一定的自主学习空间，从而有助于培养学生的实践能力，计算机基础课能够比较充分地发挥信息化学习环境的优势，使学生掌握信息时代的学习方法和学习手段。

本书结合作者多年的教学经验编写而成，教材注重基本概念、基本原理、基本应用，知识面广，反映计算机技术的最新发展和应用技术，为学生把计算机应用到本专业开阔视野，为以后的工作学习打下良好的基础。本书可供高等院校非计算机专业的计算机基础课程教学使用，也可作为计算机等级考试培训教材及不同层次的从事办公自动化的工作者学习和参考。

本书源于计算机基础教学教师多年的教学实践，凝聚了第一线教师的教学经验。本书主编为薛晓萍、龚电花、黎夏克，副主编为马静、邝楚文、李观金。感谢惠州经济职业技术学院教务处李翠玲处长以及各位同事的支持和指导。

由于作者的水平有限，虽然经过多次教学实践和修改，书中难免存在错误和不妥之处，我们恳请读者对本书提出宝贵意见，在此表示衷心的谢意。

感谢中国水利水电出版社为本教材的编写给予的大力支持！

编者
2015 年 11 月于广东惠州

目 录

前言

第1章 计算机基础知识 1
1.1 计算机概述 1
1.1.1 计算机的发展 1
1.1.2 计算机技术发展方向 2
1.1.3 计算机的特点 2
1.1.4 计算机的分类 3
1.1.5 计算机的应用 3
1.1.6 多媒体技术 3
1.2 计算机入门知识 4
1.2.1 计算机系统的组成 4
1.2.2 计算机的性能指标 6
1.3 信息的表示与存储 7
1.3.1 信息与数据 7
1.3.2 进位计数制 8
1.3.3 计算机使用二进制的原因 8
1.3.4 数制间的转换 9
1.3.5 计算机中数据的编码 10
1.4 键盘和鼠标的操作 11
1.4.1 计算机键盘的构成 11
1.4.2 键盘的使用 12
1.4.3 鼠标的使用 13
1.5 汉字输入法简介 14
1.5.1 输入法的切换 14
1.5.2 微软拼音输入法2010 14
1.6 计算机病毒简介 18
1.6.1 计算机病毒的特点 19
1.6.2 计算机感染病毒的主要征兆 19
1.6.3 计算机病毒的传播途径 19
1.6.4 计算机病毒的预防 19
练习题 20

第2章 Windows 7 基本操作 22
2.1 中文 Windows 7 启动与退出 22
2.2 中文 Windows 7 的基本操作 25
2.3 设置个性化的 Windows 37
2.4 使用资源管理器 46
2.5 创建新账户 62
2.6 打印机的安装、设置和使用 66
2.7 磁盘管理 70
2.8 程序管理 73
2.9 常用附件小程序 79
2.9.1 画图程序 79
2.9.2 写字板 83
2.9.3 记事本程序 83
练习题 84

第3章 Word 2010 的使用 85
3.1 编写 Word 文档 85
3.2 编辑 Word 文档 91
3.3 排版 Word 文档 98
3.4 打印 Word 文档 107
3.5 制作会议日程表 113
3.6 制作简报 123
3.7 制作信函模板 133
3.8 制作批量工资条 140
练习题 148

第4章 Excel 2010 的使用 154
4.1 建立"学生成绩表"工作簿 154
4.2 编辑"计算机应用1班成绩表"工作簿 171
4.3 编辑"成绩汇总"工作簿 183
4.4 计算学生总成绩、平均分及名次 191
4.5 对"Photoshop成绩表"进行页面设置 208
4.6 分析"数据汇总表"中的数据 218
4.7 建立"成绩分布统计情况"的图表 233
练习题 239

第5章 PowerPoint 2010 的使用 244
5.1 制作演示文稿 244
5.2 播放演示文稿 257

5.3 编辑和修饰演示文稿……………… 261
5.4 添加多媒体效果………………… 274
5.5 设置播放效果…………………… 282
5.6 打包演示文稿…………………… 289
练习题……………………………… 294

第6章 Internet 基础………………… 297
6.1 接入 Internet…………………… 297
　6.1.1 局域网入网………………… 297
　6.1.2 拨号入网…………………… 299
　6.1.3 无线上网…………………… 301
6.2 Internet Explorer 浏览器的使用………… 303
　6.2.1 浏览网页…………………… 303
　6.2.2 IE 的设置…………………… 307
　6.2.3 从网上搜索信息…………… 311
6.3 电子邮件………………………… 317
　6.3.1 申请电子邮箱……………… 317
　6.3.2 使用 WWW 的形式收发电子邮件… 319
　6.3.3 使用 Outlook 收发电子邮件……… 321
　6.3.4 通讯簿的管理与使用……………… 325
6.4 使用 QQ、微博、网上购物………… 327

　6.4.1 使用 QQ…………………… 327
　6.4.2 使用博客…………………… 330
　6.4.3 网上购物…………………… 333
练习题……………………………… 337

第7章 多媒体技术基础……………… 338
7.1 多媒体概述……………………… 338
　7.1.1 多媒体基本概念…………… 338
　7.1.2 多媒体技术的基本特性…… 339
　7.1.3 多媒体技术的应用与发展… 340
　7.1.4 多媒体系统组成…………… 341
7.2 多媒体技术……………………… 342
　7.2.1 音频技术…………………… 342
　7.2.2 图形图像技术……………… 346
　7.2.3 动画技术…………………… 347
　7.2.4 视频处理技术……………… 348
练习题……………………………… 349

附录一 全国计算机等级考试一级 MS Office 考试大纲………………………… 350
附录二 ASCII 字符集………………… 352

第 1 章 计算机基础知识

1.1 计算机概述

主要学习内容：
- 计算机的发展
- 计算机技术的发展方向
- 计算机的特点与分类
- 计算机的应用及多媒体技术

人们通常所说的计算机即电子数字计算机，俗称"电脑"。1946年2月，世界上第一台数字式电子计算机诞生，是美国宾夕法尼亚大学物理学家莫克利（J.Mauchly）和工程师埃克特（J.P.Eckert）等人共同研制的电子数值积分计算机（Electronic Numerical Integrator And Calculator，简称 ENIAC），它主要用于弹道计算。

ENIAC 不具备现代计算机"存储程序"的思想。1946年6月，冯·诺依曼提出了采用二进制和存储程序控制的机制，并设计出第一台"存储程序"的离散变量自动电子计算机（The Electronic Discrete Variable Automatic Computer，简称 EDVAC）。1952 年 EDVAC 正式投入运行，其运算速度是 ENIAC 的 240 倍。

1.1.1 计算机的发展

从 ENIAC 问世以来，计算机的发展突飞猛进。依据计算机的主要元器件和其性能，人们将计算机的发展划分成以下几个阶段：

（1）第 1 代：电子管数字机（1946~1958 年）。其逻辑元件采用的是真空电子管，主存储器采用汞延迟线，外存储器采用磁带。软件方面采用机器语言、汇编语言。主要用于数据数值运算领域，如军事和科学计算。第一代计算机体积大、功耗高、可靠性差，速度慢（一般为每秒数千次至数万次）、价格昂贵。

（2）第 2 代：晶体管数字机（1958~1964 年）。其逻辑元件采用的是晶体管，主存储器采用磁芯存储器，外存储器有磁盘、磁带。软件方面有操作系统、高级语言及编译程序。应用领域除科学计算和事务处理外，还用于工业控制领域。其特点是体积缩小、能耗降低、可靠性提高、运算速度提高（一般为每秒数 10 万次，可高达 300 万次）。

（3）第 3 代：集成电路数字机（1964~1970 年）。其逻辑元件采用中、小规模集成电路

（MSI、SSI），主存储器开始采用半导体存储器。软件方面出现了分时操作系统以及结构化、规模化程序设计方法，开始应用于文字处理和图形图像处理领域。特点是速度更快（一般为每秒数百万次至数千万次），可靠性有了显著提高，价格下降，走向了通用化、系列化和标准化等。

（4）第 4 代：大规模集成电路机（1970 年至今）。其逻辑元件采用大规模和超大规模集成电路（LSI 和 VLSI），计算机体积、成本和重量大大降低。软件方面出现了数据库管理系统、网络管理系统和面向对象语言等。由于集成技术的发展，半导体芯片的集成度更高，可以把运算器和控制器都集中在一个芯片上，从而出现了微处理器。1971 年世界上第一台微处理器在美国硅谷诞生，开创了微型计算机的新时代。微型计算机体积小，价格便宜，使用方便，但它的功能和运算速度已经达到甚至超过了过去的大型计算机。外存储器有软盘、硬盘、光盘、U盘等，应用领域已逐步涉及社会的各个方面：科学计算、事务管理、过程控制和家庭等。

1.1.2 计算机技术发展方向

随着计算机技术的不断发展，当今计算机技术正朝着巨型化、微型化、网络化和智能化方向发展。

巨型化是指计算机运算速度极高、存储容量大、功能更强大和完善，主要用于生物工程、航空航天、气象、军事、人工智能等学科领域。

微型化是指计算机体积更小、功能更强、价格更低。从第一块微处理器芯片问世以来，计算机芯片集成度越来越高，功能越来越强，使计算机微型化的进程和普及率越来越快。

网络化是指计算机网络将不同地理位置上具有独立功能的不同计算机通过通信设备和传输介质互连起来，在通信软件的支持下，实现网络中的计算机之间共享资源、交换信息、协同工作。计算机网络在社会经济发展中发挥着极其重要的作用，其发展水平已成为衡量国家现代化程度的重要指标。随着 Internet 的飞速发展，计算机网络已广泛应用于政府、企业、科研、学校、家庭等领域，为人们提供及时、灵活和快捷的信息服务。

智能化是指让计算机能够模拟人类的智力活动，如感知、学习、推理等能力。

1.1.3 计算机的特点

计算机的主要特点表现在以下几个方面：

（1）运算速度快。运算速度是计算机的一个重要性能指标。通常用每秒钟执行定点加法的次数或平均每秒钟执行指令的条数来衡量计算机运算速度。计算机的运算速度已由早期的每秒几千次发展到现在的最高可达每秒几千亿次乃至万亿次。

（2）计算精度高。在科学研究和工程设计中，对计算的结果精度有很高的要求。一般计算机对数据的结果精度可达到十几位、几十位有效数字，通过一定的技术甚至根据需要可达到任意的精度。

（3）存储容量大。计算机的存储器可以存储大量数据。目前计算机的存储容量越来越大，已高达千兆数量级的容量。

（4）具有逻辑判断功能。计算机还有比较、判断等逻辑运算的功能，可实现各种复杂的推理。

（5）自动化程度高，通用性强。计算机可以根据人们编写的程序，完成工作指令，代替人类的很多工作，如机器手、机器人等。计算机通用性的特点能解决自然科学和社会科学中的许多问题，可广泛地应用于各个领域。

1.1.4 计算机的分类

随着计算机及相关技术的迅猛发展，计算机的类型也不断分化、多种多样。
（1）按照计算机的数据处理方式可分为模拟计算机、数字计算机和混合式计算机。
（2）按计算机的用途可分为专用计算机和通用计算机。
（3）按计算机的综合性能指标可分为巨型机、大型机、中型机、小型机、微型机。
（4）按计算机的综合性能指标以及计算机应用领域的分布，可分为高性能计算机、微型计算机、工作站、服务器和嵌入式计算机。

1.1.5 计算机的应用

计算机应用已普及到社会各个领域，概括来讲，主要分为以下几个方面。
（1）数值计算。也称为科学计算机，最早研制的计算机就是用于科学计算。科学计算是计算机应用的一个重要领域。如地震预测、气象预报、航天技术等。
（2）信息处理。信息处理也称数据处理，计算机应用最广泛的一个领域，是利用计算机来对数据进行收集、加工、检索和输出等操作，如企业管理、物资管理、报表统计、学生管理、信息情报检索等。
（3）自动控制。工业生产过程中，计算机对某些信号自动进行检测、控制，可降低工人的劳动强度，减少能源损耗，提高生产效率。
（4）计算机辅助系统。计算机辅助设计（CAD）、计算机辅助制造（CAM）、计算机辅助测试（CAT）、计算机辅助教学（CAI）、计算机辅助教育（CBE）、计算机集成制造系统（CIMS）。
（5）人工智能（AI）。人们开发一些具有人类某些智能的应用系统，用计算机来模拟人的思维判断、推理等智能活动，如机器人、模式识别、专家系统等。
（6）网络与通信。计算机网络是通信技术与计算机技术高度发展结合的产物。网上聊天、网上冲浪、电子邮政、电子商务、远程教育等为人们的学习、生活等提供了极大的便利。

1.1.6 多媒体技术

多媒体技术（（Multimedia Technology）又称为计算机多媒体技术，是指通过计算机把文本（text）、图形（graphics）、图像（images）、动画（animation）和声音（sound）等形式的信息进行综合处理和控制，用户可通过多种感官与计算机进行实时信息交互的技术。常见的多媒体素材有文本、图形、图像、音频、视频、动画等六大类。

在计算机行业里，媒体（medium）有两种含义：其一是指传播信息的载体，如语言、文字、图像、视频、音频等；其二是指存储信息的载体，如磁带、光盘等，主要的载体有CD-ROM、VCD、网页等。

多媒体技术的应用已渗透人们生活的各个领域，如教育、档案、图书、娱乐、艺术、股票债券、金融交易、建筑设计、家庭、通讯等。

1.2　计算机入门知识

主要学习内容：
- 计算机系统的组成
- 硬件系统和软件系统
- 计算机中常用的存储单位
- 计算机的性能指标

从 1946 年第一台电子计算机 ENIAC（Electronic Numerical Integrator And Calculator）问世以来，计算机从多方面改变着人们的生活和工作方式，渗透到社会的各个领域。计算机功能强大，借助计算机可以听音乐、看电影、上网、画画、文字处理、处理事务、管理生产、进行科学计算和玩游戏等。

1.2.1　计算机系统的组成

计算机系统由硬件系统和软件系统两大部分组成，两者相互依存，缺一不可。硬件指机器本身，是一些看得见、摸得着的实体。软件是一些大大小小的程序，存储在计算机的存储器上。

1. 计算机硬件系统

从工作原理的角度看，计算机硬件系统是由运算器、控制器、存储器、输入设备和输出设备五部分组成。

（1）运算器（Arithmetic Unit，ALU）。

运算器是计算机处理和加工数据的部件，它的主要功能是对二进制编码进行算术运算和逻辑运算。

（2）控制器（Control Unit，CU）。

控制器是控制计算机各部件按照指令进行协调一致的工作。

通常将运算器、控制器和一些保存临时数据的寄存器集成在一块半导体电路中，称为中央处理器，简称 CPU（Central Processing Unit）。CPU 是计算机的核心部件，称为计算机的心脏。

（3）存储器（Memory）。

存储器是计算机的记忆部件，它的主要功能是存储程序和数据。往存储器中存储数据称为写入数据，从存储器中取出数据称为读取数据。计算机的存储器分为内部存储器和外部存储器。

内部存储器简称内存，又称主存储器，内存主要用于存储计算机运行期间的程序和临时数据，内存与 CPU 一起构成计算机的主机。计算机中所有程序的运行都是在内存中进行的，因此内存的性能对计算机的影响非常大。内存的容量有 128MB、256MB、1GB、2GB 等。内存一般采用半导体存储单元，包括随机存储器（RAM）、只读存储器（ROM），以及高速缓存（Cache）。随机存储器（Random Access Memory，RAM）既可以从中读取数据，也可写入数据。当机器电源关闭时，存于其中的数据就会丢失。通常人们购买或升级的内存条就是用作电脑的内存，也是 RAM，其外观如图 1-1 所示。ROM 在制造的时候，信息（数据或程序）就被存入并永久保存。这些信息只能读出，一般不能写入，即使机器停电，这些数据也不会丢失。ROM 存放计算机的基本程序和数据，如对输入输出设备进行管理的基本系统就是存放在 ROM 中。Cache 其原始意义是指存取速度比一般随机存取记忆体（RAM）更快的一种 RAM，介于中央处理器和主存储器之间的高速小容量存储器。它和主存储器一起构成一级的存储器。高速缓冲存储器和主存储器之间信息的调度和传送是由硬件自动进行的。

SRAM 即静态 RAM，DRAM 即动态 RAM，它们的最大区别就是：DRAM 是用电容有无电荷来表示信息，需要周期性地刷新；而 SRAM 是利用触发器来表示信息，不需要刷新。SRAM 的存取速度比 DRAM 更高，常用作高速缓冲存储器 Cache。

外部存储器简称外存，又称辅助存储器，主要用于长期保存用户数据和程序，存储容量比内存大很多。CPU 能直接访问存储在内存中的数据。外存中的数据只有先读入内存，然后才能被 CPU 访问。从存储器中读数据或向存储器写入数据，均称为对存储器的访问。目前，常用的外存储器有硬盘、光盘、U 盘、移动硬盘等。U 盘（USB flash disk），全称 USB 闪存驱动器。这几种外存的常见外观分别如图 1-2 至图 1-4 所示。

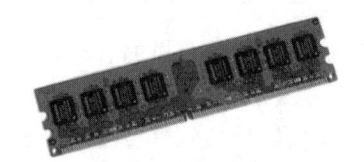

图 1-1　台式机的内存条 　　　　　　　　　图 1-2　U 盘

图 1-3　硬盘 　　　　　　　　　　　　　　图 1-4　移动硬盘

高速缓存位于 CPU 与内存 RAM 之间，是一个读写速度比内存 RAM 更快的存储器。当 CPU 向内存中写入或读出数据时，这个数据也被存储进高速缓冲存储器中。当 CPU 再次需要这些数据时，CPU 就从高速缓冲存储器中读取数据，而不是访问较慢的 RAM。

（4）输入设备（Input Device）。

输入设备是用来向计算机输入程序、命令、文字、图像等信息的设备，它的主要功能是将信息转换成计算机能识别的二进制编码输入计算机。常见的输入设备包括键盘、鼠标、触摸屏、扫描仪等。

（5）输出设备（Output Device）。

输出设备是用来将计算机中的信息以人们能识别的形式表现出来。常见的输出设备有显示器、打印机、绘图仪和音箱等。

从外观看，计算机主要部件有主机、显示器、键盘和鼠标，这些都属于计算机的硬件，如图 1-5 所示。计算机的主机上还有一个光盘驱动器（简称光驱）。计算机机箱内还有主板、内存、硬盘、电源、显卡、声卡、网卡等部件和板卡。

外存储器、输入设备和输出设备统称为计算机的外部设备，简称外设。

图1-5 计算机的外观

2. 计算机软件系统

计算机软件系统是支持计算机运行和进行事务处理的软件程序系统，计算机软件系统主要分为系统软件和应用软件两大部分。

（1）系统软件。

系统软件是计算机必不可少的部分，用来管理、控制和维护计算机的各种资源。系统软件主要包括操作系统、解释程序、监控程序、编译程序等。其中，操作系统（Operating System，OS）是计算机最重要的一种系统软件，是管理和控制计算机硬件与软件资源的计算机程序，是计算机最基本的系统软件，任何其他软件都必须在操作系统的支持下才能运行。操作系统是用户和计算机的接口，同时也是计算机硬件和其他软件的接口。计算机操作系统通常具有处理器（CPU）管理、存储管理、文件管理、输入/出管理和作业管理五大功能。

常见的操作系统有 Windows 8、Windows 7、Windows XP、Windows Vista、Linux、Windows Server 2008，UNIX 等。

（2）应用软件。

应用软件是专门解决某个领域的工作所编写的程序，如用于文字处理的 Word 和 WPS、用于电子表格处理的 Excel、用于网页设计的 Dreamweaver 和 FrontPage、用于企业管理的 ERP 系统、用于企业财务管理的财务软件以及用于浏览图片的 ACDSee 等。

1.2.2 计算机的性能指标

计算机功能的强弱或性能的好坏，是从硬件组成、软件配置、系统结构、指令系统等多方面来衡量的。一般通过以下几个指标来评价计算机的性能。

（1）主频。主频即时钟频率，是指 CPU 在单位时间内发出的脉冲数目，其单位是兆赫兹（MHz）。主频越高，计算机的运行速度就越快。如处理器 Intel Core i3 2120 3.3GHz 中的 3.3GHz 就是计算机主频。

（2）运算速度。运算速度是计算机的平均运算速度，是指每秒钟所能执行的指令条数，用 MIPS（Million Instruction Per Second，百万条指令/秒）来描述。一般说来，主频越高，运算速度就越快。运算速度是衡量计算机性能的一项重要指标。

（3）字长。字是一个独立的信息处理单位，也称计算机字，是 CPU 通过数据总线一次存取、加工和传送的一组二进制数据。这组二进制数的位数即是计算机的字长。在其他指标相同时，字长越大则计算机处理数据的速度就越快。字长标志着计算机的计算精度和表示数据的范围。一般计算机的字长在 8～64 位之间，即一个字由 1～8 个字节组成。微型计算机的字长有

8 位、准 16 位、16 位、32 位、64 位等。

计算机中最直接、最基本的操作是对二进制的操作。二进制数的一个位叫一个字位（bit）。bit 是计算机中最小的数据单位。

一个八位的二进制数组成一个字节（Byte）。字节是信息存储中最基本的单位。计算机存储器的容量通常是以多少字节来表示。常用的存储单位有：

B（字节）　　　　1B=8bit
KB（千字节）　　 1KB=1024B
MB（兆字节）　　 1MB=1024KB
GB（千兆字节）　 1GB=1024MB
TB（兆兆字节）　 1TB=1024GB

（4）内存储器的容量。内存储器，简称内存、主存，是 CPU 可以直接访问的存储器，需要执行的程序与需要处理的数据就是存放在主存中的。内存储器容量的大小反映了计算机即时存储信息的能力。内存容量越大，计算机能处理的数据量就越庞大。目前，32 位的 Windows 7 系统至少需要 1GB 内存，64 位的 Windows 7 系统至少需要 2GB 内存。

（5）外存储器的容量。通常是指硬盘容量（包括内置硬盘和移动硬盘）。硬盘是存储数据的重要部件，其容量越大，可存储的信息就越多，计算机可安装的应用软件就越丰富。目前，主流硬盘容量为 500G～2TB，有的甚至达 4TB，硬盘技术还在继续向前发展，更大容量的硬盘还将不断推出。

（6）存取周期。把信息写入存储器，称为"写"；把信息从存储器中读出，称为"读"。计算机进行一次"读"或"写"操作所需的时间称为存储器的访问时间（或读写时间）。存取周期是指计算机连续启动两次独立的"读"或"写"操作所需的最短时间。硬盘的存储周期比内存的存储周期要长。微型机内存储器的存取周期约为几十到一百纳秒（ns）左右。

以上介绍的只是一些主要性能指标。除此之外，微型计算机还有其他一些指标，例如，系统软件的可靠性、外部设备扩展能力以及网络功能等。各项指标之间也不是彼此孤立的，性能价格比也是平时人们购买计算机的一个重要指标。

1.3 信息的表示与存储

主要学习内容：

- 二进制、八进制、十六进制
- 常用进制间的转换
- 计算机使用二进制的原因
- 计算机中数据的编码

1.3.1 信息与数据

计算机最主要的功能是信息处理。信息就是对客观事物的反映，从本质上看信息是对社会、自然界的事物特征、现象、本质及规律的描述。信息可通过某种载体如符号、声音、文字、图形、图像等来表征和传播。对计算机来讲，输入和处理的对象是数据，各种形式的输出是信息。在计算机科学中,数据是指所有能输入到计算机并被计算机程序处理的符号介质的总称,是具有一定意义的数字、字母、符号和模拟量等的通称。

1.3.2 进位计数制

数制也称计数制,是用一组固定的符号和统一的规则来表示数值的方法。人们通常采用的数制有十进制、二进制、八进制、十二进制和十六进制。在日常生活中一般使用十进制,进位规律"逢十进一",其有 0、1、2 到 9 等十个数码组成。数码即表示基本数值大小的不同数字符号。一种计数制中允许使用的基本数码的个数称为该数制的基数。常见各数制介绍如表1-1 所示。

表 1-1 常见数制

数制	基数	数码	进位规律	标志符	举例
十进制	10	0、1、2、3、4、5、6、7、8、9	逢十进一	D	348D
二进制	2	0、1	逢二进一	B	1011B
八进制	8	0、1、2、3、4、5、6、7	逢八进一	O	207O
十六进制	16	0、1、2、3、4、5、6、7、8、9 A、B、C、D、E、F	逢十六进一	H	1010H 1E2FH

一个数码在不同位置上所代表的值是不同的,如在十进制中,3 在个位上表示 3,在十位上表示 30,在千位上表示 3000。数码所表示的数值等于该数码本身乘以一个与它所在数位有关的常数,这个常数称为"位权"。数制中每一固定位置对应的单位值称为位权。对于多位数,处在某一位上的"1"所表示的数值的大小,称为该位的位权。例如十进制整数第 1 位的位权为 1,第 2 位的位权为 10,第 3 位的位权为 100;而二进制第 1 位位权是 1,第 2 位的位权为 2,第 3 位的位权为 4。对于 N 进制数,整数部分第 i 位的位权为 $N^{(i-1)}$,而小数部分第 j 位的位权为 $N^{(-j)}$。

1.3.3 计算机使用二进制的原因

在计算机内部用来传送、存储、加工处理的数据或指令都是以二进制码进行的。二进制数码只有 0 和 1 两个,进位规律为"逢二进一"。

计算机采用的是二进制,其原因有以下几点:

(1) 易于实现。因计算机中的信息都是用电子元件的状态来表示。电子元件主要具有两种稳定状态,如电压的高与低、开关的断开与闭合、脉冲的有和无等,都可对应表示 1 和 0 两个符号。

(2) 二进制运算规则简单。加法与乘法规则各仅三个,即:

0+0=0　　1+0=1　　1+1=10　　0×0=0　　0×1=0　　1×1=1

(3) 通用性强。二进制也适用于各种非数值信息的数字化编码。如逻辑判断中的"真"和"假"也正好与"1"和"0"对应。

(4) 机器可靠性高。因电压的高低、电流的有无都是一种质的变化,两种状态分明。应用二进制码鉴别信息的可靠性高、容易得到且抗干扰能力强。

1.3.4 数制间的转换

1. 其他进制转换为十进制

将其 R 进制按权位展开,然后各项相加,就得到相应的十进制数。可表示为:对于任意 R 进制数:$A_{n-1}A_{n-2}\cdots A_1 A_0 A_{-1}\cdots A_{-m}$(其中 n 为整数位数,m 为小数位数),其对应的十进制数可以用以下公式计算(其中 R 为基数):

$$A_{n-1} \times R^{n-1} + A_{n-2} \times R^{n-2} + \cdots + A_1 \times R^1 + A_0 \times R^0 + A_{-1} \times R^{-1} + \cdots + A_{-m} \times R^{-m}$$

例 1:将二进数 10110.101 转换为十制数。

$10110.101B = 1 \times 2^4 + 0 \times 2^3 + 1 \times 2^2 + 1 \times 2^1 + 0 \times 2^0 + 1 \times 2^{-1} + 0 \times 2^{-2} + 1 \times 2^{-3} = 16+4+2+0.5+0.125 = 22.625D$

例 2:将 1A7EH 转换为十进制数。

$1A7EH = 1 \times 16^3 + 10 \times 16^2 + 7 \times 16^1 + 14 \times 16^0 = 6782D$

2. 将十进制转换成其他进制

十进制数转换为其他进制,分两部分进行,即整数部分和小数部分。

整数部分:(基数除法)把要转换的数除以新的进制的基数,把余数作为新进制的最低位;把上一次得的商再除以新的进制基数,把余数作为新进制的次低位;继续上一步,直到最后的商为零,这时的余数就是新进制的最高位。

小数部分:(基数乘法)把要转换数的小数部分乘以新进制的基数,把得到的整数部分作为新进制小数部分的最高位;把上一步得到的小数部分再乘以新进制的基数,把整数部分作为新进制小数部分的次高位;继续上一步,直到小数部分变成零为止,或者达到预定的要求也可以。

例 3:将$(28.125)_{10}$转换成二进制数。

整数部分:除 2 取余,直到商为 0,自下而上排列。

```
28÷2=14     余数为  0
14÷2=7      余数为  0
7÷2=3       余数为  1
3÷2=1       余数为  1
1÷2=0       余数为  1
```

小数部分:乘 2 取整,直到所需精度或小数部分为 0,自上而下排列。

```
0.125 × 2=0.250    整数为 0
0.25 × 2=0.50      整数为 0
0.5 × 2=1.0        整数为 1
```

所以   28.125D=11100.001B

3. 二进制转换成八进制、十六进制

二进制转换为八进制、十六进制时,将二进制以小数点为中心,分别向左右两边分组,转换成八(或十六进制)进制数每 3(或 4)位为一组,整数部分向左分组,不足位数向左补 0,小数部分向右分组,不足位数向右边补 0,然后将每组二制数转换成八(或十六)进制数。每组二进制数将其对应数码是 1 的权值相加即得对应的八(或十六)进制数,如二进数 101,最低位的 1 权值是 1,最高位 1 的权值是 2^2(即 4),101B=5O。

例4：将二进制数 11101001.001111 转换成八进制和十六进制。

(011 101 001 . 001 111)₂=(351.17)₈
   3   5   1 . 1   7

(1110 1001 . 0011 1100)₂=(E9.3C)₁₆
   E   9 . 3   C

1.3.5 计算机中数据的编码

编码是指用少量的基本符号根据一定的规则组合起来表示复杂多样的信息。

1. ASCII 码

ASCII 码即美国信息交换标准代码，ASCII 是基于拉丁字母的一套电脑编码系统，是由美国国家标准学会（American National Standard Institute，ANSI）制订的，标准的单字节字符编码方案用于基于文本的数据。

使用指定的 7 位或 8 位二进制数组合来表示 128 或 256 种可能的字符。标准 ASCII 码也叫基础 ASCII 码，使用 7 位二进制数（1 个字节储存）来表示所有的大写和小写字母，数字 0～9、标点符号以及在美式英语中使用的特殊控制字符，共 128 个编码。

ASCII 码的大小规则：①数字 0～9 比字母要小。如 "9" < "A"；②数字 0 比数字 9 要小，并按 0 到 9 顺序递增。如 "3" < "9"；③字母 A 比字母 Z 要小，并按 A 到 Z 的顺序递增。如 "A" < "X"。④同个字母的大写字母比小写字母要小。如 "A" < "a"。ASCII 码表见附录二。

2. 汉字编码

为了使每个汉字有一个全国统一的代码，我国国家标准局于 1980 年颁布了汉字编码的国家标准：GB 2312－80《信息交换用汉字编码字符集（基本集）》。GB 2312－80 包括 6763 个常用汉字和 682 个非汉字图形符号的二进制编码，每个字符的二进制编码为 2 个字节。每个汉字有个二进制编码，叫汉字国标码。

GB 2312－80 将代码表分为 94 个区，对应第一字节；每个区 94 个位，对应第二字节，两个字节的值分别为区号值和位号值加 32（20H），因此也称为区位码。区位码 0101～0994 对应的是符号，1001～8794 对应的是汉字。GB 2312 将收录的汉字分成两级：第一级是常用汉字计 3755 个，置于 16～55 区，按汉语拼音字母顺序排列；第二级汉字是次常用汉字计 3008 个，置于 56～87 区，按部首/笔画顺序排列。故而 GB 2312 最多能表示 6763 个汉字。

汉字的机内码是用于计算机内处理和存储的编码，采用变形国标码。其变换方法为：将国标码的每个字节都加上 128，即将两个字节的最高位由 0 改 1，也就是汉字机内码前后两个字节的最高位二进制值都设为 1，其余 7 位不变。

用于将汉字输入计算机内的编码称为输入码。输入码有形码（如五笔字型）、音码（如拼音输入码）、音形码（如自然码输入法）、区位码等。

汉字字形码是汉字字库中存储的汉字的数字化信息，用于输出显示和打印的字模点阵码，称为字形码。汉字字形点阵有 16×16 点阵、128×128 点阵、256×256 点阵等，点阵值越大描绘的汉字就越细微，占用的存储空间也越多。汉字点阵中每个点的信息要用一位二进制码来表示。16×16 点阵的字表码，存储一个汉字需要 32 个字节（16×16÷8=32）。

1.4 键盘和鼠标的操作

主要学习内容：
- 键盘的构成
- 键盘的使用方法
- 鼠标的使用方法

键盘和鼠标是计算机的主要输入设备，是人们与计算机对话的工具。要想熟练操作计算机，首先必须掌握键盘和鼠标的基本操作方法，熟练它们的使用技巧。

1.4.1 计算机键盘的构成

键盘是计算机最基本的输入设备。现在常用键盘有 104 键盘和 107 键盘，104、107 等数字指的是键盘上键的个数。

键盘一般可分为五个部分：主键盘区、功能键区、编辑键区、辅助键盘区和状态指示区。如图 1-6 所示。

图 1-6 键盘平面图

下面介绍键盘常用键的使用方法。

字母键：在键盘中央标有"A、B、C……"等 26 个英文字母的键。计算机默认状态下，按字母键，输入的是小写字母。输入大写字母时需要同时按 Shift 键。

空格键：位于键盘下部的一个长条键，作用是输入空白字符。

字母锁定键（Caps Lock）：该键实质是一个开关键，它只对英文字母起作用，用来转换键盘上字母大小写状态，每按一次该键，键盘都会在字母大写和小写间转换。当它关上时，Caps Lock 指示灯不亮，这时键盘上字母处于小写状态；打开时，Caps Lock 指示灯亮，这时键盘上字母键处于大写输入状态。

功能键：位于键盘顶部的一行，标有"F1，F2，F3……F11，F12"的 12 个键，在不同软件中可以设置它们的不同功能。

退格键（Backspace）：键面上标有向左的箭头，这个键的作用是删除光标前面输入的字符。

上挡键（Shift）：主键盘区的左右各有一个。输入双字符键的上面字符时，需同时按 Shift 键。该键和字母键结合，也可进行字母大小写的转换。

控制键（Ctrl、Alt）：主键盘区的左右各有一个，它们一般不单独使用，需要与其他键配合使用才能完成各种功能。

数字锁定键（Num Lock）：在小键盘区，按下 Num Lock 键，Num Lock 灯亮，则小键盘区的数字键起作用；再次按 Num Lock 键，Num Lock 灯不亮，则小键盘的编辑键不起作用。

光标移动键（←、↑、↓、→）：按下这些键，光标按相应箭头方向移动。光标是计算机软件系统中编辑区域的不断闪烁的标记，用于指示现在的输入或操作的位置。

1.4.2 键盘的使用

指法是指用户使用键盘的方法。为保证用户计算机信息的输入速度，掌握正确的键盘指法是很必要的。所以，用户从初学计算机起，就应严格按照正确的指法进行操作。

1. 基本键

主键盘区左边的"A、S、D、F"键和右边的"J、K、L、;"键，称为基本键。准备输入信息时，左手的食指、中指、无名指和小指分别放在 F、D、S 和 A 键上，右手的食指、中指、无名指和小指分别放（浮）在 J、K、L 和";"键上，两个拇指轻轻放（浮）在空格键上。在 F、J 两上键上都有一个凸起的横杠，以便盲打时两个食指通过触摸定位。

盲打是指在输入信息时眼睛不看键盘，视线只注视显示器或文稿。要想实现"盲打"，应熟记键盘上各键位的位置。

2. 指法分工

每个手指除负责基本键外，还要分工负责其他的键，各手指分工如图 1-7 所示。

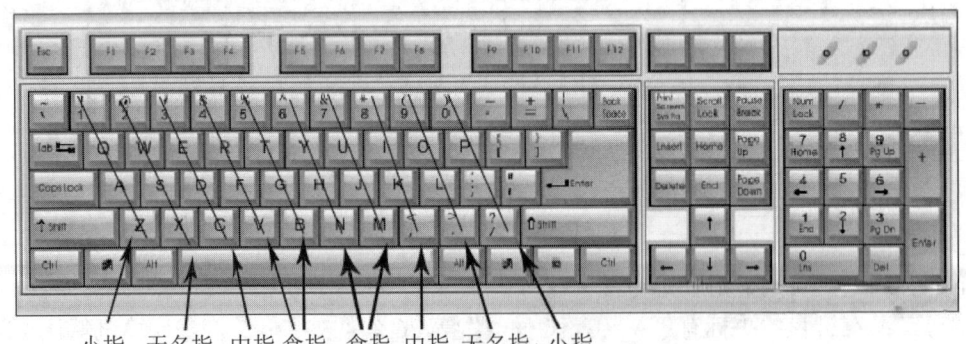

小指 无名指 中指 食指 食指 中指 无名指 小指

图 1-7 指法分工图

要保证高速度的输入，用户输入信息时，十个手指应按指法分工击键。

3. 正确的姿势

正确的打字姿势，不仅有助于输入速度地提高，身体也不容易疲劳。

（1）身体保持端正，腰杆挺直，手指轻触键盘（浮于键上），两脚自然平放在地板上。

（2）椅子高度要合适，以前臂可自然平放键盘边为准。

（3）打字时，两臂自然下垂，手指自然弯成弧形，手与前臂成直线。在主键盘区击键时，主要是通过手指移动找键位，敲击较远的键才须移动胳膊。

（4）敲击键盘时手指用力要均匀、有弹性，击键后手指要迅速返回到基本键上，不敲击键的手指保持在基本键上。

操作练习：请以本学期英语课本中的一篇英文文章为内容，使用 Win7 附件中的"写字板"进行英文录入的操作练习，要求反复训练，达到"盲打"和快速录入的目标。

1.4.3 鼠标的使用

鼠标（Mouse）是计算机输入设备"鼠标器"的简称。鼠标上一般有左右两个键，中间有一滚轴，如图 1-8 所示。点击左右键可以向计算机输入操作命令，一般用右手拿鼠标，拇指放在鼠标的左侧，无名指和小指放在鼠标的右侧，食指和中指分别放在左键和右键上，如图 1-9 所示。系统默认的设置为左键是命令键，右键是快捷键，利用滚轮可以方便地在许多窗口上下翻页。

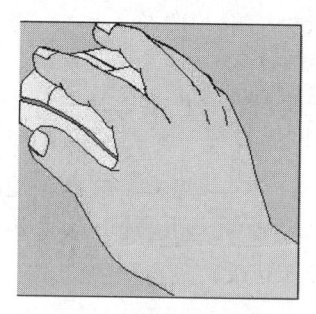

图 1-8　鼠标　　　　　　　　　　　图 1-9　握鼠标示意图

一般情况下鼠标指针为一个空心箭头。当移动鼠标时，鼠标指针会随着移动。

鼠标的基本操作一般有：指向、单击、双击、拖动、右击等。

（1）指向：移动鼠标，鼠标指针对准某一位置或某一对象，即鼠标的指向，主要用于光标定位。利用计算机输入文字时，通常有一个小竖线，有规律地闪动，提示当前输入字符的位置，这个小竖线就称为光标。

（2）单击：将鼠标指向某一目标，按一下鼠标左键便立即松开，常用于选定对象。

（3）双击：鼠标指向某一目标，快速连击鼠标左键两下，常用于打开对象。

（4）拖动：将鼠标指向某一目标，按住左键不放，移动鼠标至指定位置，松开鼠标键。

（5）右击：将鼠标指针定位到某一对象，单击鼠标右键然后立即松开，即为右击，也可称为右击鼠标。右击后，系统通常会弹出一个快捷菜单，根据对象不同菜单也不同，它常用于执行与当前相关的操作对象。

（6）滚动：如果鼠标有滚轮，则可以用它来滚动查看文档和网页。若要向下滚动，请向后（朝向自己）滚动滚轮。若要向上滚动，请向前（远离自己）滚动滚轮。

注意：正确地握住并移动鼠标可避免手腕、手和胳膊酸痛或受到伤害，特别是长时间使用计算机时。下面是有助于避免这些问题的技巧：

- 将鼠标放在与肘部水平的位置。上臂应自然下垂在身体两侧。
- 轻轻地握住鼠标，不要紧捏或紧抓它。
- 鼠标移动是通过绕肘转动胳臂。避免向上、向下或向侧面弯曲手腕。
- 单击鼠标按钮时要轻。

- 手指保持放松。手指轻搭在鼠标上，不要悬停在按钮上方。
- 不需要使用鼠标时，不用握住它。
- 每使用计算机 15 到 20 分钟要短暂的休息。

操作练习：请以 Win7 游戏中的"扫雷"游戏为工具，进行鼠标的操作训练，要求用中级以上练习，用最短的时间扫雷。

1.5 汉字输入法简介

主要学习内容：
- 输入法的切换
- 微软拼音 2010 输入法

输入中文时，首先要选择一种中文输入法。按输入方法分类，中文输入法分为拼音输入法和笔画输入法（如五笔字型输入）。Win7 操作系统自带了微软拼音输入法、郑码输入法等多种输入法，用户可根据需要选择合适的，另外还可以安装其他的输入法，如五笔字型输入法、搜狗拼音输入法等。拼音输入法易学，但重码多。五笔字型输入法重码字少，利于"盲打"，便于提高输入速度。

1.5.1 输入法的切换

Windows 任务栏上有一个输入法图标 ，表示当前是英文输入状态，单击 图标，弹出输入法菜单，如图 1-10 所示。用户可点击选择某个输入法，这是常用的切换输入法的方法，选定的输入法左边会有一个√。也可以按组合键 **Ctrl+Shift** 在各种输入法间切换。

如需在当前所用的中文输入法和英文输入法间切换，可按组合键 **Ctrl+空格键**来实现。

1.5.2 微软拼音输入法 2010

微软拼音输入法 2010 提供了"新体验"和"简捷"两种输入风格。"新体验风格"秉承微软拼音传统设计，其输入法栏如图 1-11 所示，采用嵌入式输入界面和自动拼音转换，是微软拼音输入法 2010 全新的设计，采用光标跟随输入界面和手动拼音转换。微软拼音输入法 2010 性能优化有很大提升，其启动速度和打字速度都有很大的提高，反应快捷敏锐。微软拼音输入法提供了全拼输入、简拼输入等输入方法。

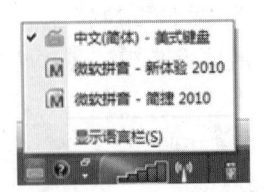

图 1-10 输入法菜单   图 1-11 微软拼音-新体验 2010

图 1-11 中，各按钮含义如下：

[M]：输入法切换按钮。　　　　[中]：中英文输入状态切换按钮。

[☾]：全半角切换按钮。　　　　[,]：中英文标点符号输入切换按钮。

[⌨]：软键盘按钮。　　　　　　[✍]：开启/关闭输入板按钮。

[🔍]：选择搜索提供商按钮。　　[≡]：功能菜单按钮。

1. 全拼输入

全拼输入方法是按规范的汉语拼音进行输入，输入过程和书写汉语拼音的过程完全一致。

使用"新体验"风格输入拼音，输入时拼音自动转换为中文，如图 1-12 所示。空格键、逗号或句号完成转换，按空格键或 Enter 键确认输入内容。

图 1-12　微软拼音输入法 2010"新体验"风格

"新体验"风格支持鼠标和三种键翻页："+-"、"[]"和"PageUP、PageDown"。

在"简捷"风格下输入拼音，系统可以自动用撇号分隔文字的拼音，按空格可将拼音转换为中文，如图 1-13 所示。

图 1-13　微软拼音输入法 2010"简捷"风格

"简捷"风格支持鼠标和四种键翻页："+-"、"[]"、"Page UP、Page Down"以及"，"、"。"。

在输入中，系统自动分隔拼音不正确，用户可以自己添加隔音符号（'）。

2. 修改拼音输入错误

（1）"新体验"风格下修改已转换的拼音。

输入过程中，可以将组字窗口中转换的汉字反转成拼音，进行修改编辑，例如图 1-14 输入有错误。可以使用 Shift+Backspace 键或者重音符（`）来进行拼音反转。

图 1-14　错误举例

方法一：利用鼠标或方向键将光标移到错误字的右边，按 Shift+Backspace 键将其转成拼音，如图 1-15 所示。如果拼音错误则修改拼音，如本例；如果字是别字，则重新选字。

图 1-15　汉字转成拼音

方法二：利用鼠标或方向键将光标移到错误字的左边，按[✍]键将其转成拼音。如果拼音错误则修改拼音，如本例；如果字是别字，则重新选字。

(2) 在"简捷"风格下修改错误的拼音。

利用方向键移动光标到错误的拼音旁，如图 1-16 所示，改正错误拼音，重新选择正确文字。

```
cao'zuo'xi'tong'shi'ying'you'ruan'jian'de'zhi'cheng'ping't
1 操作系统是应有软件的支撑平台 2 操作系统 3 操作系 4 操作 5 操
```

图 1-16　错误举例

3．选择候选词

使用拼音输入法时，常会有同音字出现，系统默认选择排在第 1 个的字或词，其他同音字或词称为候选词。

在"新体验"风格下，新输入时可以使用鼠标、数字键两种方式来选择候选词，在修改已转换的文字时，则可以使用鼠标、数字键和上下方向键加空格键（[↑][↓]+[空格]）三种方式来选择候选词。

在"简捷风格"风格下，可以使用鼠标、数字键和上下方向键加空格键（[↑][↓]+[空格]）三种方式来选择候选词。

4．简拼和混拼输入

如果对汉语拼音把握不甚准确，可以使用简拼输入。即取各个音节的第一个字母组成，对于包含 zh、ch、sh 的音节，也可以取前两个字母组成。输入是两节音节以上的词语，有的音节全拼，有的音节简拼，如表 1-2 所示。

表 1-2　输入举例

词	全拼	简拼	混拼
计算机	jisuanji	jsj	jisji　jsuanji　jsuanj
长城	changcheng	chch	chcheng

5．英文输入

可以按照以下几种方式输入英文。

（1）切换至英文输入状态：按 Shift 键或点击输入法面板上的"中/英"按钮，切换至英文输入状态，然后输入英文。

（2）在"新体验"风格下，以大写字母开头输入英文，则不转换为中文。

（3）在"简捷"风格下，输入拼音后直接按 Enter 键，输入的是英文。

6．网址输入

微软拼音具有自动识别网址的功能，如输入为网址则停止拼音转换。能识别的网址前缀有 www.、http:、https:、ftp:、mailto:。

7．输入板

此功能仅在 Windows 内置的微软拼音输入法中提供。利用此功能可以输入不知道拼音的汉字。单击输入法面板上的"开启/关闭输入板"按钮，可打开或关闭输入板。输入板窗口如图 1-17 所示。当前窗口是"手写识别"视图，可使用鼠标在手写识别区域写出要输入的汉字，右边窗格显示出识别出来的字列表，鼠标指向识别出来的汉字列表中某个字时，会显示出字的拼音及声调。单击"字典查询"按钮，输入板窗口切换至"字典查询"视图；再单击"手写识别"按钮，输入板窗口切换回"手写识别"视图。

8. 搜索功能

微软拼音输入法的搜索插件功能很强大，可使用户随时对正在输入的内容进行搜索。

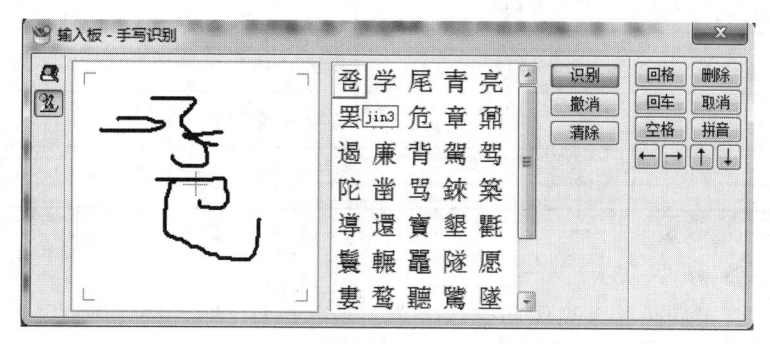

图 1-17　输入板窗口

输入拼音后，在中文确认前，按组合键 **Ctrl+F8** 或单击输入法提示框上的搜索按钮，如图 1-18 和 1-19 所示。

图 1-18　输入搜索关键字

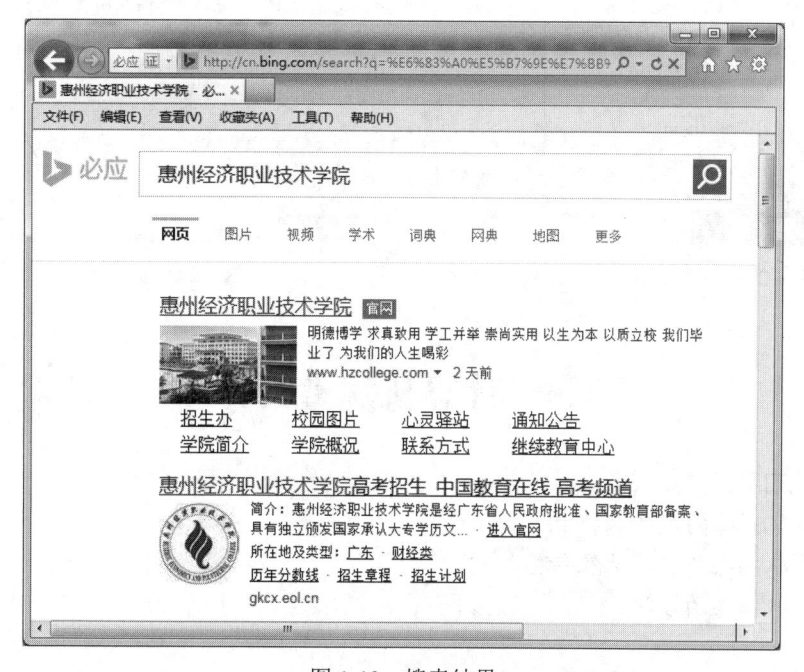

图 1-19　搜索结果

9. 特殊符号以及状态切换

在中文输入状态下，一些特殊符号的输入，如表 1-3 所示。

表 1-3　特殊符号以及状态切换

特殊符号	键	特殊符号	键
输入人名分隔符（·）	Shift+@2 或 Shift+\	输入人民币符号（￥）	Shift+$4
输入顿号（、）	\	输入省略号……	Shift+^6
切换中英文符号	Ctrl+>	切换全角/半角	Shift+空格键

10. 切换至繁体输入模式

默认状态下，可同时输入简体和繁体中文。要设置为仅输入繁体中文，则单击输入法栏上的"功能菜单"按钮，弹出"功能菜单"，如图 1-20 所示。选择"输入选项"，在打开的"输入选项"对话框中，点击"高级"选项卡，选择"字符集"项下的"繁体中文"子项。如图 1-21 所示，在单击"确定"按钮，即可进入繁体中文输入。

图 1-20　功能菜单　　　　　　　　　　　图 1-21　输入选项

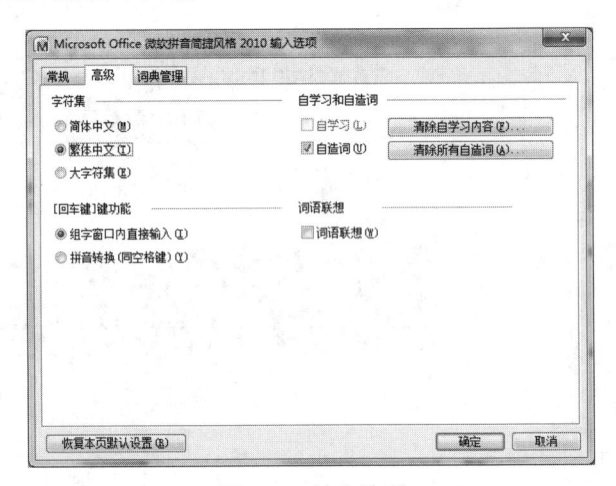

1.6　计算机病毒简介

主要学习内容：
- 计算机病毒的定义及特点
- 计算机病毒主要症状及传播途径
- 计算机病毒的预防

计算机病毒是人为设计的程序，是编制者在计算机程序中插入的破坏计算机功能或者破坏数据，影响计算机使用并且能够自我复制的一组计算机指令或者程序代码。

1.6.1 计算机病毒的特点

（1）传染性。计算机病毒可以自我复制，即具有传染性，这是判断某段程序为计算机病毒的首要条件。

（2）破坏性。计算机病毒种类不同其破坏性也差别很大。计算机中毒后，可能会导致正常的软件无法运行，也可能会把计算机内的数据或程序删除，使之无法恢复。

（3）潜伏性。有些计算机病毒进入系统后不会马上发作，只是悄悄地传播、繁殖、扩散。一旦时机成熟，病毒发作，会破坏计算机系统，如格式化磁盘、删除磁盘文件、对数据文件做加密、封锁键盘以及使系统死锁等。

（4）隐蔽性。计算机病毒具有很强的隐蔽性，有的会时隐时现、变化无常，有的可以通过病毒软件检查出来，有的根本就查不出来。

1.6.2 计算机感染病毒的主要征兆

在计算机病毒潜伏、发作或传播时，计算机常常会出现以下一些症状。

- 计算机屏幕上出现某些异常字符或画面；
- 文件长度异常增减或莫名其妙产生新文件；
- 一些文件打开异常或突然丢失；
- 系统无故进行大量磁盘读写；
- 系统出现异常的重启现象，经常死机，或者蓝屏无法进入系统；
- 可用的内存或硬盘空间变小；
- 打印机等外部设备出现工作异常；
- 程序或数据神秘消失，文件名不能辨认等；
- 文件不能正常删除。

1.6.3 计算机病毒的传播途径

计算机病毒是通过媒体进行传播的。常见的计算机病毒的传染媒体有：计算机网络、磁盘和光盘等。现在计算机病毒传染最快的途径就是计算机网络，如利用电子邮件、网上下载文件进行传播等。移动硬盘、U盘、光盘等也是计算机病毒传染的重要途径。

1.6.4 计算机病毒的预防

1. 计算机病毒的预防

（1）对系统文件、重要可执行文件和数据进行写保护。
（2）备份系统和参数，建立系统的应急计划等。
（3）不使用来历不明的程序或数据。
（4）不打开来历不明的电子邮件。
（5）使用新的计算机系统或软件时，要先杀毒后使用。
（6）专机专用。
（7）安装杀毒软件，并定期进行杀毒。

（8）对外来的磁盘进行病毒检测处理后再使用。

2. 几种常用的杀毒软件

杀毒软件，也称反病毒软件或防毒软件，是用于清除电脑病毒、恶意软件等计算机威胁的一类软件。杀毒软件通常集成监控识别、病毒扫描和清除以及自动升级等功能，是计算机防御系统的重要组成部分。

常见的杀毒软件有 360 杀毒软件、金山毒霸、瑞星杀毒软件等。

360 杀毒软件是永久免费、性能超强的杀毒软件。360 杀毒采用领先的五大引擎：国际领先的常规反病毒引擎，国际性价比排名第一的 BitDefender 引擎，修复引擎，360 云引擎，360QVM 人工智能引擎。

金山毒霸是金山公司推出的电脑安全产品，监控、杀毒全面可靠，占用系统资源较少。集杀毒、监控、防木马、防漏洞为一体，是一款具有市场竞争力的杀毒软件。

瑞星杀毒软件（Rising Antivirus，简称 RAV）采用获得欧盟及中国专利的六项核心技术，形成全新软件内核代码，具有八大绝技和多种应用特性，是有实用价值和安全保障的杀毒软件产品。

练习题

1. 从外观上，观察计算机主要有哪些部分组成。
2. 利用输入法学习软件，练习英文打字、智能输入法和五笔输入法。
3. 选择题

（1）ROM 中的信息是_____。
    A．由计算机制造厂预先写入的
    B．在系统安装时写入的
    C．根据用户的需求，由用户随时写入的
    D．由程序临时存入的

（2）在计算机硬件技术指标中，度量存储器空间大小的基本单位是_____。
    A．字节（Byte）   B．二进位（bit）
    C．字（Word）   D．半字

（3）二进制数 1011001 转换成十进制数是_____。
    A．80   B．89   C．76   D．85

（4）十进制数 121 转换为二进制数为_____。
    A．100111   B．111001   C．1001111   D．1111001

（5）根据国标 GB 2312－80 的规定，总计有各类符号和一、二级汉字编码_____。
    A．7145 个   B．7445 个   C．3008 个   D．3755 个

（6）假设某台式计算机的内存储器容量为 128MB，硬盘容量为 10GB。硬盘的容量是内存容量的_____。
    A．40 倍   B．60 倍   C．80 倍   D．100 倍

（7）汉字的机内码其前后两个字节的最高位二进制值依次分别是_____。
    A．1 和 1   B．1 和 0   C．0 和 1   D．0 和 0

（8）五笔字型汉字输入法的编码属于_____。

  A．音码   B．形声码   C．区位码   D．形码

（9）冯·诺依曼型体系结构的计算机包含的五大部件是_____。

  A．输入设备、运算器、控制器、存储器、输出设备

  B．输入/出设备、运算器、控制器、内/外存储器、电源设备

  C．输入设备、中央处理器、只读存储器、随机存储器、输出设备

  D．键盘、主机、显示器、磁盘机、打印机

（10）在微机的配置中常看到"P4 2.4G"字样，其中数字"2.4G"表示_____。

  A．处理器的时钟频率是 2.4GHz   B．处理器的运算速度是 2.4

  C．处理器是 Pentium4 第 2.4 版   D．处理器与内存间的数据交换速率

第 2 章 Windows 7 基本操作

2.1 中文 Windows 7 启动与退出

主要学习内容：
- Windows 7 的启动和退出
- Windows 7 的桌面

操作系统是用户与计算机间沟通的桥梁。计算机没有安装操作系统，用户就不能正常使用计算机。所有应用软件都必须在操作系统的支持下才能使用，操作系统是应用软件的支撑平台。Windows 7 是 Microsoft 公司于 2009 年正式发布的操作系统，其核心为 Windows NT 6.1，采用 Windows NT/2000 的核心技术，运行可靠、稳定且速度快，尤其在计算机安全性方面有更强的保障。根据用户的不同，中文版 Windows 7 可分为家庭版、专业版、企业版和旗舰版。本章主要介绍应用广泛的中文 Windows 7 旗舰版的使用。

一、操作要求

（1）打开计算机。Windows 7 启动成功后，观察 Windows 7 桌面的组成。
（2）切换用户。以另一用户登录当前正在使用的计算机，不关闭当前正在使用的程序和文件。
（3）注销。注销当前登录用户，以第（1）步登录的用户再次登录。
（4）重新启动计算机。
（5）让计算机进入睡眠（或休眠）状态。
（6）唤醒睡眠（或休眠）状态的计算机。
（7）关闭计算机。

二、操作过程

1. 计算机启动

按下计算机的电源开关即可启动 Windows 7。计算机机箱的电源上通常有开关标志：⏻。计算机启动后，按照 Windows 要求输入"用户名"和"密码"，按 Enter 键，进入 Windows 7 系统。进入 Windows 7 后，首先显示的用户界面如图 2-1 所示。

第2章　Windows 7 基本操作

图 2-1　Windows 桌面

2．切换用户

单击"开始"按钮，然后单击"关机"按钮右边的箭头，打开"退出系统"菜单，如图 2-2 所示。单击"切换用户"；或按组合键 Ctrl+Alt+Delete，然后单击"切换用户"。Windows 显示系统用户，单击用户名，输入"密码"，按 Enter 键，进入 Windows 7 系统。

说明：如果计算机上有多个用户，另一用户要登录该计算机，且不关闭当前用户打开的程序和文件，可使用"切换用户"方式。

图 2-2　"退出系统"菜单

注意：Windows 不会自动保存打开的文件，因此在切换用户之前要保存所有打开的文件。如果切换到其他用户并且该用户关闭了该计算机，则之前账户上打开的文件所做的所有未保存更改都将丢失。

3．注销当前登录用户

单击"开始"按钮，然后单击"关机"按钮右边的箭头，打开"退出系统"菜单，如上图 2-2 所示。单击"注销"。单击第 1 步登录的用户名，输入密码，再次登录。

说明：注销操作会将正在使用的所有程序都关闭，但计算机不会关闭。如果别的用户只是短暂地使用计算机，适合选择"切换用户"；如果是第一个用户不再使用计算机，由其他用户使用，则使用"注销"。

4．重新启动计算机

单击"开始"按钮，然后单击"关机"按钮右边的箭头，打开"退出系统"菜单，单击"重新启动"。

说明：通常在计算机中安装了一些新的软件、硬件或者修改了某些系统设置后，为了使这些程序、设置或硬件生效，需要重新启动操作系统。

5. 让计算机进入睡眠（或休眠）状态

单击"开始"按钮，然后单击"关机"按钮右边的箭头，打开"退出系统"菜单，单击"睡眠"（或休眠），系统进入睡眠（或休眠）状态。

说明："睡眠"是一种节能状态。当用户再次开始工作时，可使计算机快速恢复到之前的工作（通常在几秒钟之内）。

"休眠"是一种主要为手提电脑设计的电源节能状态。在 Windows 使用的所有节能状态中，休眠使用的电量最少。如果用户将有很长一段时间不使用计算机，且在那段时间不能给电池充电，则应使用休眠模式。

睡眠通常会将工作和设置保存在内存中，消耗少量的电量。休眠则将打开的文档和程序保存到硬盘中，然后关闭计算机。

6. 唤醒睡眠（或休眠）状态的计算机

在大多数计算机上，可以按计算机电源按钮恢复工作状态。也有的是通过按键盘上的任意键或单击鼠标来唤醒计算机。

提示：有些电脑的键盘有 Sleep（休眠）键和 Wake up（唤醒）键。手提电脑打开便携式盖子来唤醒计算机。

7. 关闭计算机

单击"开始"按钮，然后单击"关机"按钮；或按计算机的电源按钮持续几秒钟。关闭计算机后，然后关闭显示器。

提示：关机时，计算机关闭所有打开的程序以及 Windows 本身。关机不会保存用户的工作，所以在关机前，必须首先保存文件。

三、知识技能要点

1. Windows 7 的启动

按下计算机的电源开关即可启动 Windows 7。计算机启动后，Windows 会要求用户输入"用户名"和"密码"。输入正确的用户名和密码后，按 Enter 键，进入 Windows 7 系统。Windows 7 进入后，首先显示的用户界面如图 2-1 所示。该界面是用户操作所有应用程序的场所，俗称 Windows 的桌面。

2. Windows 7 的关闭

退出 Windows 7 有几种方案供用户选择，包括：关机、切换用户、注销、锁定、重新启动、休眠和睡眠七种方式。单击"开始"按钮，然后单击"关机"按钮右边的箭头，打开"退出系统"菜单，显示退出 Windows 的几种方式，如图 2-2 所示。

3. Windows 7 的桌面

启动 Windows 7 后，显示器出现的就是 Windows 的桌面，如图 2-1 所示。桌面上的一个个小图片称为图标，代表一个程序、文件夹、文件或其他的对象。安装好 Windows 7 后，第一次启动时，桌面上只有一个"回收站"图标。用户可以自己添加或删除桌面上的图标，也有一部分图标是安装应用软件时自动添加的。双击桌面上的图标可以打开相应的软件。

下面简单介绍桌面上常见的图标：
- 计算机：用于管理计算机内置的各种资源对象，比如硬盘资源、光盘资源、移动存储设备和控制面板、网上邻居等。
- 网络：提供对网络上计算机和设备的便捷访问。可以在"网络"文件夹中查看网络计算机的内容，并查找共享文件和文件夹。还可以查看并安装网络设备，例如打印机。
- 回收站：用于存放和管理被删除的文件或文件夹。从计算机上删除文件时，文件实际上只是移动到并暂时存储在回收站中，直至回收站被清空。没清空回收站时，还可以从中还原被删除的文件或文件夹，所以删除的文件如果没有清空仍然占用计算机的硬盘资源。
- 用户：是存储可为用户提供需要快速访问的文档、图片、视频或其他文件的文件夹。

桌面上除了图标外还有"任务栏"，"边栏小工具"。"边栏小工具"在桌面的右侧，如时钟等。"任务栏"通常位于桌面的最下方，如图 2-3 所示。任务栏主要由"开始"菜单按钮、快速启动工具栏、打开的程序窗口按钮和通知区域等几部分组成。

图 2-3　任务栏

"开始"菜单按钮：单击该按钮，打开"开始"菜单。在开始菜单中包括已安装在计算机中的所有应用程序和 Windows 7 自带的控制、管理、设置程序和其他应用程序。在"开始"菜单中用鼠标单击其中的项目可以启动所选择的项目，例如单击"所有程序"中的"Internet Explorer"项目可以启动 IE 浏览器。

2.2　中文 Windows 7 的基本操作

主要学习内容：
- 鼠标指针形状
- 桌面图标
- 开始菜单和任务栏的使用
- 窗口及对话框的使用
- 菜单的使用

一、操作要求

（1）设置桌面上的图标自动排列，再按"修改日期"对桌面图标重新排序，观察图标顺序变化。

（2）为"桌面小工具库"建立桌面快捷图标。

（3）打开"计算机"窗口，观察该窗口的组成。然后对该窗口进行最大化、最小化和还原操作，并通过边框调整此窗口的大小。

（4）打开"网络"和"回收站"窗口；在打开的各窗口间切换；将各窗口以"并排显示窗口"形式显示。

（5）设置"开始"菜单中，显示最近打开过的程序数目为10，显示在跳转列表中的最近使用的项目数为5。

（6）将任务栏移至桌面的上边框处。

（7）设置"桌面"图标显示在任务栏的工具栏上。

（8）在任务栏的通知区域显示"音量"图标。

（9）将系统时间设置为当前正确的时间。

二、操作过程

1. 排列桌面上的图标

在桌面无图标处右击鼠标，打开快捷菜单，鼠标移至"查看"，显示下一级菜单，如图2-4所示。单击选择"自动排列图标"，则桌面上的图标自动排列。再在桌面右击鼠标，打开快捷菜单，单击"排序方式"下的"修改日期"，则系统对桌面图标按修改日期重新排序，观察图标顺序变化。

2. 为"桌面小工具库"建立桌面快捷图标

单击"开始"菜单，选择"所有程序"，在所有程序列表中找到"桌面小工具库"，右击此项，打开快捷菜单，选择"发送到"下级菜单中的"桌面快捷方式"，如图2-5所示。即在桌面上出现"桌面小工具"快捷图标。

图2-4 快捷菜单　　　　　　　　　　　　图2-5 建立桌面快捷方式

3. 改变"计算机"窗口大小

双击桌面上的"计算机"图标，打开"计算机"窗口，如图2-6所示。观察该窗口的组成。单击窗口标题栏上的"最大化"按钮，将窗口最大化。窗口最大化按钮变为还原按钮。单击还原按钮，窗口恢复到最大化之前窗口的大小。单击"最小化"按钮，窗口缩为一个图标显示在任务栏上。单击任务栏上相应的图标，则重新显示该窗口。

要调整窗口的高度，则鼠标指向窗口的上边框或下边框。当鼠标指针变为垂直的双箭头↕时，单击边框，然后将边框向上或向下拖动。要调整窗口宽度，则鼠标指向窗口的左边框或右边框，当指针变为水平的双箭头↔时，单击边框，然后将边框向左或向右拖动。若要同时改变高度和宽度，则指向窗口的任何一个角。当指针变为斜向的双向箭头↘时，单击边框，然后向任一方向拖动边框。

图 2-6 "计算机"窗口

4. 打开、切换和并排显示窗口

双击桌面上"网络"图标，打开"网络"窗口；双击桌面上的"回收站"图标，打开"回收站"窗口。

按组合键 ❖（Windows 徽标键）+Tab，进入三维窗口切换模式，如图 2-7 所示。按 Tab 键在窗口间向前循环切换，按 Shift+Tab 键在窗口间向后循环切换。在某个窗口中单击即切换至该窗口。

右击任务栏，打开如图 2-8 所示的快捷菜单，单击"并排显示窗口"命令，当前打开的各窗口即以并排窗口的方式显示，如图 2-9 所示。使用计算机时，需同时看到多个窗口内容时，可采用该方式显示窗口，也可使用"堆叠显示窗口"。

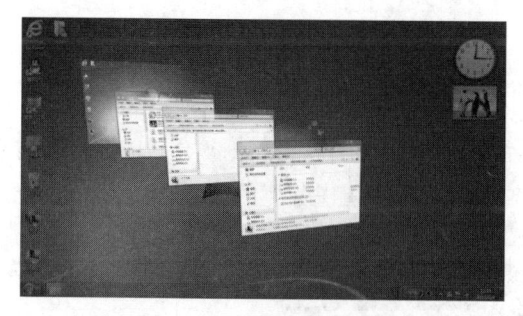

图 2-7 三维窗口切换模式　　　　　　　　图 2-8 快捷菜单

图 2-9 并排显示窗口

5. 设置"开始"菜单

在任务栏上右击，打开快捷菜单，如图2-8所示。单击"属性"，打开"任务栏和「开始」菜单属性"对话框，单击"「开始」菜单"选项卡，如图2-10所示，单击"自定义"按钮，打开"自定义「开始」菜单"对话框。在此对话框下方"「开始」菜单大小"处，设置"要显示的最近打开过的程序的数目"为10，"要显示在跳转列表中的最近使用的项目数"为5，如图2-11所示。

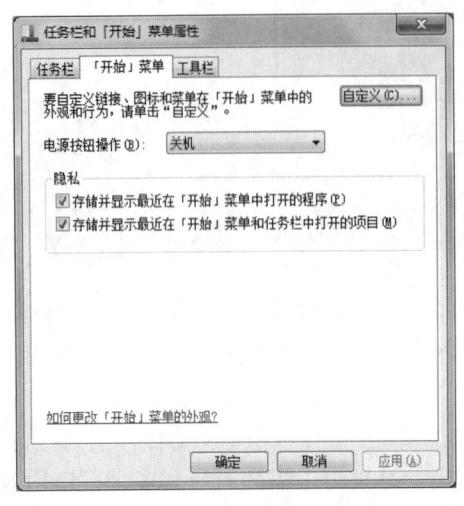

图2-10　"任务栏和「开始」菜单属性"对话框 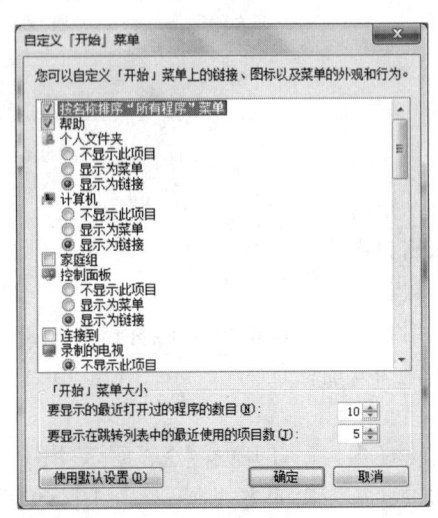　　　图2-11　"自定义「开始」菜单"对话框

6. 移动任务栏

将鼠标指针指向任务栏，然后按住左键将任务栏拖动到桌面的上边框处。

7. 设置"桌面"图标显示在任务栏的工具栏上

在任务栏上右击鼠标，打开快捷菜单，指向"工具栏"项，显示"工具栏"下一级菜单，如图2-12所示。单击"桌面"选项，"桌面"图标即显示在任务栏的工具栏上。

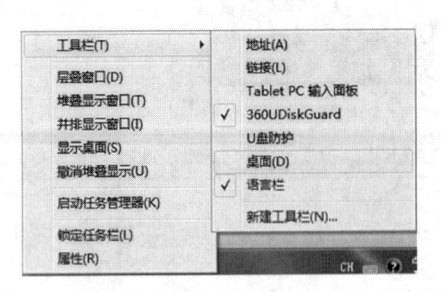

图2-12　"工具栏"子菜单

8. 在任务栏的通知区域显示"音量"图标

在任务栏上右击鼠标，打开快捷菜单，如图2-8所示，单击"属性"项，打开"任务栏和开始菜单属性"对话框。在"任务栏"选项卡（如图2-13所示）的"通知区域"中单击"自定义"按钮，打开"通知区域图标"设置窗口。在"音量"右侧的"行为"下拉框中，选择"显示图标和通知"，如图2-14所示（注：这时"始终在任务栏上显示所有图标和通知"复选框未勾选）。然后单击两次"确定"按钮。通知区域即显示音量图标。如图2-15所示。

第 2 章　Windows 7 基本操作

图 2-13　"任务栏"选项卡

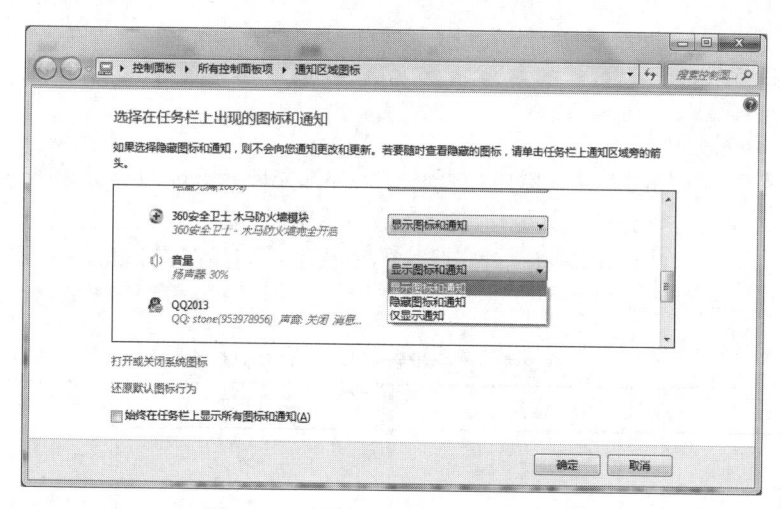

图 2-14　"通知区域图标"设置窗口

9. 设置时间和日期

在任务栏右侧的时间上单击，打开时间和日期显示窗口，如图 2-16 所示。单击"更改日期和时间设置…"文本，打开"日期和时间"对话框，如 2-17 所示。单击"更改日期和时间"按钮，打开"日期和时间设置"对话框，如图 2-18 所示。在此对话框设置正确的时间和日期，单击"确定"按钮。再次单击"确定"按钮，完成设置。

图 2-15　通知区域

图 2-16　显示时间和日期

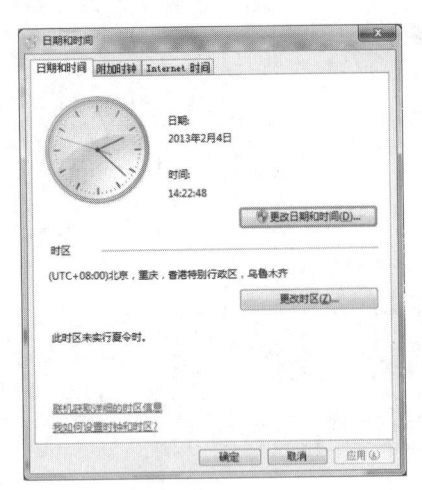

图 2-17 "日期和时间"对话框   图 2-18 "日期和时间设置"对话框

三、知识技能要点

1. 鼠标的指针形状

Windows 7 中，用户的大部分操作都可通过鼠标来完成。鼠标的基本操作主要有指向、单击、双击、拖放和右击等五种，其操作方法在第一章中已介绍。

使用鼠标时，用户的操作不同，对应鼠标的形状也不同。在 Windows 标准方案下鼠标指针形状和相应含义如表 2-1 所示。

表 2-1 鼠标指针形状和相应含义

指针形状	含义	指针形状	含义
↖	正常选择	⊘	不可用
↖?	帮助选择	↕	垂直调整
↖	后台运行	↔	水平调整
⌛	忙	↘ 或 ↗	沿对角线调整
+	精确定位	✣	移动
I	选定文本	↑	候选
✎	手写	👆	链接选择

2. 开始菜单

"开始"菜单是计算机程序、文件夹和设置的主门户。若要打开"开始"菜单，请单击屏幕左下角的"开始"按钮 ，或者按键盘上的 Windows 徽标键 。

使用"开始"菜单可执行以下常见的操作：

- 启动程序；
- 打开常用的文件夹；
- 搜索文件、文件夹和程序；

- 调整计算机设置；
- 获取有关 Windows 操作系统的帮助信息；
- 关闭计算机；
- 注销 Windows 或切换到其他用户账户。

"开始"菜单分为三个基本部分：①左边的大窗格显示计算机上程序的一个短列表。单击"所有程序"可显示程序的完整列表。②左边窗格的底部是搜索框，通过键入搜索项可在计算机上查找程序和文件。③右边窗格提供对常用文件夹、文件、设置和功能的访问。在这里还可注销 Windows 或关闭计算机。

从"开始"菜单打开程序："开始"菜单最常见的一个用途是打开计算机上安装的程序。在"开始"菜单左边窗格中，单击显示的程序，该程序就打开了，并且"开始"菜单随之关闭。如果看不到所需的程序，可单击左边窗格底部的"所有程序"。左边窗格会立即按字母顺序显示程序的长列表，后跟一个文件夹列表。若要返回到刚打开"开始"菜单时看到的程序，可单击菜单底部的"返回"按钮。

搜索框：搜索框是在计算机上查找项目的最便捷方法之一。搜索框将遍历用户程序以及个人文件夹（包括"文档"、"图片"、"音乐"、"桌面"以及其他常见位置）中的所有文件夹。它还会搜索用户的电子邮件、已保存的即时消息、约会和联系人。若要使用搜索框，打开"开始"菜单，光标已定位在搜索框中，直接键入搜索项。键入之后，搜索结果将显示在"开始"菜单左边窗格中的搜索框上方。

右边窗格："开始"菜单的右边窗格中包含用户可能经常使用的部分 Windows 链接。从上到下有：

- 个人文件夹。打开个人文件夹（它是根据当前登录到 Windows 的用户命名的），如图 2-19 中所显示为 admin。
- 文档。打开"文档"文件夹，可以在这里存储和打开文本文件、电子表格、演示文稿以及其他类型的文档。
- 图片。打开"图片"文件夹，可以在这里存储和查看数字图片及图形文件。
- 音乐。打开"音乐"文件夹，可以在这里存储和播放音乐及其他音频文件。
- 游戏。打开"游戏"文件夹，可以在这里访问计算机上的所有游戏。
- 计算机。打开一个窗口，可以在这里访问磁盘驱动器、照相机、打印机、扫描仪及其他连接到计算机的硬件。
- 控制面板。打开"控制面板"，可以在这里自定义计算机的外观和功能、安装或卸载程序、设置网络连接和管理用户账户。
- 设备和打印机。打开一个窗口，可以在这里查看有关打印机、鼠标和计算机上安装的其他设备的信息。
- 默认程序。打开一个窗口，可以在这里选择要让 Windows 运行用于诸如 Web 浏览活动的程序。

图 2-19 "开始"菜单

- 帮助和支持。打开 Windows 帮助和支持，可以在这里浏览和搜索有关使用 Windows 和计算机的帮助主题。

3. 桌面图标

在 Windows 操作系统中，可以为程序、文件、图片、位置和其他项目添加或删除桌面图标。

添加到桌面的大多数图标将是快捷方式，但也可以将文件或文件夹保存到桌面。如果删除快捷方式图标，则会将快捷方式从桌面删除，但不会删除快捷方式链接到的文件、程序或位置。可以通过图标上的箭头来识别快捷方式。如图 2-20 所示。

（1）为桌面添加图标。找到要为其创建快捷方式的项目。右键单击该项目，单击"发送到"，然后单击"桌面快捷方式"。该快捷方式图标便出现在桌面上。

图 2-20 快捷图标

（2）删除图标。右键单击桌面上的某个图标，单击"删除"，打开"删除快捷键"对话框，然后单击"是"。如果系统提示输入管理员密码或进行确认，则键入该密码或提供确认。

（3）添加或删除特殊的 Windows 桌面图标，包括"计算机"文件夹、用户个人文件夹、"网络"文件夹、"回收站"和"控制面板"的快捷方式。操作步骤如下：

1）在桌面空白处右击，打开快捷菜单，单击"个性化"，显示"个性化"窗口，如图 2-21 所示。

2）在左窗格中，单击"更改桌面图标"，打开"桌面图标设置"对话框。

3）在"桌面图标"选项中，选择要添加到桌面的每个图标的复选框，或清除想要从桌面上删除的每个图标的复选框，如图 2-22 所示，然后单击"确定"按钮。

图 2-21 "个性化"窗口　　　　图 2-22 "桌面图标设置"对话框

（4）隐藏桌面图标。如要临时隐藏所有桌面图标，实际并不删除它们，可右击桌面空白部分，在打开的快捷菜单中，单击"查看"→"显示桌面图标"，取消选择该项，桌面上图标消失。可以通过再次单击"显示桌面图标"来显示图标。

4. 窗口的使用

窗口是 Windows 操作系统最基本的操作界面，也是 Windows 操作系统的特点。每当打开程序、文件或文件夹时，它都会在屏幕上称为窗口的框或框架中显示。在 Windows 中应用程序、资源管理等都是以窗口界面呈现在用户面前。

(1)窗口的组成。

Windows 7 的窗口有许多种,虽然每个窗口的内容各不相同,但所有窗口都有一些共同点。窗口始终显示在桌面(屏幕的主要工作区域)上。大多数窗口都具有相同的基本部分。通常由标题栏、菜单栏、工具栏、工作区、滚动条等几部分组成,如图 2-23 所示是一个 Windows 窗口。窗口中主要的组成部分功能如表 2-2 所示。

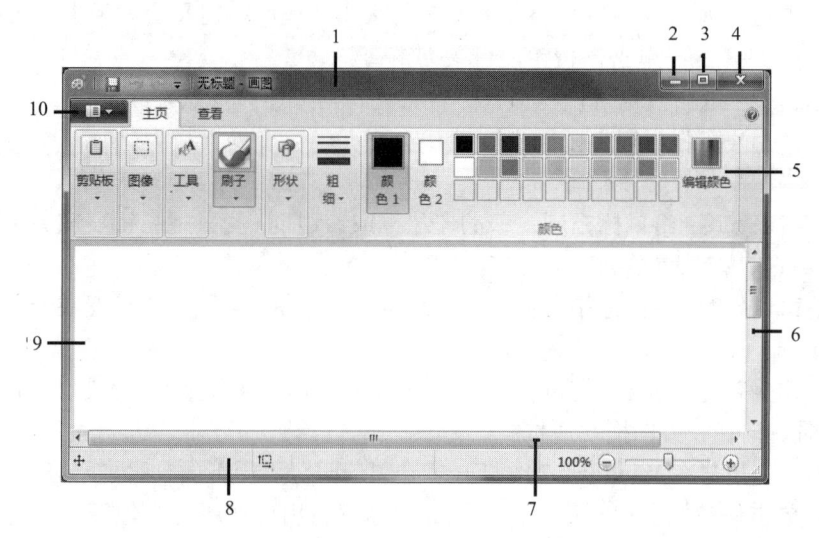

图 2-23　Windows 窗口

表 2-2　窗口的组成部分及其功能

序号	名称	功能
1	标题栏	显示应用程序或文档的名称,其左端为控制菜单按钮,右端为最小化、最大化(或还原)以及关闭按钮
2	最小化按钮	单击该按钮,窗口最小化
3	最大化按钮	窗口的最大化显示
4	关闭按钮	关闭窗口
5	选项卡栏	显示当前选项卡的命令按钮
6	垂直滚动条	拖动滚动可查看程序或文档的内容在垂直方向上的显示
7	水平滚动条	拖动滚动可查看程序或文档的内容在水平方向上的显示
8	状态栏	显示窗口当前状态
9	工作区	显示应用程序或文档的内容
10	选项卡	单击选项卡标签,切换选项卡

(2)窗口的基本操作。

打开窗口:常用的方法有两种:一是双击相应窗口图标;二是右击相应窗口图标,在打开的快捷菜单中选择"打开"命令。

移动窗口:将鼠标指向窗口的标题栏,然后拖动窗口到目标位置后释放鼠标,即可完成移动操作。

关闭窗口：单击关闭按钮。关闭窗口会将其从桌面和任务栏中删除。
最大化、最小化和关闭窗口：单击标题栏上的窗口控制按钮，即可完成相应操作。
- 最小化按钮　：单击该按钮，窗口会缩成为 Windows 7 任务栏上的一个按钮。当再次使用该窗口时，单击任务栏上相应的按钮，窗口即恢复原来的位置和大小。
- 最大化按钮　：单击该按钮，窗口铺满整个桌面，此时，最大化按钮变成还原按钮　；单击还原按钮，窗口会变回原来的大小，还原按钮又变为最大化按钮。
- 关闭按钮　：单击该按钮，可关闭窗口。

在窗口标题栏上双击，也可使窗口在"最大化"与"还原"状态间切换。
调整窗口：用户可根据需要随意改变窗口大小。当窗口处于最大化时，不能调整其大小和位置。
- 调整窗口宽度：将鼠标指向窗口的左边框或右边框，当鼠标指针变成一个水平的双箭头↔时，拖动鼠标到合适位置。
- 调整窗口高度：将鼠标指向窗口的上边框或下边框，当鼠标指针变成一个垂直的双箭头↕时，拖动鼠标到合适位置。
- 同时调整高度和宽度：将鼠标指向窗口的任一角，当鼠标指针变成一个斜向的双箭头↖时，向任一方向拖动边框。

切换窗口：当用户在 Windows 7 中打开多个窗口时，可用下面几种方法在窗口间切换。
方法一：单击任务栏上相应窗口的按钮。该窗口将出现在所有其他窗口的前面，成为活动窗口。
方法二：按 Alt+Tab 组合键，屏幕上会出现一个任务切换窗口，该窗口显示当前正在运行的所有程序图标，如图 2-24 所示。按住 Alt 键并重复按 Tab 键循环切换所有打开的窗口和桌面。释放 Alt 键可以显示所选的窗口。

图 2-24 任务切换窗口

方法三：单击要切换为当前窗口中的任意位置，前提为该窗口在桌面上可见。
方法四：使用 Aero 三维窗口切换，按住 Windows 徽标键的同时按 Tab 键可打开三维窗口切换。按下 Windows 徽标键，重复按 Tab 键或滚动鼠标滚轮可以循环切换打开的窗口。释放可以显示堆栈中最前面的窗口。Aero 三维窗口切换以三维堆栈排列窗口，可以快速浏览这些窗口。

说明：Aero 桌面体验的特点是透明的玻璃图案带有精致的窗口动画和新窗口颜色。它包括与众不同的直观样式，将轻型透明的窗口外观与强大的图形高级功能结合在一起。

排列窗口：利用 Windows 7 提供的排列窗口功能，可使打开的多个窗口排列整齐有条理，且都在桌面上可见。Windows 7 提供了三种排列窗口的方式："层叠窗口"、"堆叠显示窗口"和"并排显示窗口"。

设置排列窗口的操作方法为：右击任务栏的空白区域，弹出快捷菜单，选择任一种排列窗口方式，系统即按所选择方式排列当前打开的所有窗口。

5. 对话框的使用

对话框是 Windows 7 或某个应用程序提供给用户设置选项的特殊窗口，是用户与计算机进行信息交流的窗口。多数对话框无法最大化、最小化或调整大小。但是它们可以被移动。对话框通常由标题栏、标签、选项卡、列表框、输入框、单选按钮、复选按钮、数字调节按钮和命令按钮等组成，如图 2-25 所示为"页面设置"对话框。对话框的组成部分及其说明见表 2-3：

图 2-25 对话框的组成

表 2-3 对话框的组成部分及其说明

序号	名称	说明
1	标题栏	显示对话框名。其右端显示帮助按钮及关闭按钮
2	选项卡标签	标签即为对话框中选项卡的名字，每个标签对应一个选项卡。单击标签可以切换到对应的选项卡
3	下拉列表框	给用户提供了一些选择项，单击此框弹出下拉列表，用户通过单击可选择某项
4	复选框选项	复选框为方形按钮，提供在一组选择项中可选择多个。单击复选框，可在选择和未选择间切换。选择复选框时，方形按钮中显示一个对勾√，对勾消失，则说明未选择
5	数据调节按钮	单击调节按钮，可以改变相应项的设置值，设置值显示在输入框中。单击向上箭头，则增大数值；单击向下箭头，则减小数值
6	文本输入框	供用户输入设置项的值，也可对输入内容进行修改和删除等操作
7	命令按钮	单击命令按钮，可执行相应命令。常见有"确定"和"取消"按钮

除上面图中各项外，对话框中也会常见单选按钮。单选按钮为圆圈形的按钮，选择时圆圈内显示一个圆点●，未选择时圆圈内无圆点○。在一组单选按钮中只能选择其中一项，单

击单选按钮，即选择相应项。

6. 菜单的使用

Windows 菜单是一些命令的集合，常见的 Windows 菜单有开始菜单、控制菜单、窗口菜单和快捷菜单等。

（1）开始菜单：用于启动 Windows 7 中所安装的程序以及对计算机的资源进行设置、管理等操作。

（2）控制菜单：用于控制窗口的还原、大小、移动、最小化、最大化和关闭等操作。

（3）窗口菜单：包括打开的应用程序窗口的所有操作命令，由多个主菜单项组成，各主菜单项又有相应的下拉菜单。常见的有"文件"、"编辑"等菜单项。

（4）快捷菜单：在对象上单击右键，一般有相应快捷菜单出现。

使用 Windows 7 菜单时，一般都有统一的约定，如表 2-4 所示。

表 2-4 菜单标记的约定

菜单命令标记	含义
灰色字体的命令	表示该命令在当前情况下不能使用
命令选项前带 √	表示该命令在当前情况下已起作用，也说明该项为复选项。再次单击该命令标记消失，命令不起作用
命令选项后带 ▶	表示该命令有下一级子菜单
命令选项前带有 ●	表示该命令在当前情况下已起作用，也说明该项为单选项。单击其他选项时该项目标记消失，则该项目不起作用
命令选项后的组合键	表示组合键为该项的快捷键
命令选项后有…	表示执行该命令将会打开一个对话框
命令项间的分隔线	表示命令分组，命令是按功能相近而分组
菜单命令带下划线字母	表示命令的热键，在相应菜单打开的情况下，按带下划线字母，相当于执行相应菜单命令

7. 任务栏

任务栏是位于屏幕底部的水平长条。与桌面不同的是，桌面可以被打开的窗口覆盖，而任务栏几乎始终可见。任务栏主要由"开始"菜单按钮、快速启动工具栏、打开的程序窗口按钮和通知区域等几部分组成。

快速启动工具栏上用于放置一些使用频率较高的程序图标，用户直接单击这些图标即可启动相应的程序。无论何时打开程序、文件夹或文件，Windows 都会在任务栏上创建对应的按钮。通过单击这些按钮，可以在它们之间进行快速切换。

利用任务栏上的程序按钮，可查看所打开窗口的预览。将鼠标指针移向任务栏按钮时，会出现一个小图片，上面显示缩小版的相应窗口，如图 2-26。此预览图（也称为"缩略图"）非常有用。如果其中一个窗口正在播放视频或动画，则会在预览中看到它正在播放。

通知区域，包括时钟以及一些告知特定程序和计算机设置状态的图标，如图 2-27 所示。双击通知区域中的图标通常会打开与其相关的程序或设置。例如，双击音量图标会打开音量控件。双击日期和时间会打开"日期和时间"。

图 2-26　任务栏上窗口的预览　　　　　　图 2-27　通知区域

有时，通知区域中的图标会显示一个小的弹出窗口（称为通知），向用户通知某些信息。例如，向计算机添加新的硬件设备之后（如插入 U 盘），可能会看到。

语言栏：用户单击此栏可以选择各种输入法，右击此栏可对语言栏进行相关设置。

显示桌面按钮：任务栏的最右侧有一个"显示桌面"的长条按钮。当系统桌面上显示其他窗口时，单击该按钮，则其他窗口最小化，显示桌面。

移动任务栏：任务栏通常位于桌面的底部，可以将其移动到桌面的两侧或顶部。指向任务栏上的空白部分，然后按下鼠标按钮，并拖动任务栏到桌面的四个边缘之一，当任务栏出现在所需的位置时，释放鼠标按钮，即实现任务栏的移动。

注意：移动任务栏之前，需要解除任务栏锁定。

锁定任务栏：右键单击任务栏上的空白部分。如果"锁定任务栏"旁边有复选标记，则任务栏已锁定。通过单击"锁定任务栏"命令可以解除或锁定任务栏。

8. 查看或设置时间和日期

设置正确的系统时间有利于系统的管理。设置或查看系统时间和日期，可在"控制面板"中的"时钟、语言和区域"项中设置，或单击任务栏最右边的时钟。具体设置请参看本节案例的第 9 步操作。

2.3　设置个性化的 Windows

主要学习内容：
- 主题、桌面背景及屏幕保护程序
- 声音及电源
- 显示器分辨率及字体大小
- 鼠标形状
- 桌面小工具

一、操作要求

（1）设置 Windows 桌面主题为 Aero 主题中的"自然"；设置背景图片更换时间间隔为 15 分钟。

（2）设置屏幕保护为"三维文字"，文本为"计算机应用基础"，楷体，加粗，高分辨率，摇摆式快速旋转。

（3）设置 Windows 系统打开程序时的声音为"Windows 气球.wav"。

（4）将桌面的"计算机"图标改为。

（5）设置鼠标指针方案为"Windows Aero（大）（系统方案）"；设置正常选择时的鼠标指针为"aero_arrow_l.cur"。

（6）设置系统在待机 30 分钟后关闭显示器。

（7）设置显示分辨率为 1024×768，设置桌面上文本以中等 125%显示。

（8）在桌面右侧边栏上添加"时钟"、"日历"和"幻灯片"小工具。再将"幻灯片"小工具从右侧边栏上删除。

二、操作过程

1. 主题设置

在桌面空白部分右击，在打开的快捷菜单中选择"个性化"命令。系统打开"个性化"窗口，如图 2-28 所示。在右侧窗口"Aero 主题"中单击选择"自然"主题；再单击右侧窗口下方的"桌面背景"文本或桌面背景按钮 ，打开"桌面背景"窗口，如图 2-29 所示。在窗口下方，单击"更改图片时间间隔"下方的下拉菜单，从列表中选择"15 分钟"，单击"保存修改"按钮，返回个性化窗口。

图 2-28 "个性化"窗口

图 2-29 "桌面背景"窗口

2. 设置屏幕保护程序

单击个性化窗口下方的"屏幕保护程序"选项,打开"屏幕保护程序设置"对话框,单击"屏幕保护程序"下方的下拉菜单,选择"三维文字",如图 2-30 所示。单击"设置"按钮,打开"三维文字设置"对话框,在"自定义文本"框中输入"计算机应用基础",如图 2-31 所示;单击"选择字体"按钮,打开"字体"对话框,在字体列表中单击"楷体",字形列表中选择"粗体",如图 2-32 所示,单击"确定"按钮,返回"三维文字设置"对话框。将"分辨率"滑块拖动到"高",如图 2-33 所示;在"动态"设置的"旋转类型"中选择"摇摆式","旋转速度"滑块拖动到"快",如图 2-34 所示。单击两次"确定"按钮,返回"个性化"窗口。

图 2-30 "屏幕保护程序设置"对话框 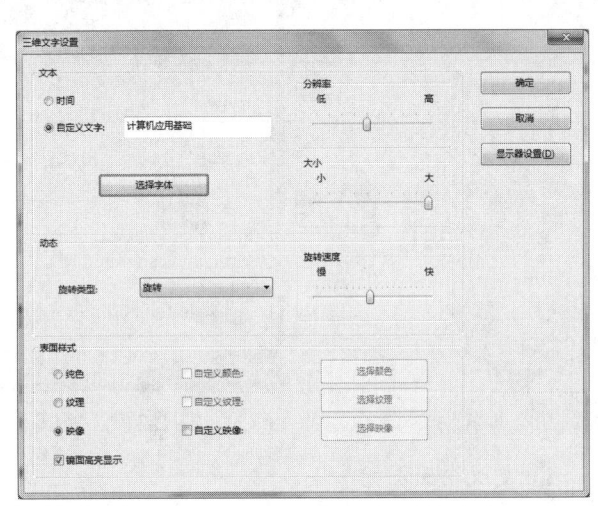 　　图 2-31 "三维文字设置"对话框

图 2-32 "字体"对话框

图 2-33 分辨率设置 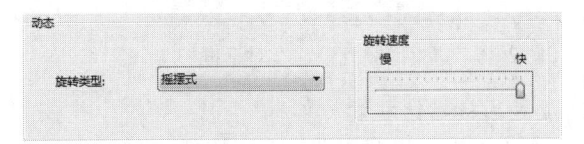 　　图 2-34 动态设置

3. 设置声音

在"个化性"窗口下方，单击"声音"选项。打开"声音"对话框，显示"声音"选项卡。在"程序事件"列表中单击"打开程序"选项。在"声音"下拉列表中单击选择"Windows 气球.wav"，如图 2-35 所示。单击"确定"按钮。

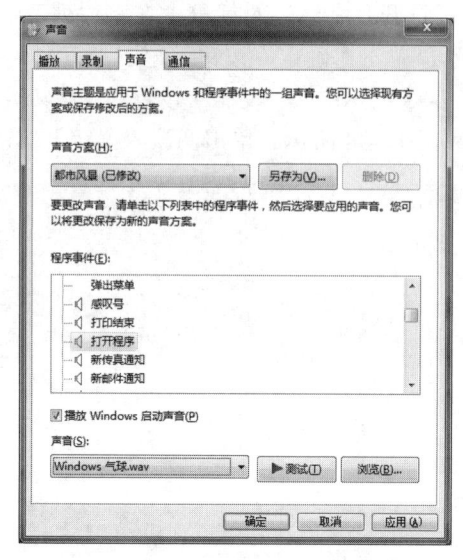

图 2-35 "声音"对话框

4. 更改桌面图标

在"个化性"窗口左侧，单击"更改桌面图标"选项。打开"桌面图标设置"对话框，单击"计算机"图标，如图 2-36 所示。再单击"更改图标"按钮，打开"更改图标"对话框。在图标列表中选择图标，如图 2-37 所示。单击两次"确定"按钮。

图 2-36 "桌面图标设置"对话框　　　　图 2-37 "更改图标"对话框

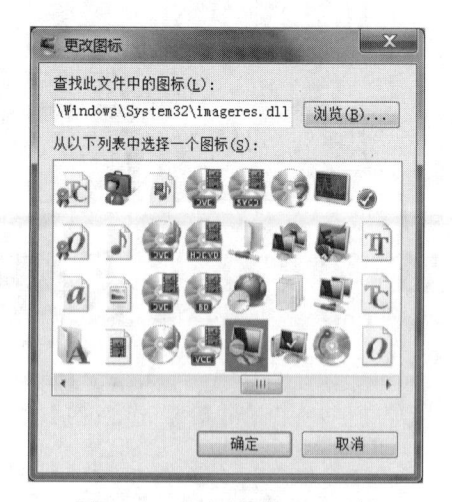

5. 设置鼠标指针方案

在"个化性"窗口左侧，单击"更改鼠标指针"选项，打开"鼠标属性"对话框。在"方案"下拉列表中单击"Windows Aero（大）（系统方案）"，如图 2-38 所示，即设置了鼠标指针方案；在"自定义"列表中，单击"正常选择"，然后单击下方的"浏览"按钮，打开"浏览"对话框。在文件列表框中单击"aero_arrow_l.cur"文件，如图2-39所示。单击"打开"按钮，设置好"正常选择"指针。单击"确定"按钮，关闭"鼠标属性"对话框，返回"个性化"窗口。

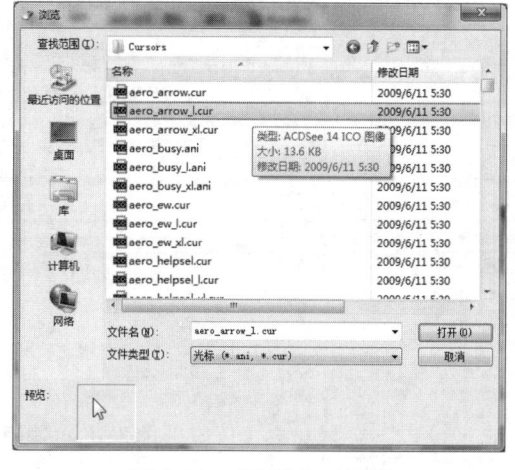

图2-38 "鼠标属性"对话框　　　　　图2-39 "浏览"对话框

6. 设置系统在待机30分钟后关闭显示器

在"个性化"窗口，单击窗口下方的"屏幕保护程序"文本，打开"屏幕保护程序设置"对话框，如图2-30所示。单击窗口下方的"更改电源设置"超文本，打开"电源选项"窗口，如图2-40所示。在窗口左侧单击"选择关闭显示器的时间"超文本，打开"编辑计划设置"窗口，如图2-41所示。在"关闭显示器"右侧的下拉列表中选择"30分钟"，单击"保存修改"按钮，关闭此窗口。即设置系统在待机30分钟后关闭显示器，返回"电源选项"窗口，关闭窗口。返回"屏幕保护程序设置"窗口，单击"确定"按钮。再单击"确定"按钮关闭"个性化"窗口。

图2-40 "电源选项"窗口

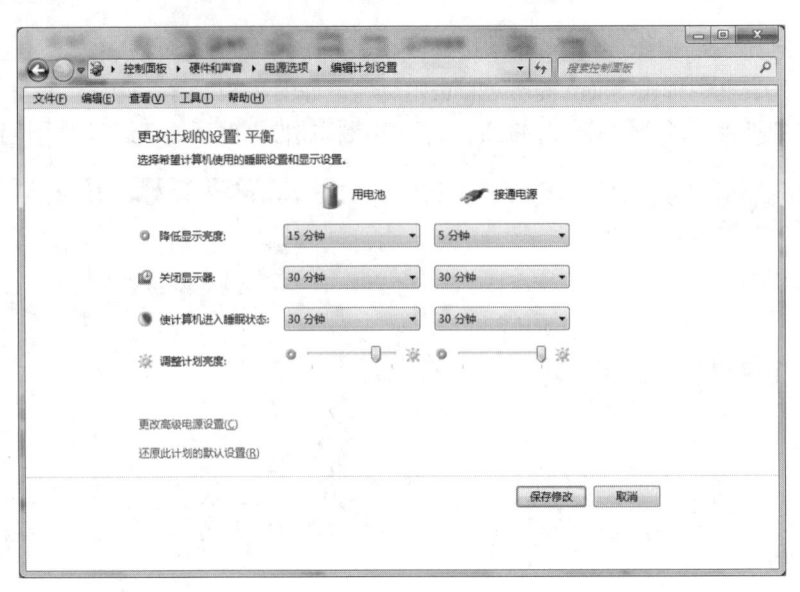

图 2-41 "编辑计划设置"窗口

7. 设置显示分辨率

在桌面空白部分右击鼠标,打开快捷菜单,单击"屏幕分辨率",打开"屏幕分辨率"窗口,如图 2-42 所示。在"分辨率"选项后的下拉列表中将分辨率调至为 1024×768,如图 2-43 所示。在当前窗口的路径框中单击"显示"文本,如图 2-44 所示;或单击窗口下方的"放大或缩小文本和其他项目",打开"显示"相关设置窗口,如图 2-45 所示。选择"中等-125%"项,再单击"应用"按钮。系统弹出提示对话框,如图 2-46 所示。单击"稍后注销"按钮,关闭显示窗口。

图 2-42 "屏幕分辨率"窗口　　　　　图 2-43 调整分辨率

图 2-44 路径框

8. 添加或删除桌面右侧边栏小工具

在桌面空白处右击鼠标,打开快捷菜单,单击"小工具",打开小工具列表窗口,如图 2-47

所示。在日历上右击，打开快捷菜单，单击"添加"；或直接将日历拖到桌面上。即在桌面的右侧显示"日历"工具。同样方式添加"时钟"和"幻灯片放映"小工具，关闭窗口。在桌面上，鼠标指向"幻灯片放映"小工具，显示出菜单，如图 2-48 所示，单击关闭按钮 ✖，即将"幻灯片放映"小工具从桌面边栏上删除。

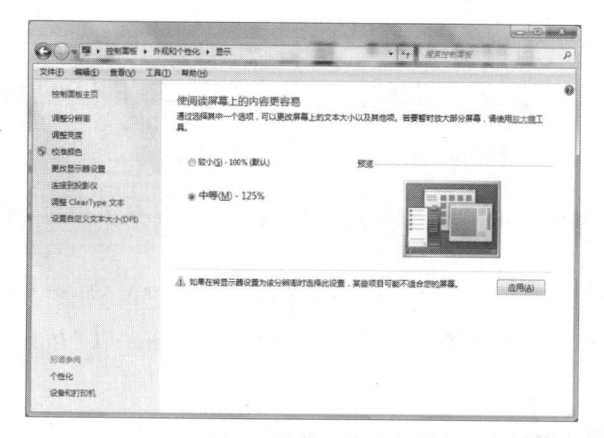

图 2-45　显示窗口　　　　　　　　　　图 2-46　提示窗口

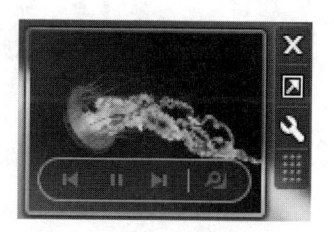

图 2-47　小工具列表窗口　　　　　　　图 2-48　"幻灯片放映"小工具

三、知识技能要点

1. 主题

主题是计算机上的图片、颜色和声音的组合。它包括桌面背景、屏幕保护程序、窗口边框颜色和声音方案。某些主题也包括桌面图标和鼠标指针。Windows 提供了多个主题。可以选择 Aero 主题使计算机更具有个性化；如果计算机运行缓慢，建议选择 Windows 7 基本主题；如果希望屏幕更易于查看，可以选择高对比度主题。

设置主题的常用方法如下：

方法一：在桌面上右击鼠标，打开快捷菜单，单击"个性化"，打开"个性化"窗口，单击选择合适的主题；

方法二：单击"开始"菜单，单击"控制面板"，打开"控制面板"窗口。单击"外观和个性化"，再单击"个性化"，打开"个性化"窗口，单击选择合适的主题。

主题设置包括了桌面背景、窗口颜色、声音和屏幕保护程序，如图 2-49 所示。这些项位于"个化性"窗口的最下方，单击其中一项，即进入相关设置。

桌面背景	窗口颜色	声音	屏幕保护程序
放映幻灯片	黄昏	都市风景	无

图 2-49　各项主题设置

"声音"可以更改接收电子邮件、启动 Windows 或关闭计算机时计算机发出的声音。

"屏幕保护程序"是在指定时间内没有使用鼠标或键盘时，出现在屏幕上的图片或动画。可以选择各种 Windows 屏幕保护程序。

2．桌面背景设置

桌面背景（也称为"壁纸"）是显示在桌面上的图片、颜色或图案。可以选择某个图片作为桌面背景，也可以以幻灯片形式显示图片。

在个性化窗口中，单击"桌面背景"图标或文本，打开"桌面背景"设置窗口，如图 2-50 所示。在"图片位置"可以选择背景图片的来源。在"图片位置"下拉框中设置图片以"填充"、"平铺"或"居中"等方式显示。

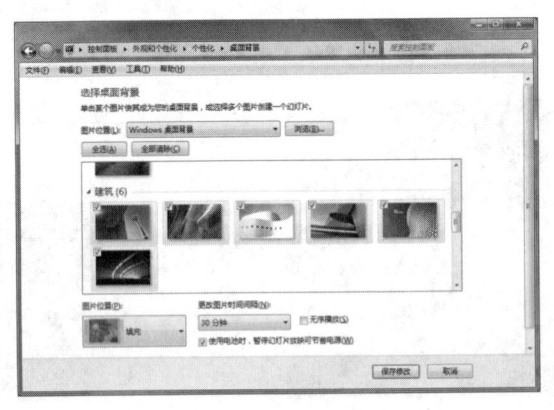

图 2-50　"桌面背景"窗口

3．声音设置

可以设置计算机在发生某些事件时播放声音。事件可以是用户执行的操作，如登录到计算机，或计算机执行某种操作，如打开程序等。Windows 附带多种针对常见事件的声音方案，某些桌面主题有它们自己的声音方案。

设置声音的操作步骤如下：

（1）在桌面上右击鼠标，打开快捷菜单，单击"个性化"，打开"个性化"窗口。

（2）在"个性化"窗口下方，单击"声音"文本。打开"声音"对话框，显示"声音"选项卡。

（3）在"程序事件"列表中单击要设置声音的事件。在"声音"下拉列表中单击选择声音。

（4）单击"确定"按钮。

4．设置显示器分辨率

屏幕分辨率指的是屏幕上显示的文本和图像的清晰度。分辨率越高（如 1600×1200 像素），项目越清楚，同时屏幕上的项目越小，因此屏幕可以容纳越多的项目。分辨率越低（例如 800

×600像素），在屏幕上显示的项目越少，但尺寸越大。LCD监视器（也称为平面监视器）和手提电脑屏幕通常支持更高的分辨率。用户是否能够增加屏幕分辨率取决于监视器的大小和功能及视频卡的类型。

在一些计算机上，过高的分辨率需要大量的系统资源才能正确显示。如果计算机在高分辨率下出现问题，请尝试降低分辨率直到问题消失。

调整分辨率操作步骤：

（1）在桌面上右击，打开快捷菜单，单击"屏幕分辨率"，打开"屏幕分辨率"设置窗口。

（2）在"分辨率"列表中，单击所需的分辨率，然后单击"应用"。

5. 更改鼠标设置

用户可以通过多种方式自定义鼠标。例如，可以交换鼠标按钮的功能，更改鼠标指针形状，还可以更改鼠标滚轮的滚动速度等。

更改鼠标按钮工作方式的步骤如下：

（1）在桌面右击，打开快捷菜单，单击"个性化"。在"个性化"窗口左侧，单击"更改鼠标指针"项，打开"鼠标属性"对话框；或在开始菜单中，单击"控制面板"，单击"硬件和声音"，单击"鼠标"，也可以打开"鼠标属性"对话框。

（2）单击"鼠标键"选项卡，如图2-51所示。然后执行以下操作之一：

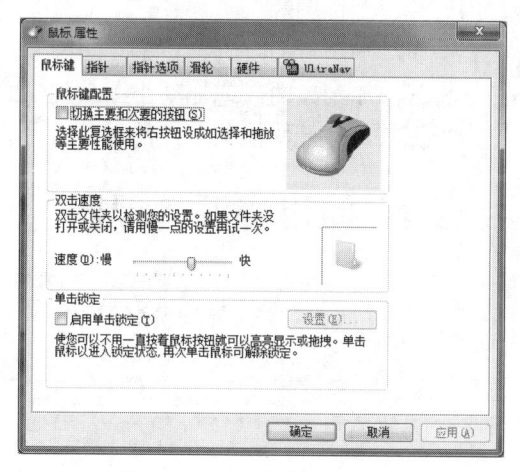

图2-51　"鼠标键"选项卡

- 若要交换鼠标左右按钮的功能，在"鼠标键配置"下选择"切换主要和次要的按钮"复选框。
- 若要更改双击鼠标的速度，在"双击速度"下，将"速度"滑块向"慢"或"快"方向移动。
- 若要使用户可以不用一直按着鼠标按钮就可以突出显示或拖拽项目，则在"单击锁定"项下，选择"启用单击锁定"复选框。

（3）单击"确定"按钮。

若要改变鼠标指针形状，可单击"鼠标属性"窗口的"指针"选项卡，具体操作方法见本节操作实例。若要改变鼠标指针工作方式，则在"指针选项"选项卡中设置，如图2-52所示。若要改变鼠标滚轮工作方式，则在"滑轮"选项卡中设置，如图2-53所示。

图 2-52 "指针选项"选项卡　　　　　图 2-53 "滑轮"选项卡

6. 小工具

Windows 系统高版本中包含有称为"小工具"的小程序，这些小程序可以提供即时信息以及访问常用工具的途径。例如，可以在打开程序的旁边显示新闻标题。这样，用户在工作时跟踪发生的新闻事件，则无需停止当前工作就可以切换到新闻网站。这些小工具通常显示在桌面的右侧边栏区。

常用的小工具有时钟、幻灯片、源标题等。

添加小工具的步骤：右击桌面，打开快捷菜单，单击"小工具"命令，打开"小工具"对话框。双击对话框中小工具将其添加到桌面，或拖动小工具到桌面。

删除小工具的步骤：右击小工具，打开快捷菜单，然后单击"关闭小工具"命令。

2.4　使用资源管理器

主要学习内容：

- Windows 7 资源管理器的启动
- Windows 7 文件和文件夹
- 查看和设置文件及文件夹的属性
- 计算机文件夹
- 文件或文件夹的选择、复制、移动和删除
- 计算机与库的使用
- 搜索文件

资源管理器是 Windows 系统提供的资源管理工具，用于管理文件、文件夹、存储器等计算机资源。用户可以用它查看计算机的所有资源，特别是它提供的树形文件系统结构，能使用户清楚、直观地认识计算机的文件和文件夹，利用它可以实现对存储器中的文件、文件夹的选择、复制、移动和删除等管理和操作。

一、操作要求

（1）启动资源管理器，浏览"库→图片→图片示例"下的图片。图片分别以"超大图标"、

"大图标"、"小图标"、"列表"、"详细信息"、"平铺"和"内容"等视图方式显示。

（2）在"详细信息"视图方式下，将示例图片文件分别以名称、大小、类型、修改时间等进行排序。

（3）显示 C 盘的已用空间和可用空间；将 C 盘根目录下的所有文件以修改日期的降序方式排列。

（4）设置资源管理器中显示隐藏文件和系统文件，并显示文件的扩展名。

（5）设置在资源管理器窗口显示"预览窗格"。

（6）在 D 盘的根文件夹下创建"我的练习"和"我的图片"文件夹，在"我的练习"文件夹下再分别创建"Word 文档"和"Excel 文件"文件夹。

（7）在"我的练习"文件夹下创建名"练习 1.txt"的空文本文件。查看"练习 1.txt"的属性，并设置该文件为只读文件。

（8）将 C 盘中所有的 Word 文档复制到此"Word 文档"目录中；从"示例图片"文件夹中复制三个图片到"我的图片"文件夹。

（9）将"我的图片"文件夹移至"我的练习"文件夹下，并改名为"My Picture"。删除"My Picture"文件夹，再将其还原。

（10）彻底删除"Excel 文件"文件夹。

（11）建立"Word 文档"库，并将"Word 文档"文件夹添加到该库中。

（12）设置删除文件时，不将文件移到回收站中，而立即删除，不显示删除确认对话框。

二、操作过程

1. 启动资源管理器，浏览库中的图片

右击 Windows 7 的"开始"菜单按钮，打开快捷菜单，如图 2-54 所示。单击"打开 Windows 资源管理器"命令，打开资源管理器窗口，如图 2-55 所示。在窗口左侧的导航窗格中单击"库"下方的"图片"，再在右侧窗口中双击"示例图片"，即在右侧窗格中显示该文件夹中的图片文件，如图 2-56 所示。单击工具栏上的视图按钮，可以在各种视图方式间切换；也可以单击其右侧的更多选项按钮，打开视图列表菜单，如图 2-57 所示，拖动左侧的滑块调至合适的视图方式。

图 2-54 快捷菜单　　　　　　　图 2-55 Windows 资源管理器窗口

图 2-56 示例图片（以大图标显示）　　　　　图 2-57 视图菜单

2．排序示例图片

在 Windows 资源管理器的工具栏上，单击视图按钮右侧的向下箭头按钮 ▼，打开视图列表菜单，单击"详细信息"，这时窗口如图 2-58 所示。分别右侧窗格的列标题"名称"、"日期"、"大小"、"类型"上单击，系统按单击的项对文件进行排序（升序或降序）。再次在相同项上单击，则改变排序方式，由升序变降序，或由降序变为升序。

图 2-58 详细信息方式显示文件

3．定位至 C 盘

在资源管理器窗口左侧的"导航窗格"中，单击"计算机"，右侧窗格中显示"计算机"文件夹内容，如图 2-59 所示。在右侧窗格中，单击"本地磁盘（C:）"，即在当前窗口下方显示磁盘 C 的相关信息，如图 2-60 所示。

4．设置资源管理器中"显示隐藏文件、文件夹和驱动器"，并隐藏已知文件的扩展名

在资源管理器窗口"工具"菜单中单击"文件夹选项"，或在"组织"菜单中单击"文件夹和搜索选项"。打开"文件夹选项"对话框，单击"查看"选项卡。在"高级设置"列表中选择"显示隐藏文件、文件夹和驱动器"和"隐藏已知文件类型的扩展名"，如图 2-61 所示。单击"确定"按钮。

第 2 章　Windows 7 基本操作

图 2-59　"计算机"文件夹

图 2-60　窗口下方显示 C 盘信息

5. 设置在资源管理器窗口显示"预览窗格"

单击资源管理器工具栏右侧的"预览窗格"按钮 ，即显示预览窗格。这时在窗口中单击某些文件，可在预览窗格中看到文件的缩略图。如图 2-62 所示。

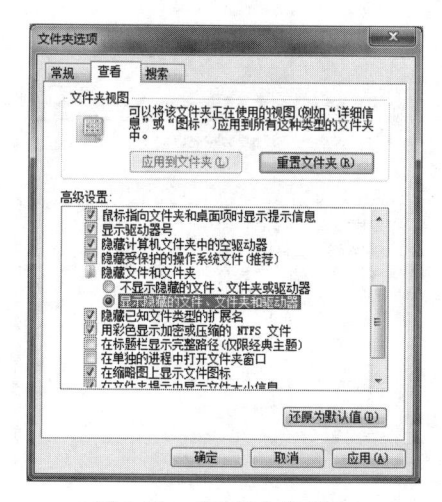

图 2-61　"查看"选项卡

图 2-62　显示预览窗格

6. 建立文件夹

在资源管理器的导航窗格中，单击 D 盘，进入 D 盘根文件夹。

单击"工具栏"上的"新建文件夹"按钮 ，建立一个名为"新建文件夹"的文件夹，光标定位在文件名称框中，直接输入"我的练习"，然后按 Enter 键，即建立文件夹。同样方法建立"我的图片"文件夹。双击"我的练习"文件夹，进入该文件夹。单击"工具栏"上的"新建文件夹"按钮，建立新文件夹，输入名称"Word 文档"，然后按 Enter 键。同样方法在"我的练习"文件夹再建立"Excel 文件"文件夹。

7. 建立"练习 1.txt"的空文本文件

在"我的练习"文件夹列表空白处，右击鼠标，打开快捷菜单，鼠标移至"新建"，显示下一级菜单，如图 2-63 所示。单击"文本文档"，即创建一个文本文档文件，直接输入文件名

"练习 1"（如果系统显示扩展名则保留扩展名；如果没显示扩展名，扩展名不必输入，因为系统隐藏了文件扩展名），这时资源管理器窗口如图 2-64 所示。右击"练习 1.txt"文件，单击"属性"，打开"练习 1 属性"对话框。选定"只读"复选框，如图 2-65 所示，单击"确定"按钮。

图 2-63　快捷菜单

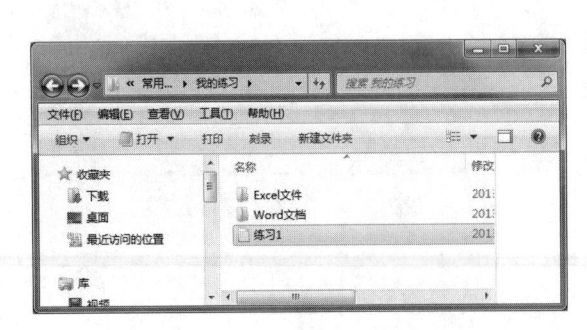

图 2-64　"我的练习"文件夹窗口　　　　图 2-65　"练习 1 属性"对话框

注意：文件的扩展名说明文件的类型，用户不能随意改变文件的扩展名，否则文件不能正常打开。

8. 复制文件

查找文件：在"资源管理器"的导航窗格中单击"计算机"下的 C 盘，然后搜索框中输入"*.docx"，然后按 Enter 键，系统在 C 盘搜索所有的 docx 文档，结果如图 2-66 所示。

复制文件分为四个步骤：①选择文件。单击"搜索结果"窗口中的第一个 Word 文件，再按住 Shift 键并单击最后一个文件，即选择所有查找到的文件。②执行复制命令。在选中文件区域右击，在打开的快捷菜单中单击"复制"命令。③光标定位到目标位置。在导航窗格中单

第2章　Windows 7 基本操作

击计算机，单击 D 盘。在右窗格中双击"我的练习"文件夹，打开"我的练习"文件夹。④ 执行粘贴命令。右击"Word 文档"文件夹，打开快捷菜单，单击"粘贴"完成复制。

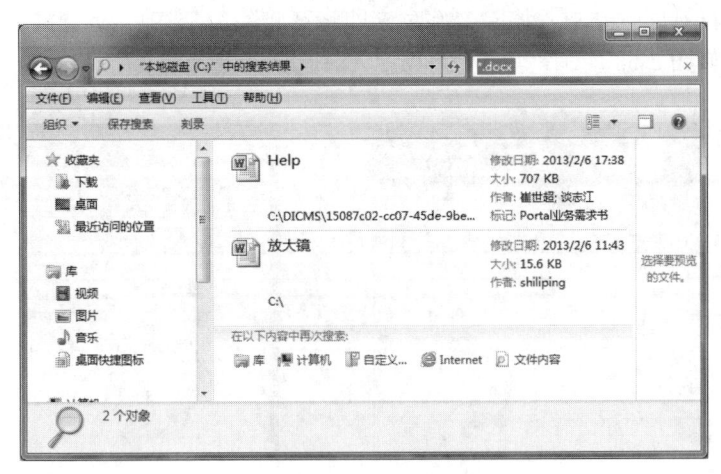

图 2-66　搜索结果

单击"返回" 按钮，返回到"示例图片"文件夹，按住 Ctrl 键，分别单击三个文件，即选择三个图片文件，然后按组合键 Ctrl+C 执行复制；在导航窗格中，单击"计算机"下的 D 盘，右击右侧窗口中的"我的图片"文件夹，在打开的快捷菜单中单击"粘贴"命令，完成复制。

注意：计算机 C 盘一般存放系统文件以及计算机上所安装的应用程序相关的文件，用户不能随意将 C 盘的文件删除或移动，否则可能会使计算机操作系统或应用软件不能正常启动或使用。

9. 移动、删除或恢复文件夹

按住鼠标左键，拖动"我的图片"文件夹至"我的练习"文件夹图标上，当提示"移动到我的练习"时，松开鼠标左键，即移动成功。在"我的练习"文件夹上单击两次，出现文件名框，输入新的文件名"My Picture"，按 Enter 键，完成改名。右击"My Picture"文件夹，打开快捷菜单，单击"删除"。双击桌面上的回收站，打开回收站窗口。右击"My Picture"文件夹，打开快捷菜单，单击"还原"，即将文件夹"My Picture"还原。关闭"回收站"窗口。

10. 彻底删除文件夹

在"资源管理器"窗口，找到"Excel 文件"文件夹，单击选择"Excel 文件"文件夹，按 Del 键，系统弹出删除提示对话框，单击"是"按钮。在桌面上，双击桌面上的回收站，打开回收站窗口，右击"Excel 文件"文件夹，单击"删除"即可彻底删除文件夹。

11. 建立库

在"资源管理器"窗口的导航窗格中，右击"库"，打开快捷菜单，单击"新建"下一级菜单中的"库"命令。在"新建库"的名称框中输入"Word 文档"，这时资源管理器窗口右侧窗有一个"包含一个文件夹"按钮，单击该按钮，系统打开"将文件夹包括在'Word 文档'中"窗口，将窗口地址栏定位到 D 盘"我的练习"文件夹，单击选择"Word 文档"文件夹，如图 2-67 所示，单击"包括文件夹"按钮，即将文件夹"Word 文档"添加到该"Word 文档"库中。

12. 设置回收站

在桌面上右击"回收站",打开快捷菜单,单击"属性"。打开"回收站属性"对话框,选择"不将文件移到回收站中。移除文件时立即将其删除。"选项,不选择"显示删除确认对话框"复选框,如图 2-68 所示,单击"确定"按钮。

图 2-67　将文件夹包括在"Word 文档"中　　　　图 2-68　"回收站属性"对话框

三、知识技能要点

1. Windows 7 文件、文件夹和库的概念

文件是数据组织的一种形式。计算机中的所有信息都是以文件的形式存储的,如用户的一份简历、一幅画、一首歌、一幅照片等都是以文件的形式存放的。计算机中的每一个文件都必须有文件名,便于操作系统管理和使用。

文件夹是一个文件容器。每个文件都存储在文件夹或"子文件夹"(文件夹中的文件夹)中。可以通过单击任何已打开文件夹的导航窗格(左窗格)中的"计算机"来访问所有文件夹。

库是 Windows 7 中的新增功能,用于管理文档、音乐、图片和其他文件的位置。用户可以使用与在文件夹中浏览文件相同的方式。但与文件夹不同的是,库可以收集存储在多个位置中的文件。这是一个细微但重要的差异。库实际上不存储项目。库允许用户以不同的方式访问和排列这些项目。例如,如果在硬盘和外部驱动器上的文件夹中有视频音乐文件,则可以使用视频库同时访问所有视频文件。可以将来自很多不同位置的文件夹包含到库中,如计算机的 C 驱动器、外部硬盘驱动器或网络。一个库最多可以包含 50 个文件夹。

Windows 7 文件系统采用树型层次结构来管理和定位文件及文件夹(也称为目录)。在树型文件系统层次结构中,最顶层的是磁盘根文件夹,根文件夹下面可以包含文件和文件夹,可以表示为 C:\或 D:\等,文件夹下面可以有文件夹和文件,每个盘的根文件夹中可存放的文件和文件夹的数量是有限的。

2. 文件、文件夹和库的命名规则

文件名一般由三部分组成:主文件名、分隔符(即圆点".")和扩展名。扩展名用来表示文件的类型,例如"Example.docx"、"简历.doc"这两个文件均表示是 Word 文档。常见的文件类型及其扩展名如表 2-5 所示。

表 2-5 文件类型及其扩展名

文件类型	扩展名	说明
可执行文件	exe	应用程序
批处理文件	bat	批处理文件
文本文件	txt	ASCII 文本文件
配置文件	sys	系统配置文件,可使用记事本创建
位图图像	bmp	位图格式的图形、图像文件,可由"画图"软件创建
声音文件	wav	压缩或非压缩的声音文件
视频文件	avi	将语音和影像同步组合在一起的文件格式
静态光标文件	cur	用来设置鼠标指针

Windows 7 中文件的命名规则如下:

(1) 文件名可以由字母、数字、汉字、空格和一些字符组成,最多可以包含 255 个字符。

(2) 文件名不可以含有这些字符: \ / : * ? < > |

(3) Windows 系统中文件名不区分大小写。

(4) 文件名中可以多个圆点"."分隔,最后一个圆点后的字符作为文件扩展名。

(5) 文件名的命名最好见名知意。

库和文件夹的命名与文件的命名规则基本相同,只是一般文件夹不需要扩展名。

3. 路径

文件的路径即文件的地址,是指连接目录和子目录的一串目录名称,各文件夹间用"\"(反斜杠)分隔。路径分为绝对路径和相对路径两种。

绝对路径:指从文件所在磁盘根目录开始到该文件所在目录为止所经过的所有目录。绝对路径必须以根目录开始,例如 C:\Program Files\Microsoft Office\OFFICE\ADDINS\CENVADDR.DOCX。

相对路径:顾名思义就是文件相对于目标的位置。如系统当前的文件夹为 Microsoft Office,文件 CENVADDR.DOCX 的相对路径为:OFFICE\ADDINS\CENVADDR. DOCX。文件的相对路径会因采用的参考点不同而不同。

以下是在使用路径时常用的几个特殊符号及其所代表的意义。

.　　　代表目前所在的目录。

..　　　代表上一层目录。

\　　　代表根目录。

4. 打开 Windows 7 资源管理器的方法

打开资源管理器的常用方法有以下几种:

(1) 单击"开始"菜单按钮,选择"所有程序"→"附件"→"Windows 资源管理器"菜单命令。

(2) 右击"开始"菜单按钮,系统打开快捷菜单,单击"资源管理器",即可打开。

(3) 快捷键:Windows 徽标健 +E 键。

5. Windows 7 资源管理器窗口的组成

资源管理器窗口如图 2-69 所示。各部分名称及功能见表 2-6 所示。

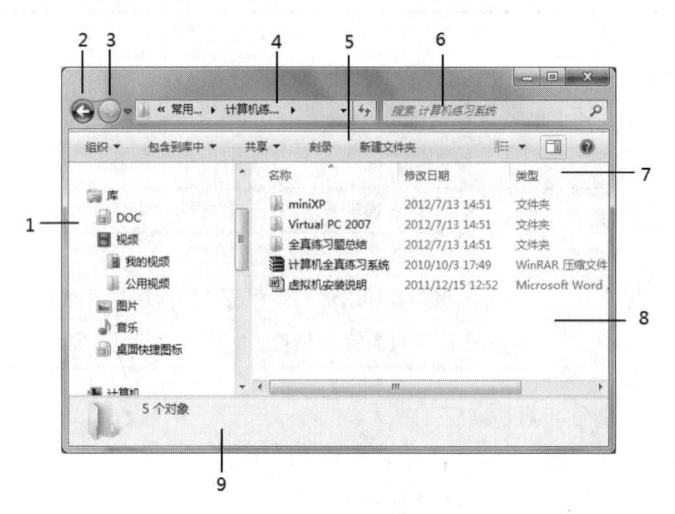

图 2-69　资源管理器窗口

表 2-6　资源管理器窗口的组成及其功能

序号	名称	功能
1	导航窗格	使用导航窗格可以访问库和文件夹等。例如：使用"收藏夹"可以打开最常用的文件夹和搜索；使用"计算机"文件夹浏览文件夹和子文件夹
2	"后退"按钮	使用"后退"按钮可返回到上一级文件夹或库等
3	"前进"按钮	使用"前进"按钮可返回后退之前操作所在位置
4	地址栏	使用地址栏可以导航至不同的文件夹或库，或返回上一级文件夹或库
5	工具栏	使用工具栏可以执行一些常见任务，如更改文件和文件夹的外观、将文件刻录到 CD 或启动数字图片的幻灯片放映。工具栏的按钮会随当前窗口中显示的内容而改变，仅显示相关的任务
6	搜索框	在搜索框中键入词或短语可查找当前文件夹或库中的项。一开始键入内容，搜索就开始了。例如，当键入"A"时，所有名称以字母 A 开头的文件都将显示在文件列表中
7	列标题	使用列标题可以更改文件列表中文件的整理方式。例如，单击列标题的左侧以更改显示文件和文件夹的顺序，也可以单击右侧以采用不同的方法筛选文件
8	文件列表窗格	显示当前文件夹或库的内容
9	细节窗格	使用细节窗格可以查看与选定文件或驱动器等关联的最常见属性

6. 使用地址栏导航

地址栏显示在每个文件夹窗口的顶部，系统将当前的位置显示为以箭头分隔的一系列链接，如图 2-70 所示。

图 2-70　地址栏

单击某个链接或键入位置路径可导航到其他位置，也可以单击地址栏中的链接直接转至该位置。如单击上面地址中的"第四章"，即转到第四章文件夹；也可以单击地址栏中指向链接右侧的箭头。然后，单击列表菜单中的某项以转至该位置，如图 2-71 所示。

图 2-71　单击链接右侧的箭头

在地址栏中可输入常见位置的名称切换到该位置，如控制面板、计算机、桌面等。

提示：如需在地址栏显示当前位置的完整路径，在地址栏单击鼠标即可。效果如图 2-72 所示。

图 2-72　地址栏显示完整路径

7. 更改在文件夹中显示项目的方式

在资源管理器窗口中，可更改文件或文件夹在窗口中的显示方式。单击"视图"按钮的左侧，会更改显示文件和文件夹的方式，在八个不同的视图间循环切换：超大图标、大图标、中等图标、小图标、列表、详细信息、平铺及内容。如果单击"视图"按钮右侧的箭头，显示视图更多选项，如图 2-73 所示。用户可以将滑块移动到某个特定视图（如"大图标"视图），或者通过将滑块移动到小图标和超大图标之间的任何点来微调显示图标的大小。

8. 设置在窗口中显示菜单及预览窗格

在默认情况下，Windows 资源管理器窗口不显示菜单。按 Alt 键，可以在显示或隐藏菜单方式间切换；也可在工具栏上，单击"组织"→"布局"→"菜单"项，来控制菜单的显示与隐藏。

使用预览窗格可以查看大多数文件的内容。例如，文本文件、图片、Excel 文档、Word 文档和电子邮件等。如果预览窗格没显示，可以单击工具栏中的"预览窗格"按钮，打开预览窗格。

图 2-73　视图选项

9. 使用导航窗格

在导航窗格（左窗格）中，可以查找文件和文件夹，是用户访问库最方便的地方。还可以在导航窗格中将项目直接移动或复制到目标位置。如果窗口的左侧显示导航窗格,可单击"组织"→"布局"→"导航窗格"命令，即显示导航窗格。

在导航窗格中，对库的一些常见操作如下：

- 创建新库：右键单击"库"，在打开的快捷菜单中，单击"新建"→"库"。
- 将文件移动或复制到库中：将这些文件拖动到导航窗格中的库。如果文件与库的默认保存位置位于同一硬盘上，则移动这些文件。如果它们位于不同的硬盘上，则复制这些文件。
- 重命名库：右击库，在打开的快捷菜单中单击"重命名"，在名称框中键入新名称，按 Enter 键。
- 查看库：双击库名称将其展开，此时将在库下列出其中的文件夹。
- 删除库中的文件夹：右击文件夹，在打开的快捷菜单中单击"从库中删除位置"。这样只是将文件夹从库中删除，不会从该文件夹的原始位置删除该文件夹。

10. 查看和设置文件的属性

在 Windows 7 中，通过查看文件的属性可了解到文件的类型、打开方式、大小、创建时间、最后一次修改的时间、最后一次访问的时间和属性等信息。也可在细节窗格（位于文件夹窗口的底部）显示文件最常见的属性，如图 2-74 所示。在细节窗格中可以添加或更改文件属性，如标记、作者姓名和分级。

图 2-74 文件夹窗口

（1）在细节窗格中添加或更改常见属性。

1）打开包含要更改文件的文件夹，然后单击文件。

2）在窗口底部的细节窗格中，在要添加或更改的属性旁单击，键入新的属性（或更改该属性），如图 2-75 所示。然后单击"保存"。

图 2-75 细节窗格

（2）在属性对话框中查看和设置文件属性。

1）右击文件，在打开的快捷菜单中单击"属性"，打开文件属性对话框。

2）在"常规"选项卡中可看到文件名、文件类型、打开方式、位置、大小、创建时间、最后一次修改时间、最后一次访问时间和属性等。属性有"只读"和"隐藏"两项。如选择"只读"项，表示文档内容只可查看，不能被编辑；如选择"隐藏"，则表示文档在文件夹常规显示中不可见。

3）如图 2-76 所示，在"详细信息"选项卡的"值"下，在要添加或更改的属性旁单击，键入文本，然后单击"确定"按钮。（如果"值"下的部分显示为空，在该位置单击，将会显示一个框。)

11. 设置文件夹选项

在"资源管理器"窗口，单击"工具"→"文件夹选项"，或单击"组织"→"文件夹和搜索选项"，打开"文件夹选项"对话框，如图 2-77 所示。如需在导航窗格中显示文件夹路径，则选择"常规"选项卡下的"显示所有文件夹"。

图 2-76　"详细信息"选项卡　　　　　图 2-77　"文件夹选项"对话框

在"查看"选项卡中，可进行有关文件夹或文件显示的设置。例如设置"隐藏已知文件类型的扩展名"，则浏览文件目录时，系统已知的一些文件类型的文件，将只显示其主名，不显示扩展名，如 docx、sys、exe 等扩展名将不显示。具体设置方法参看本节操作实例。

12. "计算机"文件夹

单击导航窗格中的"计算机"，或双击桌面上的"计算机"图标，在"资源管理器"窗口显示"计算机"文件夹，可以方便地查看硬盘和可移动媒体上的可用空间。

在"计算机"文件夹中，可以访问各个位置，例如硬盘、CD 或 DVD 驱动器以及可移动媒体。还可以访问可能连接到计算机的其他设备，如 USB 闪存驱动器，如图 2-78 所示。

图 2-78　"计算机"文件夹窗口

右键单击"计算机"文件夹中的项目，则可以执行下列任务，如弹出 CD 或 DVD、查看硬盘属性以及格式化磁盘。

操作实例：查看 C 盘属性，并将其卷标更改为"系统盘"。

操作步骤：双击桌面上的计算机，显示"计算机"文件夹窗口。右击右窗格中的本地磁盘 C:，系统打开快捷菜单，单击"属性"。在"常规"选项卡中，用户可查看其属性。在其"卷标"框中，键入"系统盘"，如图 2-79 所示，单击"确定"按钮。

图 2-79 "常规"选项卡

提示：卷标是磁盘的名称，最多可以为 11 个字符，但只能包含字母和数字。

13. 文件夹的创建

文件夹是一个位置，可以在该位置存储文件和创建文件夹，文件夹常见的图标是 。
新文件夹的创建方法如下：

（1）启动资源管理器，转到要新建文件夹的位置。
（2）文件夹窗口中右键单击空白区域，打开快捷菜单，单击"新建"→"文件夹"命令。
（3）键入新文件夹的名称，然后按 Enter 键，即创建好文件夹。

也可以在桌面上建立文件夹，在桌面上右键单击空白区域，指向"新建"，然后单击"文件夹"。输入新文件夹名，然后按 Enter 键，即创建好文件夹。

14. 选择文件或文件夹

Windows 系统的操作特点是先选择后操作。移动、复制和删除文件或文件夹时，一定要先选择相应的文件或文件夹，即先确定要操作的对象，然后再进行相应的操作。

（1）选择单个文件或文件夹。

在"资源管理器"窗口中，转到要选择的文件或文件夹所在位置，然后在"资源管理器"的窗口单击文件或文件夹，即选择该文件或文件夹。

（2）选择连续的多个文件或文件夹。

单击第一个文件或文件夹，然后按住 Shift 键再单击最后一个要选的文件或文件夹。

（3）选择不连续的多个文件或文件夹。

按住 Ctrl 键，再依次单击想要选择的文件或文件夹即可。

（4）选择全部文件或文件夹。

选择当前文件夹中所有文件和文件夹，常用方法有以下几种：

方法一：按组合键 Ctrl+A。

方法二：执行"编辑"→"全选"菜单命令。

方法三：从当前文件夹窗口区域的某个顶角处，向其对角拖动鼠标，框选所有内容。

（5）反向选择文件或文件夹。

先选择不需要的文件或文件夹，再单击"编辑"→"反向选择"菜单命令，这种方法常用于选择除个别文件或文件夹以外的所有文件和文件夹。

（6）取消文件或文件夹的选择。

可按住 Ctrl 键，然后单击已选择的文件或文件夹，即可取消对单个文件或文件夹的选择。在选中的文件或文件夹图标外，单击鼠标，即可取消所有的选择。

15．复制和移动文件或文件夹

复制文件或文件夹即是将选择的文件或文件夹，在目标位置也放一份，源文件或文件夹还存在。移动文件或文件夹是将选择的文件或文件夹移到目标文件夹下，原来位置源文件或文件夹不存在了。

文件的复制和移动，常用方法如下：

（1）利用鼠标拖动。

利用鼠标拖动来复制或移动文件或文件夹时，最好是源位置和目标位置在窗口均可见。

1）复制：如果在同一个驱动器的两个文件夹间进行复制，则在拖动对象到目标位置的同时按住 Ctrl 键；如在不同驱动器的两个文件夹间进行复制，直接拖动对象到目标位置即可实现复制。在拖动过程中鼠标指针右边会有一个"+"。

2）移动：如果在同一个驱动器的两个文件夹间进行移动，则直接拖动到目标位置，即实现移动；如在不同驱动器的两个文件夹间进行移动，在拖动对象到目标位置的同时按住 Shift 键即可实现移动。

（2）利用命令或快捷菜单，操作步骤如下：

1）选择要复制（或移动）的文件或文件夹。

2）执行"编辑"菜单中的"复制"命令（或"剪切"命令），或按组合键 Ctrl+C（或按 Ctrl+X）。

3）转到目标文件夹。

4）执行"编辑"菜单中的"粘贴"命令，或按快捷键 Ctrl+V，即完成文件的复制（或移动）。

16．删除和还原文件或文件夹

选择要删除的文件或文件夹，然后执行以下任一操作即可删除：

（1）按 Del 或 Delete 键。

（2）单击"文件"菜单中的"删除"命令。

（3）直接将选中的对象拖动到回收站中。

如果用户删除的对象存储在计算机硬盘上，则系统默认是将其移入回收站，如果是误删除，还可以从回收站中将文件或文件夹还原。如果要将硬盘上的文件或文件夹彻底删除，不放入回收站，则在执行删除操作的同时按住 Shift 键即可。

还原文件的方法：双击桌面上的回收站图标，打开"回收站"窗口。在窗口选择要还原的文件，在工具栏上，单击"还原此项目"按钮。即可将选中的文件还原到删除之前所在位置。

彻底删除文件：在回收站窗口中选择要彻底删除的文件，然后按 Delete 键，在系统弹出的"确认删除文件"对话框中单击"是"命令按钮。

17．打开文件

若要打开某个文件，则双击它。该文件通常将在曾用于创建或更改它的程序中打开。例如，文本文件会在字处理程序中打开。扩展名 docx 的文件一般情况下在 Word 中打开。

但不是所有文件始终如此。例如：双击某个图片文件通常打开图片查看器。双击某个视频文件，会打开媒体播放器。若要编辑图片，则需要使用其他图片编辑软件。右击该文件，单击"打开方式"，然后单击要使用的软件名称。

18．搜索文件或文件夹

对文件和文件夹、打印机、用户以及其他网络计算机都可以进行搜索。

Windows 7 中的搜索框无所不在。在开始菜单、资源管理器窗口中都有。搜索框位于每个窗口的顶部。它根据所键入的文本筛选当前位置中的内容。搜索将查找文件名和内容中的文本，以及标记等文件属性中的文本。如果在库中，搜索包括库中包含的所有文件夹及这些文件夹中的子文件夹。

（1）使用搜索框搜索文件或文件夹。

操作方法如下：在搜索框中键入字词或字词的一部分。键入时，系统将筛选文件夹或库的内容，以反射键入的每个连续字符。找到需要的文件后，即可停止键入。

如果没有找到要查找的文件，则可以通过单击搜索结果底部的某一选项来更改整个搜索范围。例如，如果在文档库中搜索文件，但无法找到该文件，则可以单击"计算机"以将搜索范围扩展至整个计算机。

操作实例：查找本地驱动器 E 盘中于 2014 年 4 月 16 日修改的所有 docx 类型的文档。

操作步骤：

1）启动资源管理器。右击"开始"菜单，单击"Windows 资源管理器"。

2）设置搜索位置。在导航窗格的"计算机"下，单击"E:"驱动器。

3）设置搜索条件。在搜索框中输入"*.docx"或"类型：docx"。在文件列表显示出 E 盘所有 docx 文档，如图 2-80 所示。

图 2-80　搜索结果文件列表

说明：星号（*）表示 0 个或多个字符。当记不清楚或不想完整输入要查找的文件名称时，可用*代替一个或多个字符。

4）设置创建日期。在文件列表的列标题"修改日期"处，单击右侧的筛选按钮▼，打开筛选器，在"选择日期或日期范围"条件下，单击日历中的"2014 年 4 月 16 日"，如图 2-81 所示。在列表框中即显示符合条件的文件。

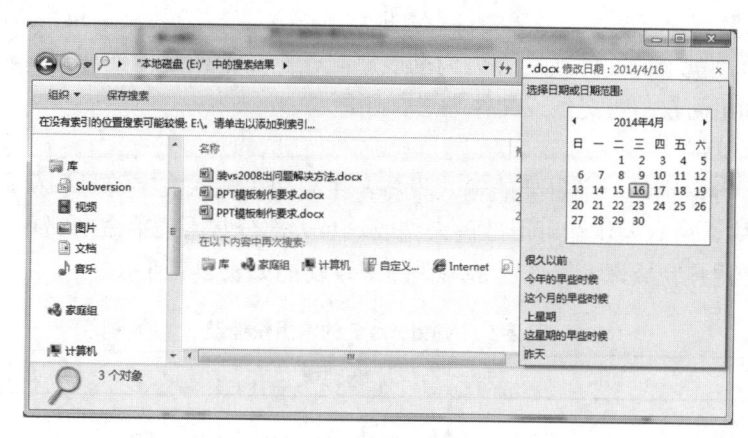

图 2-81 设置修改日期

注意：只有在"详细信息"视图中才有列标题。

（2）扩展搜索。如果在特定库或文件夹中无法找到要查找的内容，则可以扩展搜索其他位置，操作方法如下：

1）在搜索框中键入某个字词。
2）滚动到搜索结果列表的底部。在"在以下内容中再次搜索"下，执行下列操作之一：
- 单击"库"，在每个库中进行搜索。
- 单击"计算机"，在整个计算机中进行搜索。
- 单击"自定义"，搜索特定位置。
- 单击"Internet"，以使用默认 Web 浏览器及默认搜索提供程序进行联机搜索。

（3）使用搜索筛选器查找文件。

搜索筛选器是 Windows 7 中的一项新功能，通过它可以更轻松地按文件属性（例如，作者或文件大小）搜索文件。当前哪些特定的搜索筛选器可用，与当前搜索的位置有关。

在库或文件夹中，单击搜索框，然后单击搜索框下的相应搜索筛选器，也可直接输入相应的文字。例如，使用作者和类型搜索筛选器，搜索作者为"张三"，类型为"docx"的文档，如图 2-82 所示。

可以重复执行这些步骤，以建立基于多个属性的复杂搜索。每次单击搜索筛选器或值时，都会将相关字词自动添加到搜索框中。

图 2-82 搜索筛选器

19. 回收站

回收站是硬盘上的一块区域。用户从硬盘上删除对象时，系统会将其放入回收站中。

从回收站中还原文件或文件夹的操作步骤如下：

（1）双击桌面上的回收站图标，打开"回收站"窗口。

(2)在回收站窗口中选择要还原的文件或文件夹，然后单击回收站窗口工具栏上的"还原此项目"，即可将所选对象恢复到原来位置。

如果要删除回收站中所有项，可单击回收站窗口工具栏上的"清空回收站"即可。

用户还可以设置删除硬盘上的对象不放入回收站，而是彻底删除。操作方法如下：右击桌面上的回收站图标，在打开的快捷菜单中选择"属性"命令，系统打开"回收站属性"对话框，选中"不将文件移到回收站中。移除文件后立即将其删除。"选项，然后单击"确定"按钮。

如设置删除硬盘上的文件或文件夹为彻底删除，则文件或文件夹被删除时不会再移入回收站，就不能利用回收站对文件或文件夹进行还原了。

20. 常用快捷键

除鼠标外，键盘也是一个重要的输入设备，主要用来输入文字符号和操作控制计算机。在 Windows 7 中，所有操作都可用键盘来完成，且大部分常用菜单命令都有快捷键，利用这些快捷键可以让用户完成许多操作。常用快捷键及功能如表 2-7 所示。

表 2-7 Windows 7 的常用快捷键

快捷键	功能	快捷键	功能
Ctrl+C	复制	Alt+Tab	以打开窗口的顺序切换窗口
Ctrl+X	剪切	Alt+Enter	查看所选对象的属性
Ctrl+V	粘贴	Alt+空格	显示当前窗口的控制菜单
Ctrl+A	选中全部内容	F1	显示帮助内容
Ctrl+Z	撤消上一个操作	Shift+F10	打开所选对象的快捷菜单
Ctrl+Esc	显示"开始"菜单	Alt+F4	关闭当前窗口或退出当前程序

2.5 创建新账户

主要学习内容：
- 控制面板
- 创建和删除账户
- 更改账户的密码、图标

一、操作要求

（1）在 Windows 7 系统中，创建一个账户名为"student"的标准用户，密码为"123456"，并更改其图片。

（2）启用 Guest 来宾访问账户。

二、操作过程

1. 打开"控制面板"窗口

单击"开始"菜单，选择"控制面板"命令，打开"控制面板"窗口，如图 2-83 所示。

2. 创建新账户

在"用户账户和家庭安全"项下，单击"添加或删除用户账户"，打开"管理账户"窗口，如图 2-84 所示。单击"创建一个新账户"超文本。系统打开"创建新账户"窗口，如图 2-85 所示窗口。

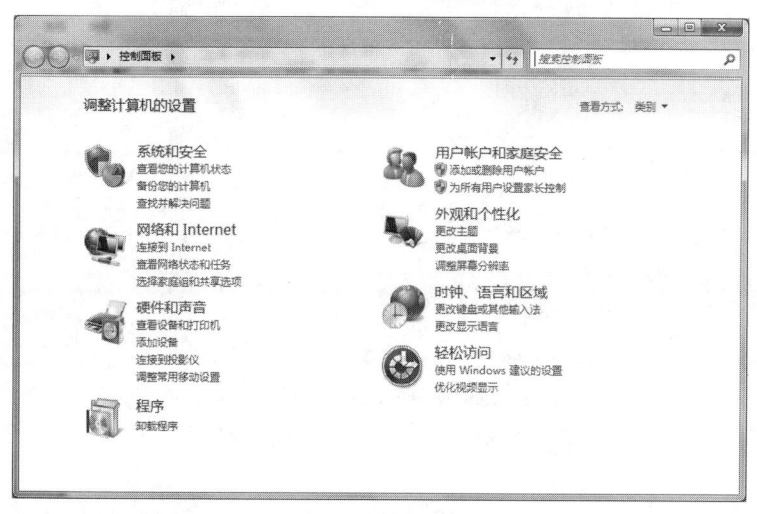

图 2-83 "控制面板"窗口

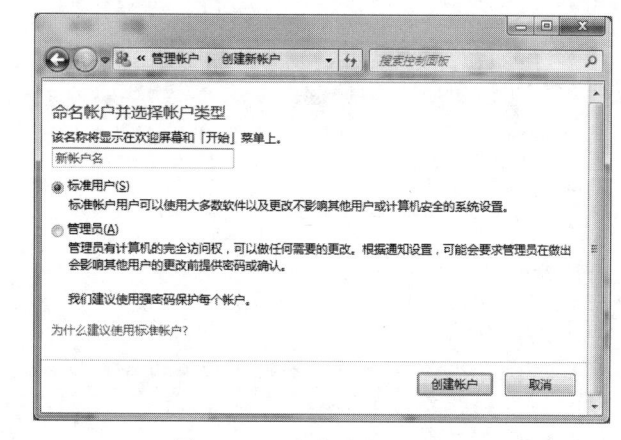

图 2-84 "管理账户"窗口　　　　图 2-85 "创建新账户"窗口

在"新账户名"名称框中，输入"student"，选择"标准用户"，单击"创建账户"按钮，即创建名为 student 的账户，如图 2-86 所示。

3. 设置密码

在"管理账户"窗口，单击 student 账户，打开"更改账户"窗口，如图 2-87 所示。单击"创建密码"选项。打开"创建密码"窗口，如图 2-88 所示。在"新密码"和"确认新密码"框中均输入密码"123456"，然后单击窗口下方的"创建密码"按钮，即创建好密码。

4. 更改图片

在"更改账户"窗口中，单击"更改图片"选项。打开"选择图片"窗口，如图 2-89 所示。单击选择一张图片，然后单击"更改图片"按钮，返回"更改账户"窗口。

5. 启用来宾访问账户

在"更改账户"窗口，单击"管理其他账户"选项，打开"管理账户"窗口。单击"Guest"

账户。打开"启用来宾账户"窗口，如图 2-90 所示。单击"启用"按钮，即启用来宾账户 Guest。

图 2-86 创建的"student"账户

图 2-87 "更改账户"窗口

图 2-88 创建密码

图 2-89 "选择图片"窗口

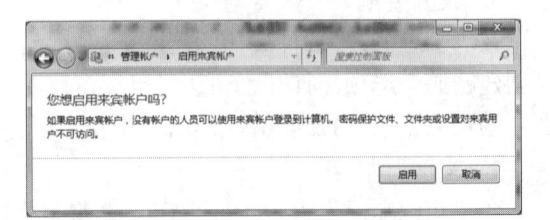

图 2-90 "启用来宾账户"窗口

三、知识技能要点

1. 控制面板

用户可以使用"控制面板"更改 Windows 的设置并自定义计算机一些功能。这些设置几乎控制了有关 Windows 外观和工作方式的所有设置。

打开"控制面板"的常见方法如下：

方法一：单击"开始"菜单中的"控制面板"命令。

方法二：双击桌面上的"控制面板"图标。

要设置或查看控制面板中的某一项，单击控制面板中相应项目即可。

查找"控制面板"中的项目，可选择下面方法之一：

- 使用搜索功能。在搜索框中，输入项目名称或其中的文本，如输入"声音"，则声音项显示在控制面板最前面。
- 浏览。单击不同的类别（例如，系统和安全、程序或轻松访问），查看每个类别下列出的常用任务来浏览"控制面板"。控制面板有三种不同的查看方式：类别、大图标和小图标。单击控制面板窗口右侧的"查看方式"列表，可以选择查看方式。图 2-91、2-92 分别是以"类别"、"大图标"查看方式显示控制面板。

图 2-91　类别查看方式　　　　　　　　图 2-92　大图标查看方式

2. 用户账户

用户账户是记录 Windows 用户可以访问哪些文件和文件夹，可以对计算机和个人首选项进行哪些更改的信息集合。通过用户账户，用户可以在拥有自己的文件和设置的情况下与多人共享计算机。每个人都可以使用用户名和密码访问其用户账户。

Windows 有三种类型的账户。每种类型为用户提供不同的计算机控制级别：

- 标准账户：适用于日常使用计算机的用户。
- 管理员账户：可以对计算机进行最高级别的控制。
- 来宾账户：主要针对需要临时使用计算机的用户。

提示：管理员用户有权限更改用户的账户类型。建议大多数用户使用标准账户。

3. 添加、删除或更改账号

对已创建好的账户，管理员 Administrator 类型的用户登录计算机后，可以添加或删除账户，也可更改某个账户的名称、创建或更改密码、更改账户图标和账户类型等。标准账户可以更改账户图标和密码，不可以更改账户类型、删除和添加账户。

添加账户和更改账户的操作方法请见本节实例。

删除账户的操作方法如下：

（1）以管理员类型账户登录计算机。

（2）单击"开始"菜单→"控制面板"，打开"控制面板"窗口，如上图 2-91 所示。

（3）在"用户账户和家庭安全"项下单击"添加或删除用户账户"，打开"管理账户"窗口，如图 2-93 所示。

（4）单击要删除的用户。本例单击 student，打开"更改账户"窗口，如图 2-94 所示，单击"删除账户"选项，打开"删除账户"窗口，如图 2-95 所示。单击"删除文件"。打开"确认删除"窗口，如图 2-96 所示。单击"删除账户"即删除账户。

图 2-93　"管理用户"窗口　　　　　图 2-94　"更改账户"窗口

图 2-95　"删除账户"窗口　　　　　图 2-96　"确认删除"窗口

2.6　打印机的安装、设置和使用

主要学习内容：

- 添加打印机
- 设置默认打印机和共享打印机

第 2 章 Windows 7 基本操作

- 设置用户使用打印机的权限

一、操作要求

（1）在 LPT1 端口安装一台 hp deskjet 5100 打印机，取名为"hp5100"，允许其他网络用户共享，共享名为"printer1"，设置为默认打印机。

（2）设置允许 Administrator 对打印机 hp5100 享有所有权限。

二、操作过程

1. 安装惠普 hp deskjet 5100 打印机

（1）单击"开始"菜单→"控制面板"，打开"控制面板"窗口。以"类别"查看方式浏览"控制面板"，如图 2-97 所示。

（2）单击"查看设备和打印机"超文本，打开"设备和打印机"窗口，如图 2-98 所示。

图 2-97 "控制面板"窗口　　　　　　　图 2-98 "设备和打印机"窗口

（3）单击"添加打印机"超文本，打开"添加打印机"对话框，如图 2-99 所示。单击"添加本地打印机"，打开图 2-100 所示对话框。

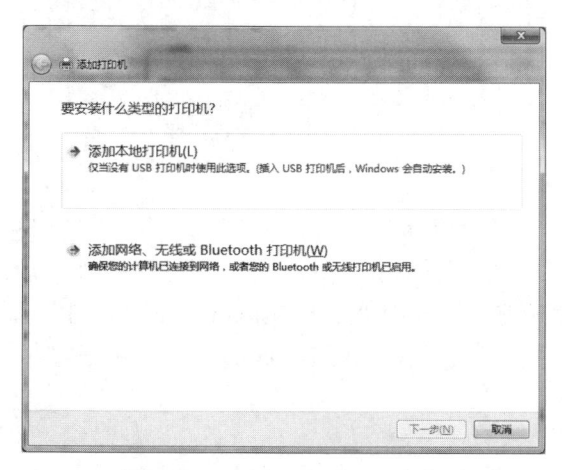

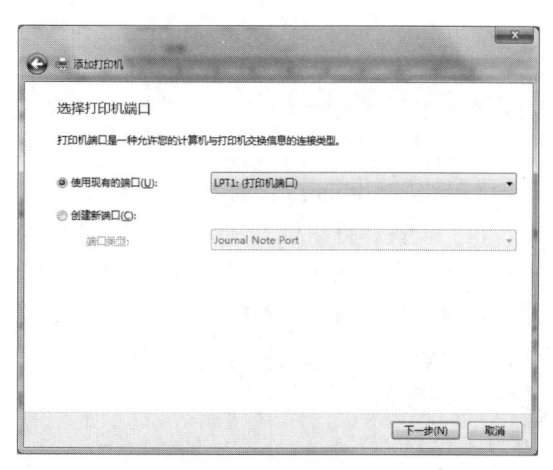

图 2-99 "添加打印机"对话框　　　　　　图 2-100 "选择打印机端口"对话框

（4）选择"使用现有的端口：LPT1"，单击"下一步"按钮。打开"安装打印机驱动程序"对话框。在"厂商"列表中选择"HP"，在"打印机"列表中单击选择"hp deskjet 5100"，如图 2-101 所示。单击下一步，打开"键入打印机名称"对话框。

（5）在打印机名称框中，输入"hp5100"，如图 2-102 所示。单击"下一步"按钮，系统开始安装打印机。安装完成，打开"打印机共享"对话框。

图 2-101　"安装打印机驱动程序"对话框　　　　　图 2-102　"键入打印机名称"对话框

（6）在"打印机共享"对话框中，输入"共享名称"为"printer1"，如图 2-103 所示。

（7）单击"下一步"按钮，打开已成功添加打印机对话框，如图 2-104 所示。选择"设置为默认打印机"，单击"完成"按钮，完成打印机安装。

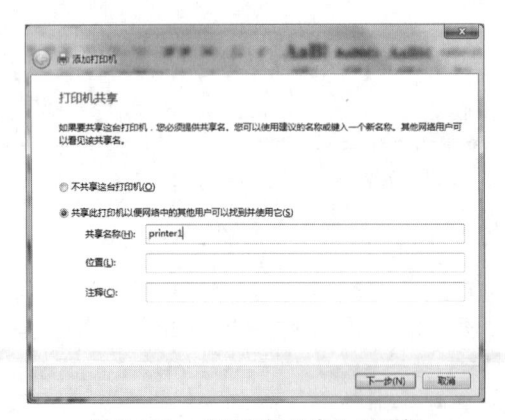

图 2-103　"打印机共享"对话框　　　　　图 2-104　添加完成对话框

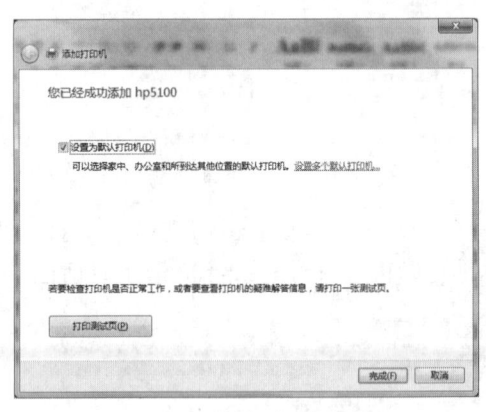

2. 设置 Administrators 打印权限

在"设备和打印机"窗口中，右击"hp5100"打印机图标，在打开的快捷菜单中单击"设置打印机属性"命令，系统打开"hp5100 属性"对话框。单击"安全"选项卡，在"组或用户名称"列表中选择"Administrators"用户，然后在下面相应"Administrators 权限"列表框中设置仅勾选"打印"、"管理此打印机"、"管理文档"权限，如图 2-105 所示，单击"确定"按钮，完成设置。

三、知识技能要点

1. 驱动程序

驱动程序（Device Driver），全称为"设备驱动程序"，是使计算机和设备通信的一种特殊程序，相当于硬件的接口，操作系统只有通过这个接口，才能控制硬件设备的工作。如果设备的驱动程序未能正确安装，设备便不能正常工作。

从理论上讲，所有的硬件设备都需要安装相应的驱动程序才能正常工作。但像 CPU、内存、主板、软驱、键盘、显示器等设备，其驱动程序已经集成在计算机主板的 BIOS 中，不需要再安装驱动程序就可以正常工作；而显卡、声卡、网卡、打印机等一定要安装驱动程序，否则便无法正常工作。

2. 打印机的安装

在 Windows 7 系统中，用户可以安装打印机驱动程序。当打印机为即插即用时，系统会自动搜索打印机类型然后安装相应驱动程序。

本节案例中所讲的打印机安装过程，为用户自己安装打印机驱动程序。

3. 设置默认打印机

在 Windows 7 操作系统中，用户可以安装多台打印机。这时，用户应设置打印时首选的打印机，即默认打印机。设置默认打印机的操作方法为：在"控制面板"窗口中，单击"查看设备和打印机"超文本，打开"设备和打印机"窗口。在此窗口中，右击打印机图标，打开快捷菜单，单击选择"设为默认打印机"命令。这时，打印机图标左下角多了带√的绿圆标志，如图 2-106 所示，说明已将其设置为默认打印机。

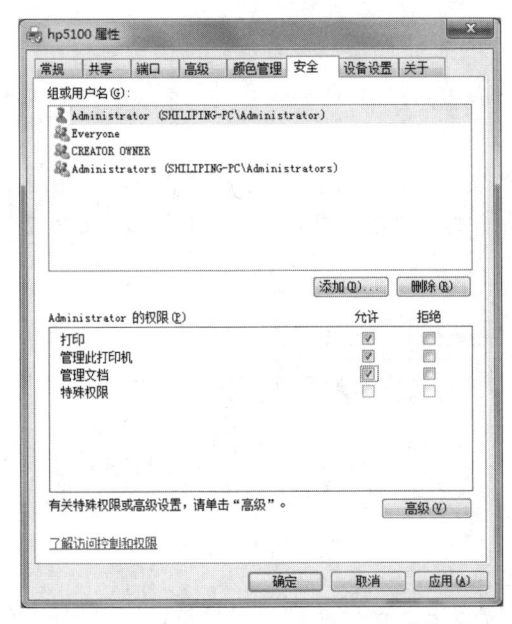

图 2-105 "安全"选项卡   图 2-106 设置默认打印机

4. 设置或删除打印机权限

在 Windows 7 系统中，可设置不同的用户有不同的权限来使用打印机。设置或删除打印机权限的操作步骤如下：
（1）单击"控制面板"窗口中的"设备和打印机"链接，打开"设备和打印机"窗口。
（2）右击打印机图标，在打开的快捷菜单中单击"打印机属性"，打开打印机"属性"对话框，单击"安全"选项卡。
（3）在"组或用户名"列表框中，单击选择组或用户。
（4）根据需要，可在"权限"中单击每个要允许或拒绝的权限。如从权限列表中删除用户或组，则单击"删除"。

2.7 磁盘管理

主要学习内容：
- 清理磁盘
- 磁盘碎片整理
- 建立计划任务

一、操作要求

（1）清理 C 盘的回收站文件和 Internet 临时文件。
（2）对本地驱动器 C 进行磁盘碎片整理。
（3）建立名为"磁盘整理"的磁盘碎片整理计划任务，要求每周一晚上 9 点开始整理 C 盘。

二、操作过程

1. 磁盘清理

（1）启动磁盘清理。单击"开始"按钮→"所有程序"→"附件"→"系统工具"→"磁盘清理"命令，弹出"磁盘清理：驱动器选择"对话框。
（2）选择要清理的磁盘。在驱动器的下拉列表中，选择要清理的驱动器 C，如图 2-107 所示，单击"确定"按钮。系统对 C 盘进行扫描，并弹出"磁盘清理"提示对话框，如图 2-108 所示。

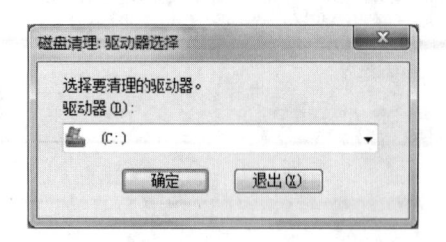

图 2-107 "磁盘清理：驱动器选择"对话框　　　图 2-108 "磁盘清理"提示

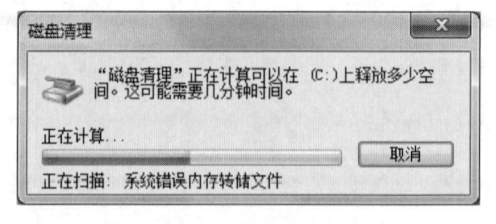

（3）选择要清理的文件。扫描完成后，系统弹出"磁盘清理"对话框，在"要删除的文件"列表中，单击选择"Internet 临时文件"、"回收站"复选框，如图 2-109 所示。然后单击"确定"按钮。系统会弹出一个对话框要求用户确认，单击"是"按钮，选择的文件会被删除。

2. 对本地驱动器 C 进行磁盘碎片整理

（1）单击"开始"按钮→"所有程序"→"附件"→"系统工具"→"磁盘碎片整理程序"命令，弹出"磁盘碎片整理程序"对话框，如图 2-110 所示。

图 2-109　"磁盘清理"对话框　　　　图 2-110　"磁盘碎片整理程序"对话框

（2）在磁盘列表框中，单击要整理的磁盘 C，然后单击"分析磁盘"按钮，程序会对 C 磁盘进行碎片分析。分析结束后，"上一次运行时间"列会显示出碎片情况，如图 2-111 所示。根据碎片情况用户可决定是否需要整理。

（3）用户也可直接单击"磁盘碎片整理"按钮，开始对磁盘 C 进行碎片整理，对话框中显示碎片整理进程，如图 2-112 所示。

图 2-111　显示碎片情况　　　　图 2-112　碎片整理进度

（4）磁盘碎片整理完后，"磁盘碎片整理程序"对话框内碎片显示为 0%，如图 2-113 所示，单击"关闭"按钮，关闭对话框。

3. 建立磁盘清理程序的任务计划

（1）单击"开始"按钮→"所有程序"→"附件"→"系统工具"→"磁盘碎片整理程序"命令，弹出"磁盘碎片整理程序"窗口，如图 2-110 所示。

（2）单击"配制计划"按钮，打开"磁盘碎片整理程序：修改计划"对话框，设置频率为"每周",日期为"星期一",时间为"21:00",如图 2-114 所示。单击"选择磁盘",打开"选择计划整理的磁盘"对话框,选择 C 盘,如图 2-115 所示,单击"确定"按钮,关闭此对话框。单击"确定"按钮,关闭"修改计划"窗口,再单击"关闭"按钮,关闭"磁盘碎片整理程序"对话框,即建立相应磁盘清理程序的任务计划。

图 2-113 "磁盘碎片整理程序"对话框

图 2-114 "修改计划"对话框   图 2-115 "选择计划整理的磁盘"对话框

三、知识技能要点

1. 磁盘清理

Windows 7 所提供的磁盘清理程序可以删除临时 Internet 文件、删除不再使用的已安装组件和程序以及清空"回收站",这样可以释放硬盘空间,保持系统的简洁,大大提高系统性能。

2. 磁盘碎片整理

磁盘碎片整理程序可以分析磁盘并合并碎片文件和文件夹,以便每个文件或文件夹都可以占用磁盘上单独而连续的磁盘空间。这样,可以提高系统访问和存储文件、文件夹的速度。

磁盘碎片整理的操作步骤请参照本节案例。

2.8 程序管理

主要学习内容：
- 安装与删除程序
- 程序的启动和退出
- 创建快捷方式
- 添加或删除输入法

一、操作要求

（1）在 Windows 7 中，安装金山打字通 2013。
（2）删除桌面上金山打字通 2013 的快捷方式。
（3）在 Windows 桌面上创建金山打字通 2013 的快捷方式。
（4）从当前操作系统中删除金山打字通 2013 程序。
（5）为系统添加"微软拼音 ABC 输入风格"输入法。
（6）删除输入法列表中的"简体中文郑码"输入法。
（7）设置切换到"微软拼音 ABC 输入风格"的键盘快捷键为 Ctrl+Shift+1。

二、操作过程

1. 安装金山打字通 2013

（1）双击金山打字通 2013 的安装程序文件 Setup2013.exe，开始安装初始化，完成后，系统会弹出安装向导对话框，如图 2-116 所示。单击"下一步"按钮，弹出"许可证协议"对话框，如图 2-117 所示。单击"我接受"按钮，表示同意协议内容。

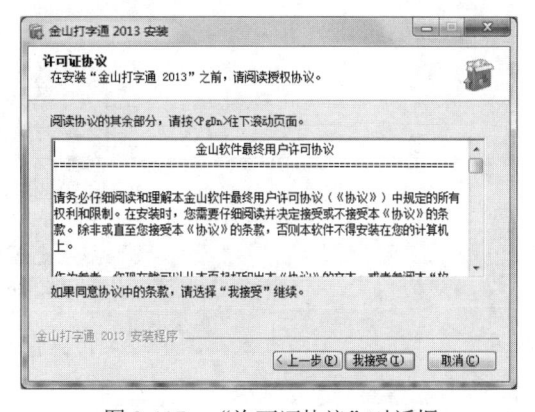

图 2-116　安装向导对话框　　　　　图 2-117　"许可证协议"对话框

（2）系统弹出安装 WPS Office 安装推荐对话框，用户可根据需要选择安装或不安装，单击"下一步"按钮。

（3）弹出"选择安装位置"对话框，即设置程序文件的安装文件夹，如图 2-118 所示。可采用默认文件夹，如想修改，可通过单击"浏览"按钮选择合适的文件夹。设置好后，单击"下一步"按钮。

（4）系统弹出"选择'开始菜单'文件夹"对话框，如图2-119所示。采用默认名即可，单击"安装"按钮。

（5）系统弹出"安装金山打字通2013"对话框，如图2-120所示。安装完成后，打开"软件精选"对话框，如图2-121所示，用户可根据需要选择所要安装的软件，本例全部不选，然后单击"下一步"按钮。

（6）系统弹出如图2-122所示对话框，单击"完成"按钮，则金山打字通2013安装完成。在开始菜单中可看到"金山打字通"即为金山打字通2013。

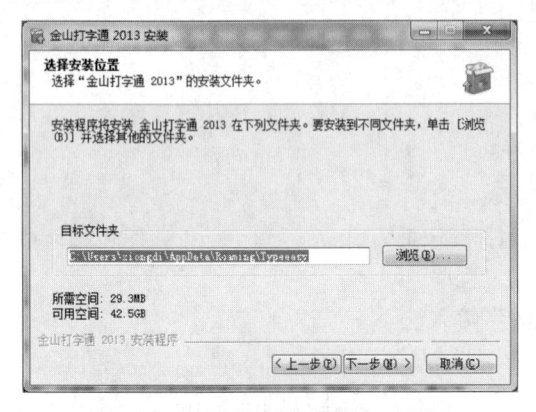

图2-118 "选择安装位置"对话框 　　　　图2-119 "选择'开始菜单'文件夹"对话框

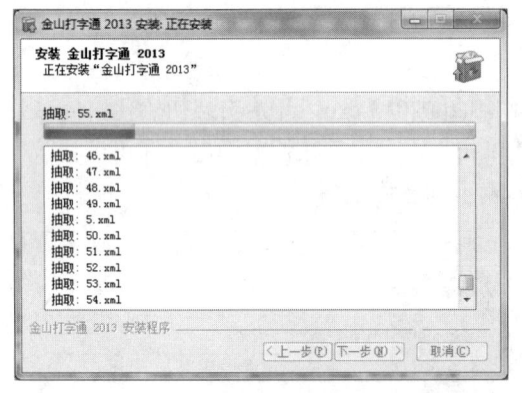

图2-120 "安装金山打字通2013"对话框 　　　　图2-121 "软件精选"对话框

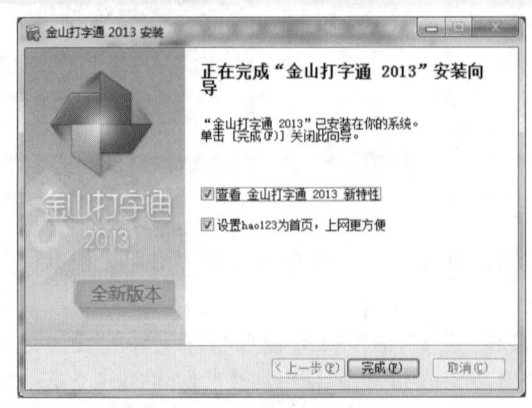

图2-122 "安装完成"对话框

第2章　Windows 7 基本操作

2. 删除桌面上金山打字通 2013 的快捷方式。

金山打字通 2013 安装程序会自动在桌面上建立金山打字通 2013 的快捷方式（注：快捷图标的左下角有一个向右上的箭头）。将桌面上金山打字通的快捷方式拖入回收站，即删除该快捷方式。

3. 建立桌面快捷方式

单击"开始"菜单按钮，找到"金山打字通"，然后直接将其拖到桌面上，即建立"金山打字通"的快捷方式。双击桌面上的金山打字通快捷方式，就可启动该软件；或单击开始菜单中的"金山打字通"，也可以启动。

4. 删除金山打字通 2013

方法一：利用软件自身所带的卸载程序。在"开始"菜单中单击"金山打字通"下的"卸载金山打字通"，如图 2-123 所示。根据提示操作，即可删除电脑中安装的金山打字通。

图 2-123　开始菜单

方法二：单击"开始"按钮→"控制面板"→"程序"→"卸载程序"，系统打开"卸载或更改程序"窗口，如图 2-124 所示。在程序列表中找到金山打字通，单击选择该项。然后单击"卸载/更改"按钮，弹出"卸载金山打字通"对话框，如图 2-125 所示。单击"卸载"按钮，系统开始卸载"金山打字通"相关文件。卸载完成后单击"完成"按钮，即成功删除金山打字通 2013。

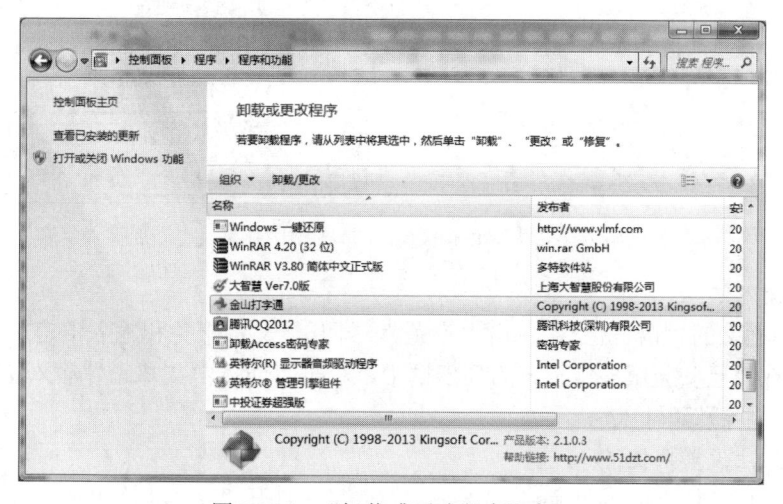

图 2-124　"卸载或更改程序"窗口

5. 添加输入法

（1）右击任务栏上的"语言栏" CH，打开快捷菜单，如图 2-126 所示。单击快捷菜单中的"设置"命令，打开"文本服务和输入语言"对话框，如图 2-127 所示，在"已安装的服务"下方的列表框中显示已安装的输入法。

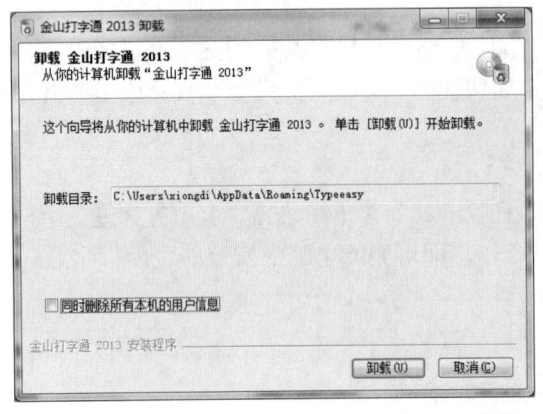

图 2-125　"卸载金山打字通"对话框 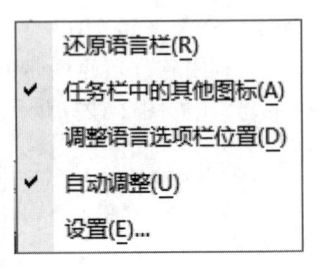　　　　　　图 2-126　快捷菜单

（2）单击"添加"按钮，打开"添加输入语言"对话框。拖动垂直滚动条，找到需要添加的输入法，单击其前面的复选框，本例选择"微软拼音 ABC 输入风格"，如图 2-128 所示。

（3）单击"确定"按钮，返回"文本服务和输入语言"对话框。单击"确定"按钮，完成输入法的添加。

图 2-127　"文本服务和输入语言"对话框 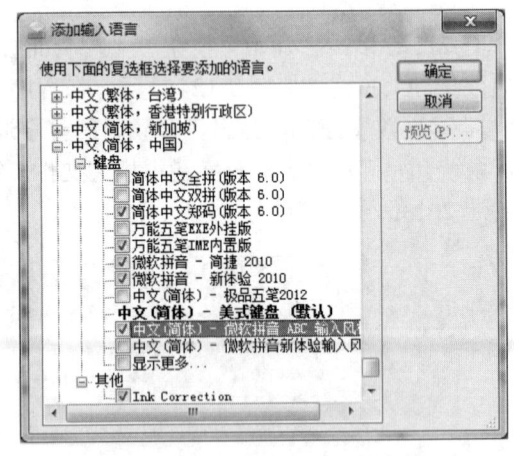　　　图 2-128　"添加输入语言"对话框

6. 删除输入法

右击任务栏上的"语言栏"，单击"设置"，打开"文本服务和输入语言"对话框，如图 2-127 所示。在"已安装服务"下方的列表框中，单击"简体中文郑码"输入法，再单击"删除"按钮，即删除郑码输入法。

7. 为输入法设置快捷键

（1）右击任务栏上的"语言栏"，单击"设置"，打开"文本服务和输入语言"对话框，单击"高级键设置"选项卡。在"输入语言的热键"列表中，单击选择"中文简体-微软拼音

ABC",如图 2-129 所示。

(2)单击"更改按键顺序"按钮,打开"更改按键顺序"对话框,选择"启用按键顺序"复选框,在右边的下拉列表中选择数字 1,如图 2-130 所示,单击"确定"按钮。返回到"文本服务和输入语言"对话框,再单击"确定"按钮,完成设置。

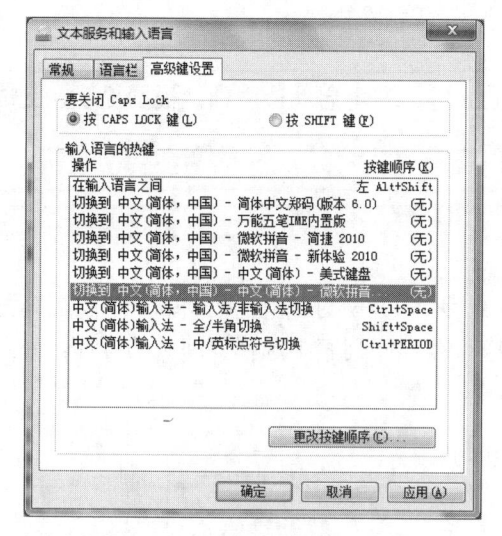

图 2-129 "高级键设置"选项卡 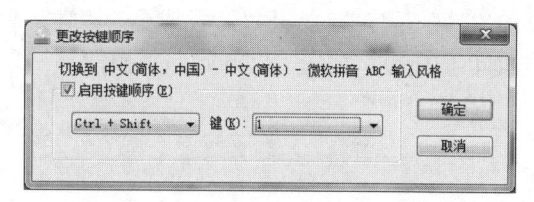　　　图 2-130 "更改按键顺序"对话框

三、知识技能要点

1. 快捷方式

"快捷方式"是 Windows 提供的指向一个对象(如文件、程序、文件夹等)的链接,它们包含了为启动一个程序、编辑一个文档或打开一个文件夹所需的全部信息。快捷方式是 Windows 提供的一种快速启动程序、打开文件或文件夹的方法。当双击一个快捷方式图标时,Windows 首先检查该快捷方式文件的内容,找到它所指向的对象,然后打开该对象。

用户可根据需要为程序、文件或文件夹创建快捷方式。常用创建快捷方式的方法如下:

方法一:右击对象,打开快捷菜单,选择"创建快捷方式"命令。

方法二:按住右键并拖动对象,到目的位置后松开鼠标右键,打开快捷菜单。选择"在当前位置创建快捷方式"命令即可。

方法三:右击对象,在弹出的快捷菜单中选择"发送到"→"桌面快捷方式"菜单命令,即可在桌面上为对象创建一个快捷方式。

方法四:将"开始"菜单中的程序直接拖到桌面上,也可以为程序在桌面上创建快捷方式。

快捷方式创建后,也可重命名、移动位置、复制或删除,操作方法与文件的相应操作方法一样。

2. 程序的启动和关闭

Windows 操作系统中启动程序的常用方法有:

方法一:单击"开始"按钮→"所有程序",单击相应的程序。

方法二:双击桌面上应用程序的快捷图标。

关闭程序的常用方法有:

方法一：单击程序标题栏上的"关闭"按钮。
方法二：按快捷键 Alt+F4。
方法三：双击程序的控制菜单图标。

3. 安装与删除程序

在使用计算机时，用户可根据自己的需要，安装或删除程序。

（1）添加新程序。

通常安装程序的文件名为 setup.exe、install.exe 等，双击启动该文件，根据提示，完成程序的安装。

（2）更改或删除程序。

卸载 Windows 应用程序常用的两种方法是：

方法一：使用软件包自带的卸载程序。

方法二：使用系统的"卸载程序"。如图 2-131 所示，在"控制面板"窗口，单击"程序"下的"卸载程序"，打开"卸载或更改程序"窗口。在程序列表中选择要卸载的程序，然后单击"卸载/更改"按钮，即开始卸载操作。

图 2-131　"控制面板"窗口

4. 输入法

Windows 7 中文版操作系统提供了多种中文输入法，用户可以使用其内置的智能 ABC、双拼、全拼、微软拼音等输入法，也可以根据需要安装第三方的中文输入法，如搜狗拼音输入、万能五笔输入法和紫光拼音输入法等。

为操作系统添加内置输入法的操作步骤，请参照本节案例中添加"微软拼音 ABC 输入风格"的操作。

5. 设置文件与应用程序的关联

在 Windows 系统中，文件关联是指将某一类数据文件与一个相关的程序建立联系。当用鼠标双击这类数据文件时，Windows 操作系统就自动启动关联的程序，打开这个数据文件供用户处理。例如，扩展名为 txt 的文本文件，Windows 系统中默认的关联程序就是记事本程序。当用户双击 txt 文件时，Windows 系统会启动记事本程序，读入 txt 文件的内容，供用户查看和编辑。

通常情况，当应用程序安装成功后，很多都会自动建立文件关联，但有些应用程序则不能自动建立自己的文件关联，如果需要为文件建立关联程序，或改变文件的关联，常用操作方法如下：

（1）右击文件（本例为"练习.txt"文件），打开快捷菜单。单击"属性"命令，打开文件"属性"对话框，如图2-132所示。

（2）在"常规"选项卡中的"打开方式"项后，单击"更改"按钮。打开"打开方式"对话框，如图2-133所示。

图2-132 "属性"对话框   图2-133 "打开方式"对话框

（3）在该对话框中，单击选择用来打开此文件的程序，也可以单击"浏览"按钮，定位到本地计算机中的程序或链接到网站上，搜索用来打开此类文件的程序。

（4）设置完成后，单击"确定"按钮。

2.9 常用附件小程序

主要学习内容：
- 画图程序的使用
- 写字板及记事本简介
- 放大镜的使用

2.9.1 画图程序

"画图"程序是Windows 7操作系统自带的绘图软件，它具备绘图的基本功能。利用它可以绘制简笔画、水彩画、插图或贺卡等；利用它可以在空白的画稿上作画，也可以修改其他已有的画稿。

启动画图程序：单击"开始"按钮→"所有程序"→"附件"→"画图"。画图程序界面如图2-134所示。

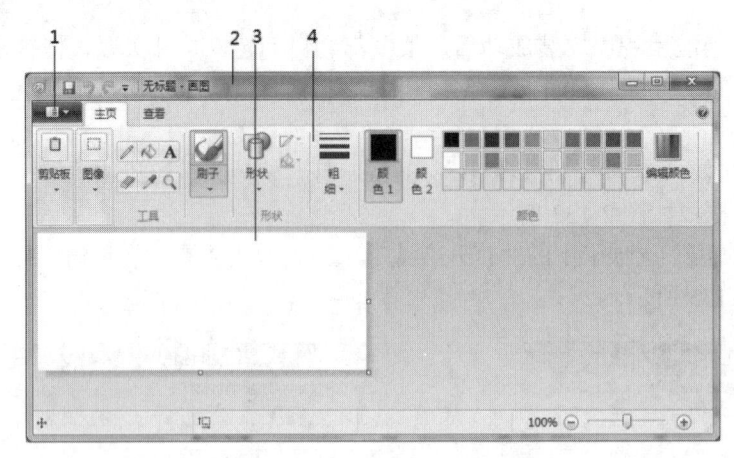

1—画图按钮；2—快速启动工具栏；3—绘图区域；4—功能区

图 2-134　"画图"窗口

绘图工具使用方法如下：

1. "铅笔"工具

使用"铅笔"工具可绘制细的、任意形状的直线或曲线。

（1）在"主页"选项卡的"工具"组中，单击"铅笔"工具。

（2）在"颜色"组中，单击"颜色 1"，再单击某种颜色，然后在图片中拖动指针进行绘图；若要使用颜色 2（背景颜色）绘图，则拖动指针时单击鼠标右键。

2. "刷子"工具

可绘制具有不同外观和纹理的线条，就像使用不同的艺术刷一样。使用不同的刷子，可以绘制具有不同效果的任意形状的线条和曲线。

（1）在"主页"选项卡上，单击"刷子"下面的向下箭头。

（2）单击要使用的艺术刷。

（3）单击"尺寸"，然后单击某个线条尺寸，这将决定刷子笔划的粗细。

（4）在"颜色"组中，单击"颜色 1"，再单击某种颜色，然后拖动指针进行绘图。若要使用颜色 2（背景颜色）绘图，则拖动指针时单击鼠标右键。

3. "直线"工具

使用"直线"工具可绘制直线。使用此工具时，可以选择线条的粗细，还可以选择线条的外观。

（1）在"主页"选项卡的"形状"组中，单击"直线"工具。

（2）单击"尺寸"，然后单击某个线条尺寸，这将决定线条的粗细。

（3）在"颜色"组中，单击"颜色 1"，再单击某种颜色，然后拖动指针绘制直线。若要使用颜色 2（背景颜色）画线，则拖动指针时单击鼠标右键。

（4）若要更改线条样式，则在"形状"组中单击"边框"，然后单击某种线条样式。

4. "曲线"工具

使用"曲线"工具可绘制平滑曲线。

（1）在"主页"选项卡的"形状"组中，单击"曲线"工具。

（2）单击"尺寸"，然后单击某个线条尺寸，这将决定线条的粗细。

（3）在"颜色"组中，单击"颜色 1"，再单击某种颜色，然后拖动指针绘制直线。

（4）若要使用颜色 2（背景颜色）画线，可在拖动指针时单击鼠标右键。

（5）创建直线后，在图片中单击希望曲线弧分布的区域，然后拖动指针调节曲线。

提示：若要绘制水平直线，可在从一侧到另一侧绘制直线时按住 Shift 键；若要绘制垂直直线，可在向上或向下绘制直线时按住 Shift 键。

5．绘制其他形状

可以使用"画图"在图片中添加其他形状。已有的形状除了传统的矩形、椭圆、三角形和箭头之外，还包括一些有趣的特殊形状，如心形、闪电形或标注等，如图 2-135 所示形状组。如果希望自定义形状，可以使用"多边形"工具。

（1）在"主页"选项卡的"形状"组中，单击某个已有的形状。

图 2-135　形状组

（2）若要绘制该形状，可拖动指针。

（3）若要绘制对称的形状，可在拖动鼠标时按住 Shift 键。例如，若要绘制正方形，则单击"矩形"，然后在拖动鼠标时按住 Shift 键。

（4）选择该形状后，执行下列操作之一或多项可更改其外观：

- 若要更改线条样式，则在"形状"组中单击"边框"，然后单击某种线条样式。如果形状不需有边框，则单击"边框"→"无轮廓线"。
- 若要更改边框的粗细，单击"尺寸"，然后单击线条尺寸（粗细）。
- 在"颜色"组中，单击"颜色 1"，然后单击用于边框的颜色。
- 在"颜色"组中，单击"颜色 2"，然后单击用于填充形状的颜色。
- 若要更改填充样式，则在"形状"组中单击"填充"，然后单击某种填充样式。如果不填充形状，则单击"填充"，然后单击"无填充"。

6．"文本"工具

使用"文本"工具可以在图片中输入文本。

（1）在"主页"选项卡的"工具"组中，单击"文本"工具。

（2）在希望添加文本的绘图区域拖动指针。

（3）在"文本"选项卡的"字体"组中单击字体、大小和样式。

7．"选择"工具

在"画图"中，如需对图片或对象的某一部分进行更改，必须先选择图片中要更改的部分，然后进行编辑。编辑包括：调整对象大小、移动或复制对象、旋转对象或裁剪图片使之只显示选定的项。

（1）在"主页"选项卡的"图片"组中，单击"选择"下面的向下箭头。

（2）根据希望选择的内容执行以下操作之一。

- 选择任何正方形或矩形部分，则单击"矩形选择"，然后拖动指针以选择图片中要编辑的部分。
- 选择图片中任何不规则的形状部分，则单击"自由图形选择"，然后拖动指针以选择图片中要编辑的部分。
- 选择整个图片，则单击"全选"。

- 选择图片中除当前选定区域之外的所有内容,则单击"反向选择"。
- 删除选定的对象,则单击"删除"。

8. 使用"剪切"

可剪切图片,使图片中只显示所选择的部分。"剪切"功能可用于更改图片,使只有选定的对象可见。

（1）在"主页"选项卡的"图像"组中,单击"选择"下面的箭头,然后单击要进行的选择类型。

（2）拖动指针以选择图片中要显示的部分。

（3）在"图像"组中,单击"剪切"。

（4）若要将剪切后的图片另存为新文件,则单击"画图"按钮,指向"另存为",然后单击当前图片的文件类型。

（5）在"文件名"框中键入新文件名,然后单击"保存"。

9. 使用"旋转"

使用旋转可旋转整个图片或图片中的选定部分。选择要旋转的对象,执行下列操作之一:

- 旋转整个图片:在"主页"选项卡上的"图像"组中,单击"旋转",然后单击旋转方向。
- 旋转图片的某个对象或某部分:在"主页"选项卡上的"图像"组中,单击"选择"。拖动指针选择要旋转的区域或对象,单击"旋转",然后单击旋转方向。

10. 擦除图片中的某部分

使用"橡皮擦"工具,可以擦除图片中的区域。

（1）在"主页"选项卡的"工具"组中,单击"橡皮擦"。

（2）单击"尺寸",接着单击选择橡皮擦尺寸,然后将橡皮擦拖过图片中要擦除的区域。所擦除的所有区域都将显示背景色（颜色 2）。

11. 图像的复制、移动和删除

（1）图像的复制。

方法一:鼠标拖动法。选择工具箱中的"选择"工具,拖动鼠标选择要复制的图像。然后按住 Ctrl 键,将图像拖动到目标处,松开鼠标左键,完成复制。

方法二:利用快捷键。用"选择"工具选择要复制的图像,按组合键 Ctrl+C 进行复制,再按组合键 Ctrl+V 进行粘贴,然后将新复制出的图像拖动到目标位置处。

（2）图像的移动。

选择工具箱中的"选择"工具,拖动鼠标选择要移动的图像。然后将图像拖动到目标处,松开鼠标左键,完成移动。

（3）图像的删除。

用选择工具选好要删除的图像,然后按 Delete 键即可。

12. 图像的保存

如果要对当前正在编辑的图像进行保存,可按以下步骤进行操作:

（1）单击"绘图",打开"绘图"菜单,如图 2-136 所示。

（2）单击"保存"命令,打开"保存为"对话框,如图 2-137 所示。在"文件名"文本框中输入文件名,在"保存类型"下拉列表中选择保存类型,然后单击"保存"按钮。

图 2-136　绘图菜单　　　　　　　　　　图 2-137　"保存为"对话框

2.9.2　写字板

"写字板"是一个使用简单，但功能强大的文字处理程序，用户可以利用它进行日常工作中文件的编辑。在写字板中可以创建和编辑简单文本文档，或者有复杂格式和图形的文档。用户可以将信息从其他文档链接或嵌入写字板文档。写字板程序的使用与 Word 文字处理程序的使用类似，其使用方法请参看 Word 部分。

在"写字板"中，可以将文件保存为文本文件（.txt）、多信息文本文件（.rtf）、MS-DOS 文本文件等类型的文件。

启动写字板程序：单击"开始"按钮→"所有程序"→"附件"→"写字板"，启动写字板。写字板窗口如图 2-138 所示。

图 2-138　"写字板"窗口

2.9.3　记事本程序

记事本是一个简单的文本编辑程序，最常用于查看或编辑文本文件。文本文件扩展名为 txt。记事本用于纯文本文档的编辑，功能相对写字板比较有限，但它使用方便、快捷，适于编写篇幅短小的文件，比如许多软件的 READ ME 文件通常是用记事本打开的。

启动记事本的操作步骤：单击"开始"按钮→"所有程序"→"附件"→"记事本"，即可启动记事本，其界面如图 2-139 所示。

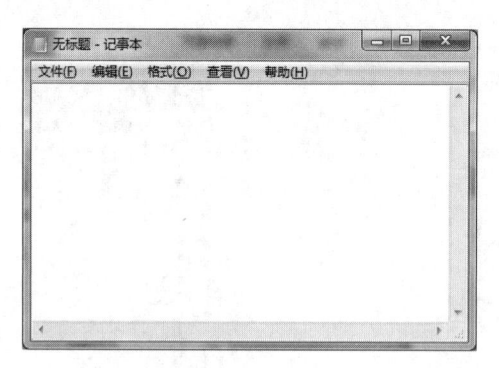

图 2-139　记事本

练习题

1. 设置自己喜欢的 Windows 7 的桌面背景、主题和外观，并为计算机设置屏幕保护程序。
2. 试更改任务栏在桌面上的位置，定义符合自己习惯的任务栏和开始菜单。
3. 搜索当前电脑 C 盘中所有扩展名为.bmp 的文件。
4. 在桌面上为记事本程序建立快捷方式。
5. 为计算机添加一个任务计划，定期对 C 盘进行磁盘碎片整理。
6. 为计算机添加一台打印机。
7. 对计算机的系统盘进行碎片整理。
8. 对计算机的 C 盘和 D 盘进行磁盘清理，清理回收站和旧的压缩文件。

第 3 章 Word 2010 的使用

Microsoft Word 2010 是 Office 2010 套装软件中专门进行文字处理的应用软件，利用 Word 2010 可以创建专业水准的文档，轻松高效地与他人协同工作。可以方便地创建与编辑报告、信件、新闻稿、传真和表格等，用户可以用它来处理文字、表格、图形、图片等。Word 2010 界面友好、功能丰富、易学易用、操作方便，能满足各种文档排版和打印需求，且"所见即所得"，现已成为电脑办公必备的工具软件之一。

Word 2010 取消了传统的菜单操作方式，取而代之的是各种功能区。导航窗格、屏幕截图、背景移除、屏幕取词、文字视觉效果、图片艺术效果、SmartArt 图表、助你轻松写博客、与他人同步工作等各种新功能有趣实用，更加人性化，将 Word 文档呈现得更丰富多彩。

用户使用 Word 2010 创建的文档常见类型为 docx，称为"Word 文档"。

3.1 编写 Word 文档

主要学习内容：
- 启动 Word
- 浏览 Word 窗口
- 输入、修改文本
- 新建、保存 Word 文档
- 关闭文档并退出 Word

一、操作要求

使用 Word 创建一个名字为"公司简介.docx"的 Word 文档，然后输入公司简介内容，如图 3-1 所示，再将文档保存到"D:\Word 练习"后再关闭"公司简介.docx"。

文字编辑是 Word 最基本也是最重要的功能。通过本例，用户将掌握如何建立和保存新文档，如何输入、修改文本。

二、操作过程

1. 启动 Word 2010

在任务栏的左侧单击"开始"按钮→"所有程序"→"Microsoft Office"→"Microsoft Word 2010"菜单命令，启动 Word 2010。启动 Word 后，该程序会打开一个新的空白文档，用户就可以在该文档中进行以下操作。如果 Word 已启动，这时也可以按快捷键 Ctrl+N 新建一个空白文档。

广州正和公司由广州第一平面媒体都市快报投资创办。旗下互动空间 www.uu.com 于 2000 年 1 月正式开通，目前有 180 万注册会员，向全世界网上购物人群提供百万种商品的在线销售，包括化妆品、数码、图书、饰品等各类商品，为网上购物者带来方便与实惠。

公司文化

公司定位

目标是成为中国最具亲和力的网上购物平台。

——与您有关：为用户提供生活、信息有关的商品。

——为您所用：为用户提供最丰富、最实用的商品。

——成您使爱：成为用户生活离不开的网上家园。

公司使命

建设无阻隔的和谐社会。

——促进信息快速生产、精确传播、高度共享、深层互动，为广大顾客提供健康、积极向上和有益的精神食粮，始终坚持"诚信第一"。

公司价值观

责任——做负责任的企业。

服务——不仅出售产品，更是在出售服务。

创新——不断创新，更新产品。

便利——鼠标一点，商品到家。用户无论是购物还是查询，不受时间和地域的限制。用户只需鼠标一点，商品就可送货上门，当面收款。在这便利的背后是我公司庞大的物流体系，近 3 万平方米的仓库分布北京、上海和华南等地，公司自行开发基于网络架构和无线技术的物流、客户管理、财务等各种软件，每天将大量货物通过空运、铁路、公路等不同运输手段发往全国和世界各地，同时公司也快速推动了银行网上支付、邮政、速递等服务行业的迅速发展。

图 3-1　"公司简介.docx"文档效果图

2．段落的输入

在每个段落内容输入前，可先按空格键空出两个汉字的位置，然后输入相应内容。一个段落结束后，按 Enter 键，再输入下一段文字。

3．文档的保存

输入所有文字内容后，单击"文件"选项卡→"保存"命令■，或者单击"快速访问工具栏"中的"保存"按钮■，弹出"另存为"对话框，如图 3-2 所示。在地址栏中定位到 D 盘中的"Word 练习"文件夹，"文件名"中输入"公司简介"，"保存类型"选择"Word 文档"，单击"保存（s）"按钮。

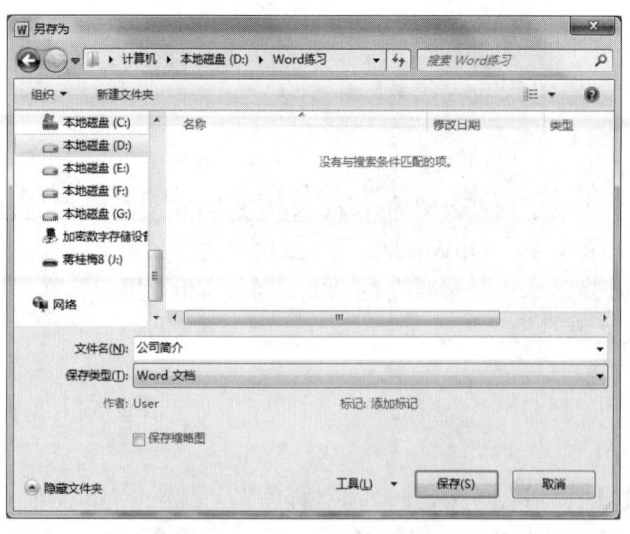

图 3-2　"另存为"对话框

4. 关闭文档

单击 Word 窗口右上方的"关闭"按钮 ✕。

三、知识技能要点

1. 启动 Word 2010

方法一：从"开始"菜单启动 Microsoft Word 2010。单击 Windows 任务栏左端的"开始"按钮，弹出"开始"菜单。在菜单中单击"所有程序"，再在级联菜单中选择"Microsoft Office"选项，然后单击"Word 2010"命令，Word 即会启动。

方法二：双击桌面上已有的 Word 2010 快捷图标。

方法三：若快速启动栏已有 Word 快捷图标，双击即可。

方法四：双击任意一个现有的 Word 文档图标来启动 Word 2010。

前三种方法启动 Word 后，系统会自动创建新的空白文档，并会自动以"文档1"、"文档2"……来命名。

2. Word 2010 窗口组成

Word 窗口主要包括功能区选项卡、功能区组、标尺、编辑区、状态栏和滚动条等，如图 3-3 所示。

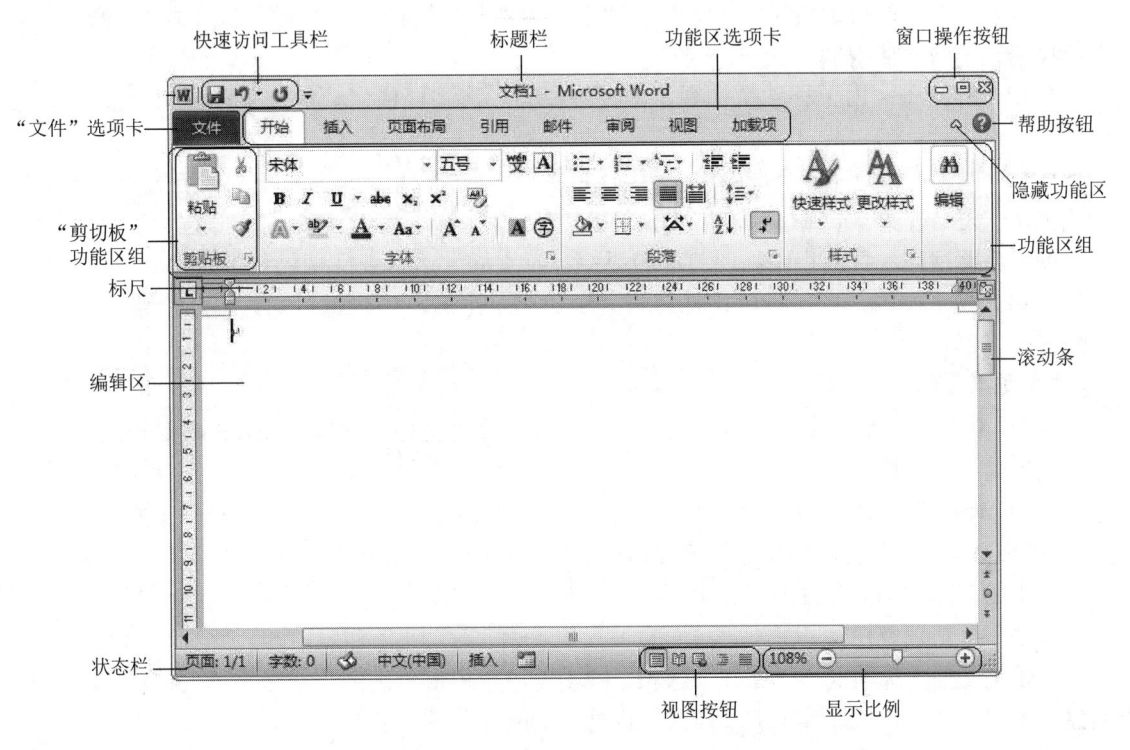

图 3-3 Word 2010 界面

（1）快速访问工具栏：在该工具栏中集成了多个常用的按钮，默认状态下包括"保存"、"撤消"、"恢复"按钮，单击"自定义快速访问工具栏"按钮 ▼，用户可以根据需要对工具按钮进行添加和更改。

（2）标题栏：位于窗口的正上方，用于显示当前应用程序名称和当前文档的名称。
（3）窗口操作按钮：用于设置窗口的最大化、最小化、关闭窗口。
（4）"文件"选项卡：提供多个对文件的常用操作，如"保存"、"打开"、"新建"等。
（5）功能区选项卡：单击功能区选项卡即可打开该功能区的各个常用操作按钮。
（6）功能区组：单击一个功能区选项卡即可打开该功能区的多个功能区组。
（7）隐藏功能区：单击它即可隐藏功能区组。
（8）帮助按钮：单击可打开相应的 Word 帮助文件。
（9）标尺：是用英寸或其他度量单位标记的屏幕刻度尺，用于更改段落缩进、重设页边距以及调整列宽。
（10）编辑区：在 Word 界面中的大块空白部分是编辑区域，在此区域可进行文本、图片等对象的输入、删除、修改等操作。

文档编辑区的插入点 | 是一个闪烁的短竖线，用来指示当前编辑或输入内容的位置，可以通过移动鼠标位置再单击来改变插入点。

段落标记 ↵ 用来提示一个段落的结束。

选定栏是编辑区内一个没有任何标记的栏，位于编辑区的左侧，它可以实现对文本内容进行大范围的选定。当鼠标处于该区域时，指针形状会由 I 变成箭头形 ↗。

（11）状态栏：位于窗口的下边缘，用于显示当前编辑窗口的状态信息，例如，总页数、当前页码、字数、插入/改写方式等。
（12）滚动条：用于移动文档视图的滑块，可以将文档横向、纵向移动，快速显示屏幕内容。
（13）视图按钮：有 5 个视图按钮 ，分别表示页面视图、阅读版式视图、Web 版式视图、大纲视图、草稿。单击需要显示的按钮，可用不同视图窗口显示文档内容。一般情况下使用页面视图，页面视图按照打印效果来显示文档，适合于文档的排版操作。
（14）显示比例：用于设置文档编辑区域的显示比例，用户可以通过拖动滑块来进行方便快捷的调整。

3．新建文档

在 Word 中无论是文章、报告、还是书信，都统称为文档，所以在 Word 中要开始工作，首先要新建一个文档。

启动 Word 时一般在窗口中已经建立了一个空白文档，默认名为"文档 1"（显示于标题栏）。如果 Word 已启动且打开了其他文档，这时应新建一个文档以输入文本。

常用的创建文档的方法有以下几种：

方法一：新建空白文档

单击"文件"选项卡→"新建"选项，双击"可用模板"区的"空白文档"按钮，即可创建一个空白文档，如图 3-4 所示，或按快捷键 Ctrl+N。

空白文档实际上是最常用的一种文档模板。

方法二：根据现有内容新建。

（1）单击"文件"选项卡→"新建"→"根据现有内容新建"按钮。
（2）在"根据现有文档新建"对话框中定位于现有文档所在的路径后选择该文档，单击"新建（C）"按钮，如图 3-5 所示。

第3章 Word 2010 的使用

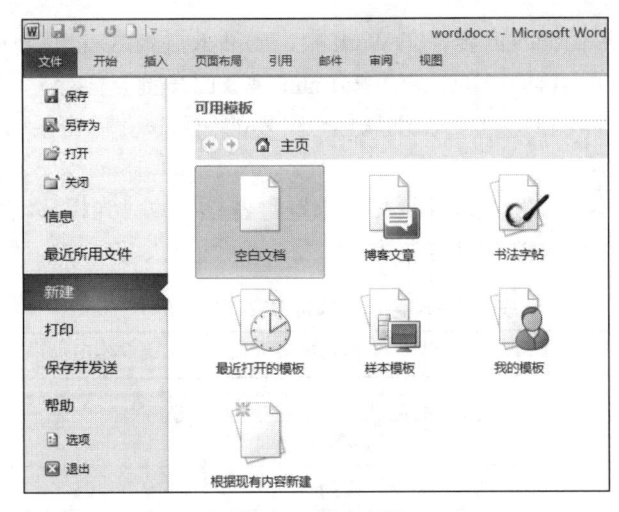

图 3-4 新建文档

图 3-5 "根据现有文档新建"对话框

（3）此时打开了选择的 Word 文档，根据该文档已有的内容修改文档。

方法三：从模板创建文档。

单击"文件"选项卡→"新建"选项→"可用模板"区的"样本模板"按钮，以选择计算机上的可用模板。或者是单击 Office.com 模板区列出的模板链接，此时必须连接到 Internet 才可下载使用。最后双击所需的模板。

例如有"会议议程"、"简历"、"信件及信函"等文档模板供用户选用，如果要写一份会议议程，单击"会议议程"按钮，在弹出的各种会议议程模板中选择一种并双击，则在新建的 Word 文档中显示该模板，只需在模板中输入相应的内容，就可完成一份会议议程。

4. 文本的输入与修改

用 Word 进行文字处理的第一步是进行文字的录入，然后进行文字的校对和编辑，再进行文字的格式化设置。因此，文字录入是 Word 文字处理中最基本的操作。输入文本前，首先要确定光标的位置，然后再输入内容。在 Word 中，当插入点到达右边距时，系统会自动换行。当一个段落结束，要开始新的段落时，应按 Enter 键（回车键）换行。

Word 提供了即点即输的功能，移动鼠标至文档的任意位置单击鼠标，即可改变插入点位置，在新位置输入文本。

如果需要修改文本，需将光标移至相应位置再进行修改。光标移动的方法除了移动鼠标的方法外，还可以通过键盘的编辑键进行，如表 3-1 所示。

表 3-1　利用键盘编辑键移动光标的方法

按键	作用
← → ↑ ↓	光标往左、右、上、下移动
Home	光标移到行首
End	光标移到行尾
Ctrl+Home	光标移到文件起始处
Ctrl+End	光标移到文件结尾处
Delete	删除光标右边的内容
Backspace	删除光标左边的内容
Page Up	上移一屏
Page Down	下移一屏

若当前处于"插入"状态，即 Word 状态栏中的"插入/改写"区域为"插入"两字，则将插入点光标移动到需要修改的位置后面，按一次 Backspace 键可删除光标当前位置前面的一个字符，再输入新的内容。

若当前处于"改写"状态，则将插入点光标移动到需要修改的位置前面，所输入的新文本会替换原来相应位置上的文本。"插入"和"改写"编辑状态的切换可通过键盘上的 Insert 键或单击状态栏中的"插入/改写"区域实现。Word 的默认状态为"插入"状态。

5．保存文档

Word 中输入的文本，为了今后继续使用，必须将文档存储到磁盘上。文档保存在磁盘上称为文件，文档保存时应起一个合适的文件名，方便以后使用。文件名最多可以为 255 个字符，可以使用中文作为文件名，当首次保存文件时，Word 会使用第一个标点符号或换行符之前的文字作为文件名，保存的文件最好起一个能体现文档主题的文件名。Word 文档保存时，默认的扩展名为".docx"，具体保存操作方法参看操作过程中的第 3 点。

注意：文档第一次保存时，系统会弹出"另存为…"对话框，以后输入内容后，再需保存，只须单击快速访问工具栏的"保存"按钮，或单击"文件"选项卡→"保存"命令，系统不会再弹出"另存为"对话框。在编辑的过程中应养成经常存盘的习惯，以防因机器或系统故障丢失录入信息。

6．帮助功能

当用户在使用过程中遇到问题时，可以单击"帮助"按钮，系统会弹出"Word 帮助"窗口，如图 3-6 所示，在"搜索"框中输入问题，单击"搜索"按钮，Word 会根据问题提供帮助。

图 3-6 "Word 帮助"窗口

7. 关闭文档并退出

退出 Word 前，应将所建文档保存。如果文档尚未保存，Word 会在关闭窗口前提示用户保存文件。

如果只是关闭当前文档，并不退出 Word，可单击 Word 窗口右上方的"关闭"按钮 。如果要关闭文档的同时退出 Word，可以单击"文件"选项卡→"退出"命令。

3.2 编辑 Word 文档

主要学习内容：
- 打开 Word 文档
- 选取、复制、移动、删除文本
- 查找和替换文本
- 撤消与恢复操作

用户输入和编写的文档不会一次就正确和完整，一般都需要进行再次修改和编辑，所以已保存的文档需要重新打开进行修改和编辑。

一、操作要求

（1）打开素材文件夹下的"公司简介.docx"文档。
（2）将倒数第二段"创新…"文字内容移动到倒数第四段"责任…"的前面。
（3）将最后一段中"鼠标一点，商品到家。"后面的内容删除。
（4）将文档中除了第一段外其余段落中的"公司"一词替换为"企业"且加粗。
（5）在"企业定位"、"企业使命"、"企业价值观"前后插入特殊符号【】。
（6）最后将文档另存为"D:\Word 练习\广州正和公司简介.docx"，完成后的效果如图 3-7 所示。

广州正和公司由广州第一平面媒体都市快报投资创办，旗下互动空间 www.uu.com 于 2000 年 1 月正式开通，目前有 180 万注册会员，向全世界网上购物人群提供百万种商品的在线销售，包括化妆品、数码、图书、饰品等各类商品，为网上购物者带来方便与实惠。

企业文化
【企业定位】
目标是成为中国最具亲和力的网上购物平台。
——与您有关：为用户提供生活、信息有关的商品。
——为您所用：为用户提供最丰富、最实用的商品。
——成您使爱：成为用户生活离不开的网上家园。
【企业使命】
建设无阻隔的和谐社会。
——促进信息快速生产、精确传播、高度共享、深层互动，为广大顾客提供健康、积极向上和有益的精神食粮，始终坚持"诚信第一"。
【企业价值观】
创新——不断创新，更新产品。
责任——做负责任的企业。
服务——不仅出售产品，更是在出售服务。
便利——鼠标一点，商品到家。

图 3-7　"广州正和公司简介.docx"文档效果图

二、操作过程

1. 打开文档

启动 Word 后，单击"文件"选项卡的"📂打开"命令，弹出如图 3-8 所示的对话框。定位至 D 盘的"Word 练习"文件夹，选择需打开的"公司简介"文档后，单击右下角的"打开"按钮打开"公司简介.docx"文档。

图 3-8　"打开"对话框

2. 移动文本

用鼠标拖动选择倒数第二段"创新…"的全部内容，在选择的文字区域内右击鼠标，从弹出的快捷菜单中选择"剪切"命令，移动光标至倒数第四段"责任…"前面，右击，从快捷菜单中选择"粘贴"命令，即将剪切的内容移动到光标所在的位置。

3. 删除文本

用鼠标拖动选择最后一段中"鼠标一点，商品到家。"后面的文本内容，单击键盘上的 Delete 键即可删除所选取的内容。

4．替换文本

用鼠标拖动选择除第一段外的其余段，单击"开始"选项卡→"编辑"组→"替换"按钮，从弹出的菜单中选择"替换"命令，弹出"查找和替换"对话框，如图3-9所示。在"查找内容"文本框中输入文字"公司"，在"替换为"文本框中输入替换内容"企业"。

单击"更多"按钮，展开"搜索选项"和"替换"区域，单击"替换"区的"格式"按钮。在弹出的"查找字体"对话框"字形"下拉列表中单击选择"加粗"，如图3-10所示，单击"确定"按钮后，回到"查找和替换"对话框，单击"全部替换"按钮。

图 3-9 "替换"选项卡　　　　　图 3-10 "查找字体"对话框

替换完毕，会弹出如图3-11所示的替换信息窗口，信息显示完成了几处替换，由于第一段不参与替换，单击"否"按钮不搜索文档的其余部分。

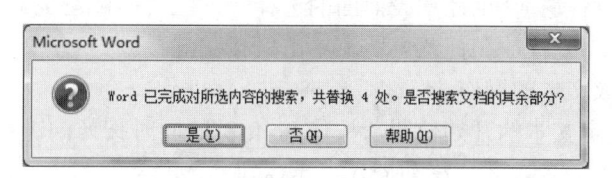

图 3-11 替换信息窗口

完成替换后，单击"查找和替换"对话框的"关闭"按钮完成"替换"操作。

5．插入特殊符号

将鼠标定位在"企业定位"前面，单击"插入"选项卡→"符号"组→"符号"按钮Ω，弹出如图3-12所示的符号面板，在"符号"面板中单击所需的符号【，即完成插入操作。用同样的方法插入其他位置的符号。

6．文件的另存

文档修改后，单击"文件"选项卡→"另存为"命令，弹出"另存为"对话框，在"文件名"文本框中输入"广州正和公司简介.docx"，再单击"保存"按钮即可将编辑修改的文档以文件名"广州正和公司简介.docx"保存了，而原文件"公司简介.docx"的内容没有被修改。

图 3-12 符号面板

三、知识技能要点

1. 文档的打开

要编辑一个文档，首先要在 Word 中将文档打开。

方法一：启动 Word 应用程序，单击"文件"选项卡→"打开"命令，在"打开"对话框中选择文档的位置和文件名，然后单击对话框上的"打开"按钮即可打开该文档了。

方法二：找到文件所在路径的文件夹，直接双击文件图标打开该文档。

2. 文本的复制、移动和删除

（1）文本的选取。

对文本进行删除、复制或移动之前，均需对文本先进行选取操作。例如，要删除某一段文字，必须先选取这段文本，选定的文本以蓝色背景显示。

1）用鼠标选取文本的操作。

- 选择文档中的部分内容：

方法一：将光标移到选取文本内容的第一个字符前单击鼠标左键，按住 Shift 键，将光标移到选取文本内容的最后一个字符后再单击鼠标左键。

方法二：将光标移到选取文本内容的起始处，按住鼠标左键，同时拖动，直到选取到文本内容的结束处松开鼠标左键即可。

- 选取一行：将鼠标移至该行前面的选择栏区，指针形状会由I变成箭头形时，单击鼠标左键。
- 选取多行：将鼠标移至第一行前面的选择栏区，按住鼠标左键，同时拖动多行。
- 选取某段：将鼠标移至该段前面的选择区，双击鼠标左键；或将鼠标定位在段落，三击鼠标左键。
- 选取全文：将鼠标移至任意段前面的选择区，三击鼠标左键。
- 取消选取：将光标放在任意位置上单击鼠标左键。

2）使用键盘选取文本的操作。

将光标移到要选定文本的开始位置，按住 Shift 键的同时按方向键移动插入点光标，可向左、向右、向上或向下选定文本，移动插入点光标到要选取文本的末尾，即可选取前后两个位置之间的所有文本。也可以在按住 Shift 键的同时按其他可以移动光标的键（如 End、PgDn 等）选取文本。

按组合键 Ctrl+A 可以选取整篇文档。

按住 Alt 键并拖动鼠标，可以纵向选取文本块，完成操作后，可以按 Esc 键取消选定模式。

（2）文本的移动。

方法一：先选择需移动的文本，然后在选择的文字区域内按鼠标左键拖动鼠标，一直拖动到要插入的地方松开左键。

方法二：先选择需移动的文本，单击"开始"选项卡→"剪贴板"组→"剪切"按钮，或选择右键快捷菜单中的"剪切"命令，或按组合键 Ctrl+X 对文字进行剪切；然后将光标移到需插入的位置单击，选择"开始"选项卡→"剪贴板"组→"粘贴"按钮，或从右键快捷菜单中的"粘贴选项"中选择一种粘贴方式，或按组合键 Ctrl+V 实现粘贴。

（3）文本的复制。

方法一：先选择需要复制的文字，然后在选择的文字区域内同时按住鼠标左键和 Ctrl 键并拖动鼠标，一直拖动到目的处松开左键。

方法二：先选择需复制的文字，使用"开始"选项卡→"剪贴板"组→"复制"按钮，或选择右键快捷菜单中的"复制"命令，或按组合键 Ctrl+C 实现对文字的复制；然后在目的处插入光标，单击"开始"选项卡→"剪贴板"组→"粘贴"按钮，或从右键快捷菜单中的"粘贴选项"中选择一种粘贴方式，或按组合键 Ctrl+V 实现粘贴。

（4）文本的删除。

方法一：选取需删除的文本内容，按 Backspace 键或 Delete 键可删除选取内容。

方法二：如果是删除少量文本，则将光标移到指定位置，按 Delete 键删除光标后面的字符，或按 Backspace 键删除光标前面的字符。

3. 插入特殊符号

在输入文本时，有一些特殊符号从键盘无法输入，例如希腊字母、数字序号等，可按以下方法进行输入。

（1）将插入点移动到需要的位置，单击"插入"选项卡→"符号"组→"符号"按钮Ω，弹出如图 3-12 所示的符号面板。

（2）从符号面板中选择所需的特殊符号，如果没有所需的符号。单击"其他符号"按钮，弹出如图 3-13 所示的"符号"对话框。

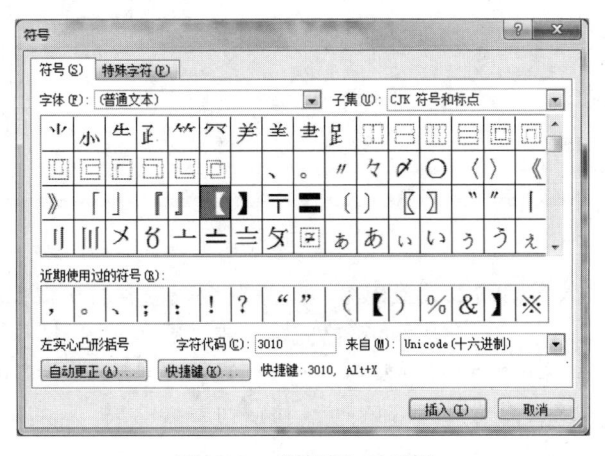

图 3-13 "符号"对话框

（3）在字符列表中双击所需的符号即可将特殊字符插入至光标位置处，或单击选择所需符号后再单击"插入"按钮。

（4）插入完成后单击"关闭"按钮。

4. 插入公式

在输入文本时，可能需要插入一组连续的特殊符号，比如数学公式：$x=\frac{-b\pm\sqrt{b^2-4ac}}{2a}$，这些符号从键盘无法输入，通过插入特殊符号也难以完成，这时可采用插入公式的方法来实现。操作方法为将插入点移动到需要的位置，单击"插入"选项卡→"符号"组→"公式"按钮π，从弹出的列表中单击选择一种"内置"类型的公式模板直接在插入点生成公式，然后进行相应的修改即可。如果"内置"类型的公式模板并不适用，则可选择"插入新公式"然后通过相应的"设计"工具栏进行公式插入。

在新公式所在的编辑框中单击即可以开始符号的修改了，在输入过程中要根据需要调整符号的大小和位置。插入公式中符号的编辑与插入特殊符号的编辑方法大致相同。

5. 文本的查找与替换

当需要查找某个词或将某个词替换成其他内容时，用人工查看的方式效率很低且可能会有遗漏。Word 软件本身提供了查找和替换的功能。

（1）查找文本。

单击鼠标设定开始查找的位置，如果不设置，默认从插入点开始查找。

方法一：单击"开始"选项卡→"编辑"组→"查找"命令 ![查找] 旁边的箭头，从弹出的菜单中单击"高级查找"命令，弹出"查找和替换"对话框，如图 3-14 所示。

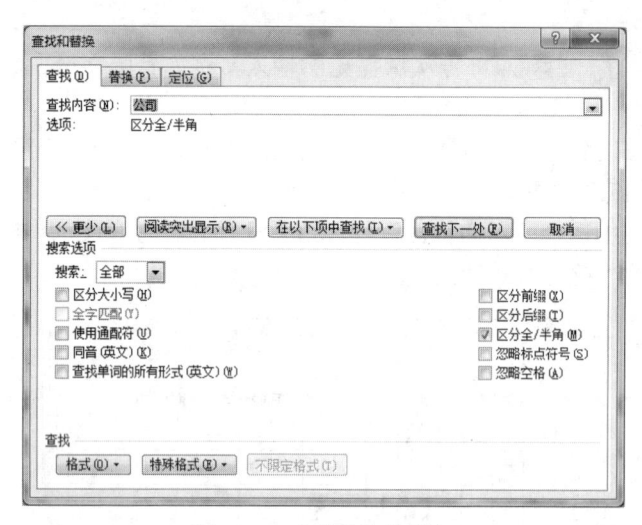

图 3-14 "查找"选项卡

在"查找内容"输入框中输入查找内容，如果对查找内容有更高要求，如：区分查找内容的大小写、文字字体颜色、着重号等字符格式，单击"更多"按钮。再在对话框中进行相关设置，单击"格式"按钮还可对文本内容进行"字体"和"段落"格式的设置。单击"查找下一处"按钮，从插入点开始查找，查找到的文本以蓝色背景显示，如果要继续查找，再次单击"查找下一处"按钮。

方法二：单击"开始"选项卡→"编辑"组→"查找"按钮 ![查找] ，从弹出的菜单中选择"查找"命令，或者按组合键 Ctrl+F，打开"导航"窗格，如图 3-15 所示。

在"搜索文档"框中，键入要查找的文本。

在"导航"窗格中单击某一结果可在文档中查看其内容，或通过单击"上一处搜索结果"按钮 ▲ 和"下一处搜索结果" ▼ 箭头浏览查找结果。查找到的文本在文档中以黄色背景显示，如图 3-16 所示。

方法三：适合于查找其他文档元素。

单击"导航"窗格中"搜索文档"框右边的箭头 ▼ ，如图 3-15 所示，弹出快捷菜单，从中选择所需的选项。

(2) 替换文本。

设置开始替换的位置，单击"开始"选项卡→"编辑"组→"替换"按钮，打开如图 3-9 所示的"查找和替换"对话框，在"查找内容"文本框中输入要查找的文本，在"替换为"文本框中输入替换内容，单击"全部替换"按钮。如果只想完成某处的替换，则首先查找到需要替换的文本，在该文本以蓝色背景显示时单击"替换"按钮，否则单击"查找下一处"按钮继续查找。

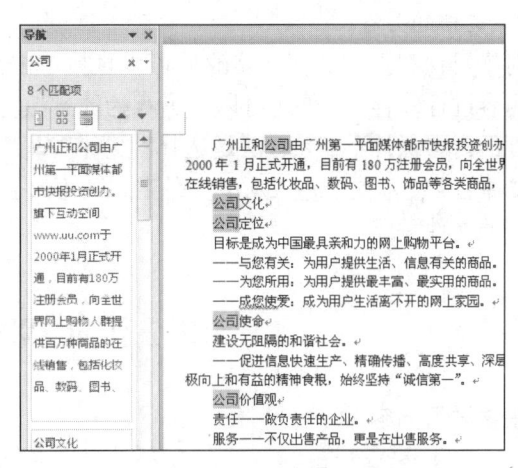

图 3-15　"导航"窗格　　　　　　　　图 3-16　查找选项和其他搜索命令

替换完毕，会弹出如图 3-17 所示的窗口，信息显示完成了几处替换。单击"确定"按钮。完成替换后，单击"查找和替换"对话框的"关闭"按钮。

图 3-17　替换信息窗口

注意：替换操作中的"更多"按钮和查找操作中的作用是一致的，不同的是要注意字符或段落格式等是添加在查找内容上在还是被替换内容上。

6. 定位与插入书签

当用户单击"开始"选项卡→"编辑"组→"替换"按钮，打开如图 3-9 所示的"查找和替换"对话框时，可发现除了"查找"和"替换"这两个功能选项卡外，还有一个"定位"功能。通过"定位"功能，用户可以快速地将光标定位到文档中的特定位置，比如第 100 页、第 3 节、第 150 行等，当文档的页数和内容比较多时，该项功能的作用尤为突出。

"定位"功能除了可以快速指向某一页、某一行外，也经常用于跳转到某一个"书签"。Word 的"书签"功能，是指使用特定的文字标记来标识文档中所选的文字、图片或某一位置等。添加"书签"的方法为，选定需要做成书签的内容或将光标移至相应的位置，然后单击"插入"选项卡→"链接"组→"书签"按钮，在弹出的"书签"对话框的"书签名"文本框中输入标记名称，最后单击"添加"按钮即可。

7. 撤消与恢复

（1）撤消。当执行输入、修改、替换等操作时，若发现操作有误需要取消，可以单击快速访问工具栏上的"撤消"按钮 。

若要撤消多项操作，单击"撤消"按钮右边的下拉按钮，在其下拉列表中选择要撤消的多项操作。

（2）恢复。用于恢复被撤消的操作，单击快速访问工具栏上的"恢复"按钮 即可。

8. 文档的另存

对于已保存过的文档，修改后可以直接单击快速访问工具栏上的"保存"按钮将文件修改的内容进行保存。另外还可以用另存为的方法将修改后的文档以另一个新的文件名保存，而原文件的内容保持不变，方法是选择"文件"→"另存为"命令，系统弹出"另存为"对话框，在"文件名"文本框中输入新的文件名，则可改名保存修改后的文档内容，而原文件的内容不变，且原文件关闭。

3.3 排版 Word 文档

主要学习内容：
- 字体格式设置
- 项目符号和编号
- 段落格式设置
- 格式刷的使用

通过上一节的学习，读者已经可以编辑一篇文章了。在此基础上，如何让文档按打印的要求进行格式设置，就要学会如何进行文档的排版。

一、操作要求

（1）打开素材文件夹中的"试用合同.docx"文档，如图 3-18 所示，将标题文字设置为隶书、一号、加粗、字体颜色为"黑色，文字 1"，添加阴影（外部一向下偏移）；给标题段落添加 0.5 磅、红色、双实线的下框线，并且添加图案为浅色棚架、颜色为绿色的底纹；其余文字为宋体、五号；将"甲方："文字后的"广州正和公司"文字加单实线下划线，并填充主题颜色为"白色，背景 1，深色 15%"底纹。

（2）标题段落设置居中且段前和段后间距各一行；正文所有段落行距设置为 20 磅；正文段落（除第一、二和最后四段外）首行缩进 2 个字符；最后四段左缩进 1 个字符。

（3）如图 3-19 所示给相应段落添加项目编号"一、二、三、……、八"；段落"四、甲方的权利、义务："下面的四段添加普通圆形项目符号●；段落"五、乙方的权利、义务："下面的四段添加项目符号（Wingdings 124 浅绿） 。

（4）将修改后的文档另存为"D:\Word 练习\广州正和公司员工试用合同.docx"，完成后整个文档效果如图 3-19 所示。

广州正和公司员工试用合同

甲方： 广州正和公司

乙方：　　　　　　（身份证号： ）

根据国家和本地劳动管理规定和本公司员工聘用办法，按照甲方关于公司新进各类人员均需试用的精神，双方在平等、自愿的基础上，经协商一致同意签订本试用合同。

试用合同期限：自　　年 月 日至　　年 月 日上，有效期为 个月。

试用岗位根据甲方的工作安排，聘请乙方在　　工作岗位。

试用岗位根据双方事先之约定，甲方聘用乙方的月薪为　元，该项报酬包括所有补贴在内。

甲方的权利、义务：

试用期满，经以现乙方不符合录用条件，甲方有权不再签订正式劳动合同；

对员工有突出表现，甲方可提前结束试用，与乙方签订正式劳动合同；

试用期乙方的医疗费用由甲方承担 %（90%），乙方承担 （10%）；

试用期，乙方请长病假 10 天、事假团党委计超过 7 天者，试用合同自行解除。

乙方的权利、义务：

试用期满，有权决定是否签订正式劳动合同；

乙方有突出表现，可以要求甲方奖励；

具有参与公司民主管理、提出合理化建议的权利；

反对和投诉对乙方试用身份不公平的歧视。

一般情况下，试用期间乙方岗位不得变更。若需变更，须事先征求乙方的同意。

本合同如有未尽事宜，双方本着友好协商原处理。

本合同一式两份，甲、乙双方各执一份，具同等效力，经甲乙双方签章生效。

甲方：　　　　　　　　　　乙方：

法定代表人：　　　　　　　签字：

签约日期： 年 月 日

签约地点：

图 3-18 “试用合同.docx”文档

广州正和公司员工试用合同

甲方：广州正和公司

乙方：　　　　　　（身份证号： ）

根据国家和本地劳动管理规定和本公司员工聘用办法，按照甲方关于公司新进各类人员均需试用的精神，双方在平等、自愿的基础上，经协商一致同意签订本试用合同。

一、试用合同期限：自　　年 月 日至　　年 月 日上，有效期为 个月。

二、试用岗位根据甲方的工作安排，聘请乙方在　　工作岗位。

三、试用岗位根据双方事先之约定，甲方聘用乙方的月薪为　元，该项报酬包括所有补贴在内。

四、甲方的权利、义务：

- 试用期满，经以现乙方不符合录用条件，甲方有权不再签订正式劳动合同；
- 对员工有突出表现，甲方可提前结束试用，与乙方签订正式劳动合同；
- 试用期乙方的医疗费用由甲方承担 %（90%），乙方承担 （10%）；
- 试用期，乙方请长病假 10 天、事假团党委计超过 7 天者，试用合同自行解除。

五、乙方的权利、义务：

- 试用期满，有权决定是否签订正式劳动合同；
- 乙方有突出表现，可以要求甲方奖励；
- 具有参与公司民主管理、提出合理化建议的权利；
- 反对和投诉对乙方试用身份不公平的歧视。

六、一般情况下，试用期间乙方岗位不得变更。若需变更，须事先征求乙方的同意。

七、本合同如有未尽事宜，双方本着友好协商原处理。

八、本合同一式两份，甲、乙双方各执一份，具同等效力，经甲乙双方签章生效。

甲方：　　　　　　　　　　乙方：

法定代表人：　　　　　　　签字：

签约日期： 年 月 日

签约地点：

图 3-19 “广州正和公司员工试用合同.docx”文档效果图

二、操作过程

1. 字符格式设置

打开文档后，选取标题行文字，单击"开始"选项卡→"字体"组→"字体"对话框启动器，弹出如图3-20所示对话框，在"中文字体"下拉列表中选择"隶书"，在"字形"、"字号"下拉列表中分别选择"加粗"和"一号"，单击"确定"按钮。单击选择"字体"组→"字体"按钮→"黑色，文字1"，单击选择"字体"组→"文字效果"按钮→"阴影"→"外部－向下偏移"效果，如图3-21所示。用同样的方法可以设置其余文本的字符格式。

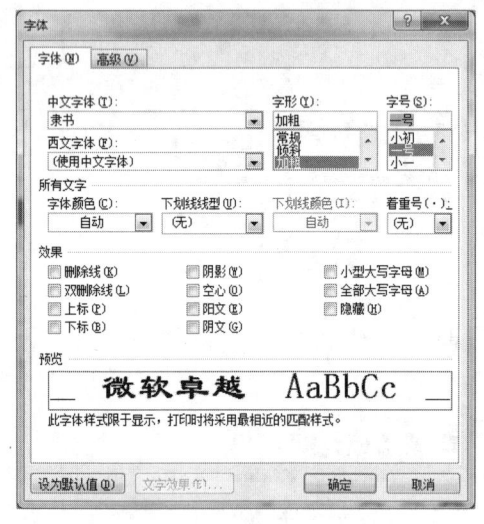

图3-20 "字体"对话框

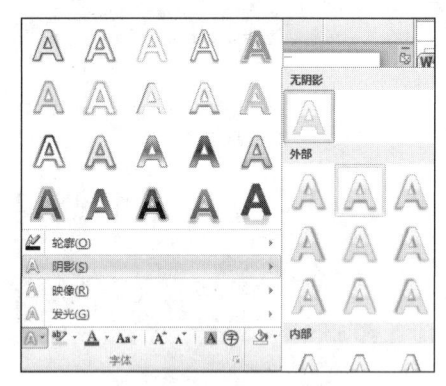

图3-21 文字效果

选取标题行文字，单击"开始"选项卡→"段落"组→"下框线"旁的下拉箭头→"边框和底纹"命令。在"边框"选项卡中的"样式"列表中选择双实线，"颜色"框中选择"红色"，"宽度"列表中选择"0.5磅"，在"预览"中单击去掉其他框线，只剩下框线，如图3-22所示。在"应用于"下拉列表框中选择"段落"，单击"确定"按钮。

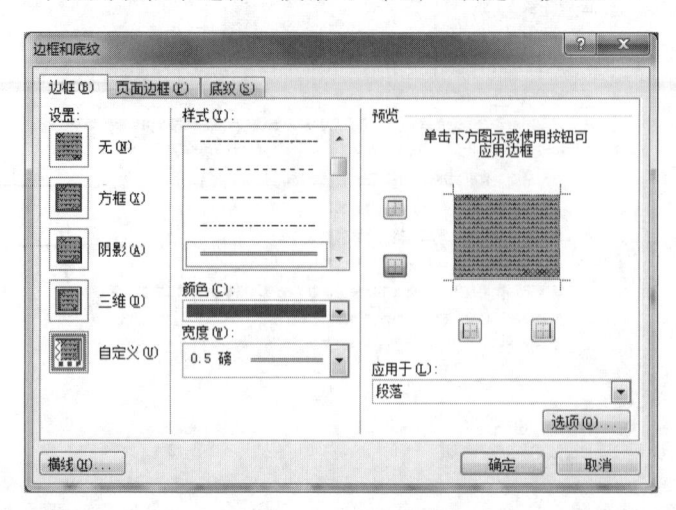

图3-22 "边框"选项卡

选取标题行文字后在"边框和底纹"对话框中单击"底纹"选项卡。在"图案"样式中选择"浅色棚架",在"颜色"中选择"标准色"的"绿色",应用于"段落",如图 3-23 所示。

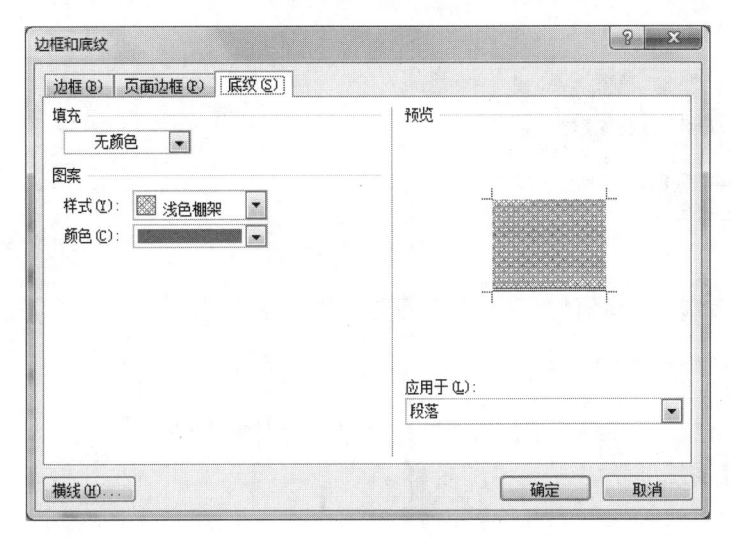

图 3-23 "底纹"选项卡

选择"甲方:"文字后的"广州正和公司"文字,单击"字体"组"下划线"工具按钮 U 给选取的文字加下划线。如上方法打开"边框和底纹"对话框,选择"底纹"选项卡,在"填充"区域的调色板中选择"白色,背景 1,深色 15%",在"应用于"下拉列表中选择"文字",单击"确定"按钮。

2. 段落格式设置

选取标题行文本,然后单击"开始"选项卡→"段落"组→"段落"对话框启动器,弹出如图 3-24 所示的对话框,在"常规"区域的"对齐方式"列表中选择"居中",在"间距"区域的"段前"、"段落"输入框中均输入"1 行",然后单击"确定"按钮。

选取正文内容,在"段落"对话框中"间距"区的"行距"下拉列表中选择"固定值",在"设置值"中输入 20 磅,如图 3-24 所示,单击"确定"按钮。

选取正文段落(除第一、二和最后四段外),在"段落"对话框中"缩进"区域的"特殊格式"下拉列表中选择"首行缩进",在"磅值"框中输入"2 字符",单击"确定"按钮。

选取文档的最后四段,在"段落"对话框中"缩进"区域的"左侧"输入框中输入"1 字符",单击"确定"按钮。

3. 项目编号设置

选取正文的第四至七段,单击"段落"组"编号"按钮右侧的下拉箭头,弹出如图 3-25 所示的编号列表,从中选择"一、二、三、……"样式的编号。将鼠标定位在第四至七段任意一段的任意位置处,双击"格式刷"工具按钮,在需要设置项目编号的段落内任意位置处单击。设置完毕,单击"格式刷"工具按钮以结束格式刷的使用。

选取段落"四、甲方的权利、义务:"下面的四段,单击"项目符号"右边的下拉箭头,从弹出的"项目符号库"中选择项目符号●。再选择段落"五、乙方的权利、义务:"下面的四段,在"项目符号库"中单击"定义新项目符号(D)..."命令,如图 3-26 所示,在"定义新项目符号"对话框中单击"符号"按钮,如图 3-27 所示,在弹出的"符号"对话框中"字体"列表中选择"Wingdings","字符代码"中输入 124 后单击"确定"按钮回到"定义新项目符号"对话框,再单击"字体"按钮设置字体颜色为浅绿。设置完成后效果如图 3-19 所示。

图 3-24 "段落"对话框

图 3-25 编号列表

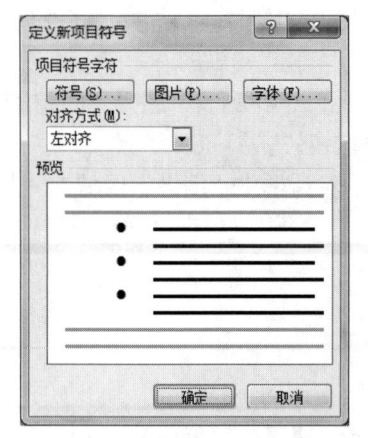

图 3-26 "定义新项目符号"对话框

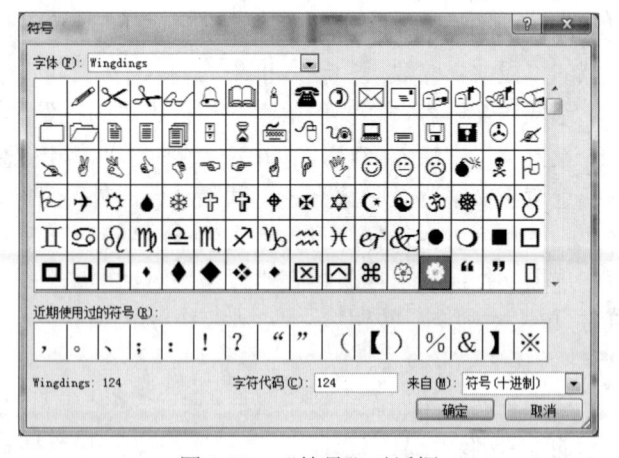

图 3-27 "符号"对话框

4. 另存

编辑完成后,将文件另存为"D:\Word 练习\广州正和公司员工试用合同.docx"。

三、知识技能要点

1. 字符格式工具

在编写好文章后，经常需要对文本的格式进行设置，如字体、字号、下划线等，快捷方式是使用"开始"选项卡"字体"组的各种字符格式工具按钮，如图 3-28 所示。

图 3-28 "字体"组工具栏

各个工具按钮的作用分别是：
- 字号框：用来设置文字字体的大小。
- 字体框：用来设置中文字体和英文字体。
- "增大字体"按钮：用来增大文字字体大小。
- "缩小字体"按钮：用来减小文字字体大小。
- "更改大小写"按钮：用来设置文字的大小写或其他常见的大小写形式。
- "清除格式"按钮：清除文字的所有格式，只留下纯文本。
- "拼音指南"按钮：用来对被选取的中文字符标注汉语拼音。
- "字符边框"按钮：用来设置文字的字符边框。
- "加粗"按钮 **B**：用来设置文字的加粗。
- "倾斜"按钮 *I*：用来设置文字的倾斜。
- "下划线"按钮 **U**：用来设置文字下划线的线形。
- "删除线"按钮：用来添加文字的删除线。
- "突出显示"按钮：以不同的颜色突出显示文本，似荧光笔添涂效果。
- "字体颜色"按钮：用来设置文字字体的颜色。
- "字符底纹"按钮：为整行文字添加底纹背景。
- "带圈字符"按钮：用来对被选取的文字加上圈号。

2. 段落格式工具

对文本的段落格式进行设置，如对齐方式、项目符号、缩进等，快捷方式是使用各种段落格式工具按钮，如图 3-29 所示。

图 3-29 "段落"组工具栏

- "项目符号"按钮：用来设置段落的项目符号。
- "编号"按钮：用来设置段落的行编号。

- "多级列表"按钮：设置段落的多级列表样式。
- "减少缩进量"按钮：使光标所在段落向左移动。
- "增加缩进量"按钮：使光标所在段落向右移动。
- "中文版式"按钮：自定义中文或混合文字的版式。
- "排序"按钮：将文字进行按字母或数值进行排序。
- "显示/隐藏编辑标记"按钮：显示/隐藏段落标记或格式符号。
- "左对齐"按钮：对被选取的段落进行左对齐。
- "居中"按钮：对被选取的段落进行居中。
- "右对齐"按钮：对被选取的段落进行右对齐。
- "两端对齐"按钮：对被选取的段落进行左右两端同时对齐。
- "分散对齐"按钮：对被选取的段落进行分散对齐。
- "行和段落间距"按钮：对被选取的段落进行改变行距和段前段后间距。
- "底纹"按钮：给所选的文字或段落添加背景色。
- "下框线"按钮：给所选的文字或段落添加框线及底纹。

3. 字符格式化

（1）设置字体、字号和字形等。文字默认的字体格式是"宋体"、"五号"，文本输入完后用户可以对字符的格式进行更改。

方法一：选择需进行字符格式设置的文本，通过如图 3-28 所示的"字体"组工具栏上的对应工具按钮进行设置。

方法二：选择需进行字符格式设置的文本，单击"开始"选项卡→"字体"组→"字体"对话框启动器（或右击选择的文本，从快捷菜单中选择"字体"菜单命令），弹出"字体"对话框对字符进行格式设置。如图 3-30 所示，在"字体"、"字号"等框中输入或调节所需要的值。

（2）调整字符间距。字符间距是指相邻两个字符间的距离。设置方法是：

1）选定需设置字符间距的文本。

2）单击"开始"选项卡→"字体"组→"字体"对话框启动器，弹出"字体"对话框。

图 3-30 "高级"选项卡

3）单击"高级"选项卡，如图 3-30 所示，在"间距"下拉列表中选择"加宽"或"紧缩"方式，在"磅值"框中设置调整的磅数，同时在"预览"框中可看到设置后的效果。

4）单击"确定"按钮完成字符间距的调整。

4. 项目符号

为了提高文档的清晰性和易读性，可以在文本段落前添加项目符号或编号。

选定需处理的段落，单击"段落"组"项目符号"按钮右边的下拉箭头，弹出如图 3-31 所示的"项目符号库"，选择所需的项目符号。如果"项目符号库"中没有所需符号，则单击"定义新项目符号"命令，在"定义新项目符号"对话框中设置新项目符号。

5. 项目编号

选定要处理的段落，单击"段落"组"项目编号"按钮右边的下拉箭头，弹出如图 3-25 所示的编号列表，从"编号库"中选择所需的样式。

如果已列出的"编号库"中没有所需的格式，单击"定义新编号格式"命令，弹出如图 3-32 所示的"定义新编号格式"对话框，以设置编号"(A) (B) (C)……"为例，在"编号样式"列表框中选择所需的样式"A,B,C,…"，在"编号格式"文本框中输入所需的格式"(A)"，单击"确定"按钮。

图 3-31 "项目符号库"　　　　图 3-32 "定义新编号格式"对话框

输入项目符号列表或编号列表的操作步骤如下：

（1）输入开始项目符号，或输入开始编号，然后输入所需的文本。

（2）按 Enter 键添加下一个列表项。Word 会自动插入下一个项目符号或编号。

（3）要完成列表，按两次 Enter 键，或按 Backspace 键删除列表中不需要的最后一个符号或编号。

删除项目符号或编号：选取相应段落，单击"段落"组中的"项目符号"或"编号"按钮使其变成不选中状态，或单击"项目符号库"或"编号库"的"无"选项。

6. 多级列表

当编辑一些较长的文章时，可能需要用到多种级别的编号方式，如图 3-33 所示的目录结构效果。要实现图 3-33 的效果，先选定需处理的段落，单击"段落"组"多级列表"按钮右边的下拉箭头，弹出如图 3-34 所示的"列表库"，选择所需的多级列表符号。如果"列表库"中没有所需符号，则单击"定义新的多级列表"命令，在"定义新多级列表"对话框中设置新的多级列表符号。

需要特别注意的是，输入列表内容，按下 Enter 键后，下一行所显示的编号依然与前一行是同级的，若想变成下一级别的编号，则需按下 Tab 键，而如果想让当前行变成上一级别的编号就要按下 Shift+Tab 组合键了。

7. 段落格式化

段落是文档中的自然段。输入文本时每按一次 Enter 键就形成一个段落，每一段的最后都有一个段落标志（↵）。段落格式适用于整个段落，如果对一个段落排版，只需把光标移到该段落中的任何位置。如果要对多个段落排版，则需要将这几个段落同时选中。

```
第1章    计算机基础知识
    1.1    计算机概述
        1.1.1  计算机的发展
        1.1.2  计算机的特点
        1.1.3  计算机的分类
        1.1.4  计算机的应用
        1.1.5  多媒体技术的应用
    1.2    计算机入门知识
        1.2.1  计算机系统的组成
        1.2.2  计算机的性能指标
    1.3    信息的表示与存储
        1.3.1  信息与数据
        1.3.2  进位计数制
        1.3.3  数据的转换
```

图 3-33 多级编号目录结构效果   图 3-34 "列表库"

（1）对齐方式。通常有两端对齐、左对齐、居中、右对齐和分散对齐五种方式。

方法一：选择段落，单击"段落"组工具栏上的"两端对齐"或"左对齐"等按钮。

方法二：选择段落，选择"开始"选项卡→"段落"组→"段落"对话框启动器，弹出如图 3-24 所示的"段落"对话框，选择"缩进和间距"选项卡，在"常规"区域的"对齐方式"下拉列表中选择所需的对齐方式。

方法三：选择段落并右击，系统打开快捷菜单，选择"段落"菜单命令，打开如图 3-24 所示的"段落"对话框，然后参照方法二进行设置。

（2）段落缩进。段落缩进指段落中的文本到正文区左、右边界的距离。包括左缩进、右缩进、首行缩进、悬挂缩进，如图 3-24 所示。

方法一：使用标尺进行段落缩进。

1）单击"视图"选项卡中"显示组"的"标尺"复选框，或单击垂直滚动条上方的"标尺"按钮。

2）鼠标定位在需要进行缩进设置的段落。

3）按住左键拖动标尺中的左缩进标记、右缩进标记、首行缩进标记、悬挂缩进标记至适当位置，如图 3-35 所示。

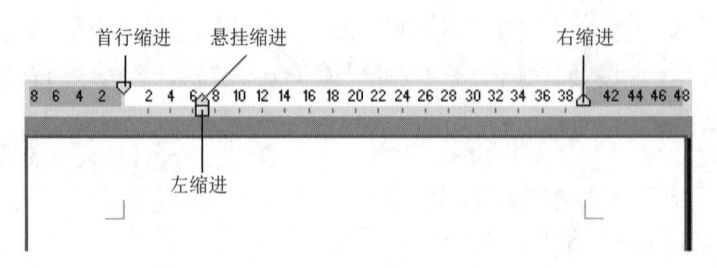

图 3-35 标尺及缩进示意图

方法二：用"段落"对话框进行精确调整。

1）单击"开始"选项卡→"段落"组→"段落"对话框启动器，弹出如图 3-24 所示的

"段落"对话框。

2）选择"缩进和间距"选项卡，在"缩进"区域的"左侧"、"右侧"输入框中分别键入距离值，在"特殊格式"下拉列表框中选择"首行缩进"或"悬挂缩进"，在"磅值"输入框中键入距离值。

（3）间距设置。间距有行距、段前间距和段后间距。

在"段落"对话框中选择"缩进和间距"选项卡，在"间距"区域的"段前"、"段后"输入框中分别键入值，在"行距"下拉列表框中选择所需的行距。若要设置多倍行距，例如1.8倍行距，则在"行距"下拉列表框中选择"多倍行距"后在"设置值"输入框中键入1.8。

8．边框和底纹

（1）选取需设置边框和底纹的文本，单击"开始"选项卡→"段落"组→"下框线"旁的下拉箭头，从弹出菜单中选择"边框和底纹"命令，弹出如图 3-22 所示的"边框和底纹"对话框。

（2）选择"边框"选项卡，在"设置"区域选择一种边框类型，在"样式"列表框中选择边框线型样式，"颜色"下拉列表中选择边框颜色，"宽度"下拉列表框中选择边框的磅数，在"应用于"下拉列表中选择"段落"或"文字"。

（3）选择"底纹"选项卡，如图 3-23 所示，在"填充"区域的调色板中选择底纹颜色，在"图案"区域的"样式"下拉列表中选择底纹图案式样，在"颜色"下拉列表中选择底纹图案颜色。在"应用于"下拉列表中选择"段落"或"文字"，在"预览"区中可看到设置后的效果。

（4）单击"确定"按钮完成设置。

9．格式刷的使用

在编辑文档的过程中，会遇到多处字符或段落具有相同格式的情况。这时可以使用格式刷，将已设置好的字符或段落的格式复制到其他文本或段落，减少重复排版操作。

格式刷的使用方法：

（1）选择已设置格式的文本或段落。

（2）单击或双击工具栏上的"格式刷"按钮，此时鼠标指针变为刷子形状。若单击"格式刷"，格式刷只能应用一次；双击"格式刷"，则格式刷可以连续使用多次。

（3）按住鼠标左键，在需要应用格式的文本区域内拖动鼠标或在相应段落任意位置单击鼠标。

如果单击格式刷，执行一次第 3 步，即退出格式复制状态。如是双击格式刷，则可重复执行第 3 步。

若取消格式刷状态，可再次单击格式刷或进行其他的编辑工作，或按 Esc 键。

3.4 打印 Word 文档

主要学习内容：
- 页面设置
- 分栏
- 页眉和页脚
- 打印

一、操作要求

（1）打开素材文件夹下的"广州正和公司简介.docx"文档，给文档添加标题"广州正和公司简介"并设置为"黑体、二号、段前段后各1行、居中"。

（2）进行页面设置，上、下页边距均设置为3厘米，左、右页边距设置为2.5厘米；将打印输出纸张设置为B5，打印方向为横向。

（3）将正文第一段文字分成两栏，栏宽22字符，加分隔线。

（4）添加"版式"为水平，颜色为"白色，背景1，深色50%"的"传阅"文字的水印效果；"再生纸"的纹理背景效果；艺术型的页面边框效果。

（5）添加页眉文字"广州正和公司简介"，该文字格式为：仿宋，五号，居中；添加页脚内容"第 X 页共 Y 页"，该文字格式为：宋体，小五号，右对齐。

（6）设置完成后效果如图3-36所示，将文档另存为"D:\Word练习\广州正和公司简介打印稿.docx"。

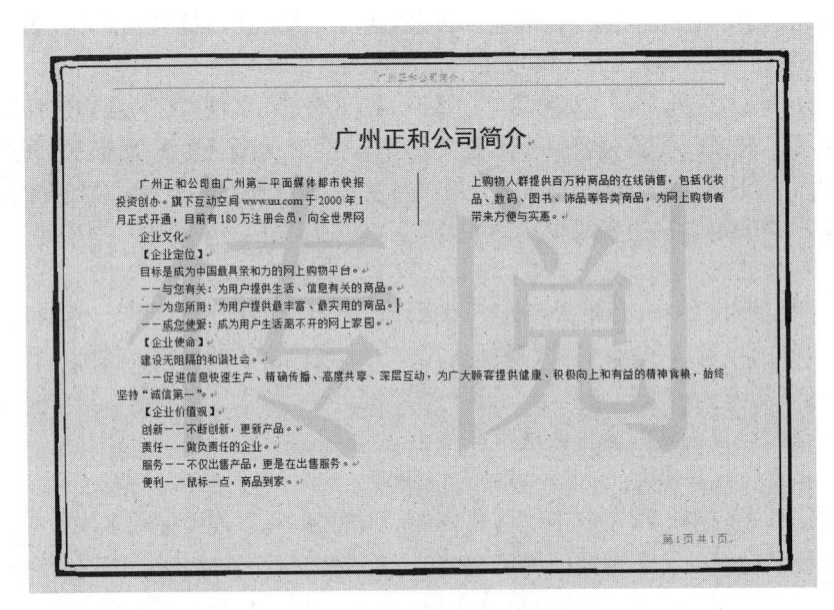

图3-36 页面设置完成效果图

二、操作过程

1. 添加文档标题

打开素材文件夹下的"广州正和公司简介.docx"文档，将鼠标定位在文档起始处，敲回车，则在文档最前面增加了一行，输入文档标题并按要求设置其字符和段落格式。

2. 页面设置

单击"页面布局"选项卡→"页面设置"组→"页面设置"对话框启动器，弹出如图3-37所示"页面设置"对话框，选择"页边距"选项卡，在"纸张方向"区中选择"横向"，在"页边距"区域的"上"、"下"、"左"、"右"输入框中输入度量值。

单击"纸张"选项卡，在"纸张大小"下拉列表中选择"ISO B5"，在"应用于"下拉列表中选择"整篇文档",单击"确定"按钮。

3. 分栏

选取第一段,单击"页面布局"选项卡→"页面设置"组→"分栏"按钮右边的下拉按钮 → "更多分栏"命令,弹出如图 3-38 所示"分栏"对话框。在对话框的"预设"区选择"两栏",在"宽度和间距"区中设置"栏"的"宽度"为"22 字符",勾选"分隔线"复选框,在"应用于"下拉列表中选择"所选文字",单击"确定"按钮。

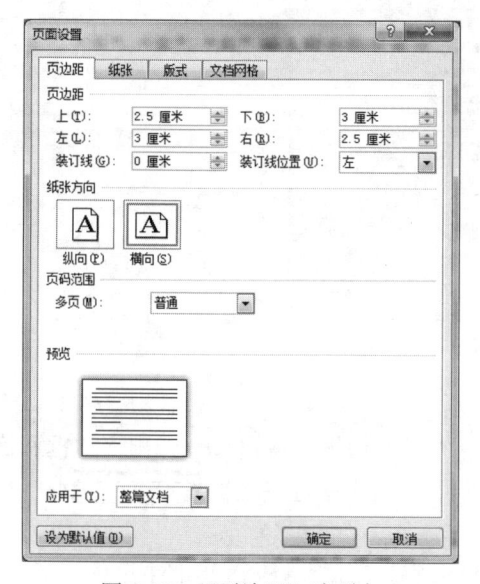

图 3-37 "页边距"选项卡

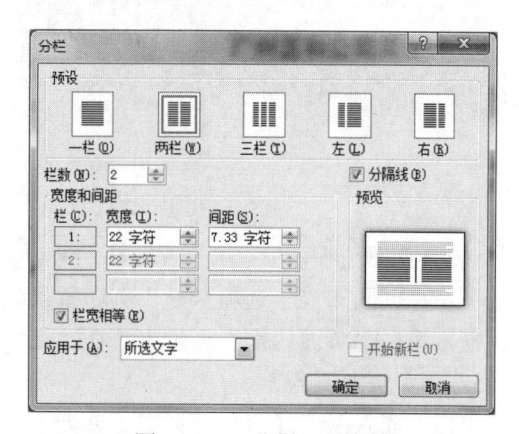

图 3-38 "分栏"对话框

4. 添加页面背景

(1)水印。

单击"页面布局"选项卡→"页面背景"组→"水印"按钮 →"自定义水印"命令,弹出如图 3-39 所示的"水印"对话框。从"文字"下拉列表中选择"传阅",从"颜色"中选择"白色,背景 1,深色 50%","版式"选择"水平",单击"应用"按钮。

图 3-39 "水印"对话框

(2)纹理背景。

单击"页面布局"选项卡→"页面背景"组→"页面颜色"按钮 ,从弹出的菜单中选择"填充效果(F)…"命令，弹出"填充效果"对话框，如图 3-40 所示。单击"纹理"选项卡，选择"再生纸"，单击"确定"按钮。

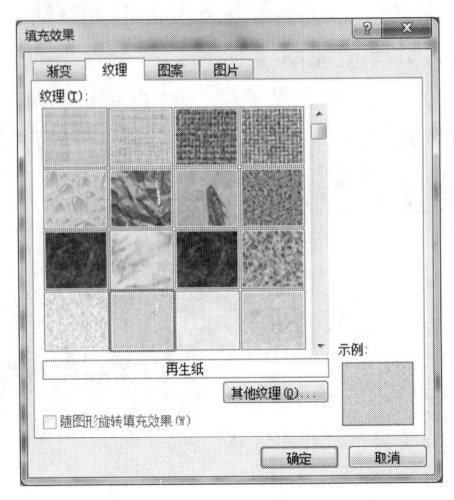

图 3-40 "填充效果"对话框

（3）页面边框。

单击"页面布局"选项卡→"页面背景"组→"页面边框"按钮，弹出"边框和底纹"对话框，选择"页面边框"选项卡，在"艺术型"下拉列表中选择边框。

5. 添加页眉页脚

单击"插入"选项卡→"页眉和页脚"组→"页眉"按钮，从弹出的菜单中选择"编辑页眉"命令，页眉位置处于可编辑状态。在页眉编辑栏中输入页眉文字"广州正和公司简介"，选定该文字，单击"开始"选项卡→"字体"组→"字体"对话框启动器，在"字体"对话框中设置好字符格式。再次选定该文字，单击"开始"选项卡→"段落"组→"段落"对话框启动器，设置段落对齐方式为"居中"。

移动鼠标至页脚位置，单击"插入"选项卡→"文本"组→"文档部件"按钮→"域"命令，弹出如图 3-41 所示的"域"对话框，在"域名"中选择"Page"，单击"确定"按钮。同样方法插入域"NumPages"。在"Page"和"NumPages"前后插入文字，即效果为"第 Page 页共 NumPages 页"，当前文档显示为"第 1 页共 1 页"。再选定页脚中的这些文字，设置其字符和段落格式。

在正文处双击鼠标，退出页眉页脚编辑状态。

6. 另存

编辑完成后，将文档另存为"D:\Word 练习\广州正和公司简介打印稿.docx"。

三、知识技能要点

1. 页面设置

在打印一篇文档之前，先要对其进行页面设置，页面设置主要包括页边距、纸型、打印方向等，如图 3-42 所示。

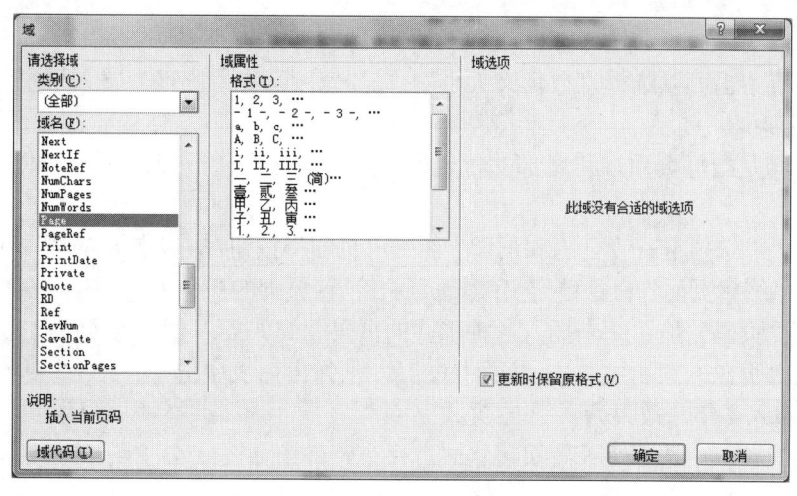

图 3-41 "域"对话框

（1）设置页边距。页边距是指文本区到纸张边缘的距离。

首先将插入点定位在文档中，单击"页面布局"选项卡→"页面设置"组→"页面设置"对话框启动器，弹出如图 3-37 所示"页面设置"对话框，单击"页边距"选项卡，可以改变上、下、左、右边距、纸型方向、装订线位置等。

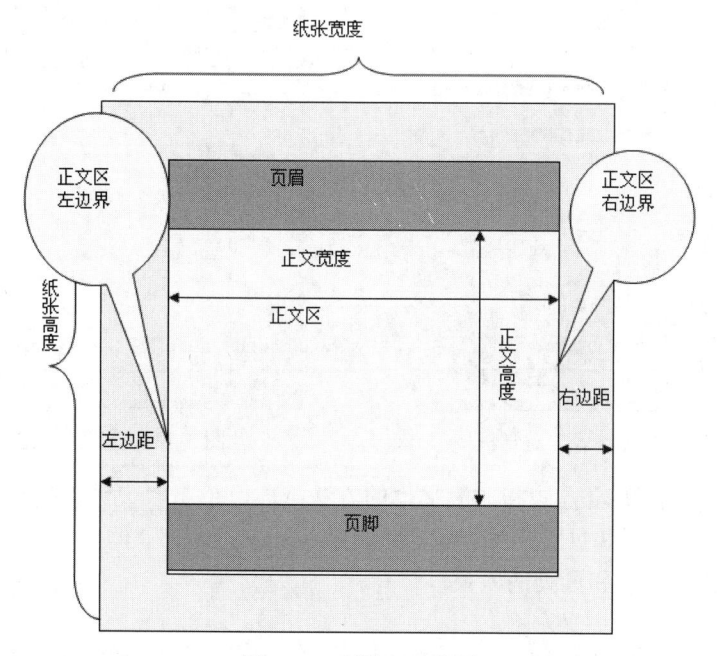

图 3-42 页边距示意图

说明：一般情况下，Word 页边距设置应用于整篇文档。如果用户想对选定的文本或节设置页边距，可在"应用于"下拉列表中选择"所选节"或"所选文字"。节的长度可长可短，单击"页面设置"组→"分隔符"按钮→"连续"命令，插入分节符。可以用 Delete 键删除节分隔符。

（2）纸张设置。在"页面设置"对话框中选择"纸张"选项卡，可进行纸型、纸张来源的设置。

在纸型设置中也可以选择"自定义大小",在"宽度"和"高度"输入框中键入厘米值。

2. 页眉页脚

页眉和页脚是指每页顶端和底部的特定内容,例如标题、日期、页码、用户录入的内容或图片等。

单击"插入"选项卡→"页眉和页脚"组→"页眉"按钮,从弹出的菜单中选择一种内置类型或单击"编辑页眉"命令自定义编辑页眉。设置页脚的操作方法类似。在页眉页脚处也可以通过单击"页码"按钮来插入各种形式的页码。例如插入"第 X 页共 Y 页"格式的页码,方法是在"页码"菜单中单击"页面底端",从弹出列表中选择"X/Y"的一种形式,在"X/Y"前后键入文字,效果为"第 X 页共 Y 页"。

在"页码"菜单中选择"设置页码格式"命令,弹出如图 3-43 所示的对话框,可以设置页码的编号格式、页码编号等。

在"页面设置"对话框的"版式"选项卡中,如图 3-44 所示,可以对页眉页脚距边界的距离进行设置。

图 3-43 "页码格式"对话框 图 3-44 "版式"选项卡

页眉和页脚文字的编辑方法和一般文本的方法一样,单击"设计"选项卡→"关闭页眉和页脚"按钮可退出页眉和页脚的编辑状态或直接在正文处双击,即可返回正文编辑状态,此时可以查看已设置的页眉和页脚的效果。

3. 分栏

为了便于阅读,可以将文档分成两栏或更多栏,用户可以设置分栏的栏数、栏宽、栏间距、分隔线等。操作步骤如下:

(1)选取需要进行分栏的文本,如果不选,则默认对整个文档分栏。

(2)单击"页面布局"选项卡→"页面设置"组→"分栏"按钮右边的下拉箭头,从列表中选择一种现有的分栏样式,或者单击"更多分栏"命令,弹出如图 3-38 所示"分栏"对话框。

(3）在"预设"区中选取合适的分栏样式或在"栏数"中键入分栏数，在"宽度和间距"区域中设置"栏宽"和"间距"，勾选"分隔线"复选框。如果各栏的栏宽不相等则将"栏宽相等"复选框的勾去掉，再在"宽度"和"间距"中自定义各栏的宽度和栏间的间距。

（4）设置完成后单击"确定"按钮。

注意：在分栏时，各栏的长度可能会出现不一致的情况。采用的办法是在分栏之前，将鼠标先定位在需要进行分栏的文本结尾处，单击"页面设置"选项卡→"页面设置"组→"分隔符"按钮→"连续"命令，即插入节分隔符后再进行分栏。或者是在分栏前选取分栏段落时，不选取段落标记，也可以避免各栏长度不一。

4. 打印

在打印前可以通过"文件"选项卡→"打印"命令预览打印效果，在预览区的右下方单击 ⊖ ──── ⊕ 调节显示比例。单击左下方 ◀ 37 共39页 ▶ 调节预览的页码。预览效果满意后就可进行打印设置了。

打印设置（见图3-45）主要是设置打印机类型、打印份数、页码范围等，设置方法如下：

图3-45 "打印"设置

（1）在"打印"区"份数"输入框中输入需打印的份数。

（2）在"打印机"区单击下拉按钮从列表中选择打印机的型号。

（3）在"设置"区单击下拉按钮从列表中选择打印所有页、当前页或自定义范围。

（4）单击"单面打印"右边的下拉按钮可选择单面还是双面打印。

（5）单击"调整"右边的下拉按钮可以调整打印顺序。在打开的列表中选择"调整"选项将在完成第1份打印任务时再打印第2份、第3份……；选择"取消排序"选项，将逐页打印足够的份数。

（6）单击"纵向"右边的下拉按钮设置纵向还是横向打印。

（7）单击"A4"右边的下拉按钮设置页面大小。

（8）单击"上一个自定义边距设置"右边的下拉按钮设置页面边距。

（9）单击"每版打印1页"右边的下拉按钮设置每页的版数，效果是将几页的内容缩小至一页中进行打印。

3.5 制作会议日程表

主要学习内容：
- 表格的建立、编辑、复制、移动、删除
- 设置表格格式
- 绘制表格

- 表格与文本间的相互转换

一、操作要求

按以下操作要求制作如图 3-46 所示的表格，保存为 "D:\Word 练习\会议日程表.docx"。

2007 年广州正和公司会议日程表

日期与时间 \ 内容与地点		主题	主持人	地点
1月8日	9:00—11:00	今年度重点发展目标	李总	公司会议室
	2:00—4:00	生产目标	生产科黄科长	公司会议室
1月9日	9:00—11:00	销售目标	业务科李科长	员工活动中心
	2:00—4:00	安全管理	保卫处何处长	员工活动中心
1月10日	9:00—11:00	人事安排	人事处丁处长	员工活动中心
	2:00—4:00	同业的动向	李总	公司会议室

图 3-46 "会议日程表.docx" 文档效果图

（1）标题文字居中，黑体、小二；其他文字楷体，小四；表格中文本内容全部 "水平居中"。
（2）第一行行高 2 厘米。
（3）如图 3-44 所示绘制斜线表头。
（4）外部框线采用 0.5 磅红色双实线，内部框线采用 0.75 磅黑线单实线。
（5）"主题"、"主持人"、"地点" 三个单元格底纹为 "茶色，背景 2，深色 10%"，"日期与时间" 单元格底纹为 "深蓝，文字 2，淡色 80%"。

二、操作过程

1. 插入表格

新建一个空白文档后，输入表格标题，将鼠标定位在文档的第二行，单击 "插入" 选项卡→ "表格" 组→ "表格" 按钮。打开如图 3-47 所示界面，拖动鼠标至 5 列 7 行，松开鼠标，即在鼠标位置处插处了一个 5 列 7 行的表格。

单元格的合并。拖动选择 A1 和 B1 单元格，单击 "布局" 选项卡→ "合并" 组→ "合并单元格" 按钮。用同样的方法合并 A2 和 A3、A4 和 A5、A6 和 A7 单元格。

输入表格中的文本内容。单击鼠标定位在表格各个单元格，输入除 A1 外其他单元格的内容。

设置字符格式。按住鼠标左键拖动鼠标选择标题行，按要求设置字符格式。单击表格的移动控点，可以将整个表格选中，再设置表格文字的字符格式。

设置对齐方式。选中整个表格，按右键从快捷菜单中选择 "单元格对齐方式"，再在级联菜单的九种对齐方式中选择 "水平居中"，如图 3-48 所示。

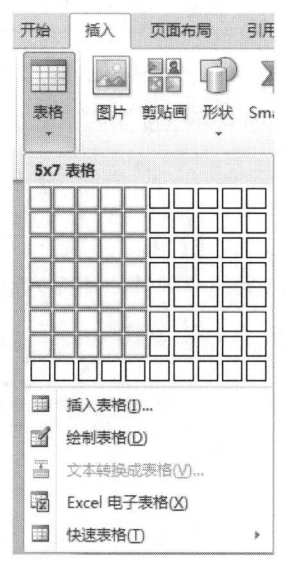

图 3-47 "表格"菜单　　　　　　图 3-48 "表格"快捷菜单

2. 设置行高和列宽

拖动选择第一行的单元格，按右键从快捷菜单中选择"表格属性"命令，弹出"表格属性"对话框，选择"行"选项卡，如图 3-49 所示，勾选"指定高度"复选框，在"指定高度"输入框中输入 2 厘米，单击"确定"按钮。

图 3-49 "行"选项卡

将后三列调整为列宽相等，方法是选取后三列，选择"布局"选项卡→"单元格大小"组→"分布列"按钮即可将选取的三列设置成等宽。

3. 添加斜线表头

选择单元格 A1，单击"设计"选项卡→"表格样式"组→"边框"下拉按钮，在弹出的框线样式中选择"斜下框线"，输入斜线表头的文字内容。

4. 表格框线设置

外部框线设置 0.5 磅红色双实线的方法是选取整个表格，单击"设计"选项卡→"绘图边框"组→"笔样式"下拉按钮,从样式中选择双实线,单击"笔划粗细"下拉按钮,从列表中选择 0.5 磅,单击"笔颜色"按钮,从"标准色"中选择"红色",最后单击"表格样式"组的"边框"下拉按钮 边框,从中选择"外侧框线"。同样方法设置内部框线为 0.75 磅黑线单实线。

5. 底纹设置

选取"主题"、"主持人"、"地点"三个单元格后,单击"表格样式"组→"底纹"下拉按钮 底纹,从"主题颜色"中选择选择"茶色,背景 2,深色 10%",同样方法设置"日期与时间"单元格底纹为"深蓝,文字 2,淡色 80%"。

6. 另存

最后保存为"D:\Word 练习\会议日程表.docx"。

三、知识技能要点

Word 提供了丰富的制表功能,在工作中,无论是制作工作计划、通讯录还是安排会议议程等,用户都可以使用表格来进行制作。表格中的基本概念如图 3-50 所示。

1. 表格的建立

方法一:

(1)将光标定位在需要插入表格的位置。

(2)单击"插入"选项卡→"表格"组→"表格"按钮。打开如图 3-47 所示界面。

(3)将鼠标指针向右下方移动,直到选定了所需的行、列数后,单击鼠标左键。此时在插入点处将创建一个指定行列数的空表。

方法二:单击"插入"选项卡→"表格"组→"表格"按钮,从弹出菜单中选择"插入表格(I)…"命令。弹出如图 3-51 所示的"插入表格"对话框。在"列数"、"行数"中输入所需的行列数;如果需要固定列宽,则选择"固定列宽"项,可在其右侧文本框中输入列宽值,也可采用"自动",最后单击"确定"按钮。

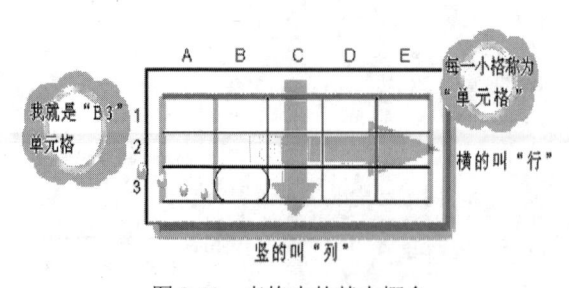

图 3-50 表格中的基本概念   图 3-51 "插入表格"对话框

2. 表格数据的编辑

(1)输入数据。

1)将鼠标移到输入点。

方法一:用鼠标直接单击该单元格。

方法二:按 Tab 键使插入点移到下一单元格。

方法三:按光标键↑、↓、←、→使插入点上、下、左、右移动。

2）开始录入数据，录入完一个单元格内容后注意不要按 Enter，而是将鼠标移到下一个需录入的单元格。

提示：在单元格内按 Enter 键，表示单元格内容换行，其行高增加。

（2）清除数据。选择需删除内容的单元格，按 Delete 键。

对表格内的文本进行查找、替换、复制、移动等操作与其他正文文本是一样的。

3. 表格的复制、移动、删除、缩放

选择整个表格：将鼠标定位在表格内部，此时在表格左上角出现移动控点，如图 3-52 所示，单击"移动控点"即可选择整个表格。

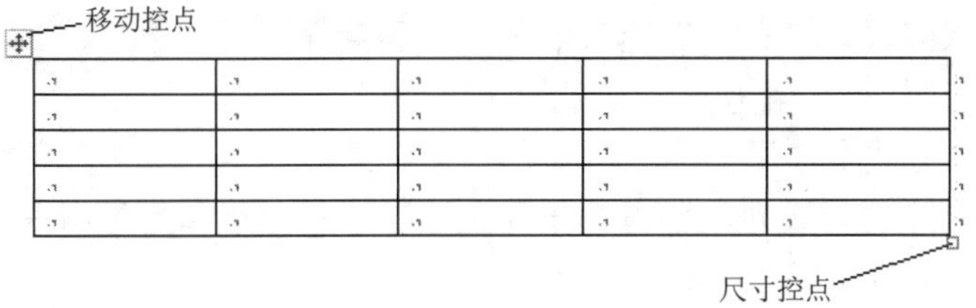

图 3-52 表格中的控点

复制：选择整个表格后，用常规复制的方法即可。

移动：将鼠标移到"移动控点"上，按住鼠标左键并拖动鼠标至所需的位置。

缩小及放大：将鼠标移到"尺寸控点"上，鼠标变成双向箭头时拖动鼠标即可调整整个表格的大小。

删除：单击"布局"选项卡→"行和列"组→"删除"按钮，从弹出的菜单中选择删除单元格、行、列或表格。

4. 调整表格

（1）选定单元格、行、列。

单元格：每个单元格的左侧有一个选定栏，当鼠标移到选定栏时指针形状会变成向右上方的箭头，单击即可选定该单元格。

单元格区域：将鼠标指针移至单元格区域的左上角单元格，按下鼠标左键不放，再拖动到单元格区域的右下角单元格。

行：鼠标指针移至行左侧的文档选定栏，单击左键即可选定该行。这时拖动鼠标可选定若干行。

列：将鼠标移至列的上边界，鼠标指针变为向下箭头时，单击左键即可选定该列。按住左键的同时拖动鼠标可选定若干列。

选定整个表格：拖动鼠标选择了所有行或列时即选定整个表格，或通过单击表格左上角的"移动控点"也可。

（2）行高、列宽的调整。

方法一 （精确调整）：选择需调整的行或列，单击右键从快捷菜单中选择"表格属性"命令，打开如图 3-47 所示的"表格属性"对话框，选择"行"或"列"选项卡，在"指定高度"或"指定宽度"输入框中输入行或列的尺寸，单击"确定"按钮。

方法二 （大致调整）：将鼠标移至列或行的分隔线上，当指针形状变成双向箭头时，按下鼠标左键不放并拖动至合适行高或列宽再松开鼠标左键。

（3）单元格的合并与拆分。

合并：选定需要合并的若干单元格，单击"布局"选项卡→"合并"组→"合并单元格"按钮，或者右击，从快捷菜单中选择"合并单元格"命令。

拆分：选定需要拆分的单元格，单击"布局"选项卡→"合并"组→"拆分单元格"按钮，或者右击，从快捷菜单中选择"拆分单元格"命令。弹出如图 3-53 所示的"拆分单元格"对话框，设定拆分的行数和列数后单击"确定"按钮。

（4）行、列的插入与删除。

插入：选择插入点，从"布局"选项卡→"行和列"组中的"从上方插入"、"从下方插入"、"从左侧插入"、"从右侧插入"四种方式中选择一种。

图 3-53 "拆分单元格"对话框

删除：选择需删除的行或列，单击"布局"选项卡→"行和列"组→"删除"按钮，从快捷菜单中选择"删除行"或"删除列"。

5. 设置表格格式

（1）表格中文本的对齐方式。表格中文本的对齐方式有水平对齐方式（两端对齐、居中、右对齐）和垂直对齐方式（靠上、中部、靠下），一共组成了九种对齐方式。

选择整个表格，按右键从快捷菜单中选择"单元格对齐方式"，如图 3-48 所示，再在级联菜单中的九种对齐方式中选择一种。

（2）表格边框和底纹的设置。

1）边框设置。

方法 1：选择需要设置边框的单元格，单击"设计"选项卡→"绘图边框"组→"笔样式"下拉按钮，从样式中选择线型，单击"笔划粗细"下拉按钮，从列表中选择线宽度，单击"笔颜色"按钮，选择边框颜色，最后单击"表格样式"组的"边框"下拉按钮 边框，从中选择需应用的框线。

方法 2：选择需要设置边框的单元格，单击"开始"选项卡→"段落"组→"下框线"下拉按钮，从列表中选择"边框和底纹"，弹出如图 3-54 所示的"边框和底纹"对话框，选择"边框"选项卡，在"设置"区选择一种边框样式，如方框、阴影、三维、自定义，选取需要的线型、边框颜色和宽度，在"预览"中单击鼠标去掉或增加应用的框线，单击"确定"按钮。

2）底纹设置。

选择需设置底纹的单元格，在"边框和底纹"对话框，选择"底纹"选项卡，从中选择填充颜色或图案样式、颜色等，单击"确定"按钮。

6. 表格样式

不同的使用场合有不同的格式需求，Word 软件提供了多种不同风格的表格样式，用户可以根据需要将其中的表格样式添加到自己所制作的表格中，包括边框、底纹、颜色等。操作步骤如下：

（1）单击表格内的任意一个单元格。

（2）选择"设计"选项卡，在"表格样式"组中单击选择一种表格样式，即应用了该样式，如图 3-55 所示。

图 3-54 "边框和底纹"对话框

图 3-55 "表格样式"组

7. 表格在页面中的对齐方式

可以设置整个表格在页面中的对齐方式和文字环绕方式,步骤如下:

(1) 单击移动控点选择整个表格。

(2) 在表格区右击鼠标,从快捷菜单中选择"表格属性"命令,弹出如图 3-56 所示的"表格属性"对话框。

图 3-56 "表格属性"对话框

(3) 选择"表格"选项卡,在"对齐方式"区域中选择一种表格在页面中的对齐方式,如果选择"左对齐"方式,可在"左缩进"输入框中键入缩进的距离值。在"文字环绕"区域选择一种文字环绕方式。

（4）单击"确定"按钮。

8. 数据计算

操作实例：打开如图 3-57 所示"正和公司员工工资表.docx"，计算工资应发额和实发额，并按实发额进行降序排序。

正和公司员工工资表

姓名	岗位工资	工龄津贴	交通费	应发额	扣税	实发额
赵越	1700	400	200		200	
于自强	2000	500	250		300	
王启迪	1800	450	220		240	
江树明	1900	480	280		280	

图 3-57　员工工资表

操作过程：

（1）将鼠标定位在赵越的应发额单元格处，单击"布局"选项卡→"数据"组→"公式"按钮 f_x，弹出如图 3-58 所示的"公式"对话框，公式内容默认为"=SUM(LEFT)"，即对左边单元格的数据求和，此公式符合要求不用修改，直接单击"确定"按钮。

（2）选中用公式创建完成的数字，按 Ctrl+C，在其他应发额单元格中粘贴。选中整篇文档，然后单击鼠标右键，在弹出的快捷菜单中选择"更新域"命令。

如果要进行其他计算，例如求平均值、计数，可以在"公式"对话框中的"粘贴函数"下拉列表中选择合适的函数如 AVERAGE，COUNT，等，然后分别使用左侧（LEFT）、右侧（RIGHT）、上面（ABOVE）和下面（BELOW）等参数进行函数设置，也可以在"编号格式"下拉列表中选择一种格式。

（3）将鼠标定位在赵越的实发额单元格处，单击"布局"选项卡→"数据"组→"公式"按钮 f_x，弹出如图 3-58 所示的"公式"对话框，更改公式内容为"=E2-F2"，如图 3-59 所示。

图 3-58　"公式"对话框　　　　　图 3-59　"公式"对话框

这种方法创建的公式不能通过前面更新域的方法复制到其他单元格，需要分别更改公式内容为"=E3-F3"，"=E4-F4"，"=E5-F5"。

（4）单击"布局"选项卡→"数据"组→"排序"按钮，弹出如图 3-60 所示的"排序"对话框，在"主要关键字"下拉列表中选择"实发额"，单击"降序"单选项后单击"确定"按钮。如果如图 3-61 所示。

图 3-60 "排序"对话框

正和公司员工工资表

姓名	岗位工资	工龄津贴	交通费	应发额	扣税	实发额
于自强	2000	500	250	2750	300	2450
江树明	1900	480	280	2660	280	2380
王启迪	1800	450	220	2470	240	2230
赵越	1700	400	200	2300	200	2100

图 3-61 计算后的员工工资表

9. 绘制表格

Word 有绘制表格功能，用户可以根据需要手工绘制横线、竖线、对角线来搭建表格框架。以绘制如图 3-46 所示的公司会议日程表为例，其操作步骤如下：

（1）在"设计"选项卡→"绘图边框"组中单击相应按钮选择需要的"笔样式"为双实线、"笔划粗细" 0.5 磅、"笔颜色"为红色。

（2）单击"设计"选项卡→"绘图边框"组→"绘制表格"按钮，此时鼠标变成笔状。

（3）在编辑区拖动鼠标拉出如图 3-62 所示的方形外框。

图 3-62 绘制的表格外部框线

（4）用步骤（3）的方法绘制内部框线，先绘制六条水平线和四条竖线，如图 3-61 所示。

（5）再次单击"绘制表格"按钮，使其处于非启用状态。

（6）选取表格的下方六行，单击"布局"选项卡→"单元格大小"组→"分布行"按钮。选取右方四列，单击"分布列"按钮。效果如图 3-63 所示。

（7）单击"设计"选项卡→"绘图边框"组→"擦除"按钮。鼠标变成橡皮状，擦除相应内框线，表格如图 3-64 所示，再次单击"擦除"按钮，鼠标恢复正常形状，绘制表格完毕。

（8）完成输入文本、设置行高、添加底纹等操作。

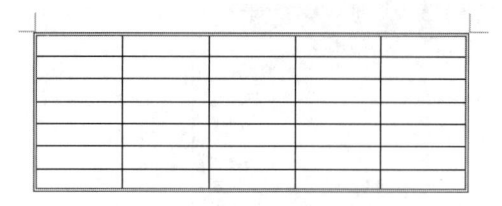

图 3-63　表格框架 1 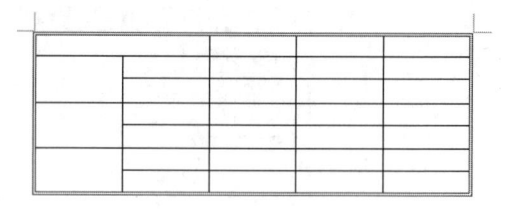　　　　　　　　　图 3-64　表格框架 2

10. 文本与表格的相互转换

表格是由一行或多行单元格组成，用于显示数字和其他项以便快速引用和分析。表格中的项被组织为行和列。将表格转换为文本时，用分隔符标识文字分隔的位置，或在将文本转换为表格时，用其标识新行或新列的起始位置。

（1）将文本转换为表格。

将文本转换成表格时，使用逗号、制表符或其他分隔符标记新列开始的位置，如图 3-65 所示。

1）在要划分列的位置插入所需的分隔符。

例如，在一行有多个词的列表中，在两个词中间插入逗号，那么逗号就是文字分隔符了。

2）选择要转换的文本。单击"插入"选项卡→"表格"组→"表格"按钮→"文本转换成表格"菜单命令，弹出如图 3-66 所示对话框。

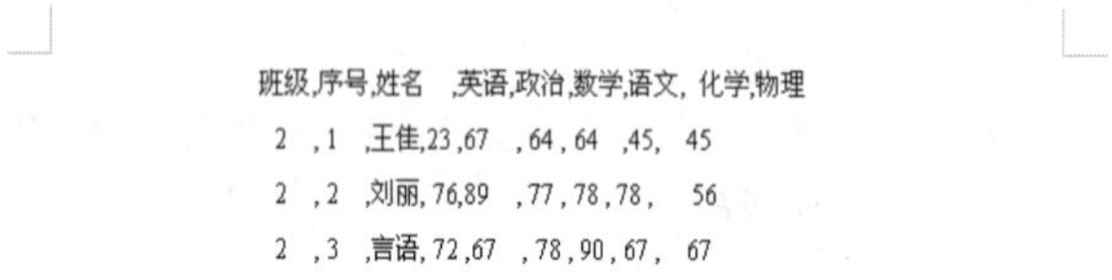

图 3-65　"将文本转换成表格"前的文本 　　　　图 3-66　"将文字转换成表格"对话框

3）在"文字分隔位置"区中选择逗号为分隔符。也可以选择其他所需的选项。

4）单击"确定"按钮。效果如图 3-67 所示。

班级	序号	姓名	英语	政治	数学	语文	化学	物理
2	1	王佳	23	67	64	64	45	45
2	2	刘丽	76	89	77	78	78	56
2	3	言语	72	67	78	90	67	67

图 3-67　"将文本转换成表格"后的表格

（2）将表格转换为文本。

1）选择要转换为段落的行或表格。单击"布局"选项卡→"数据"组→"转换为文本"按钮，弹出如图 3-68 所示的对话框。

2）选择一种文字分隔符，作为替代列边框的分隔符。

3）单击"确定"按钮。

注意：文字分隔符应为英文符号，不能为中文符号。

11. 利用已有模板新建表格

单击"文件"选项卡→"新建"选项→"office.com 模板"区的"日程表"按钮→"业务日程"按钮→"每周约会表"→"下载"按钮。即可根据 office.com 上的已有模板新建如图 3-69 所示的每周约会表格。在 Office 的模板中还有日历、报表、发票、日程表等模板可供使用。

图 3-68 "表格转换成文本"对话框

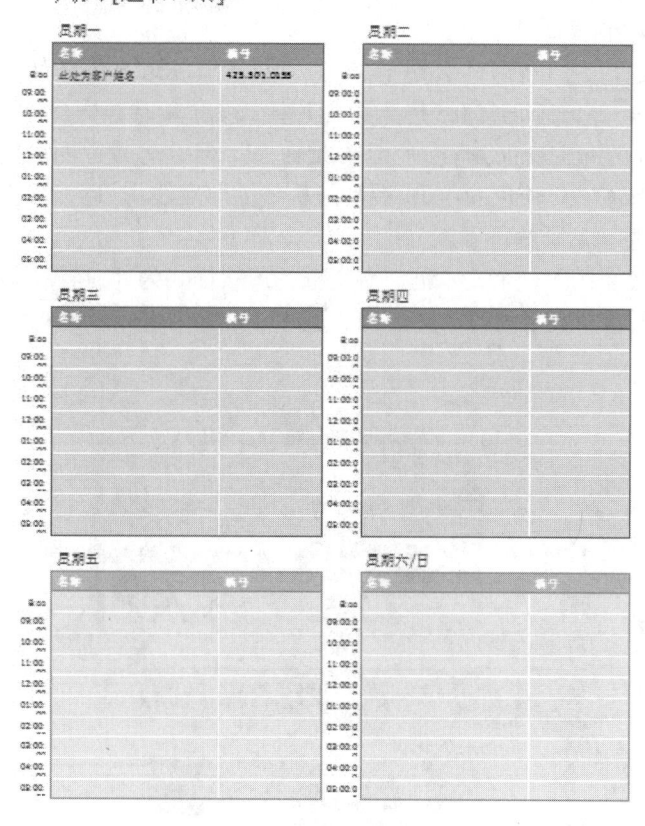

图 3-69 "每周约会表"效果图

3.6 制作简报

主要学习内容：
- 插入图片和剪贴画
- 插入艺术字
- 插入文本框
- 插入 SmartArt 图形

- 添加脚注和尾注
- 插入对象
- 绘制简单的图形

一、操作要求

打开素材文件夹中的"广州正和公司简介.docx",完成以下编辑:

(1)插入艺术字"广州正和股份有限公司",艺术字样式:第1行第2列;楷体、40磅;文字方向垂直;阴影:外部-向左偏移;填充色为"金乌坠地";环绕方式:四周型,适当调整艺术字大小和位置。

(2)设置"企业文化"文字为隶书,二号;文字"【企业定位】"、"【企业使命】"和"【企业价值观】"为隶书,小三号。

(3)插入素材文件夹中的图片"公司全景.jpg",设置缩放比例高度为120%,宽度为100%;设置"上下型"环绕,下方距正文0.5厘米;图片样式为"矩形投影"适当调整图片的位置。

(4)插入剪贴画"academic,courses,instructors…",环绕方式:四周型;等比缩放50%,线条颜色为"深蓝,文字2,淡色60%";图片边框线为单实线,1磅,颜色为"深蓝,文字2,淡色60%";适当调整剪贴画的位置。

(5)在页面的底端插入一个文本框,文本框的形状样式为"细微效果-水绿色,强调颜色5";输入如图3-70所示的文字内容,文字为小五号,中文为宋体,英文和数字为Arial,适当调整文本框的大小。

图3-70 "广州正和股份有限公司简介.docx"文档效果图

（6）设置完成后效果如图 3-70 所示，保存文件为"D:\ Word 练习\广州正和股份有限公司简介.docx"。

二、操作过程

1. 制作艺术字

（1）插入艺术字。单击"插入"选项卡→"文本"组→"艺术字"按钮，在如图 3-71 所示的艺术字样式库中，选择第 1 行第 2 列。弹出如图 3-72 所示编辑框，在编辑框中单击，输入文字"广州正和股份有限公司"，拖动选择文字设置为楷体、40 磅。

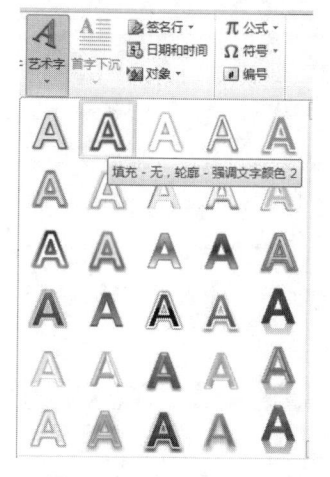

图 3-71　艺术字样式库　　　　　　图 3-72　艺术字输入框

（2）设置艺术字的文字方向。单击选择艺术字边框，单击"格式"选项卡→"文本"组→"文字方向"按钮，从列表中选择"垂直"命令。

（3）设置艺术字的阴影。单击"艺术字样式"组→"文字效果"按钮→"阴影"命令→"外部－向左偏移"按钮，设置阴影效果向左偏移。

（4）设置艺术字的填充颜色。单击"艺术字样式"组→"文本填充"下拉按钮→"渐变"→"其他渐变"，弹出如图 3-73 所示对话框，在对话框中单击选择"文本填充"→"渐变填充"→"预设颜色"下拉按钮→"金乌坠地"填充颜色，单击"关闭"按钮。

（5）设置艺术字的环绕方式。单击"排列"组→"自动换行"按钮，从下拉列表中选择"四周型环绕"命令。适当调整艺术字位置。

2. 设置"企业文化"等文字的字符格式

选择"企业文化"文本，单击"开始"选项卡→"字体"组，设置字体为隶书，字号为二号；再按住 Ctrl 键，分别拖选"【企业定位】"、"【企业使命】"和"【企业价值观】"文本，再在"开始"选项卡的"字体"组中设置为隶书，小三号。

3. 设置图片

（1）插入图片。单击鼠标定位插入图片的位置，单击"插入"选项卡→"插图"组→"图片"按钮，弹出如图 3-74 所示的"插入图片"对话框，在地址栏中定位素材文件夹的路径，找到需插入的图片，然后双击文件图标或单击"插入"按钮，完成插入图片。

（2）编辑图片的大小。右击该图片，从快捷菜单中选择"大小和位置(Z)…"命令。弹出

"布局"对话框,在此对话框中选择"大小"选项卡,如图 3-75 所示。去掉"锁定纵横比"的勾选,在"缩放"区域的"高度"输入框中输入 120%,"宽度"输入框中输入 100%。

图 3-73 "设置文本效果格式"对话框   图 3-74 "插入图片"对话框

(3)编辑图片的版式。在"布局"对话框中,单击"文字环绕"选项卡,如图 3-76 所示,在"环绕方式"区域中选择"上下型",在"距正文"区域的"下"输入框中输入 0.5 厘米,单击"确定"按钮。适当调整图片的位置。

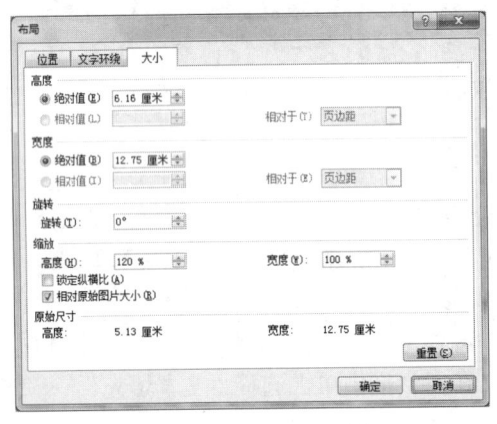

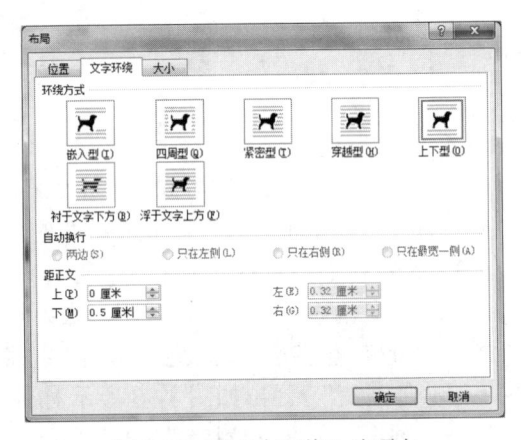

图 3-75 "大小"选项卡   图 3-76 "文字环绕"选项卡

(4)编辑图片样式。选择图片,单击"格式"选项卡→"图片样式"组→"矩形投影"按钮 。

4. 设置剪贴画

(1)插入剪贴画。定位鼠标位置,单击"插入"选项卡→"插图"组→"剪贴画"按钮 ,弹出"剪贴画"任务窗格,如图 3-77 所示。在"搜索文字"输入框中输入文字"academic,courses,instructors",单击"搜索"按钮,单击第一幅图片,即在鼠标位置处插入了该图片。

(2)编辑剪贴画。与前面步骤(1)中设置艺术字环绕方式的方法相同来设置剪贴画的版式。改变剪贴画大小:右击剪贴画,在快捷菜单中选择"大小和位置"命令,系统打开"布局"对话框。在"大小"选项卡中,选择"锁定纵横比"项,以实现等比缩放,在"缩放"区域的"高度"输入框中输入 50%,如图 3-78 所示。单击选择剪贴画,单击"格式"选项卡→

"图片样式"组→"图片边框"按钮，显示如图3-79所示菜单，在"主题颜色"中选择"深蓝，文字2，淡色60%"；选择"粗细"→"1磅"；选择"虚线"→"实线"。适当调整剪贴画的位置。

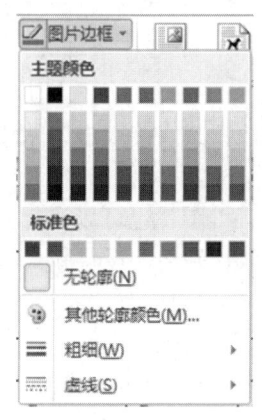

图3-77 "剪贴画"任务窗格　　图3-78 "大小"选项卡　　图3-79 菜单

5．设置文本框

（1）插入文本框。单击"插入"选项卡→"文本"组→"文本框"按钮→"绘制文本框"命令。

在文档中需要插入文本框的位置处单击或拖动。在文本框内部单击，输入文本内容，适当调整文本框的大小，用和正文文本相同的方法设置文本的字符格式。

（2）编辑文本框。选择文本框后，单击"格式"选项卡→"形状样式"组→"细微效果-水绿色，强调颜色5"。

6．另存

简报制作完成，保存文件为"D:\Word练习\广州正和股份有限公司简介.docx"。

三、知识技能要点

Word 2010不但具有丰富的文字和表格处理能力，而且具有强大的图形处理能力，添加精美的艺术字，可以制作类似图文并茂的杂志和报纸等，体现了Word排版的功能。

1．插入图片

（1）插入剪贴画。Word在自带的剪贴库中提供了大量的剪贴画，这些剪贴画分类放置，用户可以从中选择所需的图片，插入到指定的位置。插入剪贴画的方法有两种：

1）把光标移至需插入剪贴画的位置。

2）单击"插入"选项卡→"插图"组→"剪贴画"按钮，在Word窗口的右侧打开如图3-70所示的"剪贴画"任务窗格，单击"结果类型"的下拉按钮，将需要搜索的类型打勾，单击"搜索"按钮，系统会自动搜索该类型下的剪贴画。

3）搜索完毕后，在"结果"区会出现各式剪贴画，单击需要的剪贴画，剪贴画就被成功地粘贴到用户所需插入剪贴画的地方了，或者右击剪贴画从快捷菜单中选择"复制"命令，在需要插入剪贴画处右击，选择"粘贴"命令。

如果用户知道要插入剪贴画的具体名称，也可以在"搜索文字"框中键入描述所需剪贴画的完整或部分文件名后再单击"搜索"按钮。

(2) 插入图片。插入来自另一文件的图片，如：.bmp、.gif、.jpg 等类型，在操作上与插入剪贴画类似。一般操作方法如下：

1）把光标移至需插入图片的位置。

2）单击"插入"选项卡→"插图"组→"图片"按钮，弹出如图 3-74 所示对话框。

3）在"插入图片"对话框中，找到要插入图片的位置和文件名，选取文件后单击"插入"按钮或直接双击该图片文件的图标完成插入。

2. 编辑图片

图片也可以进行复制、删除等操作，与编辑一般文本方法相同。除此之外还可以进行缩放、裁剪、设置版式等操作。

(1) 改变图片的大小。

随意调整大小：

1）单击需修改的图片，图片的周围会出现八个控点。

2）将鼠标移至控点上，当指针形状变成双向箭头↔、↕等时拖动鼠标来改变图片的大小。通过拖动对角线上的控点可将图片按比例缩放，拖动上、下、左、右控点可改变图片的高度或宽度。

精确调整大小：

1）右击图片，从弹出的快捷菜单中选择"大小和位置"命令，弹出"布局"对话框。

2）单击"大小"选项卡。在选择"锁定纵横比"的前提下，输入"缩放"区域的"高度"缩放百分比或单击小箭头按钮对图片进行等比缩放。取消"锁定纵横比"前面的勾选时，可以在"缩放"区域的"高度"和"宽度"中输入各自的缩放百分比，宽度和高度的缩放比例可以一致也可以不一致。

3）单击"确定"按钮。

(2) 设置版式。版式是指图片与周围文字的环绕方式。

方法一：右击图片，从快捷菜单中选择"大小和位置"命令。弹出"布局"对话框中，单击"文字环绕"选项卡，在"环绕方式"区中选择所需要的版式。

方法二：右击图片，从快捷菜单中选择"自动换行"命令。从级联菜单中选择所需环绕方式。

方法三：选择图片，单击"格式"选项卡→"排列"组→"自动换行"按钮，从列表中选择一处环绕方式。

(3) 设置图片边框。单击"格式"选项卡→"图片样式"组→"图片边框"按钮，可以设置图片边框的粗细、颜色、轮廓效果。

(4) 设置图片效果。单击"格式"选项卡→"图片样式"组→"图片效果"，可以设置图片的发光、阴影、映像、三维旋转等效果。

(5) 图片的裁剪。当只需要图片的部分区域时，可以将不需要的部分裁剪掉，方法如下：

1）单击需裁剪的图片，图片周围会出现八个控点。

2）单击"格式"选项卡→"大小"组→"裁剪"按钮，将鼠标移至某个控点上。

3）按住鼠标左键向图片内部拖动，可以裁剪掉部分区域。

被裁剪掉的区域还可恢复，按上述方法，只是在第 3）步时按住鼠标左键向图片外部拖动即可。

单击"裁剪"下拉按钮,从菜单中选择"裁减为形状"命令,在弹出的各种形状中选择一种即可将当前图片裁减为各种形状效果,图 3-80 所示为图片裁减为 形状。从菜单中还可进行"纵横比"、"填充"、"调整"等操作。

图 3-80 图片裁减为形状效果

(6)图片的颜色改变。右击图片,从快捷菜单中选择"设置图片格式"命令,在弹出的"设置图片格式"对话框中可以对图片各种效果进行更改。在"图像颜色"选项的"重新着色"区单击"预设"下拉按钮,有多种重新着色方案。例如选择"黑白"可让图片具有黑白对比的效果,选择"冲蚀"可让图片显示类似水印的效果。

3. 插入艺术字

单击"插入"选项卡→"文本"组→"艺术字"按钮,系统显示艺术字样式列表库,从中选择一种。系统弹出艺术字编辑框,输入文字,即插入艺术字。

4. 编辑艺术字

由于在 Word 中把艺术字处理成图形对象,它可以类似图片一样进行复制、移动、删除、改变大小、添加边框、设置版式等。在"格式"选项卡中可以对艺术字的形状样式、艺术字样式、填充颜色、添加阴影、垂直文字等操作。

(1)"形状样式"组。

可以改变艺术字形状样式,形状填充颜色、形状轮廓、形状的阴影、发光、映像、三维形状等效果。

(2)"艺术字样式"组。

可以改变艺术字文本的填充、轮廓文本的阴影、发光、映像、三维形状等效果。

(3)"文本"组。

- 单击"文字方向"按钮可以将文本进行水平、垂直、角度旋转等效果放置。
- 单击"对齐文本"按钮可以将艺术字中的文本进行右对平、居中、左对齐。
- 单击"创建链接"按钮可以创建艺术字的文本框链接到另一文本框。

(4)"排列"组。

可以改变艺术字的环绕方式、叠放次序、组合、对齐、旋转等进行改变。

(5)改变字符间距。

艺术字的字符间距和普通文字的字符间距修改方式一致。拖动选择艺术字后,单击"开始"选项卡→"字体"对话框启动器,在弹出的"字体"对话框的"高级"选项卡中可以修改字符间距。

5. 插入文本框

文本框顾名思义用来存放文本内容的。由于它可以在文档中自由定位,因此它是实现复杂版面的一种常用方法。

选择"插入"选项卡→"文本"组→"文本框"按钮，从弹出的列表中单击选择一种"内置"类型的文本框直接在插入点插入文本框，如果选择"绘制文本框"或"绘制竖排文本框"命令后按住鼠标左键不放，拖动鼠标绘制文本框，绘制完成放开鼠标左键。横排文本框中的文字在框中水平排列，而竖排文本框中的文字在框中呈现竖排效果。

在文本框中单击即可以开始在文本框中输入文字了，在输入过程中要根据需要随时调整文本框的大小和位置。文本框文字编辑与 Word 中文字编辑方法大致相同，位置的移动和边框的设置与图片设置方法类似。

6. 首字下沉或悬挂

首字下沉或者悬挂是一种特殊的文本格式设置，操作后会使一个段落中的第一个汉字或字母的字体、字号等均与其余文字不同，达到突出显示的效果。操作方法为选定需要突显首字的段落，然后选择"插入"选项卡→"文本"组→"首字下沉"按钮，从弹出的列表中单击选择"下沉"或者"悬挂"即可，如果需要设置首字的字体、字号等属性，则选择"首字下沉选项"作进一步的设置。

7. 添加脚注与尾注

脚注和尾注用于在打印文档中为文档中的文本提供解释、批注以及相关的参考资料。脚注是将注释文本放在文档的页面底端，尾注是将注释文本放在文档的结尾。脚注或尾注是由两个互相链接的部分组成，注释引用标记和与其对应的注释文本。在注释中可以使用任意长度的文本，并像处理任意其他文本一样设置注释文本格式。

单击"引用"选项卡→"脚注"组→"插入脚注"按钮AB^1或"插入尾注"按钮，光标自动定位到脚注或尾注的文本注释区，即可输入脚注或文本的注释文本。双击注释区的脚注或尾注编号，返回到文档中的引用标记位置处，同样双击文档中的引用标记则返回到注释区。

默认情况下，脚注标记为"1"，尾注标记为"i"。若要自定义标记插入脚注或尾注的话，方法如下。

单击"引用"选项卡→"脚注"组→"脚注和尾注"对话框启动器，弹出"脚注和尾注"对话框，如图 3-81 所示。在"位置"区域中单击"脚注"或"尾注"单选按钮。用户可根据自己的需要，引用标记可以使用系统提供的"编号格式" I, II, III, …，也可使用"自定义标记"，单击"自定义标记"输入框右侧的"符号"按钮，弹出如图 3-82 所示的"符号"对话框，从"字体"下拉列表中选择一种字体，再选择所需的符号后单击"确定"按钮，返回"脚注和尾注"对话框，单击"插入"按钮后，符号插入完毕，鼠标自动移至注释处，输入脚注或尾注内容，设置脚注内容的字体和字号，和 Word 中一般文本的设置方法相同。

删除脚注或尾注只需选择引用标记，按 Delete 键即可，删除了脚注或尾注的引用标记会连同其关连的注释文本一起删除掉。

提示：除了使用"引用"选项卡中的脚注和尾注外，还可以使用"批注"的方式来对文档中特定的内容或位置进行注释说明。插入"批注"的操作方法为，将光标移至相应的位置或直接选定文档内容，单击"审阅"选项卡→"批注"组→"新建批注"按钮，在文档的右侧会出现一个批注文本框，然后在该批注框中输入注解内容即可。

8. 绘制图形

Word 中提供了绘图工具栏，可以让用户在文档中绘制所需的图形。

图 3-81 "脚注和尾注"对话框　　　　　　图 3-82 "符号"对话框

（1）单击"插入"选项卡→"插图"组→"形状"按钮，弹出的列表中包含了 6 种自选图形，用户根据需要选择合适的图形，如图 3-83 所示。

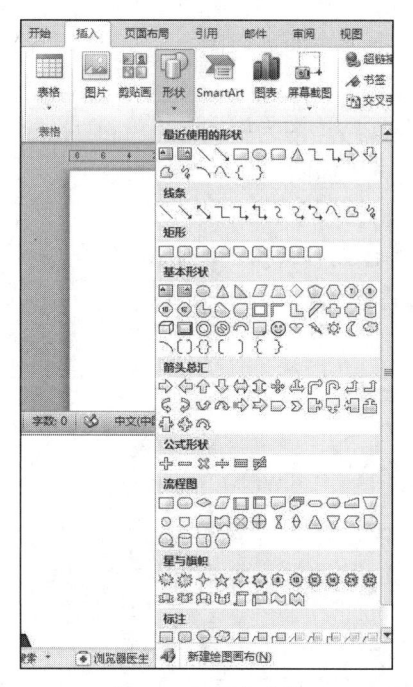

图 3-83 自选形状

（2）绘制各种形状。单击"直线"按钮，移动鼠标至文档窗口相应的位置，按住鼠标左键拖动鼠标即可绘制直线。同样方法单击"矩形"按钮、"椭圆"按钮或"箭头"按钮就可绘制矩形、椭圆或箭头了。

（3）输入文字。右击图形，从快捷菜单中选择"添加文字"命令，鼠标定位于图形内部，就可以输入文字了。

（4）编辑形状。形状的编辑操作与一般图片的编辑操作基本相同，如填充、边框颜色、阴影等，而且这些操作均可通过"格式"选项卡上的相应工具按钮来进行。

1）层叠图形。在文档中绘制了多个图形后，图形会按照绘制次序自动层叠，要改变它们原来的层叠次序的方法是单击需要编辑的图形，单击"格式"选项卡→"排列"组→"上移一层"按钮或"下移一层"按钮；或右击图形，从快捷菜单中选择"置于顶层"、"置于底层"命令。

2）组合图形。如果要对多个图形同时操作，可以将多个图形组合起来成为一个操作对象。方法是单击选择一个图形后，按住 Shift 键的同时单击其他图形，这样同时选择了多个图形，单击"排列"组→"组合"按钮→"组合"命令，或者右击选择的图形，从弹出的快捷菜单中选择"组合"→"组合"菜单命令。如取消图形的组合，右击组合图形，在打开的快捷菜单中选择"组合"→"取消组合"命令。

3）设置图形格式。选择图形，利用"格式"选项卡→"形状样式"组中的"形状填充"、"形状轮廓"、"形状效果"等按钮改变图形的效果。

利用上面知识绘制如图 3-84 所示的流程图。

9. 插入 SmartArt 图形

以制作如图 3-85 所示的层次结构图为例。

（1）单击"插入"选项卡→"插图"组→"SmartArt"按钮。

（2）如图 3-86 所示，在弹出的"选择 SmartArt 图形"对话框的"层次结构"中选择"层次结构"样式。插入如图 3-87 所示层次结构图。

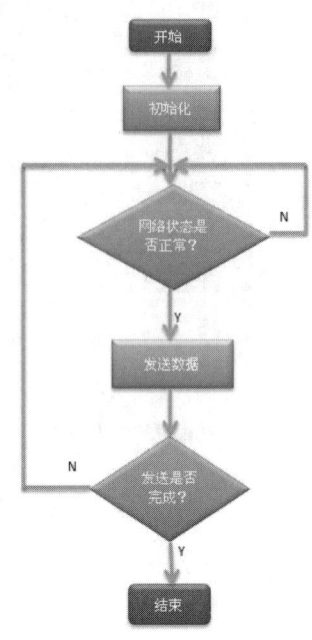

图 3-84 流程图

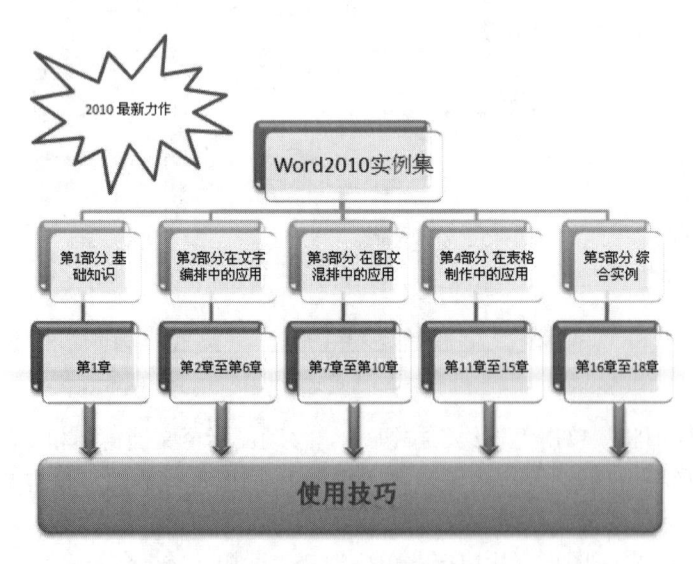

图 3-85 层次结构图

（3）添加节点：右击图形从快捷菜单中选择"添加形状"，再从级联菜单中选择所需的形状。

单击"设计"选项卡→"SmartArt 样式"组→"更改颜色"按钮可以改变颜色，在"SmartArt 样式"中可以选择所需的样式，在"布局"中可以改变层次结构的布局。

（4）为节点添加文字：直接单击节点即可添加文字。

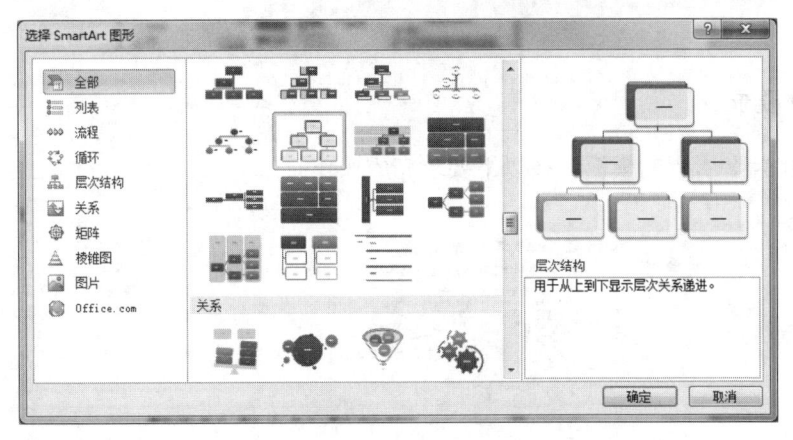

图 3-86 "选择 SmartArt 图形"对话框

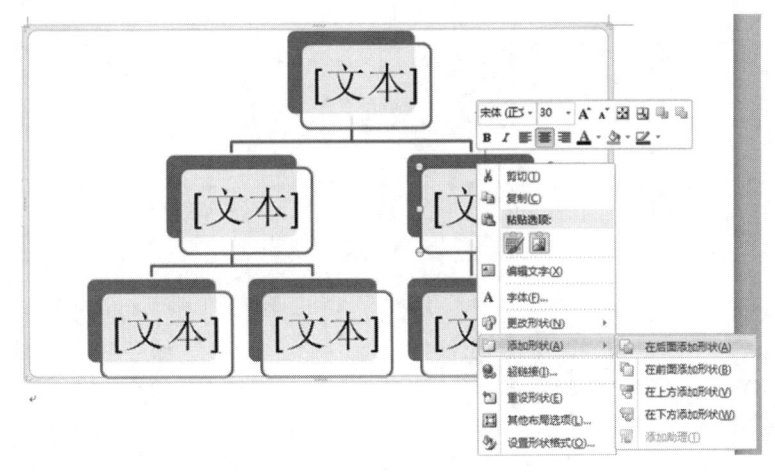

图 3-87 添加节点

（5）在层次结构图中绘制箭头和矩形等其他形状。

使用"插入"选项卡→"插图"组→"形状"按钮绘制箭头和矩形等并改变其样式。

10. 插入对象

Word 允许将不同文件的内容合并为一个新文件。例如打开 Word 文档"层次结构图.docx"，将鼠标移到文档的结尾，确定插入点，再执行"插入"选项卡→"文本"组→"对象"下拉按钮 对象 ，从弹出的菜单中单击"文件中的文字(F)…"命令，弹出"插入文件"对话框，从素材文件夹中选择文件"Word 2010 简介.docx"，单击"插入"按钮。其效果是将文档"Word 2010 简介.docx"所有内容插入到"层次结构图.docx"文件中初始确定的插入点后。

如果是插入其他对象文件，则直接单击"对象"按钮，在"对象"对话框中单击"由文件创建(F)"选项卡，单击"浏览"按钮查找需要插入的文件。

3.7　制作信函模板

主要学习内容：

- 模板

- 样式

一、操作要求

制作如图 3-88 所示的模板，按以下要求完成操作。

惠州经济职业技术学院
Huizhou Economics And Polytechnic College

学院地址：广东省惠州市惠城区马安镇新乐路　　邮编：516057
电话：0752-3619806、3619808

图 3-88　"惠州经济职业技术学院信函.dotx" 文档效果图

（1）新建模板，设置纸型为 16 开。

（2）设置页眉：第一行文字为"惠州经济职业技术学院"，华文行楷，三号，加粗，字体颜色为 RGB(217，29，33)，第二行为"Huizhou Economics And Polytechnic College"，Arial，小五号，阴影为"外部－右下斜偏移"；页脚文字为如图 3-86 所示，中文字体为宋体，7 号，英文字为 Arial，7 号；为页脚添加上边框线：1.5 磅，颜色为 RGB(217，29，33)，线型为上细下粗。

（3）在适当位置处插入一个横向文本框，框内插入素材文件夹中的图片"Logo.jpg"。

（4）保存为"D:\ Word 练习\惠州经济职业技术学院信函.dotx"。

二、操作过程

1. 新建模板

在 Word 窗口中选择"文件"选项卡→"新建"→双击"可用模板"区的"空白文档"按钮。

页面设置。单击"页面布局"选项卡→"页面设置"组→"纸张大小"命令 ，从下拉列表中选择"16 开（18.4×26 厘米）"。

2. 添加页眉页脚

单击"插入"选项卡→"页眉和页脚"组→"页眉"按钮 →"编辑页眉"命令，页眉位置处于可编辑状态。在页眉编辑区输入页眉文字，并设置字符格式。双击页脚区，进入页脚编辑状态，输入页脚内容并设置字符格式。利用"边框和底纹"功能添加页脚的上方框线。双击正文编辑区退出页眉页脚编辑状态。

3. 插入文本框和图片

单击"插入"选项卡→"文本"组→"文本框"按钮 →"绘制文本框"命令，按住鼠标左键不放拖动鼠标绘制文本框后松开鼠标左键。将鼠标定位在文本框内，单击"插入"选项卡→"插图"组→"图片"按钮 ，浏览图片位置，插入图片"Logo.jpg"。适当调整文本框和图片的位置及大小，并将文本框的线条颜色设置为"无"。

4. 保存模板

单击快速访问工具栏的"保存"按钮 ，弹出如图 3-89 所示的"另存为"对话框，在地址栏中定位位置为"D:\Word 练习"文件夹，然后单击"保存类型"下拉按钮，并在下拉列表中选择"Word 模板"选项。在"文件名"编辑框中输入模板名称"惠州经济职业技术学院信函"，并单击"保存"按钮即可保存类型为"Word 模板(*.dotx)"。

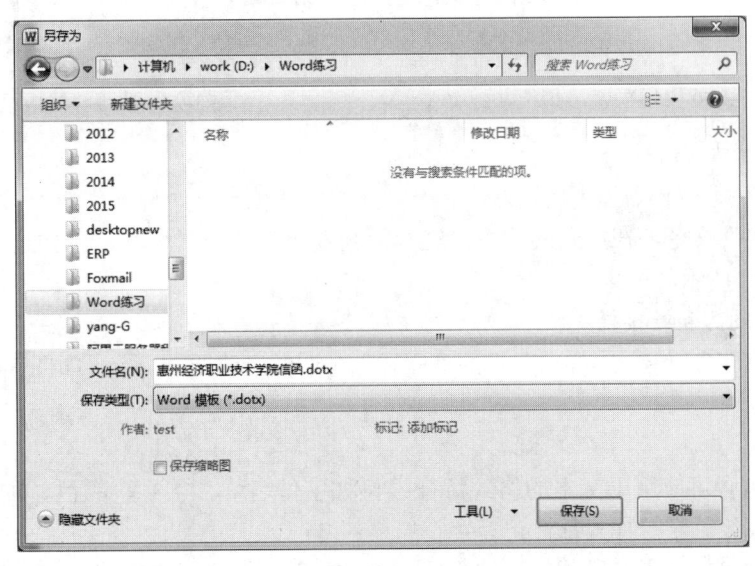

图 3-89 "另存为"对话框

三、知识技能要点

样式常常在文档重复使用同一种格式的情况下应用到，为了达到节省时间和统一格式的效果，将字符格式、段落格式、边框和底纹等效果统一地制定在样式中，使用者只需应用这种样式即可。如果修改了样式的格式，则文档中应用了这种样式的段落或文本块将自动随之改变。Word 软件本身提供了一系列标准样式，也允许用户自定义样式。

模板是 Word 中一种扩展名为.dotx，用来产生相同类型文档的标准化格式的文件，模板可以将文档的结构、样式、格式、页面设置等固定下来，用户根据需要选择相应的模板可以大大提高效率，也可保持文档的统一性。Word 软件本身提供一系列标准模板，也允许用户自定义模板。

1. 使用系统自带的样式

在 Word 文档中选择需要设置样式的文本，在"开始"选项卡→"样式"组中选择所需的样式，如果显示出来的样式没有所需的则单击"其他"按钮，此时展开一个列表框，如图 3-90 所示，单击所需的样式即应用了该样式。

可以给不同级别的标题应用不同级别的标题样式，效果如图 3-91 所示。

图 3-90　"样式"列表　　　　　　　　图 3-91　应用样式效果

2. 快速样式集

用户可以将某种样式应用于全文，单击"开始"选项卡→"样式"组→"更改样式"按钮→"样式集"命令，在展开的列表中选择所需要更改的样式名称，比如选择"独特"，文档效果如图 3-92 所示。

3. 字符、段落和链接样式

单击"开始"选项卡→"样式"组的"样式"对话框启动器，弹出如图 3-93 所示的"样式"任务窗格。

（1）字符样式。

字符样式包含可应用于文本的格式特征，例如字体名称、字号、颜色、加粗、斜体、下划线、边框和底纹。字符样式都标记有字符符号：**a**。

字符样式不包括会影响段落特征的格式，例如行距、文本对齐方式、缩进和制表位。

图 3-92　更改样式效果　　　　　　　图 3-93　"样式"任务窗格

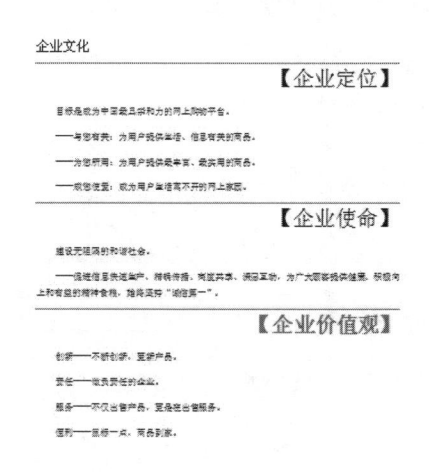

Word 包括几个内置的字符样式（如"强调"、"不明显强调"和"明显强调"）。每个内置样式都结合各种格式，如加粗、斜体和强调文字颜色，以提供一组协调的排版设计。例如，应用强调字符样式可将文本设置为加粗、斜体和强调文字颜色格式。

（2）段落样式。

段落样式包括字符样式包含的一切，但它还控制段落外观的所有方面，如文本对齐方式、制表位、行距和边框。段落样式都标记有符号：↵。

默认情况下，Word 会在空白的新文档中自动将"正文"字符样式应用到所有文本中。同样，Word 会自动将"列出段落"段落格式应用到列表中的项目，例如，当使用"项目符号"命令创建项目符号列表时。

要应用段落样式，单击该段落中的任何位置，然后单击所需的段落样式。

（3）链接样式。

链接样式可作为字符样式或段落样式，这取决于所选择的内容。链接样式都标记有符号：↵a。

在段落中单击或选择一个段落，然后应用链接样式，则该样式会作为一个段落样式应用。但是，如果选择段落中的单词或短语，然后应用链接样式，该样式将作为字符样式应用，不会影响总体段落。

例如，如果选择整个段落，然后应用"标题 1"样式，则将整个段落的格式设置为与"标题 1"文本和段落特征相同的格式。但是，如果选择部分文本，然后应用"标题 1"，则将所选文本的格式设置为与"标题 1"样式的文本特征相同的格式，但不应用段落特征。

4．用户自定义样式

（1）在如图 3-93 所示的"样式"任务窗格中，单击"新建样式"按钮，弹出如图 3-94 所示的"根据格式设置创建新样式"对话框。

（2）在"名称"文本框中输入样式名称，在"样式类型"中选择"段落"、"字符"或其他，单击"格式"按钮，从下拉菜单中分别选择字体、段落格式或其他格式，分别设置好。

（3）单击"确定"按钮。

5．修改样式

在如上图 3-93 所示的"样式"任务窗格中，单击需修改样式旁的下拉按钮，如图 3-95 所示,在菜单中选择"修改(M)…"命令,弹出"修改样式"对话框,类似于"根据格式设置创建新样式"对话框,修改完后单击"确定"按钮。

图 3-94　"根据格式设置创建新样式"对话框　　　　图 3-95　"样式"菜单

6. 删除样式

Word 中不允许删除标准样式,但对于不再需要的用户自定义样式可以删除。

如图 3-95 所示,单击需删除样式旁的下拉按钮从弹出的菜单中选择"删除…"命令,弹出确认对话框,单击"是"按钮。

提示:对于内容信息量较大的 Word 文档来说往往需要建立"目录",目录由文档各章节的标题以及页码所构成,从而方便读者了解文档的内容结构,并快速跳转到需要的内容页。在 Word 中创建"目录",首先需要"样式"的支持。

创建"目录"的方法为,先将文档中作为目录内容的章节标题设置为标题样式,如标题 1、标题 2、标题 3 等,操作方法与前面所讲的"使用系统自带的样式"相同,然后将光标移至目录的插入点,接着单击"引用"选项卡→"目录"组→"目录"按钮→"插入目录"命令,在弹出的"目录"对话框中单击"确定"即可。

7. Office 主题

Office 主题更改整个文档的总体设计,提供快速样式集的字体和配色方案。

在应用主题时,同时应用字体方案、配色方案和一组图形效果。主题的字体方案和配色方案将继承到快速样式集。

单击"页面布局"选项卡→"主题"组→"主题"按钮,弹出如图 3-96 所示的"主题"列表。如单击选择"活力"主题,效果如图 3-97 所示。

8. 使用 Word 提供的模板新建文档

单击"文件"选项卡→"新建"选项,在"可用模板"区中列出了本机上可用的模板,用户根据需要双击选择所需的模板。在"Office.com"区列出了 Office.com 网站上的各式模板。

9. 使用用户自定义的模板新建文档

用户直接双击自定义模板的文件图标,打开该模板,即以该模板为效果新建了一个文档。或在 Word 窗口中单击"文件"选项卡→"新建"选项的"可用模板"区中选择"我的模板",在如图 3-98 所示的"新建"对话框中,单击选择用户自定义的模板,在"新建"区域选择"文档",单击"确定"按钮,则以该模板新建了一份文档。

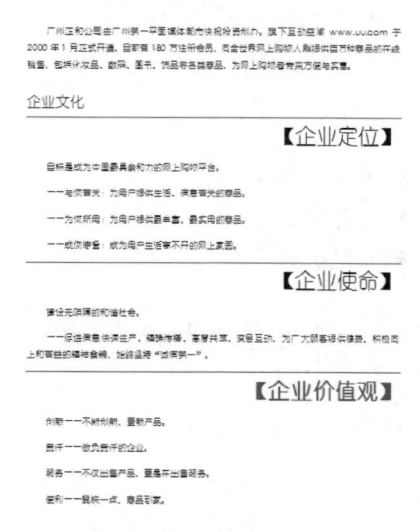

图 3-96　"主题"列表　　　　　　　　图 3-97　"活力"主题效果

图 3-98　"新建"对话框

10. 用户自定义模板

新建"空白文档",模板的编辑方法和普通文档的几乎一样,编辑完后,保存的文件扩展名为.dotx。

用户自定义模板的保存路径可以自己随意选择,使用该模板时只需双击其模板文件的图标即使用该模板新建了一份文档。模板文件保存到用户指定的文件夹与保存 Word 默认的"Templates"文件夹下的不同之处是:使用"文件"选项卡→"新建"选项创建新文档时,用户可在"可用模板"区单击"我的模板",系统弹出"新建"对话框,在对话框中可以看到用户保存到"Templates"文件夹下的自定义的模板,如图 3-98 所示,选择该模板,单击"确定"按钮即用该模板创建了一份文档,而没有保存到 Templates 位置的自定义模板在"新建"对话框是看不到的。

11. 修改已有的模板

双击模板文件的图标或单击"文件"选项卡→"打开"按钮,在"打开"对话框中同样定位到"…Microsoft\Templates"文件夹,选择所要修改的模板后单击"打开"按钮。在编辑窗口中对模板进行修改,修改后以原名保存或者另存。

3.8 制作批量工资条

主要学习内容:
- 创建主文档
- 组织数据源
- 邮件合并

一、案例要求

制作如图 3-99 所示的工资条,操作要求:

编号	姓名	岗位津贴	工龄津贴	书报费	应发额	扣税	实发额
00001	王和	1700	100	200	2000	200	1800

编号	姓名	岗位津贴	工龄津贴	书报费	应发额	扣税	实发额
00002	陈成	2000	200	200	2400	250	2150

编号	姓名	岗位津贴	工龄津贴	书报费	应发额	扣税	实发额
00003	刘兴庆	3000	300	200	3500	360	3140

编号	姓名	岗位津贴	工龄津贴	书报费	应发额	扣税	实发额
00004	和解	2500	250	200	2950	300	2650

编号	姓名	岗位津贴	工龄津贴	书报费	应发额	扣税	实发额
00005	何洁	2600	260	200	3060	310	2750

编号	姓名	岗位津贴	工龄津贴	书报费	应发额	扣税	实发额
00006	曲灵	2500	250	200	2950	300	2650

编号	姓名	岗位津贴	工龄津贴	书报费	应发额	扣税	实发额
00007	向荣	1500	150	200	1850	185	1665

编号	姓名	岗位津贴	工龄津贴	书报费	应发额	扣税	实发额
00008	和解	2000	200	200	2400	250	2150

图 3-99 工资条

(1)利用 Word 的表格功能制作如图 3-100 所示的表格,文件名为"主文档.docx"。

编号	姓名	岗位津贴	工龄津贴	书报费	应发额	扣税	实发额

图 3-100 "主文档.docx"效果图

(2)制作如图 3-101 所示的文档,文件名为"工资清单.docx"。

(3)利用 Word 邮件合并功能,以"主文档.docx"为邮件合并的主控文档,以"工资清单.docx"为数据源,将邮件合并后的结果保存为"D:\Word 练习\广州正和公司工资条.docx"。

编号	姓名	岗位津贴	工龄津贴	书报费	应发额	扣税	实发额
00001	王和	1700	100	200	2000	200	1800
00002	陈成	2000	200	200	2400	250	2150
00003	刘兴庆	3000	300	200	3500	360	3140
00004	和解	2500	250	200	2950	300	2650
00005	何洁	2600	260	200	3060	310	2750
00006	曲灵	2500	250	200	2950	300	2650
00007	向东	1500	150	200	1850	185	1665
00008	和解	2000	200	200	2400	250	2150

图 3-101 "工资清单.docx"效果图

二、操作过程

1. 创建主文档

首先在 Word 中创建如图 3-100 所示的主文档,表格的第一行为标题,第二行为空,保存为"D:\Word 练习\主文档.docx"。

2. 组织数据源

在 Word 中创建如图 3-101 所示的数据源,保存为 D:\Word 练习\工资清单.docx。

3. 邮件合并

(1)打开主文档,单击"邮件"选项卡→"开始邮件合并"组→"开始邮件合并"按钮。从弹出的菜单中选择"目录(D)"命令。

(2)在"开始邮件合并"组单击"选择收件人"按钮,从弹出的菜单中选择"使用现有列表(E)…",弹出如图 3-102 所示"选取数据源"对话框,在地址栏中定位到"工资清单.docx"数据源,单击"打开"按钮。

图 3-102 "选取数据源"对话框

注:因为之前已编辑好数据源"工资清单.docx",所以选择"使用现有列表(E)…",如果之前没有数据源,则选择"键入新列表(N)…"命令。

(3)使用"编写和插入域"组的"插入合并域"按钮,在主文档的相应位置插入"编号"、"姓名"等合并域,插入合并域后的效果如图 3-103 所示。

（4）单击"完成"组→"完成并合并"按钮，在弹出的菜单中选择"编辑单个文档"命令，打开"合并到新文档"对话框，如图 3-104 所示。选择"合并记录"为"全部"，单击"确定"按钮，完成邮件合并。

编号	姓名	岗位津贴	工龄津贴	书报费	应发额	扣税	实发额
《编号》	《姓名》	《岗位津贴》	《工龄津贴》	《书报费》	《应发额》	《扣税》	《实发额》

图 3-103　插入合并域　　　　　图 3-104　"合并到新文档"对话框

（5）完成合并后，产生默认名字为"目录 1.docx"的 Word 文档，保存为"D:\Word 练习\广州正和公司工资条.docx"。效果如图 3-99 所示。合并类型为"目录"的效果是合并后的文档多条记录在同一页中显示。

三、知识技能要点

在日常办公中，经常需要制作大量信函、信封等。如果采用逐条记录的输入方法，效率极低，而用邮件合并功能可以批量制作，效率很高。

1. 邮件合并的概念

邮件合并是将两个基本元素（主文档和数据源）合并成一个新文档。主文档包含了文件中相同部分的内容，如信函的正文、工资条的标题行。数据源是多条记录的数据集，用来存放变动文本内容，如信函中客户的姓名、地址等。

2. 邮件合并的步骤

（1）创建主文档。新建 Word 文件，在文档中输入主文档内容并保存。

（2）组织数据源。数据源文档可以选用 Word、Excel 或 Access 来制作，但不论用哪种软件制作，它都是含有标题行的数据记录表，由字段列和记录行构成，字段列规定该列存储的信息，如工资条含有"编号"、"姓名"、"岗位津贴"、"工龄津贴"等字段名。每一条记录行存储一个对象的相应信息，如工资条中每个员工的具体编号、姓名、岗位津贴、工龄津贴等具体值。

（3）邮件合并。邮件合并有两种方法，一种是前面"广州正和公司工资条.docx"所用的方法。第二种方法是打开主文档，单击"邮件"选项卡→"开始邮件合并"组→"开始邮件合并"按钮。从弹出菜单中选择"邮件合并分步向导（W）..."，在 Word 窗口右侧出现"邮件合并"任务窗格，进入"邮件合并向导"，按照邮件合并向导提示建立。

3. 制作批量信函

使用邮件合并的第二种方法：

（1）创建主文档。建立如图 3-105 所示的文档，保存为 D:\Word 练习\请柬.docx。

（2）组织数据源。建立如图 3-106 所示的文档，保存为 D:\Word 练习\客户信息.docx"。

（3）邮件合并。

1）打开主文档。打开"请柬.docx"文档，单击"邮件"选项卡→"开始邮件合并"组→"开始邮件合并"按钮。从弹出菜单中选择"邮件合并分步向导（W）..."，在 Word 窗口右侧出现"邮件合并"任务窗格,进入"邮件合并向导",出现如图 3-107 所示的"邮件合并"工具栏。

请 柬

尊敬的先生/女士:
　　为了答谢您和您家人对本公司多年来的支持,公司决定于 2007 年 1 月 20 日晚 7 时在白天鹅宾馆二楼举行酒会,届时敬请光临为盼!

广州正和股份有限公司
2007 年 1 月 10 日

图 3-105　"请柬"主文档

邮政编码	联系地址	公司名称	姓名
100000	北京市朝阳区胜利路 2 号	北京运通公司	王灵
100001	北京市朝阳区西北路 18 号	北京科韵科技发展公司	刘通
100002	广州市番禺区市桥光明北路 23 号	广州和正化纤有限公司	宋傅灵
100003	南京市先烈中路 345 号	南京兴兴有限公司	和悦

图 3-106　"客户信息"数据源

2)进入"邮件合并向导"第 1 步:选择文档类型,选择类型为"信函"。

3)单击"下一步:正在启动文档"链接,进入第 2 步:选择开始文档。由于当前文档就是主文档,故采用默认选择"使用当前文档",如图 3-108 所示。

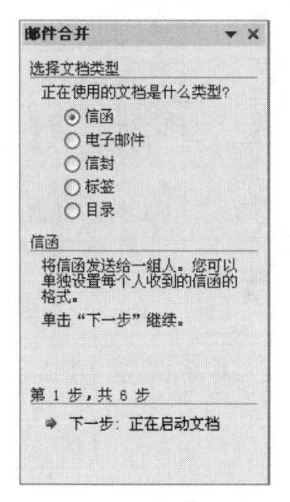

图 3-107　选择文档类型　　　　　　图 3-108　选择开始文档

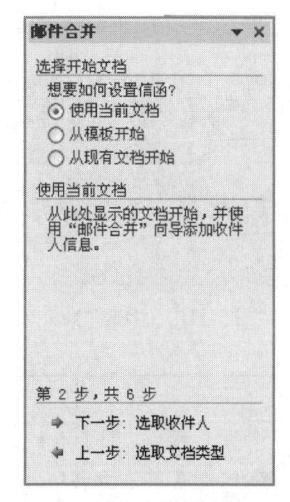

4)单击"下一步:选取收件人"链接,进入第 3 步:选择收件人,如图 3-109 所示。单击选择"使用现有列表",再单击"浏览"链接,通过"选取数据源"对话框,定位至"客户信息.docx",如图 3-110 所示,单击"打开"按钮。弹出"邮件合并收件人"对话框,如图 3-111 所示,采用默认的全选各个字段,单击"确定"按钮,返回 Word 编辑窗口。

5)单击"下一步:撰写信函"链接,进入第 4 步:撰写信函。如图 3-112 所示,单击"邮件"选项卡→"编写和插入域"组→"插入合并域"按钮,在主文档的相应位置插入"姓名"合并域,插入合并域后的效果如图3-113所示。

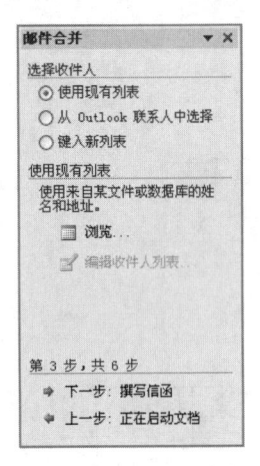

图3-109 选择收件人

图3-110 "选取数据源"对话框

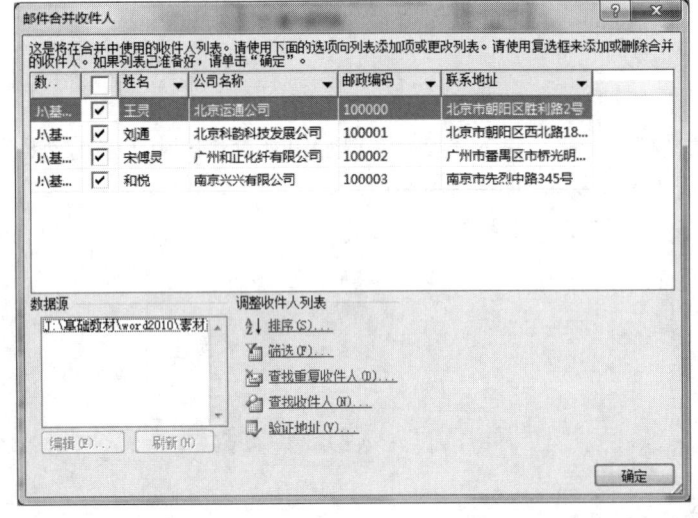

图3-111 "邮件合并收件人"对话框

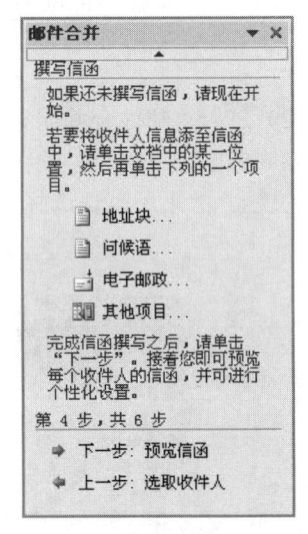

图3-112 撰写信函

图3-113 插入合并域

6)单击"下一步:预览信函"链接,弹出"预览信函"对话框,如图3-114所示。至此用户可以浏览请柬的大致效果,但这时在文档中只看到一条记录的请柬,如何看到所有的请柬清单呢？

7）单击"下一步：完成合并"链接，进入"完成合并"窗格，如图 3-115 所示。选择"合并"区域的"打印…"链接，弹出如图 3-116 所示的对话框。若选择"编辑单个信函…"链接，则弹出"合并到新文档"对话框，如图 3-117 所示。"合并记录"可以根据需要选择"全部"或"当前记录"等，如果选择"全部"将会将数据源中所有记录和主文档合并，显示所有客户的请柬记录。单击"确定"按钮后，会创建名为"信函 1"的新 Word 文档，其内容为合并后的结果，效果如图 3-118 所示。将新文档保存为"D:\Word 练习\批量请柬.docx"。

图 3-114　预览信函　　　　　　　　　图 3-115　完成合并

图 3-116　"合并到打印机"对话框　　　图 3-117　"合并到新文档"对话框

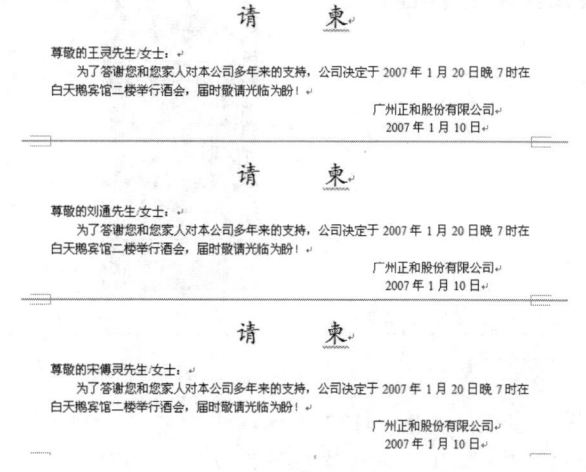

图 3-118　批量请柬

注：邮件合并的文档类型为"信函"时，邮件合并后产生的文档每一页中只有一条记录。

4. 制作批量信封

请柬做好后，当然要将它们发出去了，信封也可以大批量制作，精美的信封能给客户留下更专业和更深刻的印象。

（1）用 Excel 建立收件人信息文档。

建立如图 3-119 所示的文档，保存为"客户通讯地址.xlsx"。

	A	B	C	D	E
1	收信人姓名	收信人职务	收信人单位	收信人地址	收信人邮编
2	王灵	市场总监	北京运通公司	北京市朝阳区胜利路2号	100000
3	刘通	市场经理	北京科韵科技发展公司	北京市朝阳区西北路18号	100001
4	宋傅灵	经理	广州和正化纤有限公司	广州市番禺区市桥光明北路23号	100002
5	和悦	经理	南京兴兴有限公司	南京市先烈中路345号	100003

图 3-119　客户通讯地址.xlsx

（2）设计信封：通过信封制作向导来制作。

方法 1：此方法用于创建单个信封，新建一个空白文档，单击"邮件"选项卡→"创建"组→"信封"命令按钮，或单击"邮件"选项卡→"开始邮件合并"组→"开始邮件合并"按钮→"信封"命令。

方法 2：此方法可以创建单个信封也可以创建批量信封。新建一个空白文档，单击"邮件"选项卡→"创建"组→"中文信封"按钮。

打开"信封制作向导"对话框。如图 3-120 所示。按向导步骤进行操作。

1）"开始"步骤，如图 3-120 所示，单击"下一步"按钮。

2）进入"信封样式"步骤，如图 3-121 所示，单击下拉按钮，选择信封样式，根据需要选择邮政编码、书写线等效果。单击"下一步"按钮。

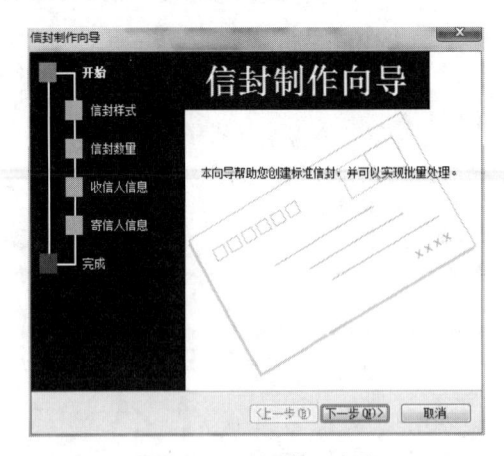

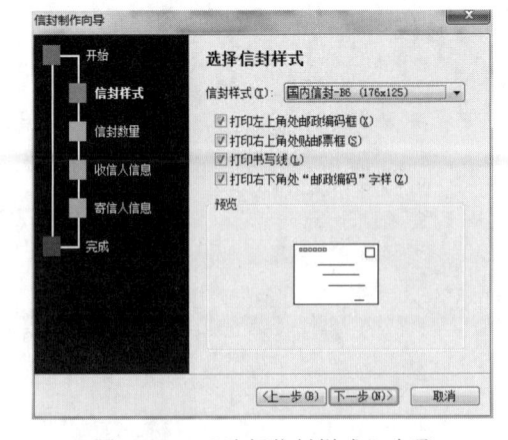

图 3-120　"开始"步骤　　　　　图 3-121　"选择信封样式"步骤

3）进入"信封数量"步骤，如图 3-122 所示，由于之前已创建地址簿文件，选择"基于地址簿文件，生成批量信封"，如果之前没有地址簿文件，则选择"键入收信人信息，生成单个信封"，单击"下一步"按钮。

4）进入"收信人信息"步骤，如图 3-123 所示，单击"选择地址簿"按钮，弹出"打开"对话框，定位"客户通讯地址.xlsx"文件，如图 3-124 所示。

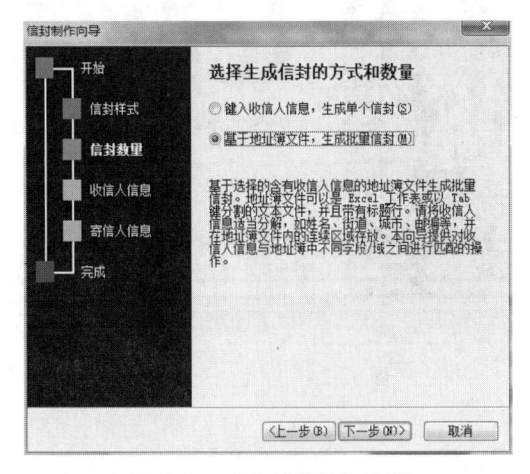

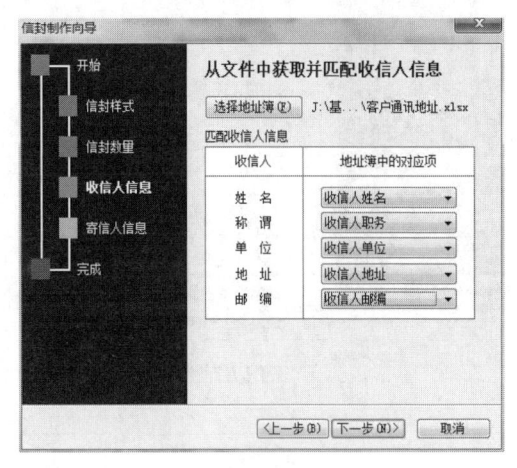

图 3-122　"信封数量"步骤   图 3-123　"收信人信息"步骤

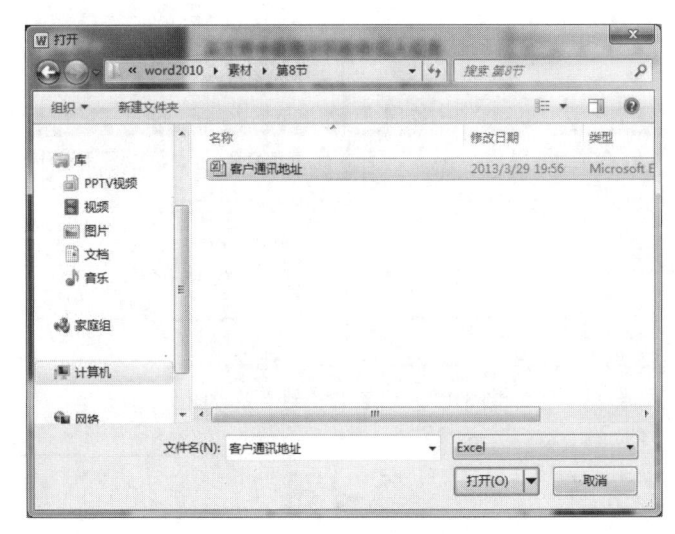

图 3-124　选取地址簿文件

单击"打开"按钮后，回到"收信人信息"步骤。对"收信人"的"姓名"、"称谓"等分别添加对应项，单击"下一步"按钮。

5）进入"寄信人信息"步骤，如图 3-125 所示，在各个输入框输入寄信人信息，单击"下一步"按钮。

6）进入"完成"步骤，如图 3-126 所示，单击"完成"按钮。在新文档中产生了批量信封，效果如图 3-127 所示。对生成的信封保存为"客户信封.docx"。

图 3-125 "寄信人信息"步骤　　　　　图 3-126 "完成"步骤

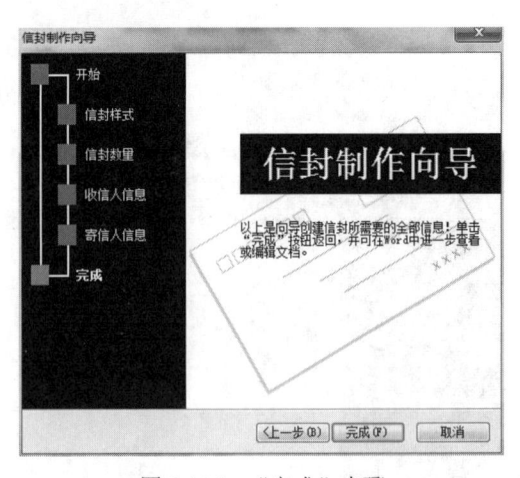

图 3-127 "客户信封"效果图

练习题

1. 录入如图 3-128 所示的文档，编辑完成后以文件名 aa.docx 保存，各部分的格式要求如下：
（1）第一段文字宋体、小四、加粗。
（2）第二段和第三段文字宋体、小四；首行缩进 2 个字符。
（3）第三段段后间距 1 行。

【诗文赏析】
　　诗篇描写月下独酌情景。月下独酌，本是寂寞的，但诗人李太白却运用丰富的想像，把月亮和自己的身影凑合成了所谓的「三人」。又从「花」字想到「春」字，从「酌」到「歌」、「舞」，把寂寞的环境渲染得十分热闹，不仅笔墨传神，更重要的是表达了诗人善自排遣寂寞的旷达不羁的个性和情感。
　　从表面上看，诗人李太白好象真能自得其乐，可是背面却充满着无限的凄凉。诗人李白孤独到了邀月和影，可是还不止于此，甚至连今后的岁月，也不可能找到同饮之人了。所以，只能与月光身影永远结游，并且约好在天上仙境再见。

图 3-128 "aa.docx"文档效果图

2．录入如图 3-129 所示的文档，编辑完成后以文件名 bb.docx 保存，各部分的格式要求如下：

（1）第一、二、十七、十八段文字为宋体、小四；第十七段文字加粗；第三至十六段（即诗词内容）文字为隶书、小四、加粗。

（2）第十八段首行缩进两个字符，段后间距 1 行；第三至十六段 0.9 倍行距；第一至十六段居中对齐。

图 3-129　"bb.docx"文档效果图

3．打开 aa.docx 文档，在其后插入文件 bb.docx，完成以下操作，编辑完成后以文件名 cc.docx 保存，效果如图 3-130 所示。

（1）调整段落次序，将第一至三段内容移至文档的最后。

（2）将文件中所有的"李太白"三字替换为"李白"，且格式为倾斜。

（3）插入一个竖排文本框，将第三至十六段内容放在文本框内，将文本框线条颜色设置为浅蓝，填充效果为"白色大理石"。

（4）将"月下独酌"设置艺术字样式：第 4 行第 3 列；字体：楷体，36 号；文字效果：转换为"两端远"；阴影：右上斜偏移；填充色为"金乌坠地"；环绕方式：上下型并按样张版式排列，适当调整艺术字大小和位置。

（5）插入图片素材文件夹下的"p31.jpg"，缩放比例为 90%，设置"四周型"的环绕方式。

（6）如图 3-130 所示，在"李白"文字后添加脚注，脚注内容"❀李白(701-762)，字太白，号青莲居士，祖籍陇西成纪(今甘肃秦安东)，是我国唐代的伟大诗人。"，并将脚注内容设置为宋体、小五号，脚注标记为 Wingdings，字符代码 123 的"❀"。

（7）设置"明月"、"影子"下划线（双波浪线），分别添加尾注："[1]月亮远在天边，它只能挂在高高的苍穹，不能和李白同酌共饮。"，"[II]影子虽然近在咫尺，但也只会默默地跟随，无法进行真正的交流。"，并将尾注内容设置为宋体、小五号。

图 3-130　"cc.docx"文档效果图

4．打开 cc.docx 文档，完成以下操作，编辑完成后以文件名 dd.docx 保存。

（1）添加页眉文字"古诗词欣赏"并插入域"第 x 页，共 y 页"，页眉格式如图 3-131 所示，在页脚中插入当前日期（要求使用域）并左对齐。

（2）设置上、下边距各 2 厘米，左、右边距各为 3.5 厘米，页眉、页脚距边界各 1 厘米，纸张为 A4。

5．在 Word 中按下列要求制作出如图 3-132 所示的表格。

（1）各单元格的列宽：第一列 2.7 厘米，第二列 1.8 厘米，第三列 1.8 厘米，第四列 1.8 厘米，金额中的各列分别为 0.7 厘米。

（2）各行的行高均为固定值 18 磅。

（3）除最后一行的两个单元格为中部两端对齐外，其余各行中各单元格的内容均为水平居中对齐，所有单元格的文本为宋体、五号。

（4）文档以 ee.docx 文件名保存。

图 3-131 "dd.docx" 文档效果图

图 3-132 "ee.docx" 文档效果图

6．制作如图 3-133 所示的原始凭证分割单，编辑完成后以文件名 ff.docx 保存：

（1）标题为楷体、三号字，其余文字为楷体，小五号。

（2）进行相应的表格编辑：包括行列增减、单元格的合并和拆分、边框设置、文本的对齐方式。边框粗线为 1.5 磅，细线为 0.5 磅。

7．创建一份适合自己的、具有个性的个人简历，以文件名 gg.docx 保存。

8．利用邮件合并制作一份发货单。

图 3-133 "ff.docx" 文档效果图

（1）创建主文档，如图 3-134 所示，保存为 h1.docx。

图 3-134 "h1.docx" 文档效果图

（2）创建数据源，如图 3-135 所示，保存为 h2.docx。

图 3-135 "h2.docx" 文档效果图

（3）在主文档中插入合并域，将合并后的结果保存为 hh.docx，效果如图 3-136 所示。

天傅：
您好！感谢您对我们的支持和信任，现将其价格传给您，谢谢！

产品名称	产品型号	产品编号	机身编号	单价(RMB)/台
MESSKO 油温指示器	MT-AT160F	66508-412	05882172	1,2000

如果您需要该产品，请与我们联系。
　　顺颂
　　　　商祺！
　　　　　　　　　　　　　　　　　业务部
　　　　　　　　　　　　　　　　2007年9月12日

张勇：
您好！感谢您对我们的支持和信任，现将其价格传给您，谢谢！

产品名称	产品型号	产品编号	机身编号	单价(RMB)/台
传送器	Conti well	690010	08941953	11000

如果您需要该产品，请与我们联系。
　　顺颂
　　　　商祺！
　　　　　　　　　　　　　　　　　业务部
　　　　　　　　　　　　　　　　2007年9月12日

巫伟：
您好！感谢您对我们的支持和信任，现将其价格传给您，谢谢！

产品名称	产品型号	产品编号	机身编号	单价(RMB)/台
MESSKO 绕组指示器	MJ-STW160F2	60016-412	00000569	2300

如果您需要该产品，请与我们联系。
　　顺颂
　　　　商祺！
　　　　　　　　　　　　　　　　　业务部
　　　　　　　　　　　　　　　　2007年9月12日

王刚：
您好！感谢您对我们的支持和信任，现将其价格传给您，谢谢！

产品名称	产品型号	产品编号	机身编号	单价(RMB)/台
平稳调压器	VPR	688066	08651978	3400

如果您需要该产品，请与我们联系。
　　顺颂
　　　　商祺！
　　　　　　　　　　　　　　　　　业务部
　　　　　　　　　　　　　　　　2007年9月12日

图 3-136　"hh.docx" 文档效果图

第 4 章　Excel 2010 的使用

4.1　建立"学生成绩表"工作簿

主要学习内容：
- 启动和退出 Excel 2010
- 浏览 Excel 窗口
- 新建、保存和关闭 Excel 工作簿
- 单元格、工作表、工作簿
- 在工作表中输入、编辑数据
- 选择单元格、设置单元格的格式
- 合并单元格
- 条件格式

Microsoft Excel 电子表格程序是 Microsoft Office 的重要成员之一，有强大的数据处理能力，可以创建复杂的电子表格，还可以进行数据运算、动态分析和 Web 发布等操作。Excel 非常适合处理科研、财务、统计记录的数据。

一、操作要求

组织处理数据是 Excel 极重要的功能之一。通过本例，我们将掌握如何建立和保存新工作簿文档、如何在工作簿中输入、修改和删除数据、设置单元格的格式等。

（1）启动 Excel 2010，建立一个新工作簿，最终效果如图 4-1 所示。

（2）在 Sheet1 工作表中输入数据。在 A2 单元格输入"计算机应用 1 班成绩表"，在 A3 单元格输入"第一学年下学期"，其他数据如图 4-2 所示，工作簿以文件名"计算机应用 1 班成绩表.xlsx"保存。

（3）设置表格主标题格式。设置"计算机应用 1 班成绩表"字号 18，黑体加粗，在 A2:G2 单元格区域合并居中。

（4）设置表格副标题格式。设置"第一学年下学期"字号 12，楷体，在 A3:G3 单元格区域跨列居中。

（5）设置表格表头（即列标题）格式。14 号楷体、加粗，字体颜色为深蓝色，填充颜色为"红色，强调文字颜色 2，淡色 80%"，水平和垂直均居中对齐。

图 4-1 "学生成绩表"效果图　　　　图 4-2 "学生成绩表"工作表

（6）设置表格其他内容的格式。除表头外其他内容均为 12 号宋体，颜色为黑色；成绩格式为：数值型，小数位 1 位，水平居右、垂直居中；

（7）条件格式。设置表内所有小于 60 的成绩均以红色加粗显示。

（8）设置表格边框。设置表格外框为粗实线、内框线为细实线，表头下方为双细实线。

二、操作过程

1. 启动 Excel 2010

单击"开始"按钮→"所有程序"→"Microsoft Office"→"Microsoft Office Excel 2010"菜单命令，启动 Microsoft Office Excel 2010，界面如图 4-3 所示。

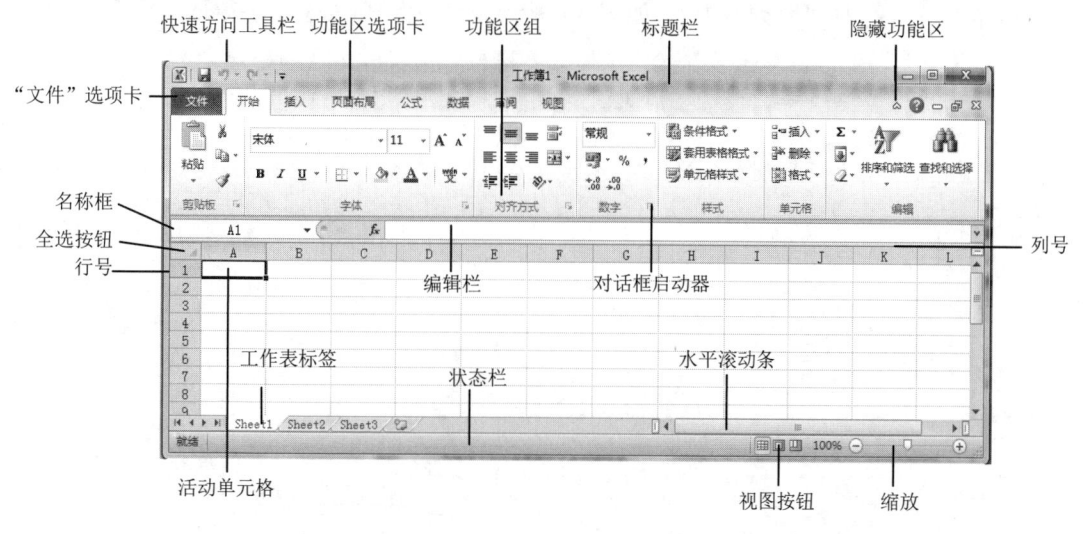

图 4-3　Excel 2010 工作界面

Excel 启动后，系统会自动创建一个名为"工作簿 1"的新文档。

在图 4-3 中，最大的区域为 Excel 的工作区，工作区是由行和列组成，行和列交叉构成一个个小方格称为单元格。Excel 行和列最大分别可达 256 列、65536 行。Excel 使用列标（字母表示）和行号（数字表示）表示单元格，称为单元格的地址。如 B5 表示 B 列第 5 行的单元格，D1 表示 D 列的第 1 个单元格。

2．输入数据

单击 A2 单元格，直接在单元格中输入"计算机应用 1 班成绩表"，也可以在"编辑栏"中输入数据；也可双击单元格，将插入点定位在单元格内，然后输入数据。数据输入完成后按 Enter 键，插入点移至同列下一行单元格中，或单击编辑栏左侧的"输入"按钮 ✓，再单击选择下一个要输入的单元格。单击 A3 单元格，输入"第一学年下学期"，输入完成后按 Enter 键。同样方法，输入其他单元格的数据。也可使用键盘上的光标移动键，将插入点移到相应单元格，然后输入数据。

注意：多个单元格中要输入相同的数据，可利用 Excel 的快速填充方法：先将这多个单元格选中，输入数据，然后按组合键 Ctrl+Enter，即在多个单元格中都显示了所输的数据。在输入性别时可使用该快速填充方法。

3．设置主标题格式

单击 A2 单元格，在"开始"选项卡"字体"组，单击"字号"框右侧箭头按钮，从下拉列表中选择 18，也可以在字号框中直接输入 18，然后按 Enter 键；单击"字体"右侧箭头按钮，选择"黑体"；再单击"加粗"按钮 **B**。选择 A2:G2 单元格区域，即按住鼠标左键从 A2 单元格拖选至 G2 单元格，单击"合并后居中"按钮，实现单元格合并且标题居中显示。

4．设置副标题格式

选中 A3 单元格，单击"字号"右侧箭头按钮，从下拉列表中选择 12；单击"字体"箭头按钮，选择"楷体"；选择 A3:G3 单元格区域，单击"开始"选项卡"对齐方式"组的"对话框启动器"按钮，打开"设置单元格格式"对话框，并显示"对齐"选项卡，在"水平对齐"下拉菜单中选择"跨列居中"，如图 4-4 所示，然后单击"确定"按钮。

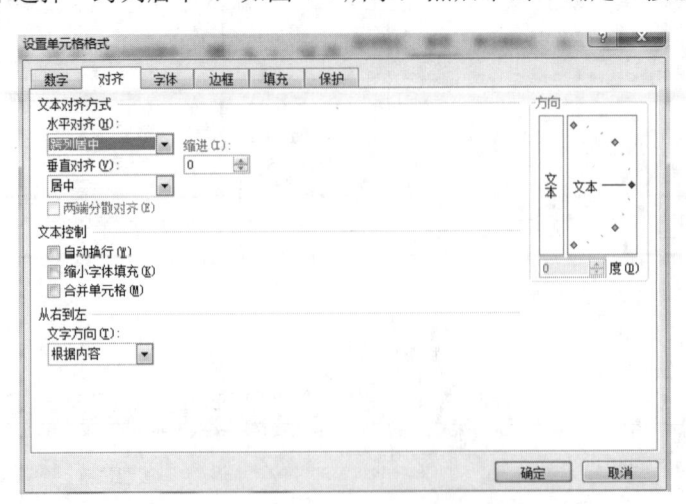

图 4-4 "设置单元格格式"对话框

5. 表头格式设置

选择表头单元格区域 A4:G4，右击鼠标。系统打开快捷菜单，选择"设置单元格格式"命令，弹出"设置单元格格式"对话框，在"字体"选项卡中设置字号 14、字体为楷体、字形为加粗、颜色为深蓝色，如图 4-5 所示；在"对齐"选项卡的"水平对齐"与"垂直对齐"下拉列表框中均选择"居中"，如图 4-6 所示；在"填充"选项卡中，单击选择颜色面板上"红色，强调文字颜色 2，淡色 80%"颜色块，如图 4-7 所示，单击"确定"按钮。

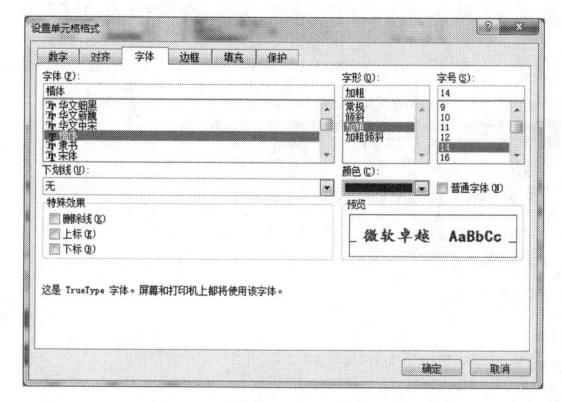

图 4-5　"字体"选项卡　　　　　　　　图 4-6　"对齐"选项卡

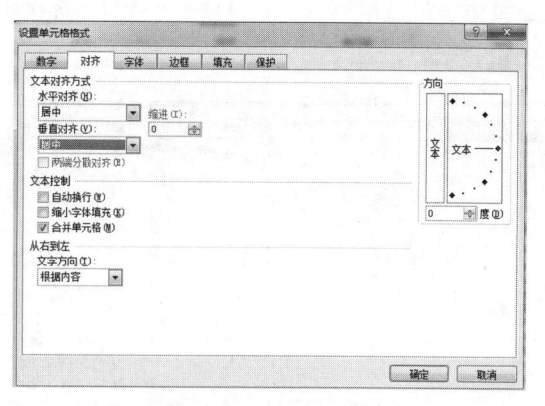

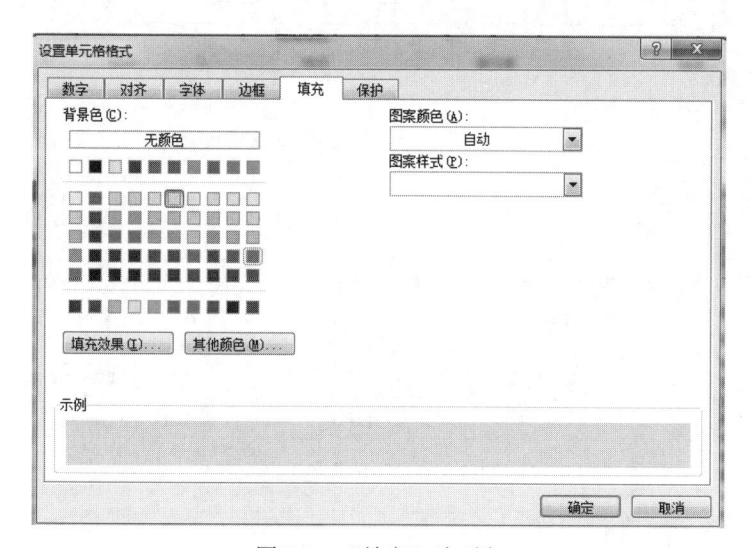

图 4-7　"填充"选项卡

6. 设置表格其他内容的格式

选择表格中除表头外的其他单元格即 A5:G33，在"开始"选项卡的字体文本框中输入"12"后按 Enter 键。单击"颜色"按钮右侧的向下箭头按钮，打开颜色面板，单击选择黑色。如数据颜色已为黑色，则不必再设置。

单击 C5 单元格，然后按住 Shift 键并单击单元格 G33，选择所有成绩单元格。在"数字"组的"数字格式" 常规 下拉列表中选择"数字"，默认小数位是两位；单击一次"减少小数位"按钮，减少一个小数位；单击"对齐"功能组的"垂直居中"按钮，以及"居中"，即设置数据在水平和垂直方向上均居中。

7. 条件格式

仍选择所有成绩单元格，在"开始"选项卡的"样式"功能组单击"条件格式"按钮，在下拉列表中选择"突出显示单元格规则"中的"小于"命令，弹出"小于"对话框，如图4-8所示。在对话框左边的文本框中单击并输入 60，在"设置为"下拉列表中选择"自定义格式"命令，打开"设置单元格格式"对话框的"字体"选项卡，如图 4-9 所示，选择字形为"加粗"，在"颜色"下拉颜色板中单击选择"红色"，单击"确定"按钮，关闭"设置单元格格式"对话框。再单击"小于"对话框中的"确定"按钮。这时选定区域中符合条件的数值都以红色加粗显示。

图 4-8 "小于"对话框

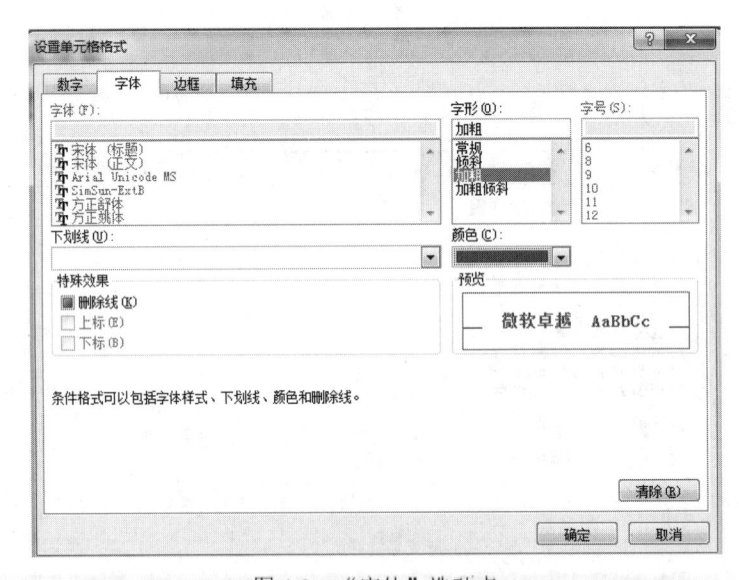

图 4-9 "字体"选项卡

8. 设置表格边框

选择表格区域 A4:G33，单击"开始"选项卡→"字体"功能组→"边框"向下箭头按钮，打开框线下拉列表，选择"所有框线"，即设置所选区域所有框线为细线；再次选择边框下拉列表中的"粗匣框线"，即设置所选区域外边框为粗线；选择 A4:G4 区域，再打开"边框"下拉列表，选择"双底框线"，所有框线设置完成。

9. 保存文件

单击"文件"→"保存"命令（或单击快速访问工具栏上的"保存"按钮），系统打开"另存为"对话框，选择合适的保存位置，输入文件名并保存（与 Word 中保存文件方法类同）。然后单击"文件"→"关闭"命令，关闭工作簿。Excel 2010 中默认保存文件的扩展名为 xlsx，这种类型的文件称为 Excel 的工作簿。

三、知识技能要点

1. 启动 Excel 2010

方法一：单击"开始"按钮→"所有程序"→"Microsoft Office"→"Microsoft Excel 2010"菜单命令，启动 Excel 并建立一个新的工作簿。

方法二：双击一个已有的 Excel 工作簿，也可启动 Excel 并打开相应的工作簿。

方法三：双击桌面上 Excel 快捷图标。

2. Excel 2010 的工作界面

Excel 工作界面（即 Excel 窗口）中的许多元素与其他 Windows 程序的窗口元素相似，如上图 4-3 所示。Excel 工作界面中的各部分简介如下：

（1）快速访问工具栏：此工具栏上的命令始终可见。用户可根据需要在此工具栏中添加常用命令。

（2）标题栏：标题栏包括编辑工作簿的名称、应用程序名称（如 Microsoft Excel）以及右上角的控制按钮。控制按钮用于控制窗口大小，包括"最小化"、"最大化"（或"向下还原"）和"关闭"三个按钮。

（3）"文件"选项卡：单击"文件"选项卡可进入 Backstage 视图，在此视图中可以打开、保存、打印和管理 Excel 文件。若要退出 Backstage 视图，可单击 Excel 其他的任何功能区选项卡。

（4）功能区选项卡：单击功能区上的选项卡显示相应功能按钮和命令。

（5）功能区组：每个功能区选项卡都包含多个组，每个组都包含一组相关命令。例如："开始"选项卡"数字"组包含用于将数字显示为货币、百分比等形式的命令。系统可自动调整功能区外观以适应计算机的屏幕大小和分辨率。在较小的屏幕上，一些功能区组可能只显示它们的组名，而不显示命令，如图 4-10 所示。在此情况下，只需单击组按钮上的向下箭头，即可显示出命令。

（6）对话框启动器：在功能区组标签右侧，如有对话框启动器图标，单击它则可打开一个包含针对该组的更多选项的对话框。

图 4-10 "字体"功能区

（7）隐藏功能区：单击此图标可隐藏功能区，图标变为，再单击即展开功能区。或按组合键 **Ctrl+F1** 可隐藏或显示功能区。

（8）全选按钮：用于选择工作表中的所有单元格。

（9）名称框：显示活动单元格的地址或单元格的名称。

（10）编辑栏：显示活动单元格的内容。

（11）状态栏：位于程序窗口的下边缘，用于对当前选定文本的说明。

（12）视图按钮：单击这些按钮可在"普通"、"页面布局"或"分页预览"视图中显示当前工作表。

（13）滚动条：包括水平和垂直滚动条及四个滚动箭头，用于控制显示工作表的不同区域。

（14）工作表标签：工作表的名称。Excel 的一个工作簿中可以有多个工作表，可根据需要添加或删除，最多可达 255 个，分别用标签 Sheet1、Sheet2、Sheet3 等表示，工作表标签可以修改。

(15)工作表：也称为电子表格，工作表由排列成行或列的单元格组成。工作表存储在工作簿中。

(16)活动单元格：即当前选定的单元格，可以向其中输入数据。一次只能有一个活动单元格。活动单元格四周的边框加粗显示，同时该单元格的地址或名显示在编辑栏的名称框里。图 4-3 中活动的单元格为 A1。

(17)缩放 100% ：单击 100% 缩放比例按钮可打开"显示比例"对话框，选择一个缩放级别，或左右拖动缩放滑块。

(18)功能区选项卡：一些选项卡仅在需要时才会出现在功能区上。例如，如果插入或选择一个图表，将会看到"图表工具"选项卡，其中包含另外三个选项卡："设计"、"布局"和"格式"。

打开 Excel 2010 时，默认显示"开始"选项卡。此选项卡包含许多 Excel 中最常用的命令。

3. 工作簿

扩展名为 xlsx 的 Excel 文件即为一个工作簿。工作簿由一个或多个工作表组成。当启动 Excel 时，Excel 将自动新建一个"工作簿 1"。默认情况下，一个工作簿包含三个工作表 Sheet1、Sheet2 和 Sheet3。

工作表是 Excel 的基本单位，每个工作表都有一个工作表标签与之对应（如 Sheet1）。工作表由多个按行和列排列的单元格组成。在工作表中输入内容前，首先要选定单元格。

单元格是 Excel 工作簿的最小组成单位。由行和列交叉形成的一个个网格即为单元格。单元格可通过地址来标识，即用列号和行号来标识，如 A3，也可以给单元格命名。

5. 选择数据

在工作簿中输入数据或对数据进行格式设置，要先选中单元格，然后操作。表 4-1 介绍有详细的选择方法。

表 4-1 选择方法

选择	操作
一个单元格	单击该单元格或按方向键将插入点移至该单元格
单元格区域	单击该区域中的第一个单元格，然后拖至最后一个单元格，或者按住 Shift 键的同时按方向键以扩展选定区域； 也可以选择该区域中的第一个单元格，然后按 F8，使用方向键扩展选定区域，要停止扩展选定区域，请再次按 F8； 注意：区域是工作表上的两个或多个单元格。区域中的单元格可以相邻或不相邻
较大的单元格区域	单击该区域中的第一个单元格，然后按住 Shift 键的同时单击该区域中的最后一个单元格。可以使用滚动功能显示最后一个单元格
工作表中的所有单元格	单击全选按钮或按组合键 Ctrl+A。 注意：如果工作表包含数据，按组合键 Ctrl+A 可选择当前区域。按住组合 Ctrl+A 一秒钟可选择整个工作表
不相邻的单元格或单元格区域	选择第一个单元格或单元格区域，然后按住 Ctrl 键的同时选择其他单元格或区域。也可以选择第一个单元格或单元格区域，然后按 Shift+F8 将另一个不相邻的单元格或区域添加到选定区域中。要停止向选定区域中添加单元格或区域，请再次按 Shift+F8
整行或整列	单击行标题或列标题。 注意：如果行或列包含数据，那么按组合键 Ctrl+Shift+箭头键可选择到行或列中最后一个已使用单元格之前的部分。按组合键 Ctrl+Shift+箭头键一秒钟可选择整行或整列

续表

选择	操作
相邻行或列	在行标题或列标题间拖动鼠标。或者选择第一行或第一列，然后在按住 Shift 的同时选择最后一行或最后一列
不相邻的行或列	单击选定区域中第一行的行标题或第一列的列标题，然后按住 Ctrl 键的同时单击要添加到选定区域中的其他行的行标题或其他列的列标题
取消选择	用鼠标单击工作表中的任一单元格即可

5. 在单元格中输入数据

在 Excel 单元格中可以输入三种数据：数字、文本和公式。

在单元格中输入数据步骤如下：

（1）单击或双击选择单元格使之成为活动单元格，在单元格中输入数据。键入数据时，每个字符同时在单元格和编辑栏中出现。

（2）按 Enter 键或 Tab 键移到下一个单元格，也可以单击编辑栏后的"输入"按钮✓结束输入；如取消本次输入，按 Esc 键或单击编辑栏后的"取消"按钮✗。

默认情况下，文本在单元格中靠左对齐，数字在单元格中靠右对齐。单元格中的数据只要不被系统解释成为数字或公式的，则 Excel 均视其为文本。

6. 文本数据

文本可以是数字、汉字、空格和非数字字符的组合。当输入文本长宽大于单元格宽度时，文本将溢出到右侧单元格显示。如果右侧单元格有数据，则 Excel 将截断文本的显示，超过的文本被隐藏。

当在单元格中输入一些纯数字时，如邮政编码、学号等，特别是首字符是 0 时，想让 Excel 将其作为文本，则输入时在这些项前添加半角的单引号（'）。如在单元格中输入'000127，显示为 000127，单元格左上角有个绿色的三角形，表示纯数字的文本型数据。

文本数据如需在单元格内多行显示，可设置单元格格式为自动换行，也可输入手动换行符。

设置自动换行：在工作表中，选择要设置格式的单元格，在"开始"选项卡上的"对齐"组中，单击"自动换行"按钮。单元格中的数据自动换行以适应列宽。当更改列宽时，数据换行会自动调整。

输入手动换行符：将插入点定位在单元格中要换行的位置，然后按 Alt+Enter 组合键。

7. 数字

默认情况下，数字项目包含数字 0 到 9 的一些组合，还可以包含表 4-2 所示的特殊字符。

表 4-2　特殊字符及其用途

字符	用途	例子
+	表示正值	+9，+123
-或者（）	表示负值	-8，（8）
%	表示百分比	68%
$	表示货币值	$1223
/	表示分数	5/6

续表

字符	用途	例子
.	表示小数值	78.9
,	分隔项目的位数	16,859
E 或 e	使用科学记数法表示数据	7.90E+03

注意：如数值型数据位数长，在单元格不够宽时，会以一些"#"表示。只需将单元格宽度调整到合适的宽度，数值就会正常显示。如数字过长，则 Excel 会采用科学记数法来显示该数字，而且只保留 15 位的数字精度。

8. 日期和时间

Excel 对日期和时间的输入有严格的输入格式，Excel 将日期和时间作为特殊的数字处理。

可以使用数字或文本与数字的组合表示日期。例如"2007-8-12"、"8/12/2007"和"2007年 8 月 12 日"是输入同一日期的两种方法；"7/3"和"July 3"都表示当前年度的 7 月 3 日。Excel 的时间可采用 12 小时制和 24 小时制式进行表示，小时与分钟或秒之间用冒号进行间隔，如 21:10:03。

在单元格中输入当前日期，可按组合键 Ctrl+;键；在单元格中输入当前时间，可按组合键 Ctrl+Shift+;键。

Excel 将日期和时间也看作为数字，可以相减以及在计算中使用。如单元格 A1 中有日期 2007-2-1，单元格 B1 中有日期 2008-3-22，如要计算两个日期差，可在单元格 C1 中输入"＝Text(B1-A1, "yy 年 mm 月 dd 日")，即可在单元格 C1 中显示出两个日期差。两个日期的相加没有多大意义。如单元格 A1 中有时间 13:55，单元格 B1 中有日期 19:45，如在单元格 C1 中计算两个时间差，则可输入"＝Text(B1-A1, "hh 小时 mm 分钟")。

9. 插入迷你图

迷你图是 EXCEL 中加入的一种全新的图表制作工具，它以单元格为绘图区域，简单便捷绘制出简明的数据小图表，迷你图为一行或者一列数据创建的，用来表示一行数据或一列数据的变化趋势，操作方法是选择一个单元格，选择"插入"选项卡，在"插入"选项卡中在选取"迷你图"区域即 ，选择其中的一个迷你图类型，再选择需要迷你图反映的数据行货列即可。

10. 合并单元格

Excel 合并单元格包括合并后居中、跨越合并和合并单元格。单击"合并单元格"按钮 右侧的箭头按钮，显示其工具菜单，如图 4-11 所示。

"合并后居中"可将多行（或多列）的多个单元格合并为一个单元格，合并后，数据在单元格中水平垂直方向上均居中对齐，常用于设置表标题显示在表格头的中间位置。操作方法为：选择几个相邻的单元格，然后单击"开始"选项卡"对齐方式"组中的"合并后居中" 按钮，即实现单元格合并且内容居中显示。

注意：如进行"合并及居中"操作时，选择的单元格区域内的多个单元格有数据时，系统会弹出如图 4-12 所示的提示对话框，如单击"确定"按钮，则合并后的内容只是选择区域中最左上角的数据。

图 4-11 "合并后居中"工具菜单 　　　　图 4-12 提示对话框

"跨越合并"可以实现在同行对多行的单元格按行合并，但列不会合并，且合并后单元格沿用合并前每行第 1 个单元格的格式。选择单元格区域 A1:C3，执行"跨越合并"，效果如图 4-13 所示。

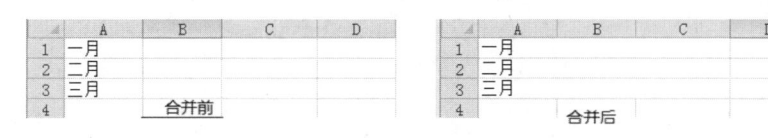

图 4-13 跨越合并

"合并单元格"可将多个单元格合并为一个单元格，数据仍按原对齐方式显示。

合并单元格操作方法：选择要合并的多个单元格，然后单击"合并后居中"右侧箭头按钮，在打开的菜单中，选择相应的合并命令。

取消单元格合并操作方法：选择合并的单元格，单击"合并后居中"右侧箭头按钮，选择菜单中的"取消单元格合并"，即将合并单元格重新拆分为独立单元格。

11. 同时在多个单元格中输入相同的数据

在工作表中，如有多个单元格的数据是一样的，同时在这些单元格中输入数据可提高工作效率。操作方法为：选择这些单元格，然后输入内容，输入结束后，按组合键 Ctrl+Enter，则这些单元格均显示刚输入的内容。

操作实例：要求在 B2、C2、C3、D3、E4 中都输入"120"。

操作方法：按住 Ctrl 键，分别单击单元格 B2、C2、C3、D3、E4，将这几个单元格选中，如图 4-14 所示。然后输入 120，输完后，按组合键 Ctrl+Enter，则单元格 B2、C3、D3、E2、E4 中都输入了数据"120"，如图 4-15 所示。

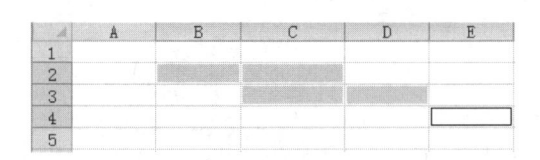

图 4-14 同时选择多个单元格 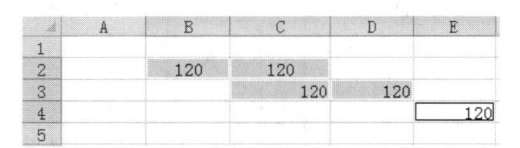　　　　图 4-15 同时多个单元格中填充了数据

12. 设置单元格格式

单元格格式可在输入数据之前或之后设置。单元格的格式包括"数字"、"对齐"、"字体"、"边框"、"填充"和"保护"六大项。

设置单元格格式，可通过"开始"选项卡中的"字体"组、"对齐方式"组和"数字"组中的各项来完成，如图 4-16 所示。或右击选择的单元格，在弹出的如图 4-17 所示快捷菜单中选择"设置单元格格式"命令（或直接按组合键 Ctrl+1），Excel 弹出"设置单元格格式"对话框，如图 4-18 所示，在此对话框设置单元格格式；也可以单击"开始"选项卡中"字体"组、"对齐方式"组或"数字"组右下角的对话框启动钮，打开"设置单元格格式"对话框。

图 4-16 "字体"、"对齐方式"和"数字"组

图 4-17 快捷菜单

图 4-18 "设置单元格格式"对话框

（1）设置数字格式。

Excel 中使用的数据多为数值。这些数值包括日期、分数、百分数、财务数据等。若要应用数字格式，先选择要设置数字格式的单元格，然后在"开始"选项卡上的"数字"组中，单击 常规 下拉菜单，然后单击要使用的格式；或使用"设置单元格格式"对话框的"数字"选项卡完成，如上图 4-18 所示。"数字"选项卡"分类"中的各项含义如表 4-3 所示。

表 4-3 "数字"选项卡中"分类"的各项含义

类别	显示效果
常规	按照输入显示数据
数值	默认情况下显示两位小数
货币	适用世界不同地区的货币和其他符号，如人民币符号￥、美元符号＄等
会计专用	显示货币符号，并对齐一列中数据的小数点
日期	以不同格式显示年、月、日，如"2010 年 9 月 20 日"，"9 月 20 日"或"9/20"
时间	以不同的格式显示小时、分钟和秒，如"10:20PM"、"22:20"或"22:20:05"
百分比	将单元格中的值乘以 100，然后变成百分号显示结果
分数	以不同单位和不同精度的分数显示
科学记数	以科学记数符号或指数符号显示项目

续表

类别	显示效果
文本	按照输入显示
特殊	显示并设置列表和数据库值的格式，如邮政编码、电话号码
自定义	用户根据需要创建上述类别中没有的格式

操作实例：使用素材 Example41.xlsx，将 B4:D6 单元格中数据设置为"会计专用格式"，应用货币符号$，并保留两位小数位。

操作方法：选择 B4:D6 数据区域，在选择区域上右击鼠标，在弹出的快捷菜单中选择"设置单元格格式"命令，打开"设置单元格格式"对话框，单击"数字"选项卡，在"分类"项选择"会计专用"格式，设置"小数位数"为 2，在"货币符号"的下拉列表中选择$，如图 4-19 所示，然后单击"确定"按钮。效果如图 4-20 所示。

图 4-19 "数字"选项卡

图 4-20 设置格式后的数据

（2）设置字体。

选择相应的单元格，然后在"开始"选项卡上的"字体"组中，单击要使用的格式，即设置字体。也可利用"设置单元格格式"对话框中的"字体"选项卡实现。

操作实例：设置 Example41.xlsx 中所有数据的字号为 14 号、楷体、蓝色字。

操作方法：选择单元格区域 A1:D6，在选定区域上右击鼠标，在打开的快捷菜单中单击"设置单元格格式"命令，在打开的"设置单元格格式"对话框中选择"字体"选项卡，分别设置字体、字号和字的颜色，如图 4-21 所示，单击"确定"按钮，即完成设置。

（3）设置数据的对齐方式。

Excel 中，文本型数据默认左对齐，数值型数据默认右对齐，如学生成绩表工作簿中，学生成绩右对齐，学生姓名左对齐。设置数据的对齐方式，可单击"开始"选项卡"对齐方式"组中的相应项。也可通过"设置单元格格式"对话框中的"对齐"选项卡进行设置。

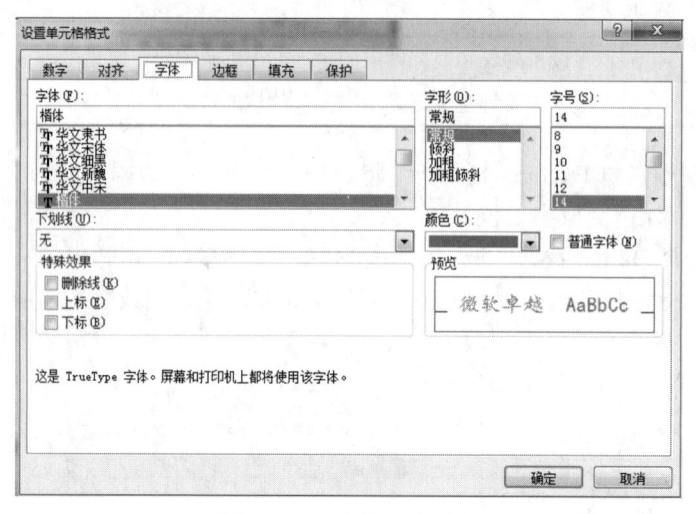

图 4-21 "字体"选项卡

操作实例：利用"对齐方式"组的对齐按钮，设置数据的对齐方式。仍使用 Example41.xlsx 工作簿，设置其工作表标题在水平方向和垂直方向上居中，设置行标题和列标题均水平居中，垂直方向靠下显示。

操作步骤：1）选择标题所在单元格，按组合键 Ctrl+1，打开"设置单元格格式"对话框，单击"对齐"选项卡，如图 4-22 所示，设置"文本对齐方式"下的"水平对齐"和"垂直对齐"均为"居中"，然后单击"确定"按钮。

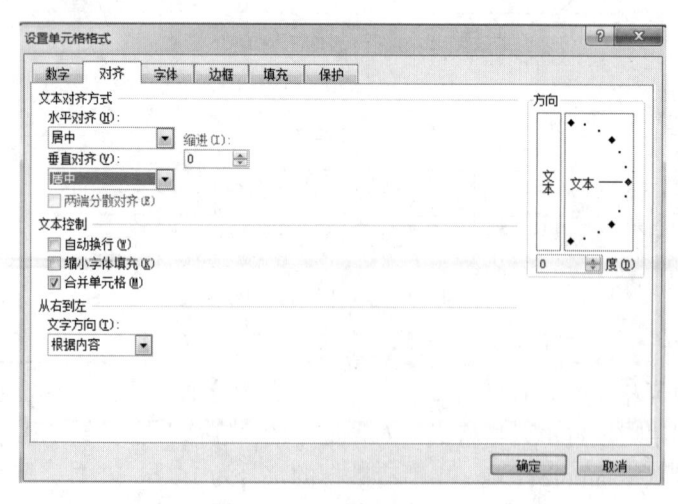

图 4-22 "对齐"选项卡

2）选择列标题和行标题，单击"格式"组工具栏上的"居中"对齐按钮和"底端对齐"按钮，分别实现水平居中和垂直方向靠下显示。

"对齐"选项卡中其他各项含义：

"自动换行"：如选定单元格中的文本在一行放不下，该文本会换成两行或多行显示。

"缩小字体填充"：所选单元格中的所有数据会减小字符的大小以适应列宽显示。如果更改列宽，系统将自动调整字符大小。

"合并单元格"：选定的多个单元格合并为一个单元格，Microsoft Excel 只将选定区域左上方的数据放置到合并单元格中，并居中显示。如果其他单元格中有数据，则该数据将被删除。如要取消单元格的合并，则选择合并的单元格，单击工具栏的"合并及居中"按钮，或在"设置单元格格式"对话框的"对齐"选项卡中，单击"合并单元格"，该项前的勾✓消失，即取消单元格的合并。

"跨列居中"：在"水平对齐"下拉列表中，该项作用是将选定的多个单元格的内容跨越各单元格在中间显示。"跨列居中"后的单元格仍各自独立，而"合并居中"后的多个单元格变为一个单元格。"跨列居中"与"合并及居中"显示效果差不多，但一般单元格合并后会限制很多功能的使用，例如筛选、页面设置中"打印标题"设置会受到限制，所以尽量使用"跨列居中"。Excel 没有"跨行居中"，所有如垂直方向上单元格的合并则必须用"合并居中"项。

"方向"：可更改所选单元格中的文本方向。可拖动半圆的指针调动文本角度，也可在"度"数据框中设置所选单元格中文本旋转的度数。在"度"框中使用正数可使所选文本在单元格中从左下角向右上角旋转。使用负数可使文本在所选单元格中从左上角向右下角旋转。也可使用"对齐方式"组的"方向"按钮进行设置。如图 4-23 所示，是对 C1 单元格设置各种文本旋转方向后的效果。

图 4-23　设置文本旋转方向后

（4）设置单元格的填充。

设置单元格的底纹，可使 Excel 工作表中列标题、行标题或一些重要的数据突出显示。单元格的底纹由颜色和图案组成，可在"设置单元格格式"对话框中，通过"填充"选项卡进行设置。如仅设置底纹颜色，可使用"格式"工具栏上的"填充颜色"按钮来完成。

（5）设置表格框线。

工作表默认情况下是没有任何边框线的，我们所看到的网格线是编辑状态下的网格线，在打印工作表时，这些线默认不打印，如要打印边框线，需为单元格设置表格框线。

边框线的设置可使用"开始"选项卡→"字体"→"边框"按钮，可给单元格添加表格线或删除表格线。也可用"设置单元格格式"对话框中的"边框"选项卡。

方法一：利用"字体"组"边框"按钮为单元格添加边框线。操作步骤如下：

1）选择要添加框线的单元格。

2）单击"开始"选项卡→"字体"→"边框"右侧箭头按钮，显示框线下拉列表，如图4-24 所示。在需要的边框线上单击，选择的单元格上即出现了相应的边框线。

方法二：利用"设置单元格格式"对话框中的"边框"选项卡添加边框线。操作步骤如下：

1）选择要加框线的单元格。

2）按组合键 Ctrl+1，打开"设置单元格格式"对话框，单击选择"边框"选项卡，如图4-25所示。

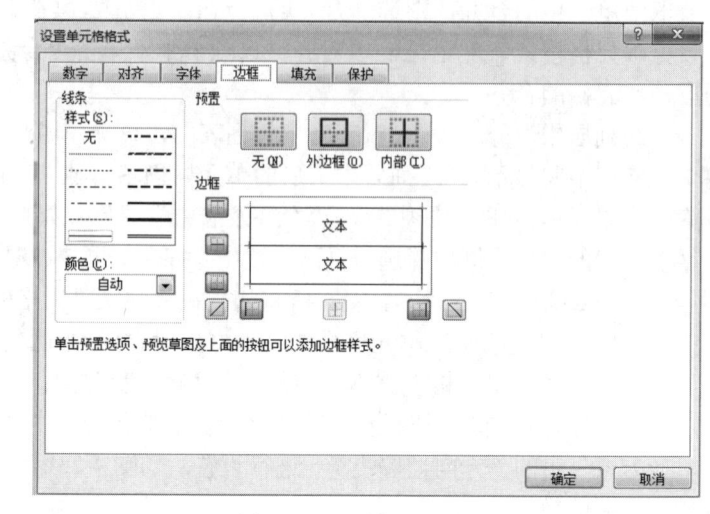

图4-24　"边框"下拉列表　　　　　　图4-25　"边框"选项卡

3）在"线条"样式列表中单击所需边框线的样式，单击"颜色"按钮，在弹出的"颜色面板"中选择所需边框颜色。

4）在"预置"项中单击相应的按钮，或在"边框"项中单击相应边框线按钮（再次单击取消边框），或在中间预览草图中单击相应框线位置（再次单击取消边框），即可添加边框。如去掉已设置的所有边框，则单击"无"。

5）单击"确定"按钮，完成设置。

13．条件格式

条件格式可突出显示所关注的单元格或单元格区域，强调异常值。使用数据条、颜色刻度和图标集来直观地显示数据。有助于直观地解答有关数据的特定问题，如学生中谁的成绩最好，谁的成绩最差，哪些成绩低于班级平均分，哪些高于班级平均分，这个月哪个销售人员业绩最好等。

条件格式基于条件更改单元格区域的外观。如果条件为True，则基于该条件设置单元格区域的格式；如果条件为False，则不基于该条件设置单元格区域的格式。通过为数据应用条件格式，只需快速浏览即可立即识别一系列数值中存在的差异。

Excel提供了丰富的条件格式，如图4-26所示。

"突出显示单元格规则"：可以使符合某种条件的单元格（如大于60、小于90等），以某种不同于其他单元格的格式来突出显示。

图4-26　"条件格式"工具菜单

"项目选择规则"是按一定的规则选取一些单元格,以区别于其他单元格的格式来突出显示。常见的规则有:值最大的 10 项、值最大的 10%项、值最小的 10 项、值最小的 10%项、高于平均值等。

"数据条"便于用户查看某个单元格相对于其他单元格的值。数据条的长度代表单元格中的值。数据条越长,表示值越高,数据条越短,表示值越低。

"色阶":是一种直观的指示,便于了解数据分布和数据变化。颜色的深浅表示值的高、中、低。例如,在绿色、黄色和红色的三色刻度中,可以指定较高值单元格的颜色为绿色,中间值单元格的颜色为黄色,而较低值单元格的颜色为红色。

"图标集":是根据用户确定的阈值用于对不同类别的数据显示图标。例如,可以使用绿色向上箭头表示较高值,使用黄色横向箭头表示中间值,使用红色向下箭头表示较低值。在 Excel 2010 提供了丰富的图标集,包括三角形、星形和方框。

使用数据条、颜色刻度和图标集来直观地显示数据,如图 4-27 所示。A 列为原数据,B 列是以数据条显示数据,C 列是以色阶显示数据,D 列以图标中的四等级显示数据,E 列以图标中的五象限图显示数据。

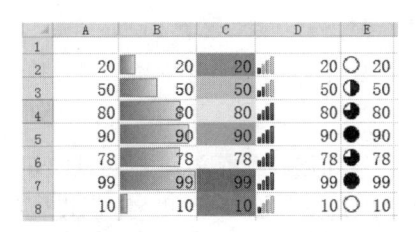

图 4-27 用数据条、颜色刻度和图标集显示数据

操作实例:将 Example41.xlsx 中的销售金额高于平均销售额的数据单元格以浅红色背景填充,将低于平均销售额的数据单元格以浅绿色背景填充。

操作步骤:

(1)选择单元格区域 B4:D6,在"开始"选项卡上的"样式"组中,单击"条件格式"旁边的箭头,然后单击"项目选取规则"下的"高于平均值"命令。打开"高于平均值"对话框,如图 4-28 所示。单击"设置为"后面的下拉框,选择"浅红色填充",单击"确定"按钮。

(2)在"开始"选项卡上的"样式"组中,单击"条件格式"旁边的箭头,然后单击"项目选取规则"下的"低于平均值"命令。打开"低于平均值"对话框,如图 4-29 所示。单击"设置为"后面的下拉框,选择"自定义格式",Excel 打开"设置单元格格式"对话框,在"填充"选项中设置填充背景颜色为浅绿色,连续两次单击"确定"按钮。

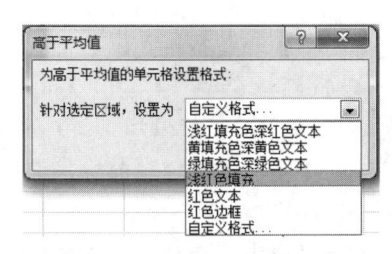

图 4-28 "高于平均值"对话框   图 4-29 "低于平均值"对话框

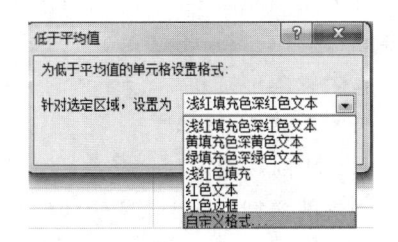

（3）Excel 将符合条件的数值单元格以设定格式显示。

操作实例：将 Example41.xlsx 中的一月份销售金额以实心蓝色数据条显示。

操作步骤：选择单元格区域 B4:B6。在"开始"选项卡上的"样式"组中，单击"条件格式"旁边的箭头，然后单击"数据条"→"实心填充"→"蓝色数据条"按钮，如图 4-30 所示。效果图如 4-31 所示。

图 4-30　数据条　　　　　　　　　　图 4-31　效果图

清除条件规则：如对设置的条件规则显示效果不满意，可选择相应的单元格，然后单击"条件格式"下拉列表中的"清除规则"命令，即清除已设置的条件规则。

14. 保存工作簿

Excel 工作簿的保存方法与 Word 文档保存方法类同，其默认的扩展名为 xlsx。

保存工作簿的常用操作方法：

方法一：单击"文件"功能选项卡中的"保存"命令。

方法二：单击"快速启动栏"上的"保存"按钮。

方法三：使用组合键 Ctrl+S。

方法四：保存工作簿的副本：如果将一个已保存过的工作簿，另存为一个内容相同但文件名不同或保存位置不同或文件名和保存位置均不同的文件，可单击"文件"功能选项卡中的"另存为"命令，系统弹出"另存为"对话框（工作簿第一次保存时，系统均弹出"另存为"对话框），如图 4-32 所示。在对话框右侧列表中选择保存位置，在右侧窗口区域中选择文件夹，在"文件名"框中输入文件名，在"保存类型"下拉列表中选择文件类型，然后单击"保存"。则原来文件关闭，新命名的文件处于打开状态。

注意："保存类型"中包含了 Excel 早期版本所支持的格式和最新格式。如果希望保存的文件能够在老版本中打开，可选择"Excel 97-2003 文档"选项。

15. 关闭工作簿并退出

退出 Excel 前，需保存文件。如果文件尚未保存，Excel 会在关闭窗口前提示保存文件。如只是关闭当前文件，并不退出 Excel，可单击"文件"选项卡"关闭"命令，或"关闭窗口"按钮；如关闭文件同时退出 Excel，可单击"文件"选项卡"退出"命令，或单击标题栏右边的"关闭"按钮。

图 4-32 "另存为"对话框

4.2 编辑"计算机应用 1 班成绩表"工作簿

主要学习内容：
- 打开工作簿
- 使用序列自动填充单元格
- 设置行高和列宽
- 剪切、复制、粘贴和清除单元格内容
- 插入、删除单元格、行或列
- 插入批注，冻结窗格

一、操作要求

打开素材"计算机应用 1 班成绩表.xlsx"工作簿，按下面要求对工作表进行编辑，效果如图 4-33 所示。

（1）在列标题行上面插入一空白行。

（2）设置第 2 行（即表格主标题行）行高 30，第 1、3、4 行以及数据区各行行高均为 25；

（3）在"姓名"列前增加两列。设置 A 列列宽为 6；B 列列标题为"学号"，第一个学生的学号为"2014020101"，设置学号为文本型数据，其他学生学号依次增加 1；设置学号标题与其他列标题格式一样。

（4）取消表格主标题合并居中及副标题跨列居中。删除单元格 B2 和 B3，使标题内容分别移至单元格 B2、B3。设置表格主副标题分别在单元格区域 B2:I2、B3:I3 跨列居中。

（5）将"高等数学"列与"密码学"列对调，并设置各成绩列列宽为 12。设置"学号"、"姓名"和"性别"列宽为 Excel 自动调整列宽。

（6）为"江树明"单元格插入批注"班长"。

	A	B	C	D	E	F	G	H	I	J
1										
2					计算机应用1班成绩表					
3					第一学年下学期					
4										
5		学号	姓名	性别	密码学	人工智能	网络基础	高等数学	专业英语	
6		2014020101	朱育芳	女	82.0	86.0	75.0	95.0	86.0	
7		2014020102	于自强	男	85.0	92.0	86.0	90.0	90.0	
8		2014020103	刘燕	女	65.0	75.0	58.0	65.0	75.0	
9		2014020104	丰丽华	女	78.0	86.0	82.0	75.0	79.0	
10		2014020105	熊小新	男	64.0	56.0	63.0	55.0	70.0	
11		2014020106	黄志新	男	85.0	88.0	85.0	85.0	83.0	
12		2014020107	黄丽丽	女	68.0	65.0	72.0	76.0	68.0	
13		2014020108	张军	男	76.0	73.0	75.0	75.0	70.0	
14		2014020109	蒋佳喻	女	76.0	72.0	82.0	75.0	73.0	
15		2014020110	何易强	男	90.0	86.0	83.0	86.0	86.0	
16		2014020111	宋泽宇	男	76.0	72.0	82.0	75.0	73.0	
17		2014020112	林汪	男	76.0	86.0	75.0	95.0	86.0	
18		2014020113	江树明	男	85.0	92.0	80.0	90.0	87.0	
19		2014020114	胡小名	女	65.0	75.0	58.0	65.0	90.0	
20		2014020115	吴存丽	女	80.0	86.0	82.0	75.0	79.0	
21		2014020117	杨湘月	女	85.0	90.0	85.0	85.0	83.0	
22		2014020118	梁美玲	女	68.0	70.0	72.0	76.0	68.0	
23		2014020119	石磊	男	90.0	78.0	83.0	86.0	86.0	
24		2014020120	范易奢	男	90.0	80.0	75.0	86.0	75.0	
25		2014020121	宋红芳	女	86.0	64.0	86.0	92.0	86.0	
26		2014020122	张岭	男	90.0	85.0	56.0	75.0	56.0	
27		2014020123	秦冀	男	70.0	68.0	90.0	86.0	88.0	
28		2014020124	刘娇	女	90.0	90.0	70.0	56.0	65.0	
29		2014020125	赵超	男	98.0	86.0	89.0	85.0	95.0	
30		2014020126	曾明平	男	95.0	85.0	86.0	67.0	90.0	
31		2014020127	黎明明	女	78.0	65.0	75.0	62.0	65.0	
32		2014020128	刘曙光	男	52.0	69.0	85.0	68.0	85.0	
33		2014020129	王启波	男	94.0	86.0	88.0	85.0	87.0	
34										

图 4-33 "计算机应用 1 班成绩表"效果图

（7）删除"钟胜"所在行数据。将"蒋佳"单元格内容改为"蒋佳喻"，并将该单元格命名为"学习委员"。

（8）表格格式。设置表格外框为粗实线、内框线为细实线。

（9）将行号为 1 至 5 各行冻结。

（10）将文件以"计算机应用 1 班第一学年下学期.xlsx"文件名另保存一份。

二、操作过程

1. 打开文件

单击"文件"选项卡的"打开"命令，弹出"打开"对话框，如图 4-34 所示。在对话框左侧窗口找到文件所在文件夹，在右侧单击选择"计算机应用 1 班成绩表.xlsx"文件，再单击"打开"按钮，即打开文件；或直接双击文件名打开文件。

2. 插入行

右击列标题行行号 4，在打开的快捷菜单中选择"插入"命令，即在第 4 行前插入一行。

3. 设置行高

右击行号 2，在打开的快捷菜单中选择"行高"命令，打开"行高"对话框，如图 4-35，输入行高 30，单击"确定"按钮。

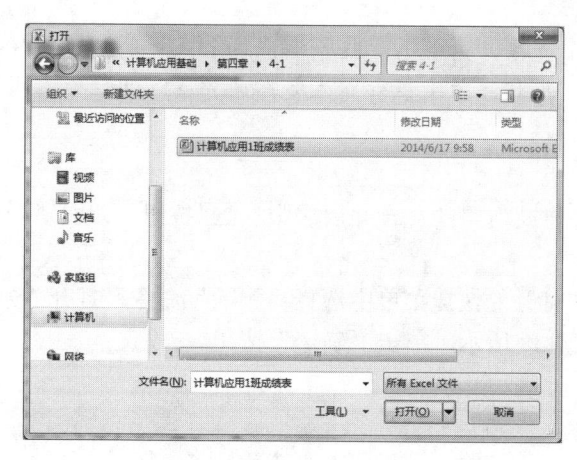

图 4-34 "打开"对话框　　　　　图 4-35 "行高"对话框

单击行号 1，按住 **Ctrl** 键，单击行号 3 然后在行号上垂直拖动鼠标到最后一行数据，即选择第 1、3 行至最后一行数据，如图 4-36。在选区上右击，打开快捷菜单，选择"行高"命令，在打开"行高"对话框输入行高 25，单击"确定"按钮。

图 4-36　选择多行

4. 增加列

选择列 A 和列 B，右击鼠标，在弹出的快捷菜单中选择"插入"，即在原 A 列左边添加了两列。

5. 输入学号

在 B5 单元格输入"学号"，在 B6 单元格中输入"'2014020101"（特别注意：数值前输入一个半角的左单引号'，Excel 则该数值转换为文本型数据，则该数据单元格的左上角会出现一个绿色的小三角），在 B7 单元格中输入"'2014020102"。选择 B6:B7，将鼠标指向 B7 单元格的右下角填充柄（填充柄：位于选定区域右下角的小黑方块▅）处，当鼠标指针变为黑心十字时，如图 4-37 所示，按住鼠标左键垂直向下拖动填充柄，直到所有学生学号均填充再松开鼠标。

设置学号标题格式。单击"姓名"单元格，再单击"开始"选项卡→"剪贴板"→"格式刷"按钮，鼠标指针旁边多出一刷子形状，单击学号文本所在单元格，即学号格式与其他标题一致。

6. 设置标题居中显示

选择单元格区域 C2:I3，单击"对齐方式"组的"合并后居中"按钮，即取消合并居中以及跨列居中。

选择单元格 B2:B3，在选区右击，在打开的快捷菜单中选择"删除"命令，打开"删除"对话框，选择"右侧单元格左移"，如图 4-38 所示，单击"确定"按钮。

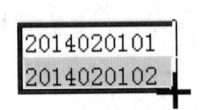

图 4-37 填充柄

图 4-38 "删除"对话框

选择单元格区域 B2:I2，打开"设置单元格格式"对话框，选择"对齐"选项卡，在"水平对齐"下拉列表中选择"跨列居中"，单击"确定"按钮，如图 4-39 所示。再选择 B3:I3，按上面同样的方法设置副标题在此区域"跨列居中"。

图 4-39 "对齐"选项卡

7. 列对调

单击"高等数学"列列标 E，选择该列，按组合键 Ctrl+X 执行剪切。右击"密码学"列列标 H，在打开的快捷菜单中单击"插入已剪切的单元格"命令，将"高等数学"列移至"密码学"列前。再右击"密码学"列列标 H，在打开的快捷菜单中单击"剪切"命令。右击列标 E，打开快捷菜单，单击"插入已剪切的单元格"命令，即将"密码学"列移至 E 列，实现了两列的对调。

8. 设置列宽

选择各科目成绩所在列 E:I，在选中内容上右击，在打开的快捷菜单中选择"列宽"命令，弹出"列宽"对话框，输入列宽为 12，如图 4-40 所示，单击"确定"按钮。选择"学号"、"姓名"和"性别"列，单击"开始"选项卡→"单元格"→"格式"按钮，在打开的菜单中选择"自动调整列宽"，如图 4-41 所示。

图 4-40　"列宽"对话框　　　　　　　图 4-41　"格式"菜单

9. 插入批注

右击"江树明"单元格，在打开的快捷菜单中选择"插入批注"命令，打开批注编辑框，输入"班长"，如图 4-42 所示，然后鼠标在其他单元格中单击，完成插入批注。

10. 删除行

右击"钟胜"所在行，在打开的快捷菜单中单击"删除"命令，即删除"钟胜"所在行。

11. 修改单元格内容并命名

在"蒋佳"单元格的"佳"字右侧双击鼠标，输入点定位在"佳"字后面，输入"喻"，然后单击"输入" ✓ 按钮，完成修改。在名称框中输入"学习委员"，如图 4-43 所示，按 Enter 键，命名完成。

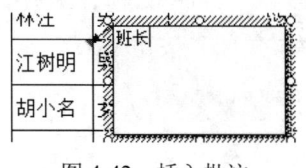

图 4-42　插入批注　　　　　　　图 4-43　单元格命名

12. 表格框线设置

选择表格数据区域 B5:I33，在"开始"选项卡"字体"组中单击"边框"箭头按钮，打开"边框"菜单，如图 4-44 所示，单击"所有框线"命令，即设置内边框为细线；再单击"边框"按钮箭头，单击"粗匣框线"命令，即设置外边框为粗线。

13. 冻结行 1 至行 5

单击行号 6，在"视图"选项卡"窗口"组，单击"冻结窗格"按钮下方箭头，在打开的菜单中选择"冻结拆分窗格"项，如图 4-45 所示，即将行 1 至行 5 冻结。当冻结行后，如在工作窗口的垂直方向向下滚动窗口时，行 1 至行 5 保持原位置不滚动，如图 4-46 所示。

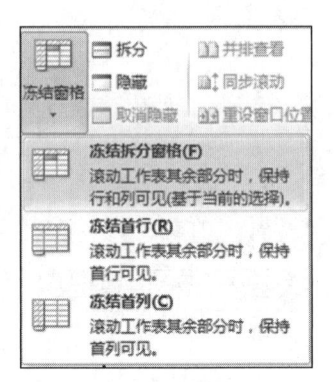

图 4-44 "边框"菜单　　　　图 4-45 "冻结窗格"菜单

图 4-46 冻结行效果

14. 保存及关闭文件

单击"文件"选项卡"另存为"命令，弹出"另存为"对话框，选择合适的保存位置，然后在"文件名"文本框中输入"计算机应用 1 班第一学年下学期"，保存类型为"Excel 工作簿"，如图 4-47 所示，单击"保存"按钮。单击标题栏"关闭"按钮 ，关闭文件。

图 4-47 "另存为"对话框

三、知识技能要点

1. 自动填充数据

Excel 2010 中可自动填充等差序列、等比序列、日期和常见的一些连续数据序列，如第一季度、第二季度、第三季度、第四季度；星期一、星期二、星期三、……、星期日等。用户也可自定义序列。

操作方法是在一个单元格中键入起始值，然后在下一个单元格中再键入一个值，建立一个模式。例如，如果要使用序列 2、4、6、8、10...，可在前两个单元格中键入 2 和 4。然后选择包含两个起始值的单元格，再拖动填充柄，涵盖要填充的整个范围，即能按要求填充所需数字。

注意：要按升序填充，请从上到下或从左到右拖动。要按降序填充，请从下到上或从右到左拖动。

操作实例：在 A 列自动填充等比数列，起始单元格为 A1，起始值为 2，等比为 3，填充至 200。

操作方法：在 A1 单元格输入 2，在"开始"选项卡"编辑组"单击"填充"按钮旁边的箭头，在打开的菜单中选择"系列"，如图 4-48 所示。打开"序列"对话框，如图 4-49 设置，单击"确定"按钮，结果如图 4-50 所示。

图 4-48　填充菜单　　　　图 4-49　"序列"对话框　　　　图 4-50　填充结果

操作实例：建立自定义序列"大一、大二、大三和大四"，然后在单元格单元 B4:E4 中输入该序列。

操作方法：（1）单击"文件"选项卡"选项"命令，打开"Excel 选项"对话框，如图 4-51 所示。选择"高级"项，滚动垂直滚动条找到"创建用于排序和填充序列的列表"文本，单击其右边的 按钮，打开"自定义序列"对话框，如图 4-52 所示。

（2）创建自定义序列。选择"自定义序列"列表中的"新序列"。在"输入序列"框中输入"大一、大二、大三、大四"，每一项占一行，单击"添加"按钮，自定义序列增加到"自定义序列"列表中。

（3）在单元格 B4:E4 中输入该序列。在 B4 中输入"大一"，然后鼠标移至该单元格右下角的填充柄处，拖动鼠标到单元格 E4，则完成序列的输入。

2. 撤消和恢复操作

编辑 Excel 工作表时，难免会出现错误操作，可利用 Excel 的"撤消"功能取消错误操作。取消的方法是：通过快速访问工具栏的"撤消"按钮，可以撤消上一步的操作；要连续撤消多步操作，则连续单击"撤消"按钮。或单击"撤消"按钮右侧的箭头，Microsoft Excel 将显示最近执行的可撤消操作的列表，如图 4-53 所示，单击要撤消的操作。撤消某项操作的同时，也将撤消列表中该项操作之上的所有操作。如果又要恢复刚撤消的操作，可单击"常用"工具栏上的"恢复"按钮 。"恢复"按钮使用方法与"撤消"按钮一样。

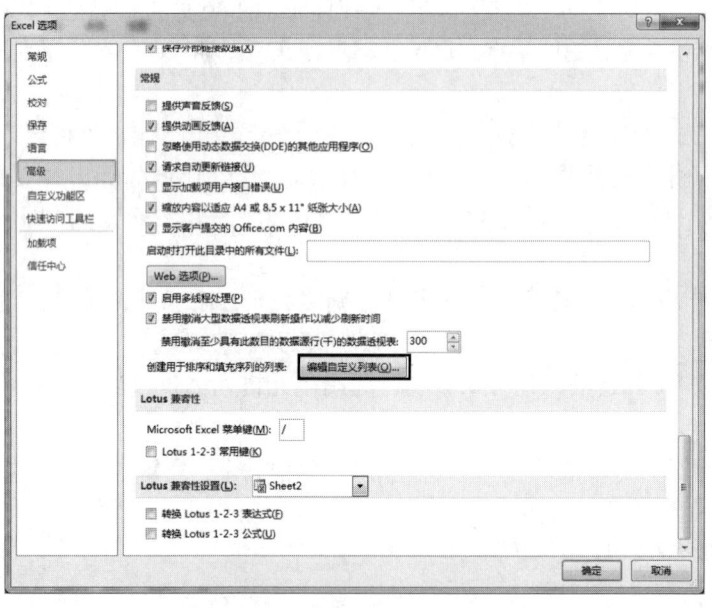

图 4-51 添加自定义序列

图 4-52 "自定义序列"对话框

图 4-53 撤消

3. 插入行

可在选定行的上方插入一行或多行。操作步骤如下：

（1）执行下面操作之一：
- 插入单行，选择整行或行中的一个单元格。
- 要插入多行，选择多行。所选的行数应与要插入的行数相同。

（2）执行一面操作之一：
- 在"开始"选项卡上的"单元格"组中，单击"插入"箭头按钮，然后单击"插入工作表行"，如图 4-54 所示。

图 4-54 "插入"下拉列表

- 右键单击所选的单元格区域，然后在打开的快捷菜单中单击"插入"命令。

4. 插入列

在选定列的左边插入一列或多列。操作步骤如下：

（1）执行下面操作之一：

- 要插入单列，选一列或列中的一个单元格。
- 要插入多列，选择多列。所选的列数应与要插入的列数相同。

（2）执行下面操作之一：

- 在"开始"选项卡上的"单元格"组中，单击"插入"箭头按钮，然后单击"插入工作表列"。
- 右键单击所选的单元格区域，然后在打开的快捷菜单中单击"插入"命令。

5. 插入空白单元格

可以在工作表活动单元格的上方或左侧插入空白单元格。插入空白单元格时，Excel 将同一列中的其他单元格下移或将同一行中的其他单元格右移以容纳新单元格。操作步骤如下：

（1）选择单元格或单元格区域。选择的单元格数量应与要插入的单元格数量相同。

（2）执行下面操作之一：

- 在"开始"选项卡"单元格"组中，单击"插入"按钮。
- 右键单击所选的单元格区域，然后在打开的快捷菜单中单击"插入"命令。

（3）Excel 打开"插入"对话框，如图 4-55 所示。选择合适的操作，单击"确定"按钮。

操作实例：在单元格区域 F3:F5 左边添加三个单元格。

操作步骤：

（1）选择单元格区域 F3:F5，在快捷菜单中选择"插入"命令，系统弹出"插入"对话框。
（2）在对话框中选择"活动单元格右移"，然后单击"确定"按钮。

提示： 要快速重复插入行、列或单元格，单击要插入行的位置，然后按组合键 Ctrl+Y。

6. 删除行或列

可以一次删除一个单元格或单元格区域、一行或多行、一列或多列，操作步骤如下：

（1）选择要删除的单元格、行或列。

（2）执行下面操作之一：

- 在"开始"选项卡上的"单元格"组中，单击"删除"按钮。
- 右键单击所选的行或列，在打开的快捷菜单中单击"删除"命令。

7. 删除单元格

删除单元格操作与插入单元格操作类同。操作步骤为：

（1）选择要删除的单元格或单元格区域。

（2）执行下面操作之一：

- 在"开始"选项卡上的"单元格"组中，单击"删除"按钮旁边的箭头，选择"删除单元格"。
- 右键单击所选的行或列，在打开的快捷菜单中单击"删除"命令。

（3）Excel 打开"删除"对话框，如图 4-56 所示。选择合适的操作，单击"确定"按钮。

提示： 要快速重复删除单元格、行或列，可以选择接下来的单元格、行或列，然后按组合键 Ctrl+Y。

图 4-55 "插入"对话框　　　　　图 4-56 "删除"对话框

8. 设置列宽

选择要设置的一列或多列，执行下面操作之一：

方法一：鼠标拖动法。移动鼠标到列标号的右边框处，鼠标指针变成左右箭头形状 ✛ 时，向左或向右拖动鼠标，列宽随之改变，这时鼠标指针上方有列宽显示，如 宽度: 11.00 (93 像素) ，列宽以字符个数和像素为单位显示。

方法二：命令设置法。在选区上右击，在打开的快捷菜单中选择"列宽"命令，打开"列宽"对话框。输入合适的值，其单位为字符个数，单击"确定"按钮。

方法三：Excel 自动调整列宽。在"开始"选项卡"格式"组，单击"格式"按钮下方箭头，打开"单元格大小"菜单，选择"自动调整列宽"命令；或在本列列标的右边框处双击鼠标。自动调整列宽即 Excel 设置列宽刚好容纳本列中最宽的内容；

9. 设置行高

选择一行或多行，执行下面操作之一：

方法一：鼠标拖动法。移动鼠标到行号下边框处，此时，鼠标指针变成上下箭头形状✛时，向上或向下拖动鼠标，行高随之改变，这时鼠标指针上方有行高显示，行高分别以字符个数和像素为单位。

方法二：命令设置法。在选区上右击，在打开的快捷菜单中选择"行高"命令，打开"行高"对话框。输入合适的值，其单位为字符个数，单击"确定"按钮。

方法三：Excel 自动调整行高。在"开始"选项卡"格式"组，单击"格式"按钮，打开"单元格大小"下拉菜单，选择"自动调整行高"命令；或在本行行号的下边框处双击鼠标。自动调整行高即 Excel 设置行高刚好容纳本行中最高的内容。

10. 格式刷按钮

"格式刷"可以复制一个位置的格式，然后将其应用到另一个位置。操作步骤如下：

（1）选择设置有所需格式的单元格。

（2）单击或双击"开始"选项卡"剪贴板"组的"格式刷"按钮，这时鼠标指针多一个刷子形状。若单击"格式刷"，只能应用一次格式刷；双击"格式刷"，则可以连续使用格式刷多次。

（3）单击或拖选要应用格式的单元格，即完成格式的复制。

若取消格式刷模式，可再次单击"格式刷"或进行其他编辑工作，或按 Esc 键。

11. 移动或复制数据

"移动"、"复制"和"粘贴"命令可以移动或复制整个单元格区域或其内容。用户可以复制单元格的特定内容或属性。例如，可以复制数据而不复制格式，也可复制公式的结果值而不复制公式本身，或者可以只复制公式。可以复制到同一个工作簿中的其他位置或另一个工作簿。复制将数据复制到其他单元格，可提高工作效率。

常用的移动或复制方法有：利用剪贴板和鼠标拖动。

移动或复制单元格时，Excel 将移动或复制整个单元格，包括公式及其结果值、单元格格式和批注。

（1）使用剪贴板移动或复制整个单元格区域。操作步骤如下：

1）选择要移动或复制的单元格。

2）在"开始"选项卡上的"剪贴板"组，如图 4-57 所示，执行下列操作之一：
- 若要移动单元格，则单击"剪切"，或按组合键 Ctrl+X。
- 若要复制单元格，则单击"复制"，或按组合键 Ctrl+C。

3）选择位于粘贴区域左上角的单元格。

提示：若要将选定区域移动或复制到不同的工作表或工作簿，则单击另一个工作表选项卡或切换到另一个工作簿，然后选择位于粘贴区域左上角的单元格。

4）在"开始"选项卡上的"剪贴板"组中，单击"粘贴"，或按组合键 Ctrl+V。

提示：
- 若要在粘贴单元格时选择特定选项，则单击"粘贴"下面的箭头，打开"粘贴选项"面板，如图 4-58 所示，单击所需选项。例如，可单击"选择性粘贴"或"图片"。
- 默认情况下，Excel 会在工作表上显示"粘贴选项"按钮（如"保留源格式"），以便在粘贴单元格时提供特殊选项。如果不希望在每次粘贴单元格时都显示此按钮，则可以关闭此选项。关闭"粘贴选项"方法：单击"文件"选项卡，然后单击"选项"。在"高级"类别的"剪切、复制和粘贴"项，清除"粘贴内容时显示粘贴选项按钮"复选框。
- 在剪切和粘贴单元格以移动单元格时，Excel 将替换粘贴区域中的现有数据。
- 当复制单元格时，将会自动调整单元格引用。但移动单元格时，不会调整单元格引用，这些单元格的内容以及指向它们的任何单元格的内容可能显示为引用错误。在这种情况下，用户需手动调整引用。

（2）使用鼠标移动或复制整个单元格区域。

1）选择要移动或复制的单元格或单元格区域。

2）执行下列操作之一：
- 要移动单元格或单元格区域，则鼠标指向选定区域的边框。当指针变成移动指针时，将单元格或单元格区域拖到另一个位置。
- 要复制单元格或单元格区域，按下 Ctrl 键同时指向选定区域的边框。当指针变成复制指针时，将单元格或单元格区域拖到另一个位置。

提示：Excel 在已剪切或复制的单元格周围显示动态移动的边框。若取消刚执行的剪切或复制操作，可按 Esc 键，单元格四周动态的边框消失。

12. 清除单元格内容、格式、批注等

Excel 中，可对单元格内容、格式、批注、超链接以及以上全部清除。操作方法：选择单元格或单元格区域，在"开始"选项卡"编辑"组中，单击"清除"按钮旁边的箭头，打开"清除"工具菜单，如图 4-59 所示，单击相应的工具，即清除相应的项。

图 4-57 "剪贴板"组　　图 4-58 粘贴选项　　图 4-59 "清除"工具菜单

提示：按 Delete 键只删除所选单元格的内容，而不会删除单元格本身。

13. 插入或编辑批注

批注是十分有用的提醒方式，例如注释复杂的公式如何工作，或为其他用户提供反馈。对于工作表中重要的、复杂的或特殊的单元格可以添加批注来进行说明，或为其他用户提供反馈等。如果单元格插入有批注，则其右上角有红色的小三角形的批注标识符。如果指针停在含有批注标识符的单元格上，就会显示该单元格的批注。

为单元格添加（或编辑）批注的操作步骤为：

（1）选择单元格。

（2）执行下列操作之一：

● 右击单元格，在弹出的快捷菜单中单击"插入批注"（或编辑批注）命令。

● 在"审阅"选项卡的"批注"组，单击"新建批注"按钮　（或"编辑批注"按钮　）。

（3）在单元格右侧出现一个批注文本框，在文本框输入（或修改）批注内容，然后鼠标在批注框外单击，即完成批注的添加。

14. 冻结窗格

冻结窗格，是指锁定屏幕上的行和列。冻结窗格按钮位于"视图"选项卡。可以通过以下方法冻结窗体。

（1）选定一个活动的单元格，然后单击"视图"选项卡"冻结窗格"下拉按钮，在弹出的下拉菜单中选择"冻结拆分窗格"，如图 4-60 所示。被选单元格上方所有行和左侧所有列都会被冻结。也可以冻结几行（或几列），选择要冻结几行下方的行（或几列右侧的列），执行"冻结拆分窗体"。

（2）要冻结工作表的顶行，选择下拉菜单中的"冻结首行"命令。

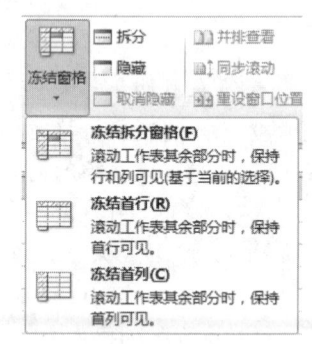

图 4-60　"冻结窗格"下拉菜单

（3）要冻结工作表的首列，选择下拉菜单中的"冻结首列"命令。

注意：冻结顶行或首列时，选择哪个单元格都不受影响。

如要取消冻结窗格，单击"窗口"→"取消冻结"命令即可。

15. 拆分窗格

当工作表的内容较多时，在一个窗口中不能全部浏览其内容，可使用"视图"选项卡中"窗口"组的"拆分"按钮　拆分窗口。用户可在拆分出的窗格同时查看同一个工作表不同部分的内容。

操作方法：选择一列（或一行），然后单击拆分　，Excel 在当前选择列左边添加垂直拆分框（或在当前选择行上方添加水平拆分框），当前工作表窗口变成垂直（或水平）两个窗格。如选择一活动单元格，执行拆分，则在单元格上方添加水平拆分框，在其左边添加垂直拆分框，当前工作表窗口分成四个窗格，如图 4-61 所示，图中水平和垂直的粗线框即为拆分框。鼠标指向拆分框，当鼠标指针变为⇕或⇹后，可将拆分框向上下或左右拖动至所需的位置，调整拆分窗口大小。

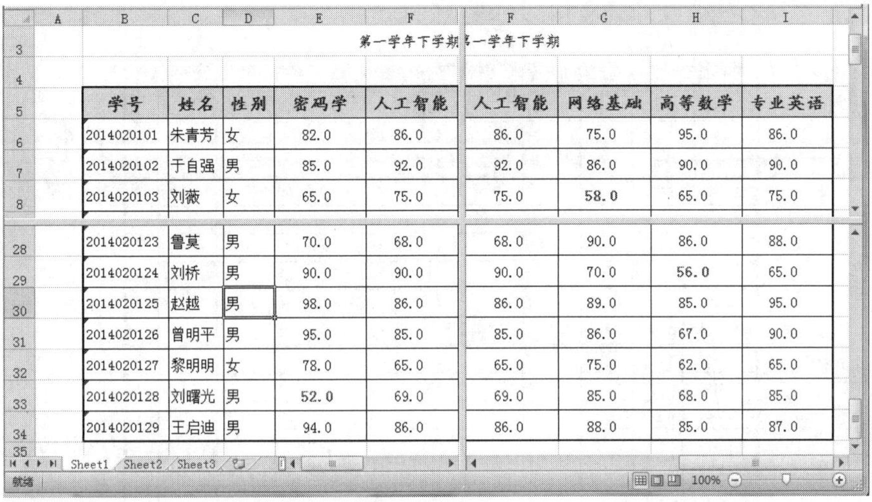
	A	B	C	D	E	F	F	G	H	I
3		第一学年下学期第一学年下学期								
4										
5		学号	姓名	性别	密码学	人工智能	人工智能	网络基础	高等数学	专业英语
6		2014020101	朱青芳	女	82.0	86.0	86.0	75.0	95.0	86.0
7		2014020102	于自强	男	85.0	92.0	92.0	86.0	90.0	90.0
8		2014020103	刘薇	女	65.0	75.0	75.0	58.0	65.0	75.0
28		2014020123	鲁莫	男	70.0	68.0	68.0	90.0	86.0	88.0
29		2014020124	刘桥	男	90.0	90.0	90.0	70.0	56.0	65.0
30		2014020125	赵越	男	98.0	86.0	86.0	89.0	85.0	95.0
31		2014020126	曾明平	男	95.0	85.0	85.0	86.0	67.0	90.0
32		2014020127	黎明明	女	78.0	65.0	65.0	75.0	62.0	65.0
33		2014020128	刘曙光	男	52.0	69.0	69.0	85.0	68.0	85.0
34		2014020129	王启迪	男	94.0	86.0	86.0	88.0	85.0	87.0

图 4-61　拆分窗格

如再次单击拆分按钮，即取消拆分窗口。

4.3　编辑“成绩汇总”工作簿

主要学习内容：

- 隐藏和取消隐藏行和列
- 工作表的切换、重命名
- 移动和复制、增加和删除工作表
- 同时在多个工作表中输入相同数据
- 改变工作表的默认个数
- 查找数据

一、操作要求

本例素材为“计算机 1 班成绩汇总.xlsx”。

（1）打开文档“计算机 1 班成绩汇总.xlsx”，将其工作表 Sheet1、Sheet2 分别命名为“第一学年上学期”、“班干部名单”。

（2）将“计算机应用 1 班第一学年下学期.xlsx”中的工作表 Sheet1 复制到工作簿“成绩汇总.xlsx”中，并插入到工作表“第一学年上学期”右边，并将该表命名为“第一学年下学期”，关闭“计算机应用 1 班第一学年下学期.xlsx”工作簿。

（3）删除工作表 Sheet3。

（4）将“班干部名单”表移动到“第一学年上学期”表的左边。

（5）在“第一学年下学期”右边添加一个新工作表，并命名为“第二学年上学期”。

（6）将“第一学年下学期”表中“性别”列隐藏。

（7）将“班干部名单”工作表中的列标题应用“单元格样式”中的“标题”样式。

（8）设置工作表“第一学年上学期”数据区使用“套用表格样式”中的“浅色”组中“表样式浅色 9”，效果如图 4-62 所示。

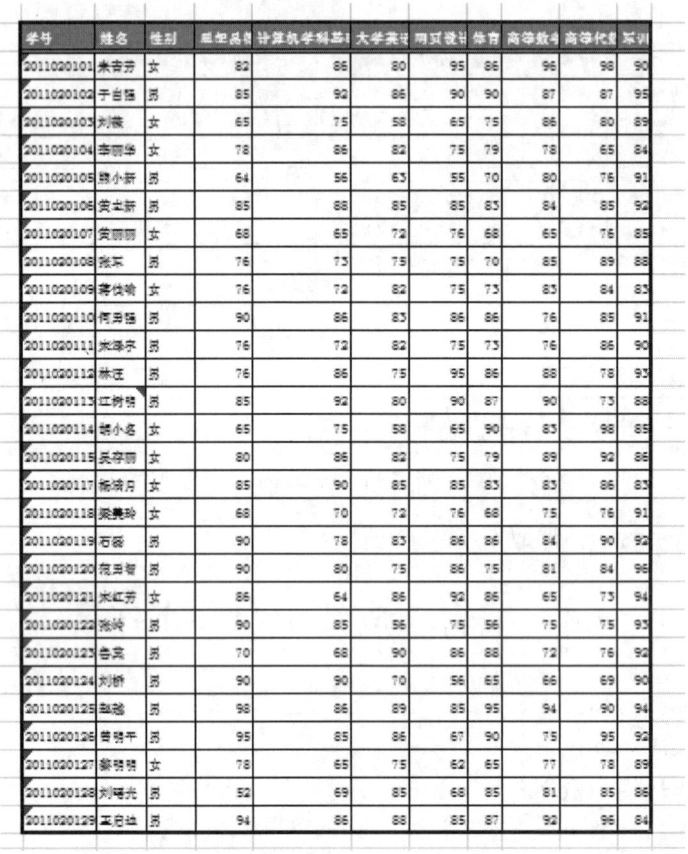

学号	姓名	性别	思想品德	计算机学科基础	大学英语	网页设计	体育	高等数学	高等代数	军训
2011020101	朱吉芳	女	82	86	80	95	86	96	98	90
2011020102	于自强	男	85	92	86	90	90	87	87	95
2011020103	刘薇	女	65	75	58	65	75	86	80	89
2011020104	李丽华	女	78	86	82	75	79	78	65	84
2011020105	陈小新	男	64	56	63	55	70	80	76	91
2011020106	黄士新	男	85	88	85	85	83	84	85	92
2011020107	黄丽丽	女	68	65	72	76	68	65	76	85
2011020108	张东	男	76	73	75	75	70	85	89	88
2011020109	蒋佳瑜	女	76	72	82	75	73	83	84	83
2011020110	何勇强	男	90	86	83	86	86	76	85	91
2011020111	宋泽齐	男	76	72	82	75	73	76	86	90
2011020112	林汪	男	76	86	75	95	86	88	78	93
2011020113	江树明	男	85	92	80	90	87	90	73	88
2011020114	胡小名	女	65	75	58	65	90	83	98	85
2011020115	吴存丽	女	80	86	82	75	79	89	92	86
2011020117	杨晓月	女	85	90	85	85	83	83	86	83
2011020118	梁美玲	女	68	70	72	76	68	75	76	91
2011020119	石磊	男	90	78	83	86	86	84	90	92
2011020120	龙勇智	男	90	80	75	86	75	81	84	96
2011020121	宋红芳	女	86	64	86	92	86	65	73	94
2011020122	张岭	男	90	85	56	75	56	75	75	93
2011020123	谷宾	男	70	68	90	86	88	72	76	92
2011020124	刘桥	男	90	90	70	56	65	66	69	90
2011020125	赵越	男	98	86	89	85	95	94	90	94
2011020126	肖明平	男	95	85	86	67	90	75	95	92
2011020127	黎明明	女	78	65	75	62	65	77	78	89
2011020128	刘曙光	男	52	69	85	68	85	81	85	86
2011020129	王启社	男	94	86	88	85	87	92	96	84

图 4-62 工作表“第一学年上学期”效果图

二、操作过程

1. 打开工作簿“计算机 1 班成绩汇总.xlsx”，重命名工作表标签

单击“文件”选项卡的“打开”命令，打开“打开”对话框，在对话框中找到素材文件“计算机 1 班成绩汇总.xlsx”，双击打开。

在 Sheet1 表标签上双击，Sheet1 表标签加黑被选中，如图 4-63 所示。直接输入“第一学年上学期”，然后按 Enter 键，Sheet1 表标签更名完成。在 Sheet2 表标签上右击，打开快捷菜单，如图 4-64 所示，单击“重命名”，然后在标签处输入“班干部名单”，按 Enter 键，完成工作表重命名。

图 4-63 Sheet1 表标签加黑

2. 复制工作表

打开"计算机应用1班第一学年下学期.xlsx"工作簿。右击"Sheet1"表标签，在快捷菜单中单击"移动或复制工作表"命令，系统弹出"移动或复制工作表"对话框。单击对话框中"工作簿"右侧箭头按钮，从弹出列表中单击"计算机1班成绩汇总.xlsx"；在"下列选定工作表之前"列表框中选择"班干部名单"，并勾选对话框中的"建立副本"，如图4-65所示，单击"确定"按钮，完成复制。这时"计算机1班成绩汇总.xlsx"工作簿的表标签如图4-66所示，新复制得到的工作表为Sheet1。双击工作表Sheet1标签，工作表标签加黑被选中，输入"第一学年下学期"，按Enter键，完成更名。

图 4-64　快捷菜单　　　　　　图 4-65　"移动或复制工作表"对话框

图 4-66　表标签

切换到"计算机应用1班第一学年下学期.xlsx"工作簿窗口，单击标题栏上的关闭按钮，关闭该工作簿。

3. 删除工作表 Sheet3

右击工作表Sheet3标签，打开快捷菜单，单击"删除"命令，即删除工作表Sheet3。

4. 移动"班干部名单"工作表

鼠标指向"班干部名单"表标签，按住左键将其拖动，这时鼠标指针形状为，黑色三角指示工作表要放置的位置。当三角移至"第一学年上学期"表标签左侧时，松开鼠标左键，即完成移动。

5. 添加新工作表

单击工作表标签最右边的"插入工作表"按钮，即可在"第一学年下学期"工作表右侧添加一个新工作表。双击新工作表标签，输入"第二学年上学期"，按Enter键，完成更名。

6. 隐藏列

单击"第一学年下学期"表标签，切换至"第一学年下学期"工作表。右击"性别"列的列号D，在打开的快捷菜单中选择"隐藏"。

7. 应用"单元格样式"

单击"班干部名单"工作表标签，切换至"班干部名单"工作表。选择列标题单元格域，如图4-67所示。在"开始"选项卡的"样式"组中，单击"单元格样式"按钮，打开"单元格样式"面板，单击"标题"组中的"标题"按钮，如图4-68所示，即应用了"标题"样式。

图 4-67　选择列标题　　　　　　　　　　图 4-68　"单元格样式"面板

8. 套用表格样式

单击"第一学年上学期"工作表标签，切换到该工作表，选择数据区 B5:L34。然后在"开始"选项卡的"样式"组中单击"套用表格格式"按钮，系统打开表格样式的面板，如图 4-69 所示。单击"浅色"中的"表样式浅色 9"按钮，设置好格式。

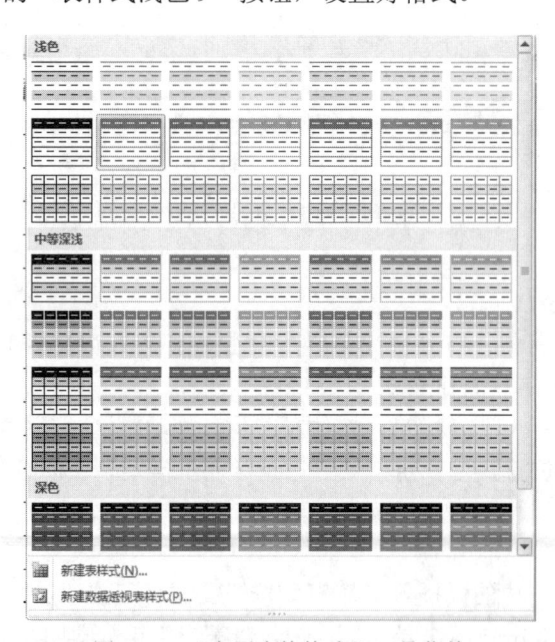

图 4-69　"套用表格格式"工具菜单

9. 保存文件

单击快速启动工具栏上的"保存"按钮，将上面所做的设置保存。

三、知识技能要点

1. 切换工作表

在工作簿中，单击工作表标签，可从一个工作表切换到另一工作表中工作。也可使用组合键 **Ctrl+PageUp** 切换至当前工作前的上一张工作表，按组合键 **Ctrl+PageDown** 切换至当前工作表的下一张工作表。

2. 工作表的重命名

Excel 的工作表默认名为"Sheet1、Sheet2、Sheet3…",要改变工作表名,操作方法如下:

方法一:双击工作表标签,工作表标签加黑显示,输入新名字,然后按 Enter 键。

方法二:右击工作表标签,在打开的快捷菜单中单击"重命名"命令,工作表标签加黑显示,输入新名字,然后按 Enter 键。

3. 添加工作表

添加工作表的方法有多种,常用操作方法如下:

(1)利用快捷菜单:右击工作表标签,在弹出的快捷菜单中单击"插入"命令,打开"插入"对话框,如图 4-70 所示,选择"常用"选项卡,单击其中"工作表"图标,单击"确定"按钮,即在活动工作表的左侧添加一个新工作表,并成为活动工作表。

图 4-70 "插入"对话框

(2)利用工作表标签栏上的"插入"按钮。单击工作表标签栏上的"插入"按钮,即在最后一个工作表右边添加一个新工作表。

(3)利用"插入"按钮。在"开始"选项卡的"单元格"组,单击"插入"箭头按钮,打开工具菜单,单击"插入工作表"项,即在当前活动工作表左侧添加一个新工作表。

提示:插入新工作表的快捷键为 Shift+F11。

4. 删除工作表

删除工作表的操作方法有:

(1)利用删除按钮。单击要删除的工作表标签,在"开始"选项卡的"单元格"组,单击"删除"箭头按钮,在打开的工具菜单中单击"删除工作表"项,即删除当前工作表。

(2)利用快捷菜单:右击工作表标签,在弹出的快捷菜单中选择"删除"命令。

提示:如果当前要删除的工作表是从未编辑过的表,执行删除命令时,Excel 直接将工作表删除。否则会打开警告提示框,如图 4-71 所示,单击"删除",即删除工作表。

图 4-71 删除工作表时的警告提示框

5. 选择工作表

对工作表进行重命名、移动或复制等操作时，需选择工作表。

- 选择一个工作表：只须单击工作表标签即可。
- 选择多个连续的工作表：单击第一个工作表标签，按住 Shift 键再单击最后一个工作表标签。
- 选择多个不连续的工作表：按住 Ctrl 键，单击要选择的各工作表标签。
- 选择工作簿中的所有工作表：右键单击某一工作表的标签,然后选择快捷菜单上的"选定全部工作表"命令。

同时选择多个工作表，则系统将认为这几个工作表组成工作组，可同时对它们进行编辑，如取消工作组，可以单击其他的工作表标签，也在被选的工作表标签上单击右键，选择快捷菜单中的"取消组合工作表"。

6. 移动或复制工作表

可以在同一个工作簿或不同的工作簿间移动或复制工作表。操作步骤如下：

（1）选择要移动或复制的工作表标签。

（2）在被选的表标签上右击，打开快捷菜单，选择"移动或复制工作表"命令，Excel 打开"移动或复制工作表"对话框，如图 4-72 所示。

图 4-72 "移动或复制工作表"对话框

（3）在"工作簿"下拉列表框中选择目标工作簿。如移动或复制操作在当前工作簿，则目标工作簿为当前工作簿名；如工作表要移动或复制到其他工作簿，则应在列表框中选择目标工作簿名。如选择"建立副本"复选框则为复制工作表，不选则为移动工作表。

（4）单击"确定"按钮，完成工作表的移动或复制。

复制或移动工作表，也可用鼠标拖动实现。操作方法为：将鼠标指向要移动的工作表的标签上，然后按住鼠标左键（若复制则同时按住 Ctrl 键），拖曳鼠标，系统会显示一个黑色的三角形表示指向的位置，位置符合要求时松开鼠标，即完成移动工作表。

图 4-73、4-74、4-75、4-76 分别为拖动移动或复制工作表时的鼠标形状图。

图 4-73 移动一个工作表 　　　　图 4-74 复制一个工作表

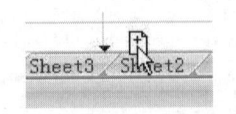

图 4-75　移动多个工作表　　　　　　　　图 4-76　复制多个工作表

7. 同时在多个工作表中输入数据

当需要在多个工作表中输入相同数据时，按住 Ctrl 键，单击要输入相同数据的工作表标签，即选择多个工作表，即建立成为组合工作表，然后在单元格中输入数据。

操作实例：在一个新工作簿中，在 Sheet1 和 Sheet2 工作表的 A1:A10 单元格中输入 1 至 10。操作步骤：

（1）选择工作表。按住 Ctrl 键，单击 Sheet1 和 Sheet2 工作表标签，两个表标签均加亮，选中两个工作表，如图 4-77 所示。

图 4-77　Sheet1 和 Sheet2 均被选中

（2）在单元格 A1:10 单元格中输入 1 至 10。

（3）右击被选的表标签，打开快捷菜单，选择"取消组合工作表"命令，即取消同时选择两个工作表。

（4）分别单击 Sheet1 和 Sheet2 表标签，可看到两个工作表中均有输入的数据。

8. 改变工作表的默认个数

在 Excel 2010 中，新建工作表中默认的工作表数为 3 个。如果改变默认工作表数，操作步骤如下：

（1）选择"文件"选项卡的"选项"命令，系统打开"选项"对话框，单击"常规"选项卡，如图 4-78 所示。

图 4-78　"常规"选项卡

（2）在"包含的工作表数"文本框内输入工作表数，本例输入 5，单击"确定"按钮。设置完成后，如再建立新的工作簿，则工作簿中的工作表数就为 5 个。

9. 隐藏或取消隐藏行和列

有时工作表数据行或列较多，在一个屏幕中不能看到所有行和列的内容。这时，用户可以暂时隐藏一些行或列，使它们在屏幕或工作表打印时不显示出来，而仅显示主要的内容。如想再次看到这些行或列，取消隐藏即可。

操作实例：隐藏活动工作中的 D 列至 F 列。然后再取消隐藏。操作步骤如下：

（1）单击列标号 D，然后按住鼠标左键水平向右拖选至 F 列，即选择列 D:F。

（2）右击选区，打开快捷菜单，选择"隐藏"命令。D:F 列隐藏后，C 列和 G 列标号间的边框线变粗，如图 4-79 所示。

图 4-79　隐藏了 D 列至 F 列

（3）选择 C 列和 G 列，右击选定列，打开快捷菜单，选择"取消隐藏"，被隐藏的列重新显示出来。

10. 查找或替换工作表单元格内容

查找或替换 Excel 工作表上的文本和数字的操作步骤如下：

（1）在工作表中，单击任意单元格。

（2）在"开始"选项卡上的"编辑"组中，单击"查找和选择"下方箭头，打开命令菜单。

（3）执行下列操作之一：

- 要查找文本或数字，则单击"查找"。
- 要查找和替换文本或数字，则单击"替换"。

（4）打开"查找和替换"对话框，如图 4-80 所示。在"查找内容"框中，键入要搜索的文本或数字，或者单击"查找内容"文本框右侧箭头按钮，然后在列表中单击一个最近的搜索。

（5）单击"选项"，打开"选项"栏，如图 4-81 所示。可进一步定义搜索，然后执行下列任何一项操作：

图 4-80　"查找和替换"对话框　　　　图 4-81　选项展开

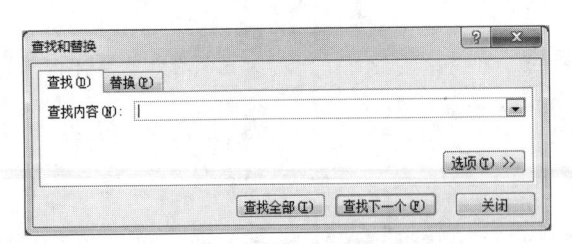

- "范围"框中可设置在工作表或整个工作簿中搜索数据。
- "搜索"框中可设置在行或列中搜索数据，可选择"按行"或"按列"。
- 在"查找范围"框中可设置搜索带有特定详细信息的数据，如"公式"、"值"或"批注"。
- 要搜索区分大小写的数据，可选中"区分大小写"复选框。
- 要搜索只包含在"查找内容"框中键入的字符的单元格，可选中"单元格匹配"复选框。

（6）如搜索具有特定格式的文本或数字，则单击"格式"按钮，然后在"查找格式"对话框中进行选择。

(7) 执行下列操作之一:
- 要查找数字或文本,则单击"查找全部"或"查找下一个"。
- 要替换数字或文本,则在"替换为"框中输入替换字符(或将此框留空以便将字符替换成空),然后单击"查找"或"查找全部"。

提示:按 Esc 取消正在进行的搜索。

(8) 要替换找到的字符的突出显示的重复项或者全部重复项,则单击"替换"或"全部替换"。

4.4 计算学生总成绩、平均分及名次

主要学习内容:
- 公式、公式的复制及公式的显示与隐藏
- 函数的应用
- 单元格的引用
- 常用函数
- 自动求和按钮

一、操作要求

打开"计算机 1 班成绩汇总.xlsx"工作簿,完成以下编辑:

(1) 取消"第一学年下学期"工作表中的"冻结窗格"。

(2) 在"第一学年下学期"工作表中的"专业英语"列后添加"总分"、"平均分"和"名次"列,利用求和函数计算每位学生的总分、平均分及名次。名次是根据总分从大到小排名。

(3) 在最后一位学生记录行下添加一行"最高分"和一行"最低分",利用函数求出各科最高分和最低分,以及总分和平均分的最高分和最低分。

(4) 设置"最高分"和"最低分"行格式与其他数据行格式一样。

(5) 为总分最高的学生姓名所在单元格添加批注"第一名"。

(6) 班级中前 10 名学生总分单元格用浅红色填充背景,文本用深红色显示。

(7) 重新设置表格,内表格线为细线,表格外框线为粗线。

(8) 设置主副标题分别在 B2:L2,B3:L3 单元格区域"跨列居中"。

(9) 对工作表"第一学年上学期"也作以上同样的操作。

完成以上设置后,"第一学年下学期"工作表的效果如图 4-82 所示。

二、操作过程

1. 取消冻结窗格

打开素材"计算机 1 班成绩汇总.xlsx"。单击"第一学年下学期"表标签,使该工作表为活动工作表。在"视图"选项卡的"窗口"组,单击"冻结窗格"按钮,在打开的工具菜单中单击"取消冻结窗格"命令,如图 4-83 所示。

图 4-82 效果图

2. 添加"总分"、"平均分"和"名次"列标题

选择单元格 J5，输入"总分"文本；选择 K5 单元格，输入"平均分"文本；选择单元格 L5，输入"名次"文本。如图 4-84 所示。

图 4-83 "冻结窗格"工具菜单　　　　　　　　图 4-84 输入列标题

3. 利用"自动求和"按钮 Σ 求总分

单击单元格 E6，再按住 Shift 键单击单元格 J33，即选择单元格区域 E6:J33。然后在"开始"选项卡的"编辑"组中，单击"自动求和"按钮 Σ，即在单元格区域 J6:J33 计算出每位学生的成绩总分数。

4. 求"平均分"

将插入点定位在 K6 单元格，单击编辑栏左侧的"插入函数"按钮，弹出"插入函数"对话框，在"选择函数"列表框中单击选择"AVERAGE"函数，如图 4-85 所示，单击"确定"按钮。弹出"函数参数"对话框，在"Number1"框中输入 E6:I6，如图 4-86 所示，单击"确定"按钮。即在 K6 单元格中显示出第一个学生的平均分，编辑栏中显示公式为 =AVERAGE(E6:I6)，如图 4-87 所示。将鼠标指针移动到 K6 单元格右下角的填充柄处，鼠标指针变为黑色粗十字形状时，如图 4-88 所示。按住鼠标左键垂直拖动鼠标到"平均分"列的 K33 单元格，松开鼠标，即平均值公式复制到拖动覆盖的每个单元格内，并计算出每位学生的平均分。

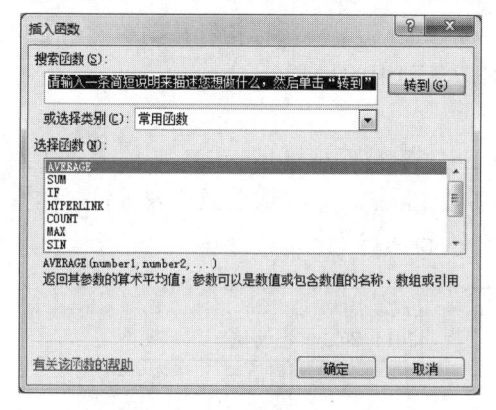

图 4-85　"插入函数"对话框　　　　　　　图 4-86　"函数参数"对话框

图 4-87　计算出平均分　　　　　　　　　图 4-88　填充柄

5. 计算学生"名次"

单击单元格 L6，输入"=RANK.EQ(J6,$J$6:$J$33)"，按 Enter 键，即显示出本行学生的名次，如图 4-89 所示。再将鼠标指针移至单元格 L6 右下角的填充柄，拖动到 L33 单元格，即计算出每位学生的排名。

注意：单元格地址直接用列标和行号表示，如 J6，称为相对引用。列标或行号前加$即表示绝对引用，如$J$6:$J$33。$J6，J$33 则称为混合引用。公式复制时，公式中的相对引用地址会发生改变，绝对引用单元格地址不改变。学生的排名是利用个人总分在整个班的总分序列中的位置确定。在公式复制中，总分序列位置在公式复制时不需改变，所以使用绝对引用地址；学生个人总分地址引用需要改变，所以使用相对引用地址。

提示：输入单元格引用地址后，然后按 F4 键，可使单元格地址在相对引用、绝对引用和混合引用之间切换。

6. 添加"最高分"和"最低分"行

在最后一个学生的记录下方的单元格 C34、C35 中分别输入"最高分"和"最低分"文本，如图 4-90 所示。

图 4-89　计算名次　　　　　　　　图 4-90　输入"最高分"和"最低分"文本

7. 计算出"最高分"

在单元格 E34 中输入"=MAX(",然后拖选 E6:E33 单元格区域,E34 中的公式变为"=MAX(E6:E33",再输入")",如图 4-91 所示。然后按 Enter 键。将鼠标指针移动单元格 E34 右下角的填充柄,水平拖动到 K34 单元格,即计算对应各列中的最高分。

8. 计算出"最低分"

在单元格 E35 中输入"=MIN(",然后鼠标选择 E6:E33 单元格区域,E35 中的公式变为"=MIN(E6:E33",再输入")",如图 4-92 所示。然后按 Enter 键,完成公式输入。将鼠标指针移到单元格 E35 右下角的填充柄,水平拖动到 K35 单元格,即计算对应各列中的最低分。

图 4-91　输入求最大值公式　　　　　　图 4-92　输入求最小值公式

9. 设置"最高分"和"最低分"行格式与其他数据行格式一样

单击行号 33,选择行 33。在"开始"选项卡中的"剪贴板"组,单击"格式刷"按钮 。然后按住鼠标左键,在行号 34、35 上拖动,即将数据区的格式应用至行 34 和 35 上。

10. 添加批注

右击名次为 1 的学生姓名所在单元格 C29,打开快捷菜单,单击"插入批注"命令。该单元格右边出现批注框,在此框中输入"第一名",如图 4-93 所示。然后鼠标在任一单元格中单击,完成添加批注。

图 4-93　插入批注

11. 将班级总分前 10 的总分特别显示

单击单元格 J6,再按住 Shift 键单击 J33,即选择总分所在单元格区域 J6:J33。在"开始"选项卡中"样式"组,单击"条件格式"按钮,在打开的工具菜单中单击"项目选取规则"下的"值最大的 10 项",如图 4-94 所示。打开"10 个最大的项"对话框,如图 4-95,单击"确定"按钮。

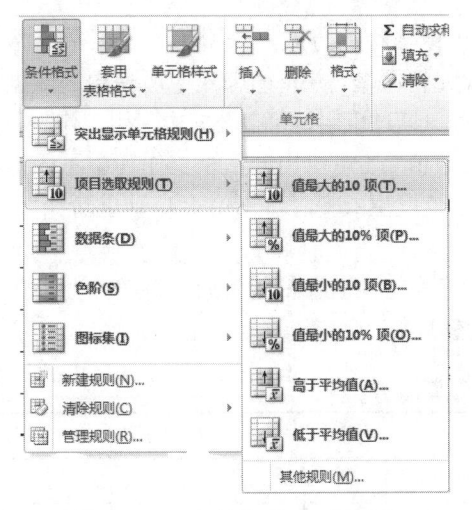

图 4-94 "条件格式"工具菜单　　　　图 4-95 "10 个最大的项"对话框

12. 设置边框线

选中整个表格数据区域 B5:L35。在"开始"选项卡的"字体"组，单击"边框"按钮旁边的箭头按钮，打开"边框"菜单，单击"所有框线"，则所有边框设置为细线。再单击"边框"箭头按钮，打开"边框"菜单，单击"粗匣框线"，即设置数据区外边框为粗框线。

13. 设置主副标题跨列居中

选择单元格区域 B2:L2，按组合键 Ctrl+1，打开"设置单元格格式"对话框，选择"对齐"选项卡，再选择"水平对齐"下拉列表框中的"跨列居中"，即设置主标题跨列居中。同样方法设置副标题。

14. 设置"第一学年上学期"工作表

再按以上操作方法，对工作表"第一学年上学期"也进行以上同样的设置，完成后保存文件。

三、知识技能要点

1. 公式

公式是对工作表中数值执行计算的等式。公式要以等号（＝）开始。

公式也可以包括下列所有内容或其中某项内容：函数、单元格引用、运算符和常量。

如：=3*4+20　　　=SUM(C2:C10,D10)-C5　　=G5/5　　　=average(50,80,-70,10)

函数：函数是预先编写的公式，可以对一个或多个值执行运算，并返回一个或多个值。如 SUM()、AVERAGE()。许多函数都有参数，每个函数都有特定的参数语法。有些函数仅需要一个参数，有些函数需要或允许多个参数，也有些函数是不需要参数的。参数是函数中用来执行操作或计算的值，参数的类型与函数有关。函数中常用的参数类型包括数字、文本、单元格引用和名称。

运算符：一个标记或符号，指定表达式内执行的计算的类型。有算术、比较、逻辑和引用运算符等。

常量：值不会发生改变的量。如上述公式中的数字 3、4、20 或单元格中的文本"学号"都是常量。"学号"是文本常量，文本常量是用双撇号（"）引起来。

单元格引用：是通过在公式中包含单元格地址或名称的方式，来引用工作表单元格中的数据。单元格引用用于标识工作表上的单元格或单元格区域，并指明公式中所使用的数据的位置。引用可以是单元格地址，也可以是单元格的名称。通过引用，可在公式中使用工作表不同部分的数据，或者在多个公式中使用同一个单元格的数值。还可引用同一个工作簿中不同工作表上的单元格和其他工作簿中的数据。当引用的单元格值发生改变时，Excel会自动重新计算公式。

2. 运算符

Excel有四类运算符：算术运算符、文本运算符、比较运算符和引用运算符。

（1）算术运算符。算术运算符实现基本的数学运算，如表4-4所示。

表4-4　算术运算符

算术运算符	含义	示例
+	加	=100+29
-	减	=20-5
-	负数	-20
*	乘	=20*10
/	除	=20/10
%	百分号	=20%
^	幂运算	=10^2

（2）文本运算符。&为文本运算符，将两个或多个值连接（或串联）起来产生一个连续的文本值。如在单元格A1中输入"计算机应用1班"，在单元格A2中输入"汇总表"，在B1单元格中输入"=A1&"成绩"&A2"，然后按Enter键，则单元格B1中显示"计算机应用1班成绩汇总表"，如图4-96所示。公式中"成绩"表示文本型常量。

图4-96　文本的连接

（3）比较运算符。比较运算符可对两个数据进行比较，并产生逻辑结果，TRUE或FALSE，如表4-5所示。

表4-5　比较运算符

比较运算符	含义	示例
=	等于	A2=B5
<	小于	A3<100　B2<A1
>	大于	A4>200
<=	小于或等于	A2<=200
>=	大于或等于	A2>=100
<>	不等于	A2<>300

（4）引用运算符。如表 4-6 所示，引用位置代表一个单元格或一组单元格。若要引用连续的单元格区域，则使用冒号 (:)分隔引用区域中的第一个单元格和最后一个单元格，如 A1:A5，表示引用的单元格为 A1 至 A5，包括 A1 和 A5。如果要引用不相交的两个区域，可使用联合运算符，即逗号 (,)，如 SUM(A1,A3,C1:C5)。

表 4-6 引用运算符

引用运算符	含义	示例
：（冒号）	区域运算符，表示引用连续的单元格区域	SUM(A1:B3)
，（逗号）	联合运算符，引用不相交不连续的区域	SUM(A1,B3:B5)
（空格）	交叉运算符，表示几个单元格区域重叠的单元格	SUM(A1:B4 B2:B6)（这两个区域共有的单元格为 B2、B3 和 B4）

注意：这些运算符必须是英文半角符号。

3. 创建公式

创建公式操作步骤如下：

（1）单击要放置公式的单元格，然后输入等号（=）作为公式的开始。

（2）执行下面操作之一：

- 直接输入数字和运算符，例如，57+100。
- 用鼠标单击其他单元格或选择其他单元格区域，即获取数据所在单元格地址，然后在单元格地址引用间输入运算符。例如，选择单元格 C1，然后键入一个加号（+），再选择 D1:D5，再键入一个减号（-），然后输入 100。这时显示公式为=C1+D1:D5-100。
- 键入一个字母，从工作表函数列表中选择函数。例如，键入字母 S，即可显示出所有以字母 S 开头的可用函数。可从列表中选择要使用的函数，然后键入相应的参数。

提示：创建公式时，公式会同时显示在编辑栏和单元格中。

（3）请按 Enter 键，或单击编辑栏的输入按钮 ✓，完成公式输入。这时单元格中显示公式的值。

操作实例：在 J4 单元格中输入"=sum(C4:I4)"。

方法一：直接在 J4 单元格中键入公式的内容，然后按 Enter 键，或单击"编辑栏"中的"输入" ✓ 按钮。

方法二：先在 J4 单元格中键入"=sum("，单击 C4 单元格，然后按住鼠标左键拖选至单元格 I4，再输入")"，按 Enter 键。

提示：若要更改公式中求值的顺序，则将公式中要先计算的部分用括号括起来。例如=(B2+B5)*3。

4. 公式中常见的错误信息

当输入的公式中有错误时，系统会在单元格中显示错误信息。表 4-7 中列出了一些常见的错误信息及含义。

5. 公式的保护

如果工作表中的公式比较重要，不想让其他人看到，可将公式隐藏并保护起来。操作步骤如下：

（1）选择要隐藏公式的单元格或单元格区域。

表 4-7　常见的错误信息及含义

错误信息	含义
#DIV/0!	被零除
#NAME?	引用了不能识别的名称
#NULL!	两个区域的交集为空
#REF!	引用了无效的单元格
#VALUE!	错误的参数或运算对象

（2）按组合键 Ctrl+1，打开"设置单元格格式"对话框，选择"保护"选项卡，选中"隐藏"复选框，如图 4-97 所示，然后单击"确定"按钮。

（3）在"审阅"选项卡的"更改"组，单击"保护工作表"按钮，打开"保护工作表"对话框，选中"保护工作表及锁定的单元格内容"复选框，然后在"取消工作表保护时使用的密码"文本框中输入密码，如图 4-98 所示，单击"确定"按钮。

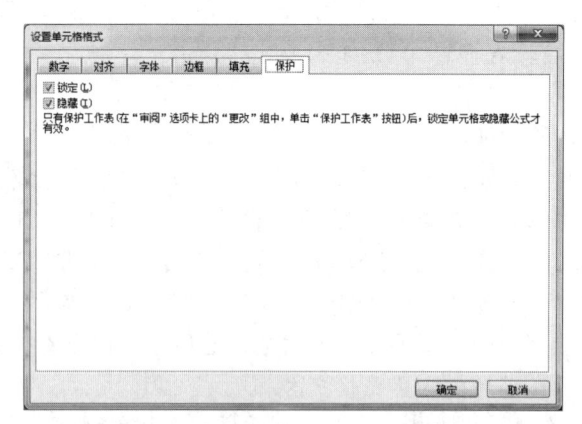

图 4-97　"保护工作表"对话框　　　　图 4-98　"保护工作表"对话框

（4）屏幕上出现一个"确认密码"对话框，重新输入一次密码，如图 4-99 所示。单击"确定"按钮，完成公式的保护。设置后，选择保护的单元格，在编辑栏看不到其中的公式，只能看到单元格中公式的值。

取消公式的保护操作步骤如下：

1）在"审阅"选项卡的"更改"组，单击"撤消工作表保护"按钮，如保护工作表时设置了密码，则会打开"撤消工作表保护"对话框，如图 4-100 所示，要求输入正确密码，单击"确定"按钮，则撤消成功。

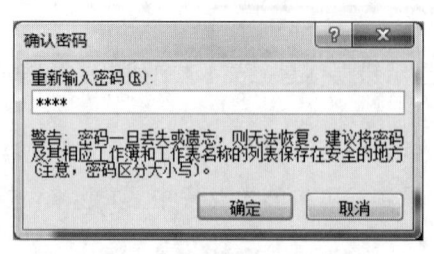

图 4-99　"确认密码"对话框　　　　图 4-100　"撤消工作表保护"对话框

2）按组合键 Ctrl+1，打开"设置单元格格式"对话框，选择"保护选项卡"，单击"隐藏"复选框，取消勾选，单击"确定"按钮。

6. 公式的显示与隐藏

默认情况下，在单元格中输入公式完成后，单元格内显示公式的值。如需在单元格中显示公式，则可按 Ctrl+~组合键在公式与公式值间转换。

7. 复制公式

在工作表中常常有一些相邻的单元格中需要使用类似的公式，如本节实例中计算学生的总分、平均分等。如重复在多个单元格中输入类似的公式很浪费时间，可以复制公式到目标单元格中，从而避免重复输入公式，也可以拖动"填充柄"，覆盖需要公式的单元格，实现公式的复制。

8. 编辑公式

编辑公式与编辑其他单元格中的内容类似。双击单元格，直接在单元格中输入更改的内容，然后按 Enter 键。或选中单元格，单击编辑栏，输入更改的内容，然后单击编辑栏上的"输入"✓按钮。

9. 单元格的相对引用

在公式中直接使用单元格地址，如 A1、G4、J27，这些都是单元格的相对引用。Excel 默认情况下，公式使用相对引用。当公式内相对引用的单元格的数据发生改变，公式的结果也随之改变；如果将公式复制到其他单元格，公式中的相对引用会自动改变。复制得到的公式中相对引用的单元格地址行号、列号，与公式所在单元格地址行号、列号的偏移量是一致的。

如单元格 D4 中公式为=sum(A1:B2)，复制到 E5 中则公式变为=sum(B2:C3)，各偏移量情况请见表 4-8。

表 4-8 相对引用偏移量

	源公式			复制后的公式		
	公式所在单元格	引用的单元格	偏移量	公式所在单元格	引用的单元格	偏移量
列号	D	A	3	E	B	3
列号	D	B	2	E	C	2
行号	4	1	3	5	2	3
行号	4	2	2	5	3	2

操作实例：单元格 C1 中公式为=A1+B1，如将公式复制到单元格 C2，C2 中的公式将自动调整为=A2+B2，如图 4-101 所示。如果将 A1、A2、B1、B2 单元格分别输入 10、60、50、-30，则 C1、C2 中的值分别为 60、30，如图 4-102 所示。

图 4-101 公式的复制　　　　图 4-102 显示结果

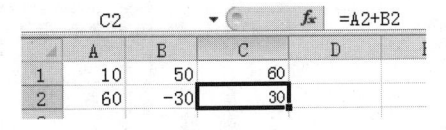

10. 单元格的绝对引用

单元格的绝对引用（例如 $A$1）总是指向位置引用单元格。如果公式所在单元格的位置改变，绝对引用保持不变。如果多行或多列地复制公式，绝对引用将不作调整。

例如，单元格 B2 中公式为=$A$1+$A$2，如将公式复制到单元格 B3，还是=$A$1+$A$2，如公式复制到单元格 C3，还是=$A$1+$A$2，如图 4-103 所示。

	A	B	C
1			
2		=$A$1+$A$2	
3		=$A$1+$A$2	=$A$1+$A$2
4			

图 4-103　单元格绝对引用的复制

操作实例：素材为"Photoshop 成绩表.xlsx"，如图 4-104 所示成绩单表，学生总评成绩=平时作业×40%+考勤×10%+期末成绩×50%，平时作业、考勤和期末成绩所占总评成绩的百分比分别放置在 E6、G6 和 I6 单元格，利用公式计算出每位学生的总评成绩。

图 4-104　计算学生总评成绩

因平时作业、考勤和期末成绩所占总评成绩百分比对每个学生来讲都是一样，在复制计算机总评成绩计算公式后不能发生变化，所以在总评公式中需用绝对引用来表示。而每个学生的平时作业、考勤和期末成绩是因人而异，所以采用相对引用。

在单元格 J9 中输入计算第一个学生总评成绩公式为=AVERAGE(D9:F9)*$E$6+H9*$G$6+I9*$I$6。

其他学生的总评成绩可利用填充柄实现公式复制得到。操作方法为将鼠标指向 J9 右下角的填充柄，按住鼠标左键垂直拖动到最后一个学生总评单元格，即得每位学生总评分。

11. 单元格的混合引用

混合引用具有绝对列和相对行，或是相对列和绝对行。$A1、$B2 为绝对引用列相对引用行；A$1、B$2 为相对引用列绝对引用行。如果公式所在单元格的位置改变，则相对引用改变，而绝对引用不变。如果多行或多列地复制公式，相对引用自动调整，而绝对引用不作调整。

例如：如果 C1 中的混合引用=$A1+B$1 复制到 B3，它将调整为=$A2+B$1，复制到 C2 将调整为=$A2+B$1。如图 4-105 所示。

	A	B	C
1			=$A1+B$1
2			=$A2+B$1

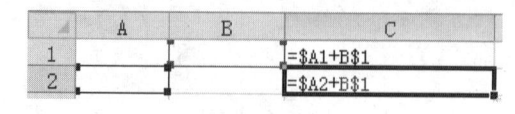

图 4-105　单元格的混合引用的复制

12. R1C1 引用样式

上面所提到单元格引用称为 A1 引用样式，在 Excel 2010 中也可以使用 R1C1 引用样式引用单元格或单元格区域。在 R1C1 样式中，Excel 指出了行号在 R 后而列号在 C 后的单元格的位置。R1C1 引用样式对于计算位于宏内的行和列很有用，如表 4-9 所示。

注：宏是可用于自动执行任务的一项或一组操作。

表 4-9　R1C1 引用

引用	含义
R[-3]C	对在同一列、上面三行的单元格的相对引用。（相对单元格引用：在公式中，基于包含公式的单元格与被引用的单元格之间的相对位置的单元格地址。如果复制公式，相对引用将自动调整。相对引用采用 A1 样式。）
R[3]C[3]	对当前单元格在下面三行、右面三列的单元格的相对引用
R2C3	对在工作表的第二行、第三列的单元格的绝对引用。（绝对单元格引用：公式中单元格的精确地址，与包含公式的单元格的位置无关。绝对引用采用的形式为 $C$2。）
R[-1]	对活动单元格整个上面一行单元格区域的相对引用
R	对当前行的绝对引用

当录制宏时，Excel 将使用 R1C1 引用样式录制命令。

打开或关闭 R1C1 引用样式的操作方法为：单击"文件"选项卡的"选项"命令，打开"Exce 选项"对话框，单击"公式"选项卡，如图 4-106 所示。单击选择或取消选择"R1C1 引用样式"复选框，可打开或关闭 R1C1 引用样式。

图 4-106　"Excel 选项"对话框的"公式"选项卡

13. 函数的输入

输入函数的方法常用有两种：一是直接在单元格中输入；二是利用"插入函数"的方法输入。

Excel 提供有"公式记忆式键入"，可帮助用户轻松地创建和编辑公式，并将键入错误和语法错误减到最少。当键入=（等号）和开头的几个字母或显示触发字符之后，编辑栏的名称框会显示函数名,单击名称框右侧的箭头,显示函数列表,如图 4-107 所示,可单击选择函数;Excel 也会在单元格的下方显示一个动态下拉表,如图 4-108 所示,该列表中包含与这几个字母或该触发字符相匹配的有效函数、参数和名称。双击要使用的函数,则将此函数插入到公式中。

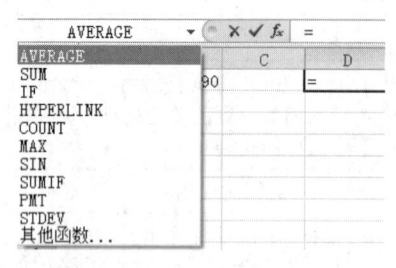

图 4-107　名称框的函数列表　　　　　图 4-108　"插入函数"对话框

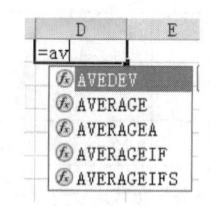

利用编辑栏上的或"公式"选项卡中的"插入函数"按钮 f_x,打开"插入函数"对话框,可帮助用户输入工作表函数。在公式中输入函数时,"插入函数"对话框将显示函数的名称、其各个参数、函数及其各个参数的说明、函数的当前结果以及整个公式的当前结果。

操作实例:在一个新的工作表的 A2 到 D2 中,分别输入 80、90、70、60,利用函数在单元格 E2 中计算出四个的平均值。

操作步骤:

(1)先在 A2 到 D2 四个单元格中,分别输入 80、90、70、60。

(2)插入点定位在 E2 单元格中。

(3)单击编辑栏中的"插入函数"按钮 f_x,系统弹出"插入函数"对话框,如图 4-109 所示。

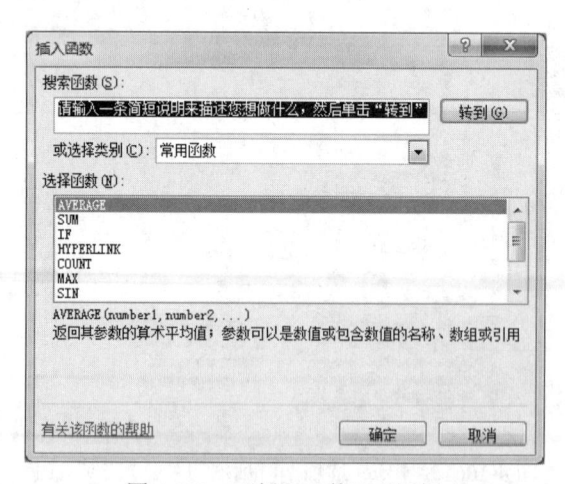

图 4-109　"插入函数"对话框

提示:如果不确定要使用哪一个函数,可以在"搜索函数"框中输入对所需函数的说明(例如,键入"数值相加"会返回 SUM 函数),或者浏览"或选择类别"框中的分类。

(4)从"选择函数"下拉列表框中选择 AVERAGE 函数,打开"函数参数"对话框,Excel 已自动将 E2 左侧有数据的单元格区域填充在参数 Number1 框中,如图 4-110 所示。

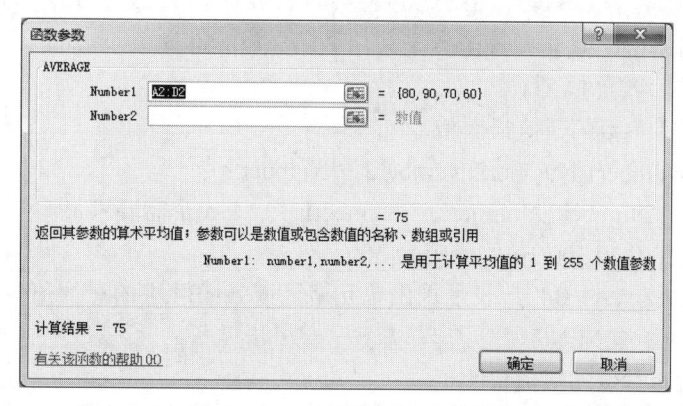

图 4-110 "函数参数"对话框

提示：若要将单元格引用作为参数输入，可单击"压缩对话框" 以临时隐藏对话框，在工作表上选择单元格，然后按"展开对话框" 。

（5）单击"确定"按钮，输入完成。

提示：插入函数的快捷键为 Shift+F3。

14. 常用函数

函数是一些预定义的公式，通过使用一些称为参数的特定数值按特定的顺序或结构执行计算。例如，SUM（A1:A3）函数可将单元格 A1、A2 和 A3 中的数字相加求和。

Excel 的函数包括函数名称和参数两部分。函数的参数可以是数字、文本、逻辑值（如 TRUE 或 FALSE）、数组、错误值（如 #N/A）或单元格引用、公式或其他函数。

（1）求和函数 SUM()。

功能：返回所有参数的和。

语法：SUM(Number1,Number2,Number3,…Number n)

参数：Number1,Number2,Number3,…Number n 为 1～n 个需要求和的参数。

操作实例：如图 4-111 所示数据，如在单元格 A5 中计算出 A1、A2、A3、C1 和 C2、C3 单元格数据的和。可在 A5 中输入公式为"=sum(A1:A3,B1:B3)"，结果为 286。

操作实例：如一单元格中输入=sum(100,20,-10,100)，默认情况下，按 Enter 键，单元格中即显示 sum 中四个参数的和 210。

（2）求平均值函数 AVERAGE()。

功能：返回所有参数的平均值。

语法：AVERAGE(Number1,Number2,Number3,…Number n)

参数：Number1,Number2,Number3,…Number n 为 1～n 个需要求平均值的参数。

例：如图 4-112 所示数据，在 B5 中输入"=AVERAGE(A1:B3)"，则在单元格 A5 中计算出单元格区域 A1:B3 中数值的平均值。

图 4-111　数据　　　　　　　　　　图 4-112　计算平均值

例：AVERAGE（20,30,50）该函数是求出 20、30 和 50 这三个数的平均值。

（3）求最大值函数 MAX()。

功能：返回所有参数的数值最大值。

语法：MAX(Number1,Number2,Number3,…Number n)

参数：Number1,Number2,Number3,…Numbern 为 1～n 个需要求最大值的参数。

例：MAX(10,100,-20,300,30)的值应为 300。

例：公式 =MAX（A1:B4），表示求出单元格区域 A1:B4 中的最大值。

（4）求最小值函数 MIN()。

功能：返回所有参数的数值最小值。

语法：MIN(Number1,Number2,Number3,…Number n)

参数：Number1,Number2,Number3,…Number n 为 1～n 个需要求最小值的参数。

例：公式 =MIN(A1:B4)，表示求出单元格区域 A1:B4 中的最小值。

例：函数 MIN(100,200,-10,90)值为-10。

（5）判断函数 IF()。

功能：执行真假值判断，根据逻辑计算的真假值，返回不同结果。可以使用函数 I 对数值和公式进行条件检测。

语法：IF(Logical-test,Value-if-true,value-if-false)

参数：logical-test 是计算结果为 True 或 False 的数值或表达式；当 logical-test 为 True 时 IF 函数的返回值是 Value-if-true，logical-test 为 False 时 IF 函数的返回值是 value-if-false。如果 Value-if-true 和 value-if-false 参数省略，则 logical-test 的值即为 IF 函数的返值。

操作实例：如图 4-113 所示数据，在 C 列显示各位学生某门课程笔试是否通过情况。笔试成绩大于或等于 60 即为通过，否则不通过。C3 中公式为=if(B3>=60,"是","否")，因 B3 中值为 90，B3>=60 值为 True，则 IF 函数返回值应为是，C3 中显示值应为是。

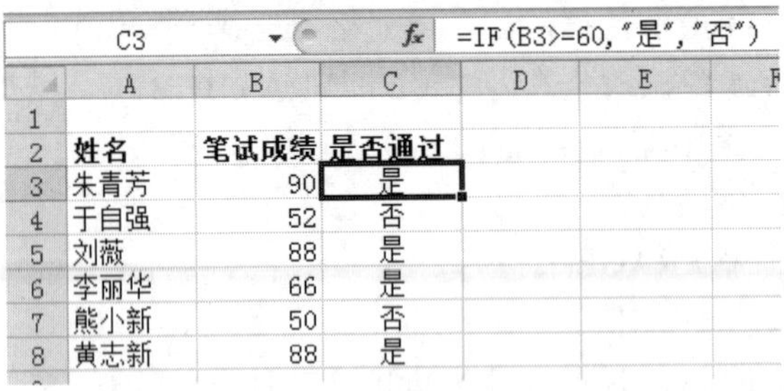

C3 =IF(B3>=60,"是","否")

	A	B	C	D	E	F
1						
2	姓名	笔试成绩	是否通过			
3	朱青芳	90	是			
4	于自强	52	否			
5	刘薇	88	是			
6	李丽华	66	是			
7	熊小新	50	否			
8	黄志新	88	是			

图 4-113　应用 IF 函数

操作实例：使用素材为“Photoshop 成绩表.xlsx”，计算出各学生成绩的等级。如总评成绩 >=90 则为 A；小于 90 但大于或等于 80 则为 B；小于 80 但大于或等于 70 为 C；小于 70 但大于或等于 60 为 D，其他为 F。

操作步骤：1）在总评列后添加等级列，在第一学生等级单元格 K9 中输入下面的公式 =IF(J8>=90,"A",IF(J9>=80,"B",IF(J9>=70,"C",IF(J9>=60,"D","F"))))，如图 4-114 所示。

2）利用填充柄向下拖动，求出其他学生的等级。

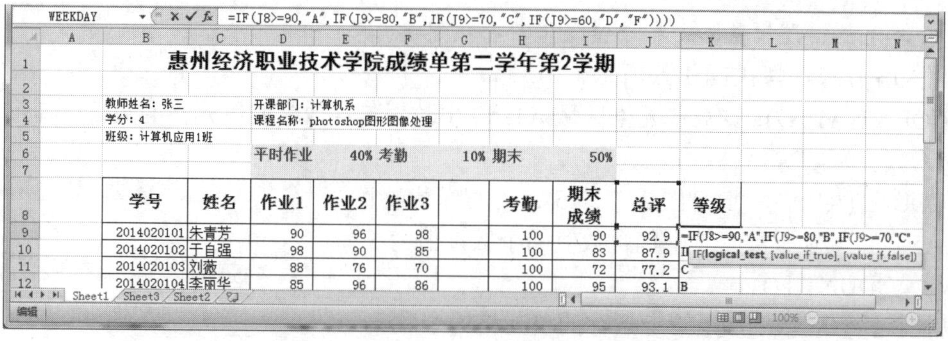

WEEKDAY =IF(J8>=90,"A",IF(J9>=80,"B",IF(J9>=70,"C",IF(J9>=60,"D","F"))))

惠州经济职业技术学院成绩单第二学年第2学期

教师姓名：张三　开课部门：计算机系

学分：4　课程名称：photoshop图形图像处理

班级：计算机应用1班

平时作业 40% 考勤 10% 期末 50%

学号	姓名	作业1	作业2	作业3		考勤	期末成绩	总评	等级
2014020101	朱青芳	90	96	98		100	90	92.9	=IF(J8>=90,"A",IF(J9>=80,"B",IF(J9>=70,"C",
2014020102	于自强	98	90	85		100	83	87.9	IF(logical_test, [value_if_true], [value_if_false])
2014020103	刘薇	88	76	70		100	72	77.2	C
2014020104	李丽华	85	96	86		100	95	93.1	B

图4-114　计算等级

注意：在计算等级的公式中，表示各等级的字符一定要用半角双引号引住即表示为字符常量。

（6）排位函数RANK.EQ()。

功能：返回一个数值在一列数值中相对于其他数值的大小排名。

语法：RANK.EQ (Number, Ref, Order)

参数：Number为需要排位的数字；Ref为要排位的数据序列，可以是数字列表或对数字列表的引用。Ref中的非数值型参数将被忽略。Order为一数字，指明排位的方式。如果Order为0（零）或省略，Microsoft Excel对数字的排位是基于Ref按照降序排列。如果Order不为零，Microsoft Excel对数字的排位是基于Ref按照升序排列。

操作实例：如图4-115所示数据，在D列显示6位学生某门课程笔试排名。D3中公式为=RANK.EQ(B3,$B$3:$B$8,0)，即计算B3中数值在B3:B8数据列的排名。

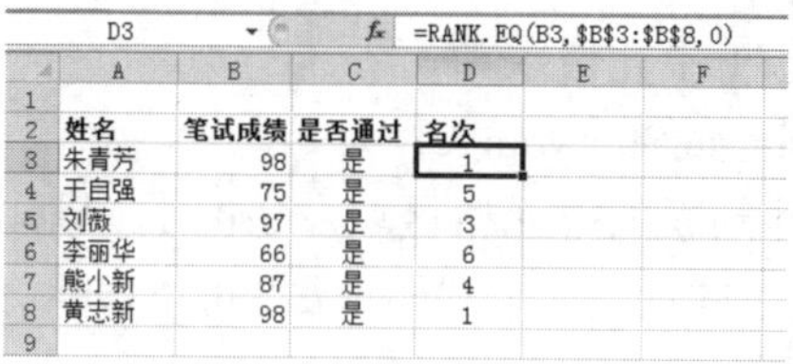

D3 =RANK.EQ(B3, $B$3:$B$8, 0)

姓名	笔试成绩	是否通过	名次
朱青芳	98	是	1
于自强	75	是	5
刘薇	97	是	3
李丽华	66	是	6
熊小新	87	是	4
黄志新	98	是	1

图4-115　成绩排名

注意：B3:B8在公式中采用绝对引用$B$3:$B$8。

说明：函数RANK.EQ()对重复数的排位相同，但重复数的存在将影响后续数值的排位。上例成绩98出现两次，其排位为1，则97的排位为3（没有排位为2的数值）。

（7）COUNT()。

功能：返回包含数字以及包含参数列表中数字的单元格的个数。利用函数COUNT可以计算单元格区域或数字数组中数字字段的输入项个数。

语法：COUNT (Value1,value2,...)

参数：Value1, value2, ...为包含或引用各种类型数据的参数（1到30个）。

说明：

- 函数COUNT在计数时，将把数字、日期、或以文本代表的数字计算在内；但是错误值或其他无法转换成数字的文字将被忽略。
- 如果参数是一个数组或引用，那么只统计数组或引用中的数字；数组或引用中的空白单元格、逻辑值、文字或错误值都将被忽略。

操作实例：数据如图 4-116 所示。

=COUNT(A1:A7)：计算单元格区域 A1:A7 中数据包含数字的单元格的数目，值为 4。（日期也作为数字）。

=COUNT(A1:A5，"D","F",2，-23.5)：计算单元格区域 A1:A5 以及其他参数列表中包含数值的个数，值为 5。

	A	B	C	D
1	年龄		80	one
2	30		90	two
3	89		890	there
4	#DIV/0!		84	one
5	-65			five
6			80	
7	2013/2/1		76	my

图 4-116　数据

（8）COUNTIF()。

功能：计算区域中满足给定条件的单元格的个数。

语法：COUNTIF (Range,Criteria)

参数：Range 为需要计算其中满足条件的单元格数目的单元格区域；Criteria 为确定哪些单元格将被计算在内的条件，其形式可以为数字、表达式、单元格引用或文本。例如，条件可以表示为 62、"85"、">100"、"apples" 或 A3。

操作实例：数据如图 4-116 所示。

=COUNTIF(C1:C7,80)：该公式是计算出单元格 C1 到 C7 中值为 80 的单元格个数，值为 2。

=COUNTIF(C1:C7,">=80")：该公式是计算出单元格 C1 到 C7 中值大于或等于 80 的单元格个数，值为 3。

=COUNTIF(D1:D7,D1)：该公式是计算出单元格 D1 到 D7 中值等于 D1 中值的单元格个数，值为 2。

=COUNTIF(D1:D7,"four")：该公式是计算出单元格 D1 到 D7 中数据为“four”的单元格个数，值为 0。

（9）SUMIF()。

功能：根据指定条件对若干单元格求和。

语法：SUMIF (Range,Criteria,Sum_range)

参数：Range 为用于条件判断的单元格区域。Criteria 为确定哪些单元格将被相加求和的条件，其形式可以为数字、表达式或文本。例如，条件可以表示为 82、"82"、">200"或"apples"。Sum_range 是需要求和的实际单元格。

说明：只有在区域中相应的单元格符合条件的情况下，sum_range 中的单元格才求和。如果忽略了 sum_range，则对区域中的单元格求和。

操作实例：数据如图 4-117 所示，在单元格 B14 中计算出所有女职工收入总和，在 B15 中计算出男职工收入总和。

B14　fx =SUMIF($B$4:$B$12,"女",$C$4:$C$12)

	A	B	C	D	E
3	姓名	性别	薪水		
4	王明	男	3500		
5	李丽	女	5600		
6	张和	男	3800		
7	刘勇利	女	4000		
8	曾强	男	8000		
9	李小小	女	7500		
10	赵阳	男	6800		
11	牛明芳	女	5700		
12	蔡江南	男	6900		
13					
14	女职工薪水汇总：	22800			
15	男职工薪水汇总：	29000			

图 4-117　计算收入数据

操作方法：1）将插入点定位在 B14 单元格中，输入"=SUMIF($B$4:$B$12,"女",$C$4:$C$12)"，按 Enter 键。即在 B14 单元格中显示"22800"。

2）鼠标指向单元格 B14 的填充柄，将公式拖动复制到单元格 B15，将公式中的"女"改为"男"，即公式为"=SUMIF($B$4:$B$12,"男",$C$4:$C$12)"，按 Enter 键。即在 B15 单元格中显示"29000"。

15. 自动求和按钮

在 Excel "开始"选项卡的"编辑"组有一个"自动求和"按钮 Σ，在"公式"选项卡中也有"自动求和"按钮 Σ，公式选项卡如图 4-118 所示。其功能为对列或行方向上相邻的单元格自动求和，其实际代表求和函数 SUM()。

图 4-118 "公式"选项卡

单击 Σ 右侧的向下箭头，在打开的下拉列表中，也可选择其他的函数，如最大值、平均值、最小值或其他函数，如图 4-119 所示。

操作实例：行相邻单元格求和。在单元格 G2 中求出 B2:F2 单元格区域的和。

操作方法为：单击选择 G2 单元格，如图 4-120 所示，然后单击"自动求和"按钮 Σ，按 Enter 键，在 G2 单元格显示出 B2:F2 的和。选择 G2 单元格，这时编辑栏中显示公式为 =SUM(B2:F2)。

图 4-119 "自动求和"按钮的下拉列表

图 4-120 选择 G2 单元格

操作实例：列相邻单元格求最大值。在单元格 B7 中求出 B2:B6 数据中的最大值，数据如图 4-121 所示。

操作方法：选中单元格 B7，然后单击"自动求和"按钮 Σ 下方的箭头，在弹出的下拉菜单中单击"最大值"，这时如图 4-121 所示，然后按 Enter 键，即求出最大值。

图 4-121 数据及求最大值

4.5 对"Photoshop成绩表"进行页面设置

主要学习内容：
- 设置纸张大小、页边距、设置页眉和页脚
- 设置打印标题、打印区域
- 设置工作区网格线和行列标题的显示与打印

一、操作要求

在打印工作表之前，通常要进行页面设置，主要设置纸张、页边距、页眉和页脚、打印标题等。如果工作表中部分行或列不打印出来，可通过设置隐藏来实现。

本例素材为"Photoshop成绩表.xlsx"工作簿，主要设置要求如下：

（1）设置表标题为黑体，字号18，加粗，在单元格B1:L1跨列居中。表标题在"单"字后换行，如图4-122所示。设置表标题行高为55。

计算机1班Photoshop成绩表

惠州经济职业技术学院成绩单第二学年第2学期

教师姓名：张三　　　开课部门：计算机系
学分：4　　　　　　课程名称：photoshop图形图像处
班级：计算机应用1班

学号	姓名	作业1	作业2	作业3	考勤	期末成绩	总评	等级	名次
2014020101	朱青芳	90	96	98	100	90	92.9	A	7
2014020102	于自强	98	90	85	100	83	87.9	A	16
2014020103	刘薇	88	76	70	100	72	77.2	C	22
2014020104	李丽华	85	96	86	100	95	93.1	B	5
2014020105	熊小新	96	50	56	56	50	57.5	A	28
2014020106	黄志新	85	86	89	98	76	82.5	B	21
2014020107	黄澜丽	89	95	85	100	95	91.1	B	12
2014020108	张军	89	96	87	98	95	93.5	A	4
2014020109	蒋佳喻	88	76	89	100	95	91.2	A	10
2014020110	何勇强	85	96	86	100	76	83.6	A	19
2014020111	宋泽宇	96	95	88	95	78	89.8	B	13
2014020112	林汪	78	96	100	98	86	89.3	B	14
2014020113	江树明	98	98	76	95	56	73.8	C	24

第1页，共2页

图4-122　打印预览效果图

（2）设置列标题为宋体13号、加粗、居中对齐，设置列标题行行高为35；成绩表中其他各行行高为22。

第 4 章　Excel 2010 的使用

（3）姓名和学号列两列列宽均为 14，成绩表中其他列列宽均为 10。
（4）设置成绩表中所有数据水平和垂直均居中显示。
（5）为成绩表添加细边框线，列标题底线为双细线，效果如图 4-122 所示。
（6）设置纸张方向为"横向"，大小为"A4"，上下页边距均为 1.3cm，左右页边距均为 1.5cm，工作表在水平、垂直方向上均居中对齐；页眉内容为"计算机 1 班 Photoshop 成绩表"，居中显示；页脚为"第 1 页，共？页"，居中对齐；设置打印标题为行 1 至 8。
（7）在学号为"2014020114"的数据行上插入分页符。
（8）预览打印效果，保存文档。
设置完成后，其打印预览效果如图 4-122 所示。

二、操作过程

1．设置表标题格式及行高

打开素材文件"Photoshop 成绩表.xlsx"工作簿。单击 Sheet1 中 B1 单元格，在"开始"选项卡中"字体"组，选择黑体，设置字号为 18，单击"加粗"按钮 **B**；选择单元格区域 B1:L1，按组合键 Ctrl+1 打开"设置单元格格式"对话框，在"对齐"选项卡的"水平对齐"下拉列表中选择"跨列居中"，如图 4-123 所示，单击"确定"按钮。插入点移至"单"字后，按 Alt+Enter 组合键，使"单"后的文本换至下一行。如图 4-122 所示。

图 4-123　"对齐"选项卡

设置表标题行高：右击行号 1，打开快捷菜单，选择"行高"命令。打开"行高"对话框，输入行高为"55"，如图 4-124 所示，单击"确定"按钮。

2．设置列标题格式及行高

选择列标题单元格区域 B8:L8，在"字体"组中选择字体为宋体，在字号框中输入 13，单击"加粗"按钮、"居中"按钮和"垂直居中"按钮。

设置列标题行高：行高右击表格"列标题"所在行行号 8，打开快捷菜单，选择"行高"命令。打开"行高"对话框，输入行高为"35"，单击"确定"按钮。再单击行号 9，并按住鼠标左键拖选到数据区最后一行行号 36。在选区上右击，打开快捷菜单，选择"行高"命令。打开"行高"对话框，输入行高为"22"，单击"确定"按钮。

3. 设置列宽

单击"学号"所在列号 B 并拖动选择至"姓名"列，即 C 列，在选区上右击，选择"列宽"命令。打开"列宽"对话框，输入行高为"14"，如图 4-125 所示，单击"确定"按钮。选择其他的数据列，同样方法设置列宽 10。

图 4-124　"行高"对话框　　　　　　　　图 4-125　"列宽"对话框

4. 设置数据对齐方式

选择单元格区域 B8:L36，然后在"开始"选项卡的"对齐方式"组，分别单击"居中"按钮和"垂直居中"按钮。

5. 添加表格线

选择单元格区域 B8:L36，单击"开始"选项卡的"字体"组，单击"边框"按钮，在打开的"边框"菜单中单击"所有框线"。选择单元格区域 B8:L8，单击"边框"按钮，在打开的"边框"菜单中单击"双底框线"，设置好列标题下框线。

6. 页面设置

打开"页面布局"选项卡，如图 4-126 所示。在"页面设置"组单击"对话框启动器"按钮，打开"页面设置"对话框，单击"页面"选项卡，在"方向"栏中选择"横向"单选按钮，在"纸张大小"下拉列表框中选择 A4，如图 4-127 所示。

图 4-126　"页面布局"选项卡

单击"页面设置"对话框中的"页边距"选项卡，分别在"上"、"下"、"左"、"右"数值框中输入 1.3 和 1.5，选择"居中方式"中的"水平"和"垂直"复选框，如图 4-128 所示。

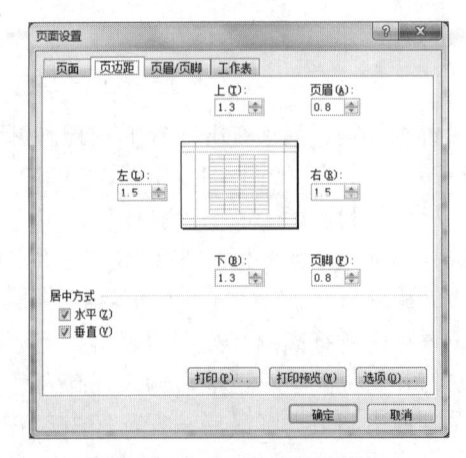

图 4-127　"页面"选项卡　　　　　　　　图 4-128　"页边距"选项卡

单击"页面设置"对话框中的"页眉/页脚"选项卡，如图 4-129 所示。单击"自定义页眉"，系统弹出"页眉"对话框，在"中"文本框中输入"计算机 1 班 Photoshop 成绩表"，如图 4-130 所示，单击"确定"按钮。在"页脚"下拉列表框中选择"第 1 页，共 ? 页"，如图 4-131 所示。

图 4-129 "页眉/页脚"选项卡　　　　图 4-130 "页眉"对话框

单击"工作表"选项卡，单击"顶端标题行"后的文本框，在工作表中按住鼠标左键，在行号 1～8 上拖动选择行 1:8，在"顶端标题行"文本框中显示为$1:$8，如图 4-132 所示；也可直接在文本框输入$1:$8，单击"确定"按钮，关闭"页面设置"对话框。

图 4-131 设置"页脚"　　　　图 4-132 "工作表"选项卡

7. 插入分页符

单击学号为 2014020114 学生行行号 22，在"页面布局"选项卡的"页面设置"组中，单击"分隔符"按钮下方箭头，打开工具菜单，如图 4-133 所示。单击选择"插入分页符"命令，即在当前行上添加了分页符，打印工作表时，Excel 会从此行前分页。

8. 打印预览

在"文件"选项卡中，单击"打印"命令，可以看到

图 4-133 "分隔符"工具菜单

打印预览效果，如图 4-134 所示。浏览设置效果，符合要求可单击"打印"按钮 进行打印；如不合适，可在此对话框中修改各项设置。

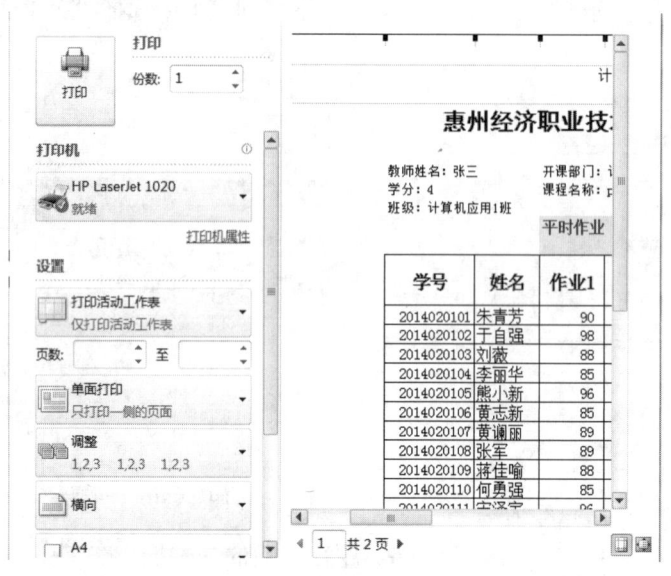

图 4-134 打印预览

9. 保存文档

单击快速启动栏上的保存按钮 ，保存文档。

三、知识技能要点

1. 设置页面

基本页面设置项都在"页面布局"选项卡的"页面设置"组中，如图 4-135 所示。

单击"页面设置"组的"对话框启动器"按钮 ，打开"页面设置"对话框，如图 4-136 所示，该对话框包括"页面"、"页边距"、"页眉/页脚"和"工作表"四个选项卡。

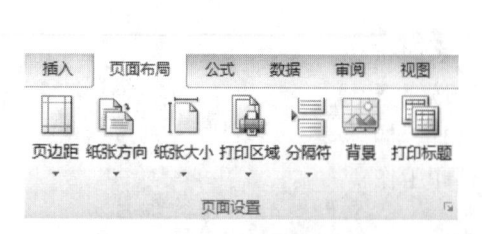

图 4-135 "页面设置"组

图 4-136 "页面设置"对话框

在"页面"选项卡中，各项的作用和含义如下：

(1)"方向"栏：设置数据在打印纸上的打印方向，可选择"纵向"或"横向"，默认值为纵向。

(2)"缩放"栏：设置工作表打印的缩放比例。选择"缩放比例"项，则指定工作表的缩放比例。选择"调整为"项，则设置工作表的打印缩放是以页为单位。

(3)"纸张大小"下拉列表框：可设置打印所需的纸张大小，现常用纸型有 A4、B5 等。

(4)"打印质量"下拉列表框：可设置工作表的打印质量。

(5)"起始页码"：设置起始打印的工作表页码。输入"自动"则从工作表第一页开始打印，如果打印不是从第一页，可输入数字以指定除 1 之外的其他起始页码。

2. 设置页边距

打印工作表时，打印纸的上、下、左和右都留有一定的空白，这就是页边距。设置页边距是在"页面设置"对话框中的"页边距"选项卡中完成，也可通过"页面设置"组的"页边距"按钮 来设置。"页边距"选项卡如图 4-137 所示。其各项设置和含义如下：

(1)上、下、左、右框：调整"上"、"下"、"左"、"右"框中的尺寸可指定工作表内容与打印页面边缘的距离，即设置上、下、左、右页边距。

(2)"页眉"和"页脚"："页眉"框中的数字可调整页眉与页面顶端的距离；"页脚"框中的数字可调整页脚与页面底端的距离。该距离应小于页边距设置，以避免页眉或页脚与数据重叠。

在文档中，一般每个页面的顶部区域称为页眉，每个页面的底面区域称为页脚。"页眉"或"页脚"常用于显示文档的附加信息，如时间、公司徽标、文档标题、文件名或作者姓名、页码等。

(3)"居中对齐"：选择"水平"或"垂直"复选框，可设置工作表在相应方向上居中打印。若同时选择这两个复选框可在工作表两个方向上均居中打印。

3. 设置页眉和页脚

页眉是在一页"上页距"内所打印的内容，页脚是在一页"下页距"内所打印的内容。页眉和页脚的内容设置在"页面设置"对话框中的"页眉/页脚"选项卡中完成。"页眉和页脚"选项卡如图 4-138 所示。其各项设置和含义如下：

图 4-137 "页边距"选项卡 　　　　　　　图 4-138 "页眉/页脚"选项卡

（1）"页眉"：在"页眉"下拉框中可选择一个内置的页眉，如想设置页眉的格式或编辑该页眉，可单击"自定义页眉"按钮，在打开的"页眉"对话框中进行。如创建自定义页眉，则可直接单击"自定义页眉"按钮，打开"页眉"对话框，如图 4-139 所示，然后创建页眉。

图 4-139 "页眉"对话框

"页眉"对话框各项含义如下：
按钮：其使用方法按"页眉"对话框中的提示进行操作。
左：在该框中页眉将显示在工作表的左上角。
右：在该框中页眉将显示在工作表的右上角。
中：在该框中页眉将居中对齐。

（2）"页脚"：页脚设置与页眉设置操作方法类同。在"页脚"下拉框中可设置一个内置的页脚，如创建自定义页脚，则单击"自定义页脚"按钮，打开"页脚"对话框，如图 4-140 所示，然后创建页脚。"页脚"对话框各项含义与"页眉"对话框类同。

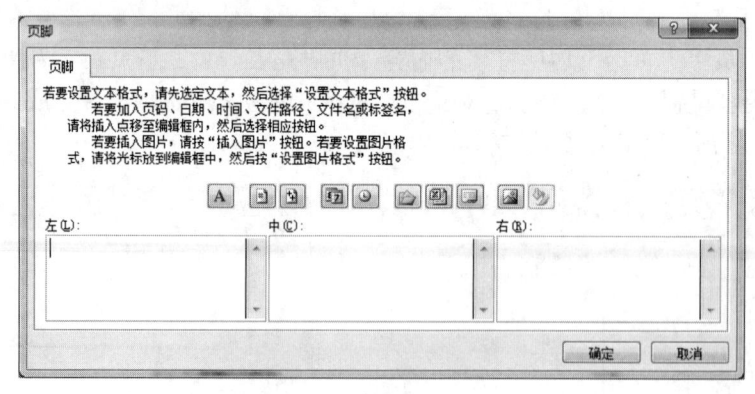

图 4-140 "页脚"对话框

4. 设置打印标题

打印标题，即在每个打印页上重复特定的行或列。如果工作表跨越多页，则可以在每一页上打印行和列标题或标签（也称作打印标题），确保正确地标记数据。操作步骤如下：

（1）选择要打印的工作表。

（2）在"页面布局"选项卡上的"页面设置"组中，单击"打印标题"按钮，打开"页面设置"对话框，显示"工作表"选项卡。

提示：如果当前正在编辑单元格，或在同一工作表上选择了图表，或者电脑没有安装打印机，则"打印标题"命令将会以灰色显示，不可用。

（3）在"工作表"选项卡上的"打印标题"下，执行下列一项或两项操作：
- 在"顶端标题行"框中，键入对包含列标签的行的引用。
- 在"左端标题列"框中，键入对包含行标签的列的引用。

例如，如要在每个打印页的顶部打印工作表的前三行，则在"顶端标题行"框中键入$1:$3；如要在每个打印页的左端打印工作表的前两列，则在"左端标题行"框中键入$A:$B。如图4-141所示。

图4-141 "工作表"选项卡

提示：可以单击"顶端标题行"框或"左端标题列"框右端的"压缩对话框"按钮，然后在工作表中选择要重复打印的标题行或列。选择完标题行或标题列后，再次单击"压缩对话框"按钮则返回到对话框。

5. 设置打印区域

在"页面设置"对话框的"工作表"选项卡中，可设置打印区域。打印区域即要打印的工作表区域。

方法一：在工作表中选择要打印的工作表区域，然后单击"页面设置"组中的"打印区域"按钮，打开工具菜单，如图4-142所示，单击"设置打印区域"，即完成设置。

方法二：单击"页面设置"组的"对话框启动器"按钮，打开"页面设置"对话框，选择"工作表"选项卡。单击"打印区域"，然后执行下列操作之一：

图4-142 "打印区域"菜单

- 在工作表区域，拖动鼠标选择要打印的工作表区域。
- 单击"打印区域"框右端的"压缩对话框"按钮，对话框以压缩方式显示，在工作表中选择打印单元格区域。完成选择后，再次单击"压缩对话框"按钮则返回到对话框。
- 直接在文本框中输入"打印区域"地址，如A1:J20。如图4-143所示。

图 4-143 设置打印区域

单击"确定"按钮，完成设置。

6. 预览工作表及打印

在工作表打印输出前，最好先打印预览，检查工作表外观是否符合要求。在 Microsoft Excel 中预览工作表时，它会在 Microsoft Office Backstage 视图中打开。在此视图中，也可以在打印之前更改页面设置和布局。

预览工作表，操作步骤如下：

（1）单击工作表或选择要预览的工作表。

（2）选择"文件"选项卡，单击"打印"。也可用键盘快捷方式按组合键 Ctrl+P。

（3）若要预览下一页和上一页，可在"打印预览"窗口的底部，单击"下一页"▶和"上一页"◀按钮。

注意：只有选择了多个工作表，或者一个工作表含有多页时，"下一页"和"上一页"才可用。若要查看多个工作表，请在"设置"下单击"打印整个工作簿"，如图 4-144 所示。

设置打印选项，如图 4-145 所示。可执行下列一项或多项操作：

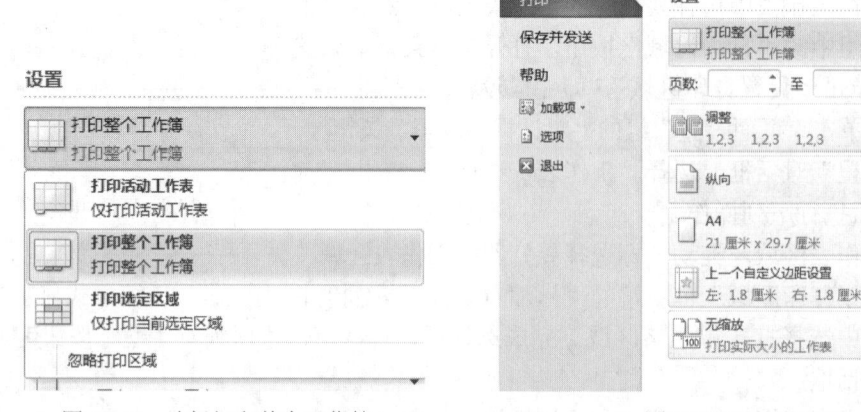

图 4-144 选择打印整个工作簿

图 4-145 打印选项

- 若要更改打印机，可单击"打印机"下的下拉框，选择所需的打印机。
- 若要更改页面设置（包括更改页面方向、纸张大小和页边距），可在"设置"下选择所需的选项。
- 若要缩放整个工作表以适合单个打印页的大小，请在"设置"下，单击缩放选项下拉框中所需的选项。
- 若要再进行页面设置，可单击右下角"页面设置"。

7. 添加、删除或移动分页符

插入分页符可以指定工作表在指定的行或列处分页打印。

查看工作簿中的所有分页符的最佳方式是在"分页预览"视图中进行。"分页预览"视图使用不同的格式显示每一种类型的分页符。在"视图"选项卡的"工作簿视图"组，如图 4-146 所示，单击"分页预览"按钮 ，工作表以"分页预览"方式显示，这样方便查看分页符。手动插入的分页符显示为蓝色实线，Excel 自动分页显示为蓝色虚线。

插入分页符的操作步骤如下：

（1）执行下面操作之一：
- 若要插入水平分页符，则选择要在其下方插入分页符的那一行。
- 若要插入垂直分页符，则选择要在其右侧插入分页符的那一列。

（2）在"页面布局"选项卡上的"页面设置"组中，单击"分隔符"，打开菜单，如图 4-147 所示，单击"插入分页符"。

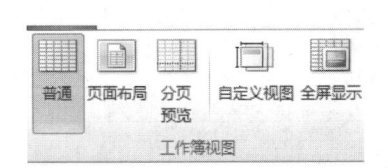

图 4-146　"工作簿视图"组　　　　图 4-147　"分隔符"菜单

取消分页符方法：

方法一：在"分页预览"视图下将分页符拖出打印区域。

方法二：操作步骤如下：

1）执行下列操作之一：
- 若要删除垂直分页符，则选择位于要删除的分页符右侧的那一列。
- 若要删除水平分页符，则选择位于要删除的分页符下方的那一行。

2）在"页面布局"选项卡上的"页面设置"组中单击"分隔符"，打开菜单，如图 4-147 所示，单击"删除分页符"。

提示：不能删除自动分页符。

若要取消所有的手动分页符，请用鼠标单击工作表的任意单元格，在"页面设置"组中，单击"分隔符"按钮，在打开的菜单中单击"重置所有分页符"。或在单元格右击，在打开的快捷菜单中选择"重置所有分页符"。

注意：在"分页预览"视图模式下，右键快捷菜单中才会显示与"分页符"相关的命令。

8. 网格线与标题

默认情况下，Excel 工作表或工作簿打印时不显示网格线和行号、列号。根据需要，可打印工作表中的网格线、行号或列号，操作步骤如下：

(1) 选择一个或多个工作表。

(2) 在"页面布局"选项卡上的"工作表选项"组中，如图 4-148 所示。执行下面之一或两项：

- 选择"网格线"下的"打印"复选框。
- 选择"标题"下的"打印"复选框。

图 4-148 "工作表选项"组

提示：上面两项的设置也可以在"页面设置"对话框的"工作表"选项卡中设置。

如将"网格线"下的"查看"复选框选择取消，则当前工作表中不显示"网格线"；如将"标题"下的"查看"复选框选中取消，则当前工作表中不显示行号和列号，如图 4-149 所示。

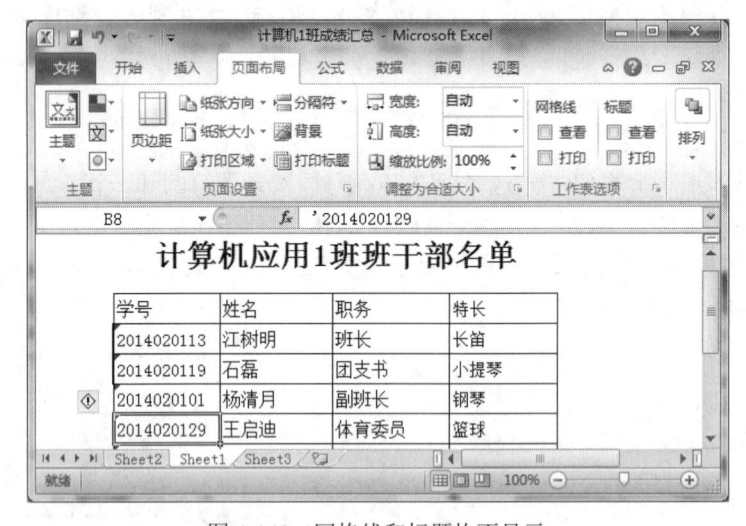

图 4-149 网格线和标题均不显示

4.6 分析"数据汇总表"中的数据

主要学习内容：

- 数据排序
- 分类汇总
- 筛选数据
- 合并计算
- 数据透视表

一、案例要求

素材为"数据汇总.xlsx"。打开"数据汇总.xlsx"工作簿，操作要求如下：

(1) 将工作表"第一学年下学期"内容全部复制到 Sheet3 表中。

(2) 删除工作表 Sheet3 中"最高分"和"最低分"行。

(3) 在工作表"第一学年上学期"中，以"总分"为主关键字，"高等数学"为次关键字，以降序方式对学生数据进行排序。

(4) 在工作表"第一学年下学期"中，以"总分"为主关键字，"人工智能"为次关键字，以降序方式对学生数据进行排序，最高分和最低分行不参与排序。

(5) 在工作表 Sheet3 中，利用"自动筛选"挑选出"密码学"大于 85 且"高等数学"大于或等于 90 的学生数据。

(6) 在工作表 Sheet4 中，挑选出各科成绩均大于或等于 85 分的学生记录，并将结果放置在 B38 开始的单元格区域，条件放在 P5 开始的单元格区域；再挑选出"高等数学"大于 90 分或"计算机学科基础"大于或等于 90 分的学生记录，结果放置在 B45 开始的单元格区域，条件放在 P9 开始的单元格区域；

(7) 在工作表 Sheet5 中，利用分类汇总，以"性别"为分类字段，求出工作表中男生和女生总人数，并将结果放置在"性别"列。

(8) 在工作表"选课情况 1"中，利用"合并计算"统计出每门"计算机类公选课"的选修人数，放置在 G4 开始的单元格区域。

(9) 在工作表"选课情况 2"中，以单元格 H4 为起始单元建立数据透视表，"报表筛选"为"学期"，"行标签"为"班级"，"列标签"为"课程名称"，"数值"为"选课人数"求和。

二、操作过程

1. 复制工作表内容

先打开素材"数据汇总.xlsx"。单击"第一学年上学期"工作表标签，切换到该工作表。单击"全选"按钮 ，选择整个工作表，按组合键 Ctrl+C 执行复制。单击 Sheet3 表标签，切换至该工作表，单击单元格 A1，再按组合键 Ctrl+V 执行粘贴，完成表内容的复制。

2. 删除工作表行

在 Sheet3 中，在行号 34 和 35 上拖曳，选择行 34、35，如图 4-150 所示。在选区上右击，打开快捷菜单，单击"删除"，即删除选中的两行。

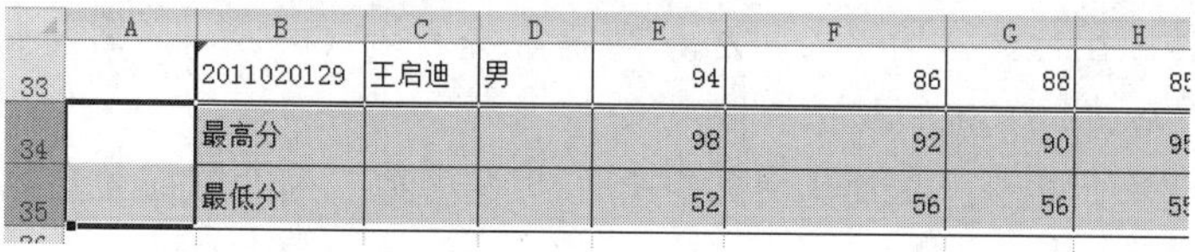

图 4-150 选中"最高分"和"最低分"行

3. 工作表"第一学年上学期"数据排序

切换至工作表"第一学年上学期"，单击学生数据区的任一单元格，在"开始"选项卡的"编辑"组，单击"排序和筛选"按钮 ，打开工具菜单，如图 4-151 所示。单击"自定义排序"，打开"排序"对话框。在"主要关键字"右侧的下拉列表，从中选择"总分"，"排序依据"为"数值"，次序为"降序"，即完成按"总分"由高到低对学生数据排序。再单击"添加条件"，增加"次要关键字"。在"次要关键字"右侧的下拉列表中选择"高等数学"，该条件的"排序依据"也为数值，"次序"也为"降序"，如图 4-152 所示。单击"确定"按钮，即按所设置条件对数据进行排序。

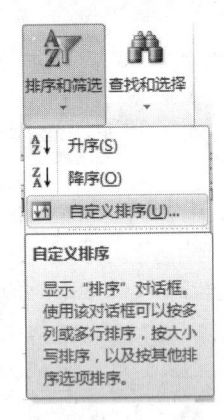

图 4-151　工具菜单　　　　　　　　图 4-152　"排序"对话框

4. 工作表"第一学年下学期"数据排序

切换到工作表"第一学年下学期"。单击 B5，再按住 Shift 键单击 L33，即选择数据区 B5:L33（不包括最高分和最低分所在行数据）。在"数据"选项卡的"排序和筛选"组，单击"排序"按钮。打开"排序"对话框，如图 4-153 进行设置，单击"确定"按钮，即按所设置条件排序数据。

图 4-153　"排序"对话框

注：如果数据区各行数据均参与排序，则不需要选择数据区，只需将插入点定位在数据区任一单元格，然后执行"排序"。

注意：本题的排序结果，总分相同的数据，是否满足"人工智能"分数大的排在前面？

5. 自动筛选

单击 Sheet3 表标签。单击选择学生数据区的任一单元格。在"数据"选项卡"排序和筛选"组，单击"筛选"按钮，各列标题中出现箭头按钮，如图 4-154 所示，即进入自动筛选状态。单击"密码学"标题右侧的箭头按钮，打开"筛选条件"菜单，如图 4-155 所示。单击"数字筛选"下的"大于"命令，Excel 打开"自定义自动筛选方式"对话框，在此设置条件，如图 4-156 所示，单击"确定"按钮。同样设置"高等数学"列的筛选条件，如图 4-157 所示，单击"确定"按钮。结果如图 4-158 所示。

图 4-154　自动筛选状态

图 4-155　自动筛选菜单

图 4-156　"自定义自动筛选方式"对话框 　　　　图 4-157　高等数学筛选条件

图 4-158　自动筛选结果

6. 高级筛选

切换至 Sheet4 工作表。①先设置高级筛选条件：选择所有课程列标题 E5:L5，按单击"剪贴板"组的"复制"按钮。单击单元格 P5，单击"剪贴板"组的"粘贴"按钮，将课程列标题复制到以 P5 开始的单元格区。输入各条件，如图 4-159 所示，条件设置完成。②选择数据区：选择单元格区域 B5:M34。③高级筛选：在"数据"选项卡"排序和筛选"组，单击"高级"按钮，打开"高级筛选"对话框，如图 4-160 所示。选择"将筛选结果复制到其他位置"；再单击"条件区域"文本框，在工作表中拖选 P5:W6 单元格区域；单击"复制到"文本框，在工作表中单击 B38 单元格，这时对话框设置如图 4-161 所示。单击"确定"按钮，完成高级筛选。筛选结果如图 4-162 所示。

	O	P	Q	R	S	T	U	V	W
5		思想品德	计算机学	大学英语	网页设计	体育	高等数学	高等代数	军训
6		>=85	>=85	>=85	>=85	>=85	>=85	>=85	>=85

图 4-159　高级筛选条件

图 4-160　"高级筛选"对话框　　　　图 4-161　"高级筛选"对话框

	A	B	C	D	E	F	G	H	I	J	K	L	M
37													
38		学号	姓名	性别	思想品德	计算机学科基础	大学英语	网页设计	体育	高等数学	高等代数	军训	总分
39		2014020102	于自强	男	85	92	86	90	90	87	87	95	712
40		2014020125	赵越	男	98	86	89	85	95	94	90	94	731

图 4-162　高级筛选结果

第二次高级筛选。①设置条件：分别复制"高等数学"和"计算机学科基础"列标题至单元格 P9、Q9。输入条件，如图 4-163 所示；②选择数据区：选择数据区 B5:M34；③高级筛选：在"数据"选项卡"排序和筛选"组，单击"高级"按钮，打开"高级筛选"对话框，参照上步，设置各条件，如图 4-164 所示，单击"确定"按钮。筛选结果如图 4-165 所示。

	P	Q
8		
9	高等代数	计算机学科基础
10	>90	
11		>=90

图 4-163　高级筛选条件　　　　图 4-164　"高级筛选"对话框

	A	B	C	D	E	F	G	H	I	J	K	L	M
43													
44													
45		学号	姓名	性别	思想品德	计算机学科基础	大学英语	网页设计	体育	高等数学	高等代数	军训	总分
46		2014020101	朱青芳	女	82	86	80	95	86	96	98	90	713
47		2014020102	于自强	男	85	92	86	90	90	87	87	95	712
48		2014020113	江树明	男	85	92	80	90	87	90	73	88	685
49		2014020114	胡小名	女	65	75	58	65	90	83	98	85	619
50		2014020115	吴存丽	女	80	86	82	75	79	89	92	86	669
51		2014020117	杨清月	女	90	90	85	85	83	83	86	83	680
52		2014020124	刘桥	男	90	90	90	56	65	66	69	90	596
53		2014020126	曾明平	男	95	85	86	67	90	75	95	92	685
54		2014020129	王启迪	男	94	86	88	85	87	92	96	84	712

图 4-165　高级筛选结果

提示：如果高级筛选的几个条件同时成立，则这些条件是且的关系，条件式输入在条件标题下方的同一行；如果几个条件只需满足其中一条，则这些条件是或的关系，则条件式应错开行输入（即输入不同行）。

7. 分类汇总

切换至 Sheet5 工作表，单击"性别"列标题单元格。在"数据"选项卡"排序和筛选"组，单击"降序"按钮，即以性别关键字降序排序数据。在"数据"选项卡"分级显示"组，单击"分类汇总"按钮，弹出"分类汇总"对话框，设置"分类字段"为性别，"汇总方式"为计数，"选定汇总项"为性别，如图 4-166 所示，单击"确定"按钮。结果如图 4-167 所示。

图 4-166 "分类汇总"对话框

图 4-167 汇总结果

提示：数据汇总前，一定要按分类字段对汇总数据排序，升序或降序均可。

8. 合并计算

切换至"选课情况 1"工作表。单击 G4 单元格。然后在"数据"选项卡的"数据工具"组，如图 4-168 所示，单击"合并计算"按钮。打开"合并计算"对话框。在"函数"下拉框中选择"求和"。单击"引用位置"文本框，然后鼠标在工作表数据区选择要合并计算的数据区域 C5:D27，所选数据区域引用地址出现在"引用位置"框内，被选中的数据区四周有闪动的框线，如图 4-169 所示。再单击"添加"按钮，将数据区引用添加到"所有引用位置"列表框中。单击选择"标签位置"中的"最左列"复选框，如图 4-170 所示，单击"确定"按钮。合并计算结果如图 4-171 所示。

图 4-168 "数据工具"组

图 4-169　选择要合并的数据

图 4-170　"合并计算"对话框

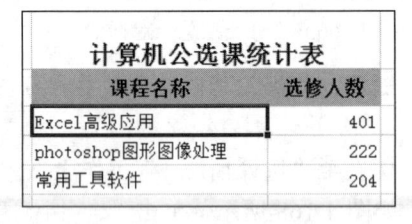

图 4-171　合并计算后结果

9. 建立数据透视表

选择工作表"选课情况 2",选择单元格 H4,单击"插入"选项卡上"表格"组的"数据透视表"按钮,显示下拉列表,如图 4-172 所示。选择"数据透视表",打开"创建数据透视表"对话框。这时光标在"表/区域"框中,在工作表中选择 B4:E27 数据区;这时系统自动设置"选择放置数据透视表位置"为 H4,如图 4-173 所示,单击"确定"按钮。

系统创建数据透视表,并打开"数据透视表字段列表"对话框,如图 4-174 所示。将"课程名称"字段拖动至"列标签"列表框中;将"班级"字段拖动至"行标签"列表框中;将"选修人数"字段拖动至"数值"列表框中;将"学期"字段拖动至"报表筛选"列表框中。这时数据透视表的显示如图 4-175 所示。完成所有操作,保存工作簿。

第 4 章　Excel 2010 的使用

图 4-172　"数据透视表"列表框

图 4-173　"创建数据透视表"对话框

图 4-174　"数据透视表字段列表"对话框

图 4-175　数据透视表

三、知识技能要点

1. 数据的排序

可以对一列或多列中的数据按文本、数字以及日期和时间按升序或降序进行排序。还可以按自定义序列（如大、中和小）或格式（如颜色、图标集等）进行排序。Excel默认是列排序，也可以按行进行排序。

排序可以依据数据中某一列（或行）或多列（或行）值进行排序，最多可以依据 64 列（或行）进行排序，即可有 64 个关键字。首先是"主要关键字"排序，当"主要关键字"相同时，依据第一个"次要关键字"排序。若第一个"次要关键字"值相同，则依据第二个"次要关键字"排序，以此类推。排序有利于管理、查找数据。

按照一列数据排序，操作步骤如下：

（1）选择单元格区域中的一列数据，或者确保活动单元格位于这列数据中。

（2）在"数据"选项卡的"排序和筛选"组中，如图 4-176 所示，执行下列操作之一：

- 按升序排序，单击 ![] "升序"。
- 按降序排序，单击 ![] "降序"。

操作实例：使用素材 EX4-6-1.xlsx，数据如图 4-177 所示。将员工数据按照年龄从大到小排序。

图 4-176 "排序和筛选"组

操作步骤：单击年龄列中任一数据单元格，如单击 E4。单击"排序和筛选"组中的"降序"按钮 ![] ，按钮，排序结果如图 4-178 所示。

	A	B	C	D	E	F	G
1				职员登记表			
2							
3		员工编号	部门	性别	年龄	籍贯	工资
4		C04	测试部	男	22	上海	1800
5		K12	开发部	男	45	陕西	4000
6		S21	市场部	男	26	山东	2300
7		S20	市场部	女	25	江西	4700
8		C24	测试部	男	37	江西	4500
9		K01	开发部	女	32	湖南	3100
10		W24	文档部	女	45	河北	5200
11		W08	文档部	男	24	广东	3200

图 4-177 排序数据

	A	B	C	D	E	F	G
1				职员登记表			
2							
3		员工编号	部门	性别	年龄	籍贯	工资
4		K12	开发部	男	45	陕西	4000
5		W24	文档部	女	45	河北	5200
6		C24	测试部	男	37	江西	4500
7		K01	开发部	女	32	湖南	3100
8		S21	市场部	男	26	山东	2300
9		S20	市场部	女	25	江西	4700
10		W08	文档部	男	24	广东	3200
11		C04	测试部	男	22	上海	1800

图 4-178 排序后

按照多列数据排序，操作步骤如下：

（1）选择两列或更多列数据的单元格区域，或者活动单元格在包含两列或更多列的表中。

（2）在"数据"选项卡的"排序和筛选"组中，单击"排序"。显示"排序"对话框，如图 4-179 所示。

（3）在"列"下的"排序依据"框中，选择要排序的第一列。

（4）在"排序依据"下，选择排序类型。执行下列操作之一：

- 若要按文本、数字或日期和时间进行排序，请选择"数值"。
- 若要按格式进行排序，请选择"单元格颜色"、"字体颜色"或"单元格图标"。

图 4-179 "排序"对话框

（5）在"次序"下，选择排序方式。执行下列操作之一：
- 对于文本值、数值、日期或时间值，选择"升序"或"降序"。
- 若要基于自定义列表进行排序，选择"自定义列表"。

（6）若要添加作为排序依据的另一列，单击"添加条件"，然后重复步骤（3）至（5）。

（7）单击"复制条件"按钮，系统会将当前的条件再复制一份作为排序依据列。

（8）要删除已添加的排序依据的列，则单击选择该条目，然后单击"删除条件"按钮。

提示：必须在列表中保留至少一个条目。

（9）若要更改列的排序顺序，请选择一个条目，然后单击"向上"或"向下"箭头更改顺序。

（10）若要在更改数据后重新应用排序，请单击区域或表中的某个单元格，然后在"数据"选项卡上的"排序和筛选"组中单击"重新应用"。

2. 分类汇总

分类汇总是对工作表中数据按照某列内容进行分类，对每类数据的某列数据进行求和或记数等操作。例如，在学生成绩表中，按性别进行分类，然后求出男、女各多少人，求出某门课程男女平均分各多少。

注意：在分类汇总前，一定要按分类字段对数据进行排序，升序降序均可。

下面以操作实例的实现，介绍分类汇总的操作步骤。

操作实例：对素材 EX4-6-2.xlsx 中 Sheet1 工作表中的数据，按楼盘进行分类，并计算出各楼盘 1 至 4 月销售总量。

操作步骤如下：

（1）单击数据区分类字段"楼盘"所在列的任一数据单元格，然后在"数据"选项卡上的"排序和筛选"组中，单击"升序"（或"降序"）。即按"楼盘"对数据进行排序。

（2）在"数据"选项卡上的"分级显示"组中，如图 4-180 所示，单击"分类汇总"按钮，显示"分类汇总"对话框。

图 4-180 "分级显示"组

（3）在"分类字段"下拉列表中，单击要分类汇总的列。本例选择"楼盘"。
（4）在"汇总方式"下拉列表中，单击要用来计算分类汇总的汇总函数。本例选择"求和"。
（5）在"选定汇总项"框中，对于包含要计算分类汇总的值的每个列，选择其复选框。本例选择"销售量"。如图 4-181 所示。
（6）单击"确定"按钮。汇总结果如图 4-182 所示。

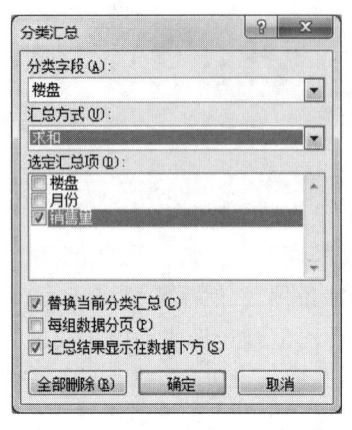

图 4-181　"分类汇总"对话框　　　　　　图 4-182　汇总结果

分类汇总后的数据会分级显示，单击行编号旁边的分级显示符号 1 2 3，可以只显示分类汇总和总计的汇总。单击 + 和 - 符号可显示或隐藏各个分类汇总的明细数据行。

3．筛选数据

Excel 筛选功能包括自动筛选和高级筛选。筛选就是根据用户设置的条件，在工作表中选出符合条件的数据。

（1）自动筛选。

自动筛选适用于简单条件，将在原数据区显示符合条件的数据行，不符合条件的数据行将被隐藏。

自动筛选的工作表一般要包含有描述列内容的列标题。执行"自动筛选"命令后，数据区的列标题右边会出现自动筛选箭头。单击自动筛选箭头，打开旁边筛选列表，可以从列表中选择系统提供的筛选条件，也可以创建自定义筛选。可以按数字值或文本值进行筛选，或按单元格颜色筛选那些设置了背景色或文本颜色的单元格。

操作实例：在 EX4-6-3.xlsx 素材中利用自动筛选功能，选出"美景花园"楼盘销售数据。

操作步骤：1）插入点定位在数据区任一个单元格，或选择数据区。

2）在"数据"选项卡的"排序和筛选"组中，单击"筛选"按钮 ，在数据区的列标题右边出现自动筛选箭头，如图 4-183 所示。

3）单击列标题"楼盘"右边的自动筛选箭头，打开筛选列表，如图 4-183 所示，选择"美景华园"，数据区立刻仅显示出楼盘为"美景华园"的数据行，其他数据行被隐藏。结果如图 4-185 所示。

自动筛选时，可在多个自动筛选下拉箭头中选择条件，这些条件为"与"关系，即只有满足所有这些条件的数据行才显示出来。

提示：再次单击"筛选"按钮 ，即移去自动筛选，显示全部数据。

图 4-183　自动筛选箭头　　　图 4-184　筛选列表　　　图 4-185　筛选结果

（2）高级筛选。

高级筛选适用于复杂条件。要执行高级筛选的数据区域必须有列标题，也要有条件区，即放置筛选条件的单元格区域，筛选出来的数据可显示在原数据区也可复制到其他单元格区域。

条件区和数据区间至少有一行（或一列）以上的空白行（或空白列）。条件区的字段名要显示在同一行不同单元格中，字段要满足的条件输在相应字段名的下方，如条件是"与"关系，则输在同一行，如是"或"关系，则输在不同行。

注：条件区字段名最好从数据区直接复制。

例如，筛选条件为"高等数学"和"专业英语"均大于 80 分，条件区的输入如图 4-186 所示；筛选条件为"高等数学"大于 80 分或"专业英语"大于 80 分，条件区的输入如图 4-187 所示。

图 4-186　"与"关系的筛选条件　　　图 4-187　"或"关系的筛选条件

高级筛选操作步骤如下：

1）建立筛选条件区。数据如图 4-188 所示。筛选条件在 G3:H4 单元格区域，字段名是从数据区中直接复制过来。条件含义为："楼盘"名为"雅乐园"且销售量大于 600。

图 4-188　数据及筛选条件

2)插入点定位在数据区的任一单元格。
3)在"数据"选项卡的"排序和筛选"组中,单击"高级",显示"高级筛选"对话框。
4)执行下面操作之一:
- 若要通过隐藏不符合条件的数据行来筛选区域,则单击"在原有区域显示筛选结果"。
- 若要通过将符合条件的数据行复制到工作表的其他位置来筛选区域,则单击"将筛选结果复制到其他位置",本例选择"将筛选结果复制到其他位置"。

5)"列表区域"即是供筛选的数据区,系统已读取正确,不必再设置,如不正确,在工作表上拖动选择数据区,或直接输入列表区域的引用地址。

6)"条件区域"即设置筛选条件区域。单击此编辑框,可直接输入条件区域的引用地址,也可用鼠标在工作区拖动鼠标选择条件区。

7)"复制到"编辑框是设置结果所放置的位置。插入点定位在此框中,然后直接在工作表中单击放置结果的左上角单元格。设置如图 4-189 所示。

8)单击"确定"按钮,完成高级筛选,筛选结果图 4-190 所示。

图 4-189 "高级筛选"对话框   图 4-190 高级筛选结果

4. 合并计算

合并计算是指可以通过合并计算的方法来汇总一个或多个源区中的数据。合并计算可以是求和、求平均值、求最大值等操作。Excel 2010 提供了两种合并计算数据的方法。
- 按位置进行合并计算:多个源区域中的数据是按照相同的顺序排列,且使用相同的行和列标签。
- 按分类进行合并计算:多个源区域中的数据以不同的方式排列,但使用相同的行和列标签。

(1)按位置进行合并计算。

操作实例:素材 EX4-6-5.xlsx 中含有一年级 2 班上学期和下学期成绩,上下学期成绩表如图 4-191 和 4-192 所示,下学期成绩表与上学期成绩表的布局完全相同,只是学生各科成绩有所不同,请利用位置合并计算,求出学生成绩一学年的平均值,并放入"一学年"工作表中。

操作步骤如下:

1)单击"一学年"表标签,切换至"一学年"工作表,单击 C4 单元格,如图 4-193 所示。即将活动单元格设置为放置合并结果的第一个单元格。

2)在"数据"选项卡"数据工具"组,如图 4-194 所示。单击"合并计算"按钮,打开"合并计算"对话框。

第4章 Excel 2010 的使用

图 4-191 上学期成绩表

图 4-192 下学期成绩表

图 4-193 "一学年"工作表

图 4-194 "数据工具"组

3）在对话框的"函数"下拉列表框中选择"平均值"。

4）合并计算的第一个数据源，单击"引用位置"编辑框，然后单击"上学期"工作表标签，选择其数据区 C4:F13，单击"添加"按钮，将选择的数据区引用添加到"所有引用位置"列表框中。

5）设置合并计算的第二个数据源，仍然单击"引用位置"框。单击"下学期"工作表标签，选择其数据区 C4:F13，单击"添加"按钮，将选择的数据区引用添加到"所有引用位置"列表框中。

6）"标签位置"不需选择，在分类合并计算时才选，完成设置的"合并计算"对话框如图 4-195 所示，单击"确定"按钮，完成对数据的根据位置合并计算。结果如图 4-196 所示。

图 4-195 "合并计算"对话框

图 4-196 合并计算结果

（2）按分类进行合并计算。

操作实例：素材 EX4-6-6.xls 中有两组课程安排表。请利用分类合并计算计算出每门课程的上课人数和总课时数，结果放置在 M3 起始的单元格区域。工作表中数据如图 4-197 所示。

操作步骤：

1）打开 EX4-6-6.XLS 工作簿，单击 M3 单元格，即插入点定位在放置合并结果的起始单元格。

图 4-197　素材 EX4-6-6.xls 中源数据

2）单击"数据工具"组的"合并计算"按钮，打开"合并计算"对话框。

3）在"函数"下拉列表框中选择"求和"。

4）设置合并计算的数据源。单击"引用位置"编辑框，然后选择数据区 C3:E14，单击"添加"按钮，将选择的数据区引用添加到"所有引用位置"列表框中。

5）按步骤 4）的方法，再添加数据区 I3:K14。

6）选择"标签位置"中的"最左列"复选框，"合并计算"设置完成，如图 4-198 所示。

7）单击"确定"按钮，完成合并计算，结果如图 4-199 所示。

图 4-198　"合并计算"对话框　　　　图 4-199　合并计算结果

5. 数据透视表

数据透视表是 Excel 中强大的工具之一。它是一种交互的、交叉制表的 Excel 报表，可以通过选择行字段和列字段，对多种来源（包括 Excel 的外部数据）的数据（如数据库记录）进行汇总、分析或交叉排列。

数据透视表创建好后，单击数据透视表字段右侧的下拉箭头，可以控制数据的显示，用户可根据需要灵活查看数据，如本节案例中创建的数据透视表中，只想查看"第二学期"选课数据，单击"学期"右侧下拉箭头，显示下拉列表，如图 4-200 所示。单击"第二学期"，然后单击"确定"按钮，数据透视表显示如图 4-201 所示。

图 4-200 查看数据透视表

图 4-201 第二学期选课情况

4.7 建立"成绩分布统计情况"的图表

主要学习内容：
- 建立图表
- 修改图表
- 删除图表

图表是 Excel 很重要的一部分，利用图表，可以更直接、生动和明了地表现工作表的数据。Excel 提供柱形图、条形图、折线图、饼图等多种图表类型。

一、案例要求

本题素材为"成绩统计表.xlsx"，数据如图 4-202 所示。完成如下设置：

计算机应用1班成绩统计表					
第一学年上学期					
课程	A	B	C	D	F
思想品德	8	7	7	5	1
计算机学科基础	4	11	7	5	1
大学英语	1	16	7	1	3
网页设计	5	12	7	1	3
体育	4	11	8	4	1
高等数学	4	11	10	3	0
高等代数	7	10	9	2	0
军训	16	12	0	0	0

图 4-202 数据

（1）在工作表 Sheet1 中，建立各科成绩情况图表，如图 4-203 所示。图表类型为三维簇状柱形图，图表布局 5，图表样式 10；图表标题为"计算机应用 1 数学班成绩统计第一学年上学期"，宋体，字号 14；横坐标轴标题为"课程"；纵坐标轴标题为"人数"、竖排。

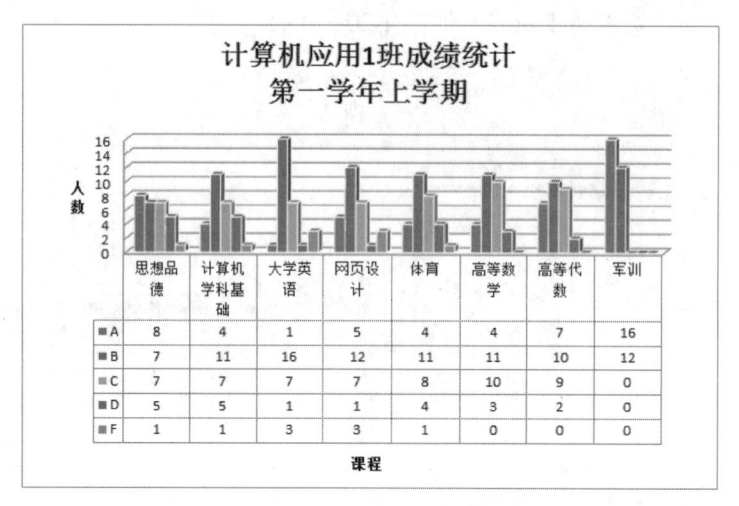

图 4-203　成绩情况图表

（2）建立如图 4-204 所示的"高等数学成绩情况"饼图，图例显示在图表的下方，并将此图表建立在一个新工作表中。

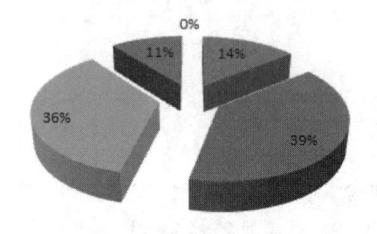

图 4-204　"高等数学成绩情况"饼图

二、操作过程

1. 打开"成绩统计表.xlsx"文档
2. 创建三维簇状柱形图

（1）选择用于创建图表的数据的单元格。选择数据区 D5:I13。

提示： 如选择一个单元格，则 Excel 会自动将紧邻该单元格且包含数据的所有单元格绘制到图表中。如果要绘制到图表中的单元格数据是不连续的单元格区域，只要选择的区域为矩形，便可以选择不相邻的单元格或区域。根据需要，可将不需显示在图表中的行或列隐藏。

（2）插入图表。在"插入"选项卡的"图表"组，如图 4-205 所示，单击"柱形图"，打开柱形图列表。单击"三维簇状柱形图"，如图 4-206 所示。在当前工作表中插入了图表，如

图 4-207 所示。

图 4-205 "图表"组图

图 4-206 柱形图列表

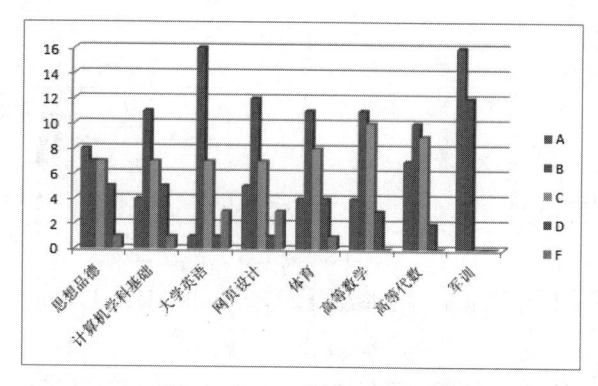

图 4-207 三维簇状柱图形

（3）设置图表布局及图表样式。在"图表工具"→"设计"选项卡→"图表布局"组中单击"布局 5"，在"图表样式"组中选择"图表样式 10"，这时图表如图 4-208 所示。

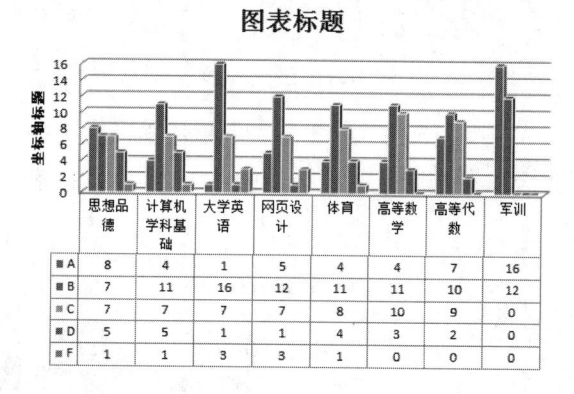

图 4-208 图表

（4）设置图表标题。单击"图表标题"文本框，在该框中输入"计算机应用 1 班成绩统计第一学年上学期"。选择图表标题文本，在"开始"选项卡的"字体"组，设置字体为宋体，字号为 14，效果如上图 4-203。

（5）添加横坐标轴和纵坐标轴标题。在"图表工具"的"布局"选项卡，单击"标签"组的"坐标轴标题"按钮，打开菜单，如图 4-209 所示。单击"主要横坐标轴标题"，打开下一级菜单，单击"坐标轴下方标题"。在图表的横坐标轴下方出现"坐标轴标题"框，如图 4-210 所示。在此框中输入"课程"。在图表区域单击纵向的"坐标轴标题"文本框，输入"人数"，单击"标签"组的"坐标轴标题"按钮，选择"主要纵坐标轴标题"，打开下一级菜单，单击"竖排标题"。效果如图 4-203 所示。

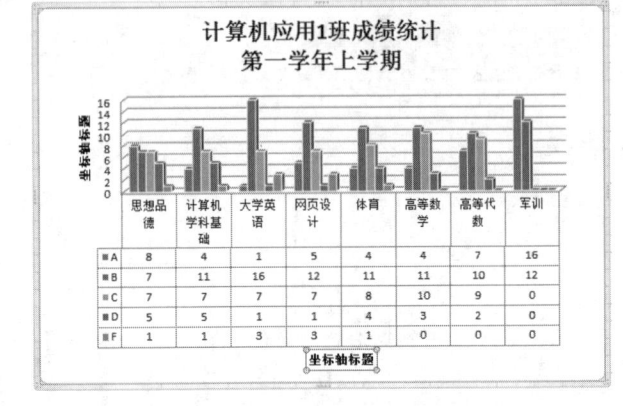

图 4-209　坐标轴标题菜单

图 4-210　插入横坐标标题框

3．创建饼图

（1）选择创建图表所用数据。选择数据区 D5:I5 和 D11:I11，如图 4-211 所示。

图 4-211　选择数据区

（2）插入图表。在"插入"选项卡的"图表"组，单击"饼图"按钮，打开饼图列表，单击"三维分离型饼图"，如图 4-212 所示。在工作表中插入三维分离型饼图，如图 4-213 所示。

图 4-212　饼图列表

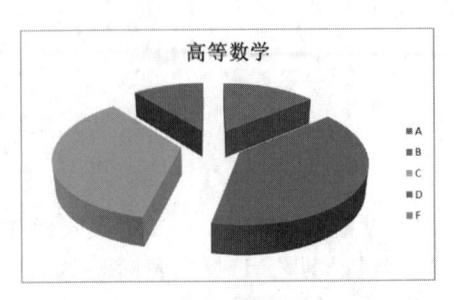

图 4-213　饼图

（3）修改标题。鼠标在图表标题"高等数学"处单击，添加文字，改为"高等数学成绩情况。"

（4）添加百分比显示。在"图表工具"→"设计"选项卡→"图表布局"组，如图 4-214 所示。单击"布局 2"按钮，这时饼图上显示各等级相应人数百分比，如效果图 4-204 所示。

（5）设置图例位置。在"图表工具"的"布局"选项卡单击"标签"组中的"图例"按钮，打开图例菜单，如图 4-215 所示，单击"在底部显示图例"。

（6）将饼图移到一个新工作表中。在"设计"选项卡"位置"中，单击"移动图表"按钮，打开"移动图表"对话框，单击"新工作"项，如图 4-216 所示。单击"确定"按钮，即将饼图移至名为"Char1"的新工作表中。

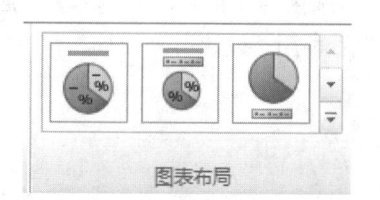

图 4-214　"图表布局"组　　　图 4-215　图例菜单　　　图 4-216　"移动图表"对话框

三、知识技能要点

1. 建立图表

图表和工作表中的数据是互相链接的，改变了工作表中的数据，图表会自动随之改变。图表利于直观地显示数据。创建图表，可利用"插入"选项卡"图表"组中相应按钮。

选择图表：在图表区单击，即选择图表，这时图表区边框变粗。

当图表处于被选中状态，在选项栏上即显示与编辑图表有关的"图表工具"，包括"设计"、"布局"和"格式"三个选项卡，各选项卡主要工具按钮分别如图 4-217、4-218 和 4-219 所示。

图 4-217　"设计"选项卡

图 4-218　"布局"选项卡

"设计"选项卡中的命令可用来完成图表设计的相关工作，如设置图表中的数据系列和图表类型。

图 4-219 "格式"选项卡

"布局"选项卡中的命令可以调整图表的布局和元素放置的位置。

"格式"选项卡中的命令可以调整图表的外观、格式及文本在图表中的放置位置。

注意："设计"选项卡的内容会因所选图表类型不一样而显示内容不同。

插入图表具体操作请参见上面的案例。

2. 修改图表

图表插入完成后，还可对图表进行修改。修改图表包括修改图表的标题、坐标轴、图表的类型、图例位置、图表的大小、填充颜色等。

修改图表常用的方法有四种，一是右击图表区要修改的对象，在弹出的快捷菜单中选择合适的菜单命令。二是双击要修改的对象，系统弹出相应的对话框，进行修改。三是在图表区域单击选择需修改的图表元素，然后在"图表工具"的"设计"、"布局"和"格式"三个选项卡中，单击相应的按钮。四是在"图表工具"选项栏的"当前所选内容"组中，如图 4-220 所示，单击"图表元素"下拉列表框，从中选择要修改的元素，然后利用"设计"、"布局"和"格式"三个选项卡进行修改。

图 4-220 "当前所选内容"组

操作实例：对本节案例中所建立的"高等数学成绩情况"饼形图完成如下修改：

（1）图表标题更改为艺术字。

（2）设置图表背景为"蓝色面巾纸"。

（3）设置表示等级 B 的饼块以"红日西斜"渐变色填充。

操作步骤如下：

（1）设置图表标题。在图表标题上单击，然后在"图表工具"的"格式"选项卡中，单击"艺术字样式"组中的艺术字样式按钮 A A A，本例选择第二个，即可将标题设置为艺术字。

（2）设置图表底纹。在图表背景区右击，打开快捷菜单，选择"设置图表区格式"命令，打开"设置图表区格式"对话框。选择"填充"下的"图片或纹理填充"项，在纹理下拉列表中选择"蓝色面巾纸"底纹，如图 4-221 所示。单击"确定"按钮，图表背景显示为"蓝色面巾纸"。

（3）设置等级 B 的饼块颜色。在图表 B 等级的饼块上单击，这时选择所有饼块。再次单击该饼块，仅选择此块。此时该饼块有三个圆形控制点，表示选择，如图 4-222 所示。在此饼块上右击，打开快捷菜单，选择"设置数据点格式"命令，打开"设置数据点格式"对话框，选择"填充"项中的"渐变填充"，单击"预设颜色"下拉框，显示预设颜色，如图 4-223 所示，选择"红日西斜"，单击"确定"按钮，即可更改 B 等级饼块颜色。

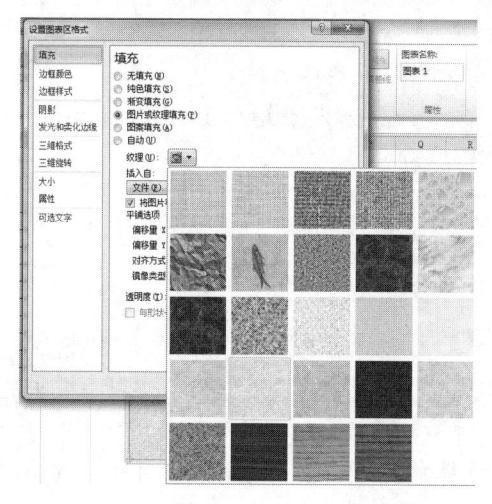

图 4-221 "设置图表区格式"对话框

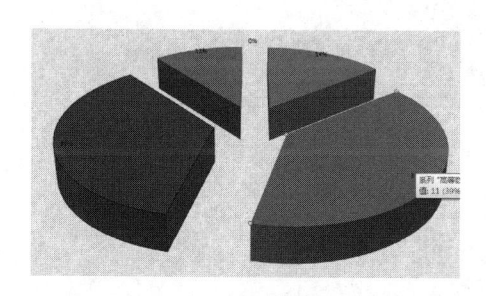

图 4-222 选择 B 等级块

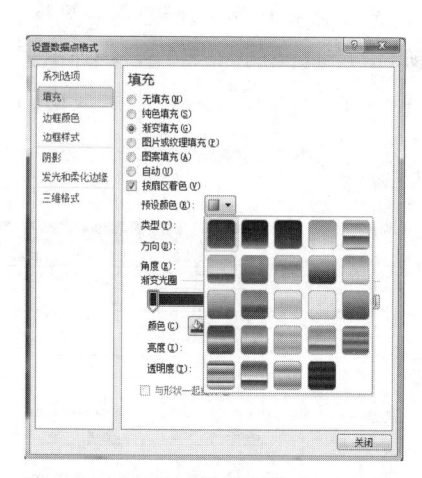

图 4-223 "设置数据点格式"对话框

3. 移动、复制、删除图表

（1）图表的移动。单击选中图表，直接拖放到合适的位置即实现图表的移动；也可单击选择图表，然后单击"剪切"按钮，插入点定位到目标位置，单击"粘贴"按钮，即实现图表的移动。

（2）图表的复制。在图表空白区域右击鼠标，打开快捷菜单，选择"复制"命令。然后单击复制目标位置，右击鼠标，打开快捷菜单，选择"粘贴"命令，即完成复制；也可在拖动图表的同时按住 Ctrl 键，到目标位置时松开鼠标，也可实现复制。

（3）图表的删除。选择图表后，按 Del 键，即删除图表；也可右击图表，在快捷菜单中选择"清除"命令，也可删除图表。

练习题

1．新建一个工作表，按图 4-224 输入数据，以文件名"工资表.xlsx"保存。

	A	B	C	D	E	F	G	H	I	J
1										
2	某部门人员工资表									
3										
4	姓名	职称	基本工资	全勤奖金	绩效奖金	交通津贴	应发工资	所得税	养老保险	实发工资
5	李洪	初级工	1500	300	200	600				
6	王明利	中级工	2100	300	100	700				
7	张小波	高级工	3500	300	300	800				
8	赵越	初级工	1800	300	150	600				
9	刘华芳	中级工	2500	100	500	700				
10	孙利	中级工	3000	300	300	600				
11	曾明锐	初级工	2500	300	500	800				
12	王明刚	高级工	3800	200	500	600				
13	黄爱中	中级工	2200	300	300	700				

图 4-224 某部门工资表

2．打开上题中所创建的“工资表.xlsx”工作簿，按以下要求完成设置，效果如图 4-225 所示：

（1）表标题文本字体黑体、字号 18、加粗，在 A1:J1 单元格区域跨列居中。

（2）在 A 列前添加一空白列，列宽为 5；B:K 列列宽均设置为“自动调整列宽”；

（3）表中数据均为宋体 12 号；列标题单元格区域填充颜色为“橄榄色，强调文字颜色 3，淡色 50%”，字体颜色为“白色”。列标题及姓名列和职称列数据水平垂直均居中。

（4）4 至 13 行行高 18，表格线均为细线。

某部门人员工资表

姓名	职称	基本工资	全勤奖金	绩效奖金	交通津贴	应发工资	所得税	养老保险	实发工资
李洪	初级工	1500	300	200	600				
王明利	中级工	2100	300	100	700				
张小波	高级工	3500	300	300	800				
赵越	初级工	1800	300	150	600				
刘华芳	中级工	2500	100	500	700				
孙利	中级工	3000	300	300	600				
曾明锐	初级工	2500	300	500	800				
王明刚	高级工	3800	200	500	600				
黄爱中	中级工	2200	300	300	700				

图 4-225 设置格式后的工资表

3．对“工资表.xlsx”进行如下编辑，效果图如图 4-226 所示：

（1）增加“性别”列，其中“赵越”、“刘华芳”、“孙利”的性别为“女”，其他均为“男”；增加“序号”列，序号如效果图所示，序号列列标题格式与其他列标题一致，表格线也为细线。

（2）将“交通津贴”列与“全勤奖金”列对调位置。

某部门人员工资表

序号	姓名	性别	职称	基本工资	交通津贴	绩效奖金	全勤奖金	应发工资	所得税	养老保险	实发工资
A001	李洪	男	初级工	1500	600	200	300				
A002	王明利	男	中级工	2100	700	100	300				
A003	张小波	男	高级工	3500	800	300	300				
A004	赵越	女	初级工	1800	600	150	300				
A005	刘华芳	女	中级工	2500	700	500	100				
A006	孙利	女	中级工	3000	600	300	300				
A007	曾明锐	男	初级工	2500	800	500	300				
A008	王明刚	男	高级工	3800	600	500	200				
A009	黄爱中	男	中级工	2200	700	300	300				

图 4-226 编辑后的工资表

4．对以上所建立的工资表进行如下操作：

（1）计算出每个员工的应发工资、所得税、养老保险和实发工资。应发工资＝基本工资+交通津贴+绩效奖金+全勤奖金，所得税＝（应发工资－1600）×10%，养老保险＝应发工资×15%，实发工资＝应发工资－所得税－养老保险。

（2）将 Sheet1 工作表改名为“工资表”，将 Sheet2 改名为“工资排序表”，将 Sheet3 改名为“汇总表”。

（3）在“工资表”表数据的最下方添加“合计”行，合计行显示表中员工工资中各项的合计。如基本工资合计值、全勤奖金值等。

（4）将“工资表”表中的内容复制到“工资表排序”和“汇总表”中各一份。

（5）将工资表中所有数值型数据以“货币”格式显示，数据前显示人民币符号，小数点后保留两位。“工资表”最终效果如图 4-227 所示。

某部门人员工资表

序号	姓名	性别	职称	基本工资	交通津贴	绩效奖金	全勤奖金	应发工资	所得税	养老保险	实发工资
A001	李洪	男	初级工	¥1,500.00	¥600.00	¥200.00	¥300.00	¥2,600.00	¥100.00	¥390.00	¥2,110.00
A002	王明利	男	中级工	¥2,100.00	¥700.00	¥100.00	¥300.00	¥3,200.00	¥160.00	¥480.00	¥2,560.00
A003	张小波	男	高级工	¥3,500.00	¥800.00	¥300.00	¥300.00	¥4,900.00	¥330.00	¥735.00	¥3,835.00
A004	赵越	女	初级工	¥1,800.00	¥600.00	¥150.00	¥300.00	¥2,850.00	¥125.00	¥427.50	¥2,297.50
A005	刘华芳	女	中级工	¥2,500.00	¥700.00	¥500.00	¥100.00	¥3,800.00	¥220.00	¥570.00	¥3,010.00
A006	孙利	女	中级工	¥3,000.00	¥600.00	¥300.00	¥300.00	¥4,200.00	¥260.00	¥630.00	¥3,310.00
A007	曾明锐	男	初级工	¥2,500.00	¥800.00	¥500.00	¥300.00	¥4,100.00	¥250.00	¥615.00	¥3,235.00
A008	王明刚	男	高级工	¥3,800.00	¥600.00	¥500.00	¥200.00	¥5,100.00	¥350.00	¥765.00	¥3,985.00
A009	黄爱中	男	中级工	¥2,200.00	¥700.00	¥300.00	¥300.00	¥3,500.00	¥190.00	¥525.00	¥2,785.00
合计				¥22,900.00	¥6,100.00	¥2,850.00	¥2,400.00	¥34,250.00	¥1,985.00	¥5,137.50	¥27,127.50

工资表 / 工资排序表 / 汇总表

图 4-227　效果图

5．对“工资表.xlsx”工作簿中的数据进行统计分析。

（1）将“工资排序表”工作表中的数据按实发工资降序排列，合计行不参与排序，结果如图 4-228 所示。

某部门人员工资表

序号	姓名	性别	职称	基本工资	交通津贴	绩效奖金	全勤奖金	应发工资	所得税	养老保险	实发工资
A008	王明刚	男	高级工	3800	600	500	200	5100	350	765	3985
A003	张小波	男	高级工	3500	800	300	300	4900	330	735	3835
A006	孙利	女	中级工	3000	600	300	300	4200	260	630	3310
A007	曾明锐	男	初级工	2500	800	500	300	4100	250	615	3235
A005	刘华芳	女	中级工	2500	700	500	100	3800	220	570	3010
A009	黄爱中	男	中级工	2200	700	300	300	3500	190	525	2785
A002	王明利	男	中级工	2100	700	100	300	3200	160	480	2560
A004	赵越	女	初级工	1800	600	150	300	2850	125	427.5	2297.5
A001	李洪	男	初级工	1500	600	200	300	2600	100	390	2110
合计				22900	6100	2850	2400	34250	1985	5137.5	27127.5

图 4-228　排序结果

（2）在“工资表”中利用自动筛选选出“基本工资”大于 2500 元的员工数据，结果如图 4-229 所示。

（3）在“工资排序表”中利用高级筛选选出“性别”为“男”且“基本工资”大于 3000 元的员工数据，条件放在 B16 开始的单元格区域，结果放在 B20 开始的单元格区域，结果如图 4-230 所示。

某部门人员工资表

序号	姓名	性别	职称	基本工资	交通津贴	绩效奖金	全勤奖金	应发工资	所得税	养老保险	实发工资
A003	张小波	男	高级工	¥3,500.00	¥800.00	¥300.00	¥300.00	¥4,900.00	¥330.00	¥735.00	¥3,835.00
A006	孙利	女	中级工	¥3,000.00	¥600.00	¥300.00	¥300.00	¥4,200.00	¥260.00	¥630.00	¥3,310.00
A008	王明刚	男	高级工	¥3,800.00	¥600.00	¥500.00	¥200.00	¥5,100.00	¥350.00	¥765.00	¥3,985.00
合计				¥22,900.00	¥6,100.00	¥2,850.00	¥2,400.00	¥34,250.00	¥1,985.00	¥5,137.50	¥27,127.50

图 4-229　自动筛选结果

某部门人员工资表

序号	姓名	性别	职称	基本工资	交通津贴	绩效奖金	全勤奖金	应发工资	所得税	养老保险	实发工资
A008	王明刚	男	高级工	3800	600	500	200	5100	350	765	3985
A003	张小波	男	高级工	3500	800	300	300	4900	330	735	3835
A006	孙利	女	中级工	3000	600	300	300	4200	260	630	3310
A007	曾明锐	男	初级工	2500	800	500	300	4100	250	615	3235
A005	刘华芳	女	中级工	2500	700	500	100	3800	220	570	3010
A009	黄爱中	男	中级工	2200	700	300	300	3500	190	525	2785
A002	王明利	男	中级工	2100	700	100	300	3200	160	480	2560
A004	赵越	女	初级工	1800	600	150	300	2850	125	427.5	2297.5
A001	李洪	男	初级工	1500	600	200	300	2600	100	390	2110
合计				22900	6100	2850	2400	34250	1985	5137.5	27127.5

性别	基本工资
男	>3000

序号	姓名	性别	职称	基本工资	交通津贴	绩效奖金	全勤奖金	应发工资	所得税	养老保险	实发工资
A008	王明刚	男	高级工	3800	600	500	200	5100	350	765	3985
A003	张小波	男	高级工	3500	800	300	300	4900	330	735	3835

图 4-230　高级筛选

（4）将“汇总表”表中数据按“职称”进行分类汇总，计算出应发工资的平均值。“汇总表”最终效果如图 4-231 所示。

某部门人员工资表

序号	姓名	性别	职称	基本工资	交通津贴	绩效奖金	全勤奖金	应发工资	所得税	养老保险	实发工资
A001	李洪	男	初级工	1500.00	600.00	200.00	300.00	2600.00	100.00	390.00	2110.00
A004	赵越	女	初级工	1800.00	600.00	150.00	300.00	2850.00	125.00	427.50	2297.50
A007	曾明锐	男	初级工	2500.00	800.00	500.00	300.00	4100.00	250.00	615.00	3235.00
		初级工 平均值						3183.33			2547.50
A003	张小波	男	高级工	3500.00	800.00	300.00	300.00	4900.00	330.00	735.00	3835.00
A008	王明刚	男	高级工	3800.00	600.00	500.00	200.00	5100.00	350.00	765.00	3985.00
		高级工 平均值						5000.00			3910.00
A002	王明利	男	中级工	2100.00	700.00	100.00	300.00	3200.00	160.00	480.00	2560.00
A005	刘华芳	女	中级工	2500.00	700.00	500.00	100.00	3800.00	220.00	570.00	3010.00
A006	孙利	女	中级工	3000.00	600.00	300.00	300.00	4200.00	260.00	630.00	3310.00
A009	黄爱中	男	中级工	2200.00	700.00	300.00	300.00	3500.00	190.00	525.00	2785.00
		中级工 平均值						3675.00			2916.25
		总计平均值						3805.56			3014.17
合计				22900.00	6100.00	2850.00	2400.00	42433.33	1985.00	5137.50	33585.00

图 4-231　分类汇总

6．对“工资表.xlsx”工作簿中的“汇总表”进行页面设置。

（1）设置“汇总表”的页眉为“工资汇总表”（居中、楷体、12 号），设置页脚为“第 1 页，共？页”（居中）、打印日期（居右）。

（2）设置打印纸张为 A4，打印方向为横向。

（3）设置上、下页边距均为 2.5，左、右页边距均为 2.0；工作表水平方向居中。

（4）设置 1 至 4 行为打印标题。

7．创建图表。在“工资表”中再添加一个新工作表“职称情况表”，利用 COUNTIF()函数计算出“工资表”中各职称的人数，利用公式求出百分比，结果如图 4-232 所示。利用此表中数据建立如图 4-233 所示分离型三维饼图，应用图表布局 2。

图 4-232　职称情况表

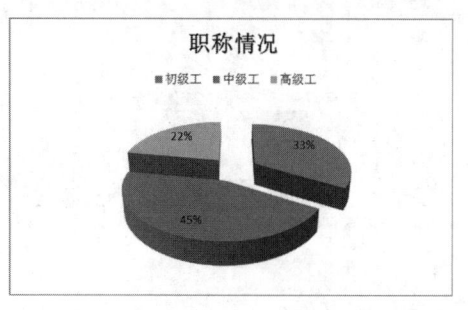

图 4-233　分离型三维饼图

第 5 章 PowerPoint 2010 的使用

Microsoft PowerPoint 2010 是 Office 2010 的重要组件之一，主要用于制作演示文稿，广泛运用于学术交流、产品演示、学校教学等领域。利用 PowerPoint 创建的扩展名为 PPTX 的文档称为演示文稿。

5.1 制作演示文稿

主要学习内容：
- 启动 Microsoft PowerPoint 2010
- 浏览 Microsoft PowerPoint 2010 窗口
- 新建演示文稿、选取演示文稿主题
- 添加和选取幻灯片
- 选取幻灯片版式
- 幻灯片中添加文本
- 保存和关闭 PowerPoint 演示文稿

一、操作要求

本节通过对"公司简介"的制作，使初学者掌握 PowerPoint 2010 的基本操作，能建立一个完整的演示文稿，包括新建演示文稿、添加幻灯片、选取主题、选取版式、添加文本、保存演示文稿等操作。完成后的效果如图 5-1 所示。

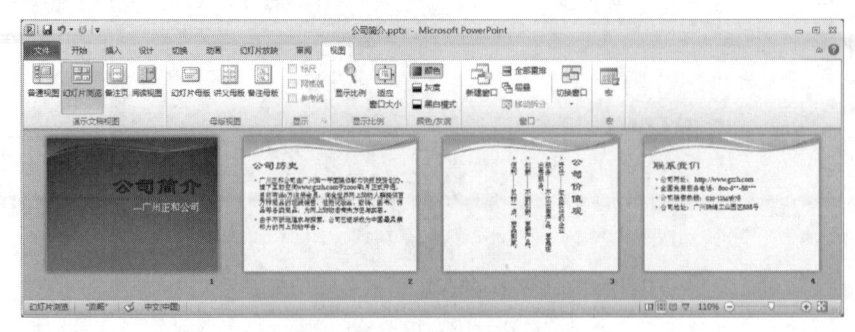

图 5-1 公司简介效果图

（1）启动 PowerPoint，新建"公司简介"演示文稿。
（2）为"公司简介"演示文稿选择一种主题。

(3) 添加幻灯片，使"公司简介"成为一个由 4 张幻灯片构成的演示文稿。

(4) 设置四张幻灯片的版式分别为"标题幻灯片"、"标题与内容"、"垂直排列标题与文本"和"标题与内容"。

(5) 为幻灯片添加相应文本。

(6) 保存和关闭演示文稿。演示文稿命名为"公司简介.pptx"。

二、操作过程

1. 启动 PowerPoint 2010

单击"开始"按钮→"所有程序"→"Microsoft Office"→"Microsoft PowerPoint 2010"菜单命令，启动 Microsoft Office PowerPoint 2010，工作界面如图 5-2 所示。

图 5-2　PowerPoint 2010 工作界面

2. 制作公司简介首页

(1) 选择主题。在"设计"选项卡"主题"组中，单击"流畅"主题，如图 5-3 所示。也可单击"主题"组右边的"其他"按钮 选择更多不同的主题。

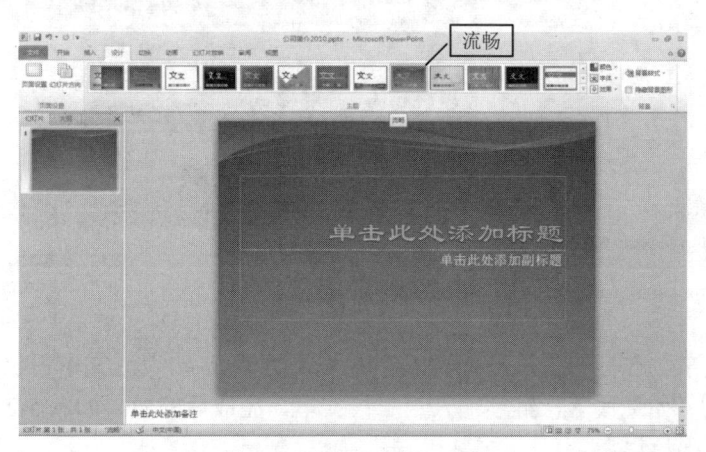

图 5-3　选择"流畅"主题

(2) 添加文字。分别单击标题占位符和副标题占位符，然后输入标题文本"公司简介"

和副标题文本"广州正和公司",完成第一张"标题"幻灯片的制作,如图 5-4 所示。

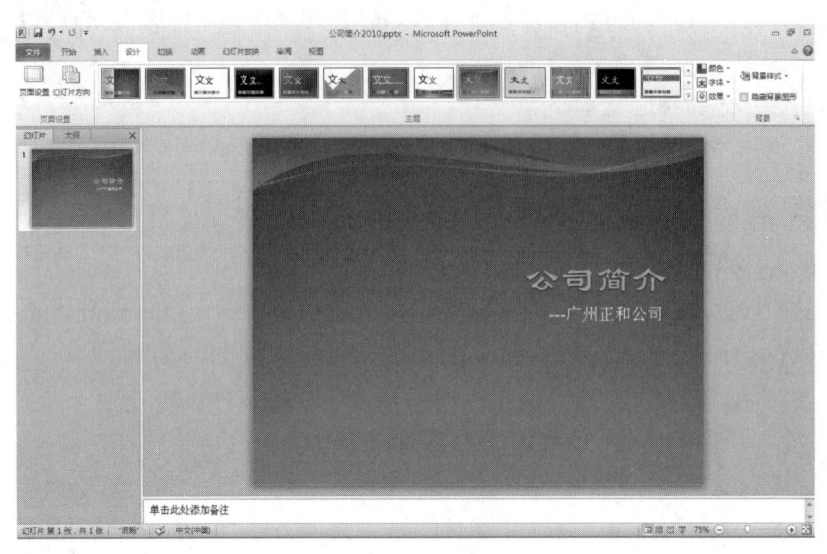

图 5-4 输入标题和副标题

3. 制作第二张幻灯片

(1) 添加幻灯片。单击"开始"选项卡上"幻灯片"组中的"新建幻灯片"按钮,在展开的幻灯片版式列表中选择"标题与内容",如图 5-5 所示。这时第一张幻灯片后添加了一张新幻灯片,如图 5-6 所示。

图 5-5 选择"标题与内容"版式

(2) 添加文字。在标题占位符处输入文本"公司历史",普通文本占位符中输入第一段文本,按 Enter 键开始新段落,继续输入第二段文本,完成后的效果如图 5-7 所示。

4. 制作第三张幻灯片

(1) 添加幻灯片。单击"开始"选项卡上"幻灯片"组中的"新建幻灯片"按钮,在展开的幻灯片版式列表中选择"垂直排列标题与文本",如图 5-8 所示。

第 5 章　*PowerPoint 2010 的使用*

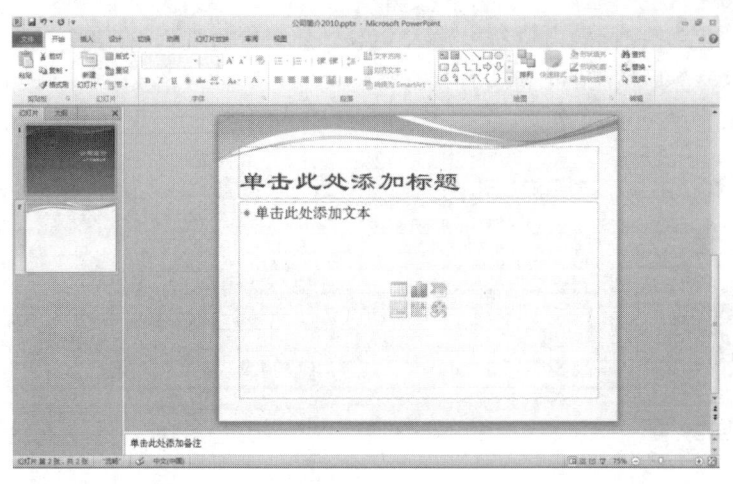

图 5-6　新添加的幻灯片

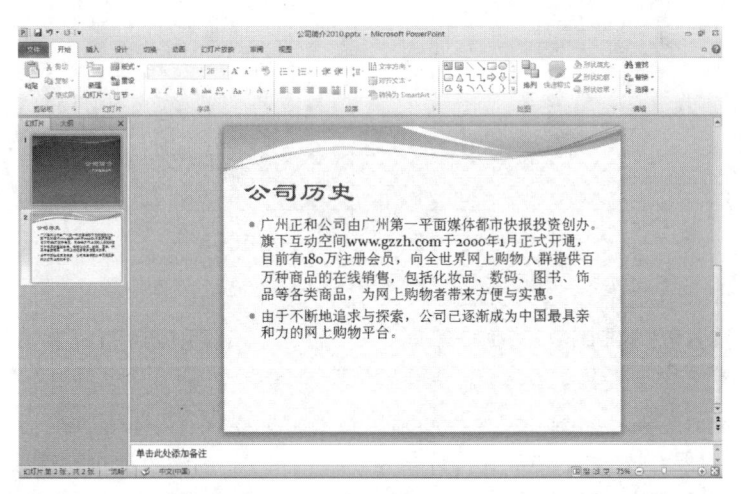

图 5-7　第二张幻灯片效果图

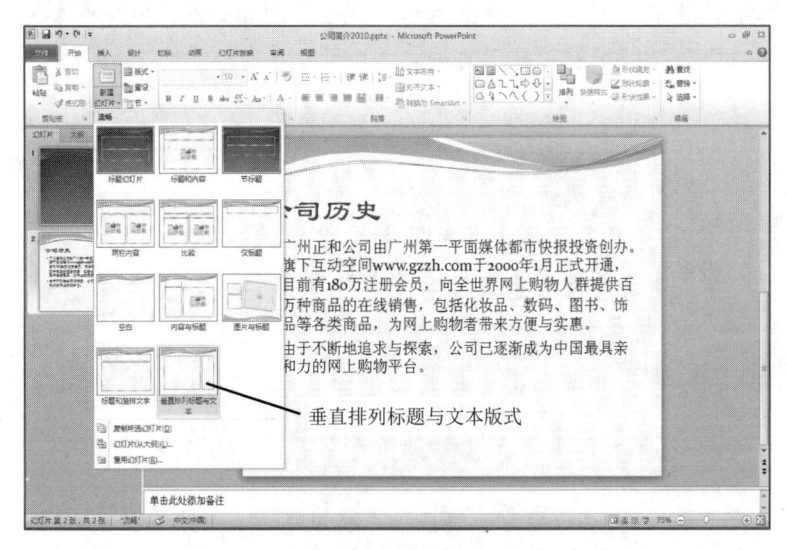

图 5-8　选择"垂直排列标题与文本"版式

（2）添加文字。在标题占位符中输入文本"公司价值观"，在其下的普通文本占位符中输入第一段文本，然后按 Enter 键进行换行，继续输入其他段落文本，完成后的效果如图 5-9 所示。

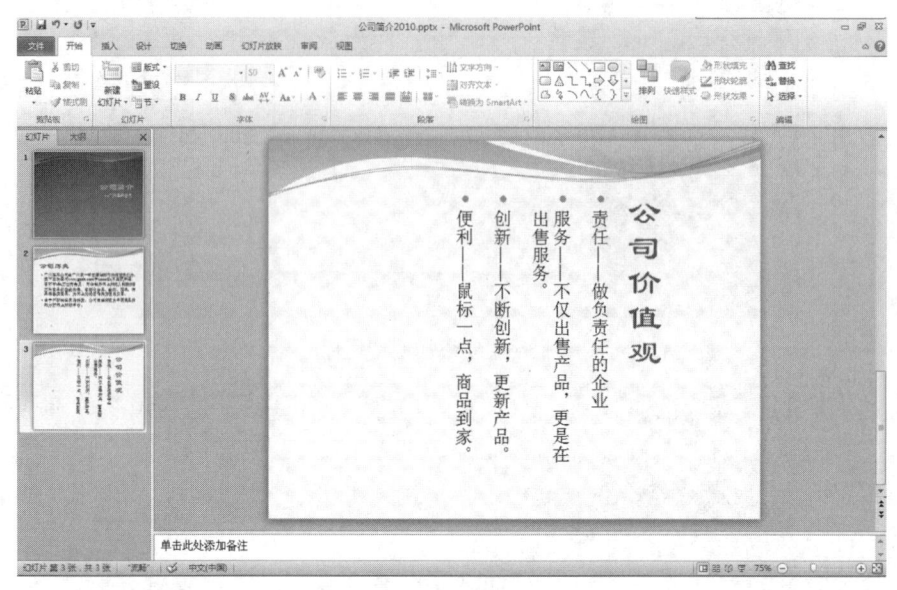

图 5-9　第三张幻灯片效果图

5．制作第四张幻灯片

按照第二张幻灯片的制作方法制作第四张幻灯片。全部完成后的效果如图 5-1 所示。

6．保存和关闭演示文稿

（1）保存演示文稿。单击"快速访问工具栏"中的"保存"按钮，打开"另存为"对话框（注：第一次保存文件时，弹出"另存为"对话框）。在该对话框左侧窗格中选择保存演示文稿的文件夹范围（如某个磁盘），在中间的列表中双击选择保存演示文稿的文件夹，在"文件名"编辑框中输入演示文稿名称，保存类型为"PowerPoint 演示文稿（*.pptx）"，如图 5-10 所示，单击"保存"按钮即可保存演示文稿。

图 5-10　保存演示文稿

(2) 关闭演示文稿。在"文件"选项卡界面中选择"关闭"项 📁。

三、知识技能要点

1. 启动 PowerPoint 2010

方法一：单击"开始"按钮→"所有程序"→"Microsoft Office"→"Microsoft PowerPoint 2010"菜单命令，启动 PowerPoint 并建立一个新的演示文稿。

方法二：双击一个已有的 PowerPoint 演示文稿文件，也可启动 PowerPoint 并打开相应的演示文稿。

方法三：双击桌面上的 PowerPoint 快捷图标。

2. PowerPoint 2010 工作界面

PowerPoint 工作界面，如图 5-11 所示。许多元素与其他 Windows 程序的窗口元素相似。下面对 PowerPoint 工作界面中的各部分做一些说明。

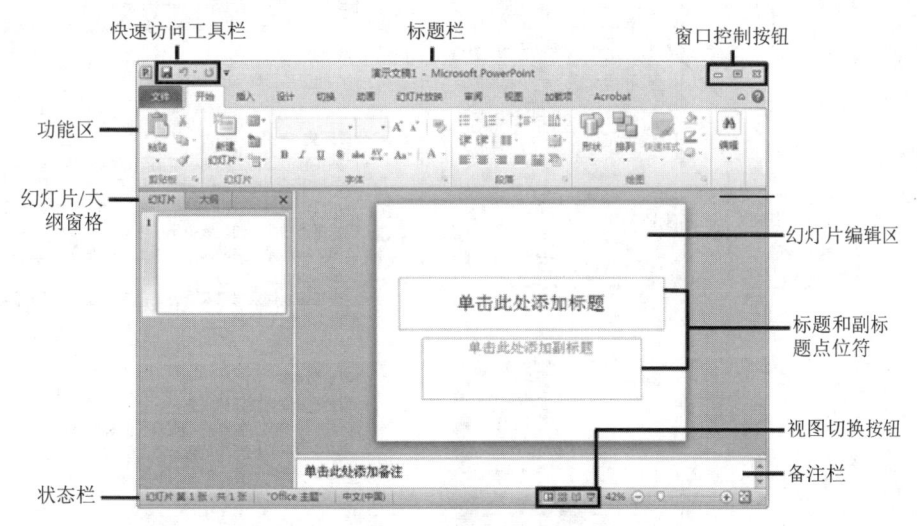

图 5-11 PowerPoint 工作界面

（1）快速访问工具栏：用于放置一些在制作演示文稿时使用频率较高的命令按钮。默认情况下，该工具栏包含了"保存" 💾、"撤消" ↶ 和"重复" ↷ 按钮。如需要在快速访问工具栏中添加其他按钮，可以单击其右侧的三角按钮 ▼，在展开的列表中选择所需选项即可。

（2）标题栏：位于 PowerPoint 2010 操作界面的最顶端，中间显示当前编辑的演示文稿及程序名称，右侧是窗口最小化、最大化/还原和关闭。

（3）功能区：一个由多个选项卡组成的带形区域。PowerPoint 2010 将大部分命令分类组织在功能区的不同选项卡中，单击不同的选项卡标签，可切换功能区中显示的命令。在每一个选项卡中，命令又被分类放置在不同的组中，如图 5-12 所示。例如：在"开始"选项卡中，包含了"剪贴板"、"幻灯片"、"字体"、"段落"、"绘图"和"编辑"等组。

（4）幻灯片编辑区：编辑幻灯片的主要区域，幻灯片编辑区有一些带有虚线边框的编辑框称为占位符框，用于指示可在其中输入标题文本（标题占位符）、正文文本（文本占位符），或者插入图表、表格和图片（内容占位符）等对象。幻灯片版式不同，占位符的类型和位置也不同。

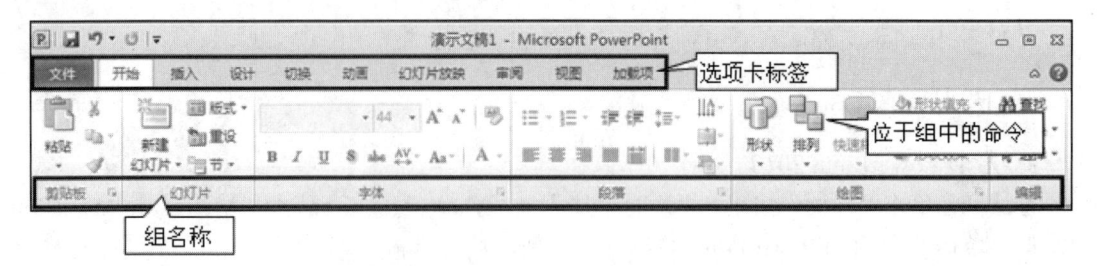

图 5-12 功能区的"开始"选项卡

（5）幻灯片/大纲窗格：利用"幻灯片"窗格或"大纲"窗格可以快速查看和选择演示文稿中的幻灯片。其中，"幻灯片"窗格显示了幻灯片的缩略图，单击某张幻灯片的缩略图可选择该幻灯片，此时即可在右侧的幻灯片编辑区编辑该幻灯片内容；"大纲"窗格显示了幻灯片的文本大纲，如图 5-13 所示。

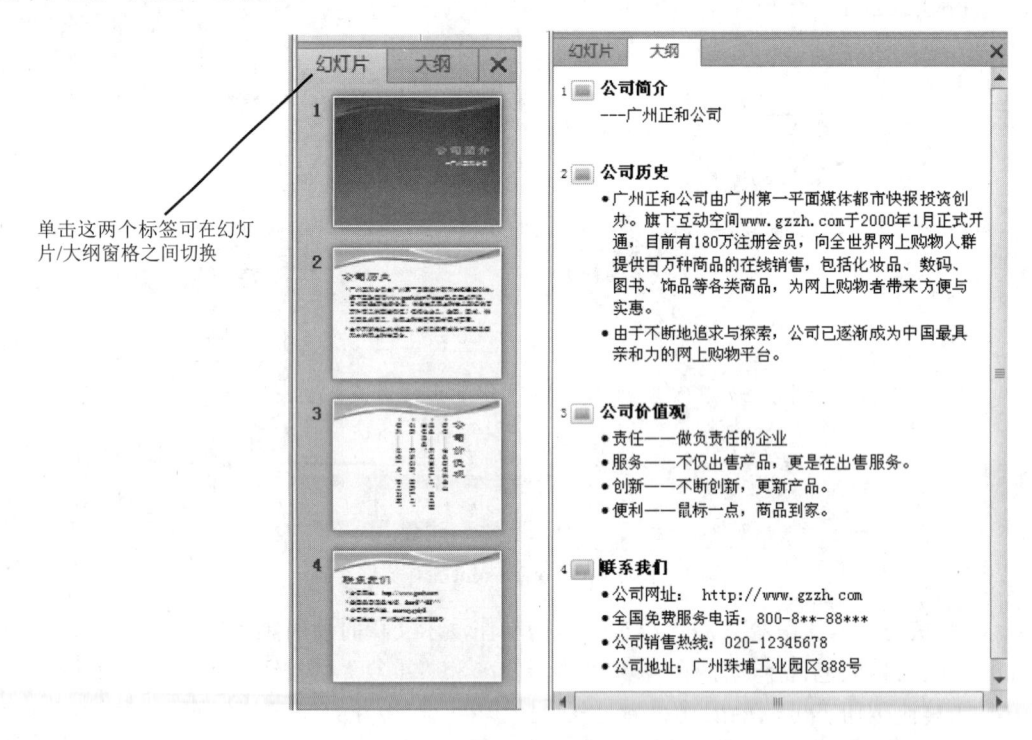

图 5-13 幻灯片/大纲窗格

（6）状态栏：位于程序窗口的最底部，显示当前演示文稿的一些信息，如当前幻灯片及总幻灯片数、主题名称、语言类型等。此外，还提供了用于切换视图模式的视图按钮，以及用于调整视图显示比例的缩放级别按钮和显示比例调整滑块等，如图 5-14 所示。

图 5-14 状态栏

此外，单击状态栏右侧的 按钮，可按当前窗口大小自动调整幻灯片的显示比例，使其在当前窗口中可以显示全局效果。

（7）备注栏：主要用于为对应的幻灯片添加提示信息，对演示文稿讲解者起备忘、提示作用，在实际播放时观众看不到备注栏中的信息。

3. PowerPoint 2010 视图模式

PowerPoint 2010 提供了普通视图、幻灯片浏览视图、备注页和阅读视图几种视图模式，通过单击状态栏的 按钮或"视图"选项卡"演示文稿视图"组中的相应按钮，如图 5-15 所示，可切换不同的视图模式。

图 5-15 "演示文稿视图"组

普通视图是 PowerPoint 2010 默认的视图模式，主要用于制作演示文稿；在幻灯片浏览视图中，幻灯片以缩略图的形式显示，方便用户浏览所有幻灯片的整体效果；备注页视图以上下结构显示幻灯片和备注页面，主要用于编写备注内容；阅读视图是以窗口的形式来查看演示文稿的放映效果。

4. 新建演示文稿

（1）创建空白演示文稿。

方法一：启动 PowerPoint 2010 后，系统会自动创建一个名称为"演示文稿1"的空白演示文稿，该演示文稿包含一张待编辑的幻灯片，如图 5-2 所示，可直接输入和编辑演示文稿内容。

方法二：在已经打开的 PowerPoint 2010 界面中，单击"文件"选项卡，在打开的界面中，选择"新建"项，此时在界面右侧窗格的"可用模板和主题"列表中的"空白演示文稿"选项被自动选择，单击"创建"按钮，可完成空白演示文稿的创建，如图 5-16 所示。

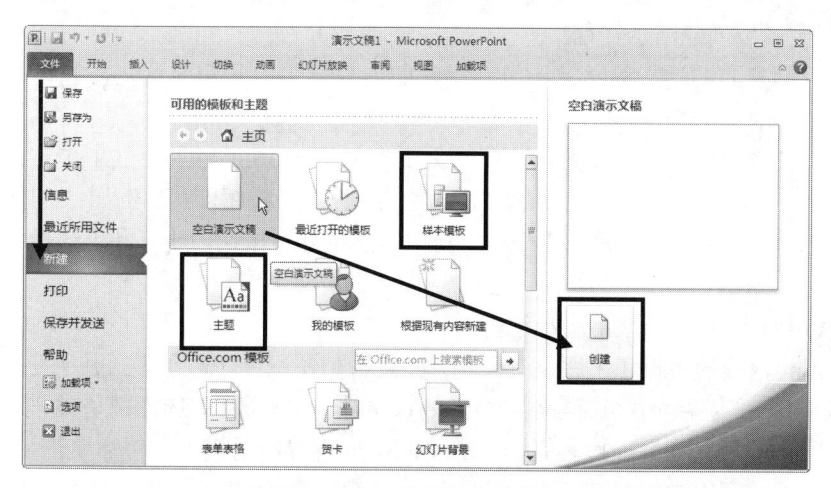

图 5-16 新建空白演示文稿

(2)利用主题创建演示文稿。

主题是幻灯片背景、版式和字体等格式的集合。当用户为演示文稿应用了某个主题之后,演示文稿中默认的幻灯片背景,以及插入的所有新的(或原有的保持默认设置的)图形、表格、图表、艺术字或文字等均会自动与该主题匹配,使用该主题的格式,从而使演示文稿中的幻灯片具有一致而专业的外观。

要利用系统内置主题创建演示文稿,单击图 5-16 所示界面中的"主题"选项,然后在打开的列表中选择需要的主题,单击"创建"按钮,即使用该主题创建一个新的演示文稿。例如,单击"主题"选项,在打开的列表中选择"波形"主题,再单击"创建"按钮,便可使用该主题创建一个新的演示文稿,如图 5-17 所示。

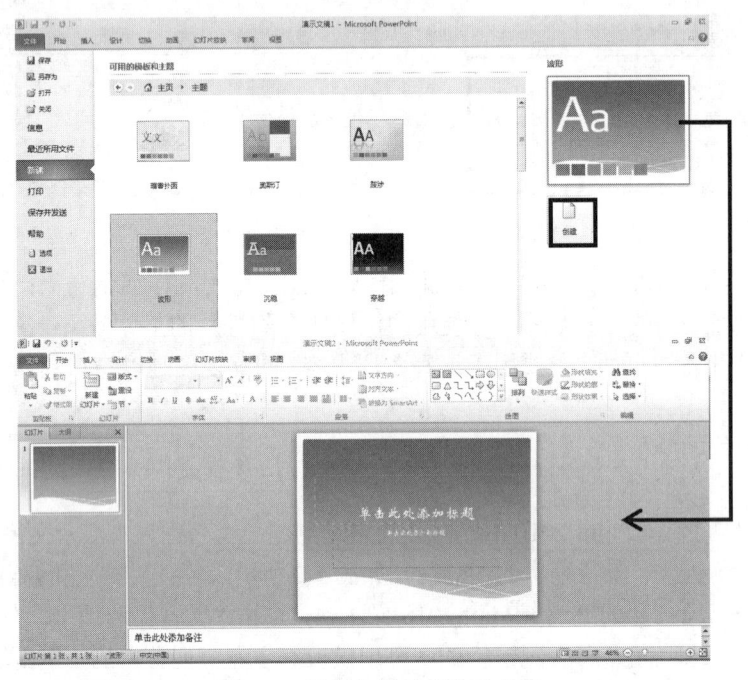

图 5-17　根据主题创建演示文稿

(3)利用模板创建演示文稿。

利用模板创建的演示文稿通常还带有相应的内容,用户只需对这些内容进行修改,便可快速设计出专业的演示文稿。

要利用系统内置的模板创建演示文稿,只需在如图 5-16 所示的界面中单击"样本模板"选项,然后在打开的列表中选择需要的模板,单击"创建"按钮即可。例如,单击"样本模板"选项,在打开的列表中选择"培训"模板,再单击"创建"按钮,便可利用该模板创建一个新的演示文稿,如图 5-18 所示。

(4)利用网上资源创建演示文稿。

PowerPoint 内置的模板和主题是有限的,如果希望从网上下载更多、更精美的演示文稿模板,可在图 5-16 所示界面中间窗格的"Office com 模板"项目下选择某个类,系统会从网上搜索有关该项目的所有模板,搜索完毕,在中间区域选择所需模板,然后单击"下载"按钮,即可下载该模板并利用它创建演示文稿。

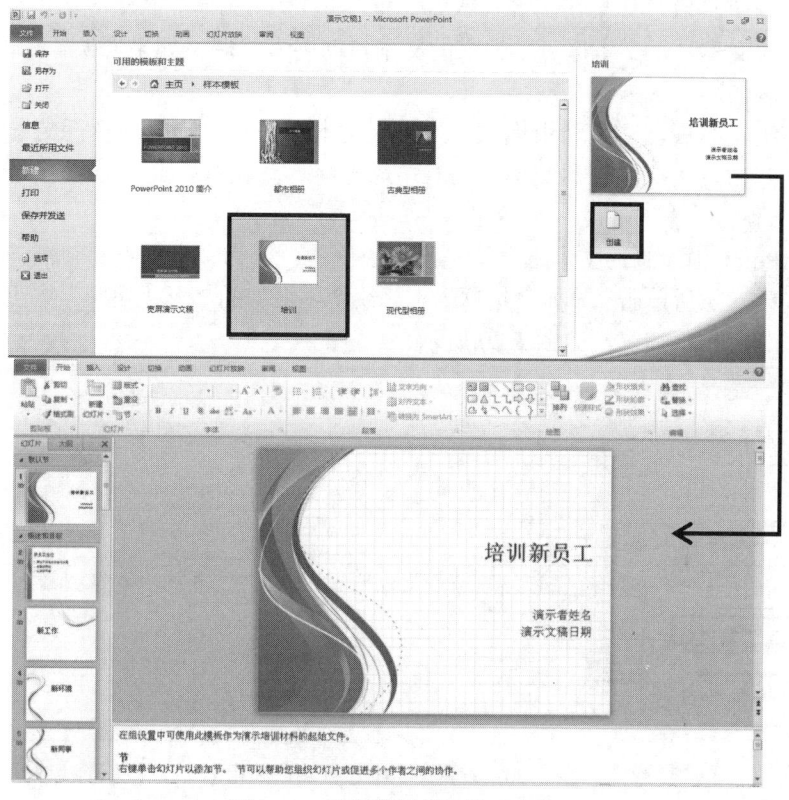

图 5-18　根据模板创建演示文稿

5．向幻灯片输入文本

（1）在占位符中输入文本。

当添加一张幻灯片之后，占位符中的文本是一些提示性内容，用户可用实际所需要的内容去替换占位符中的文本。方法是：单击占位符，将插入点置于占位符内，直接输入文本。输入完毕后，单击幻灯片的空白处，即可结束文本输入并且使该占位符的虚线边框消失。

（2）使用文本框添加文本。

当需要在幻灯片占位符外添加文本时，可以先插入文本框，然后在文本框中输入文本。插入文本框的方法：在"插入"选项卡"文本"组中，单击"文本框"按钮，如图 5-19 所示。然后在要插入文本框的位置按住鼠标左键不放并拖动，即可绘制一个文本框。

图 5-19　插入文本框

单击"文本框"按钮，系统展开列表，选择"垂直文本框"项，则可绘制一个竖排文本框，在其中输入的文本将竖排放置。

选择文本框工具后,如果在需要插入文本框的位置单击,可插入一个单行文本框。在单行文本框中输入文本时,文本框可随输入的文本自动向右扩展。如果要换行,可按 Enter 键开始一个新的段落。

选择文本框工具后,如果利用拖动方式绘制文本框,则绘制的是换行文本框。在换行文本框中输入文本时,当文本到达文本框的右边缘时将自动换行,此时若要开始新的段落,可按 Enter 键。

在 PowerPoint 中绘制的文本框默认是没有边框的。要为文本框设置边框,可先单击文本框边缘将其选中,然后单击"开始"选项卡上"绘图"组中的"形状轮廓"按钮,在展开的列表中选择边框颜色和粗细等,如图 5-20 所示。

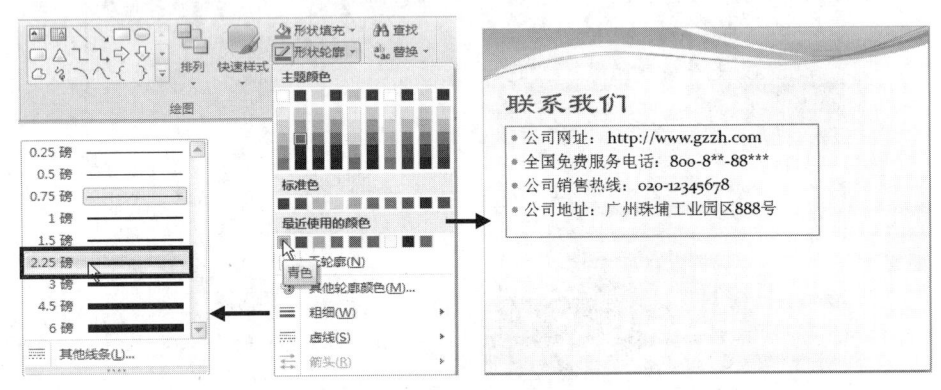

图 5-20 设置文本框边框颜色和粗细

6. 添加幻灯片

要在演示文稿中某张幻灯片的后面添加一张新幻灯片,可首先在"幻灯片"窗格中单击该幻灯片将其选择,然后按 Enter 键或 Ctrl+M 组合键。

要按一定的版式添加新的幻灯片,可在选择幻灯片后单击"开始"选项卡上"幻灯片"组中"新建幻灯片"按钮,在展开的幻灯片版式列表中选择新建幻灯片的版式,如图 5-10 所示。

7. 更改幻灯片版式

幻灯片版式主要用来设置幻灯片中各元素的布局(如占位符的位置和类型等)。用户可在新建幻灯片时选择幻灯片版式,也可在创建好幻灯片后,单击"开始"选项卡上的"幻灯片"组中的"版式"按钮,如图 5-21 所示,在展开的列表中重新为当前幻灯片选择版式。

8. 选择、复制和删除幻灯片

(1)选择幻灯片。选择单张幻灯片,直接在"幻灯片"窗格中单击该幻灯片即可;选择连续的多张幻灯片,可按住 Shift 键单击前后两张幻灯片;选择不连续的多张幻灯片,可按住 Ctrl 键依次单击要选择的幻灯片。

(2)复制幻灯片。在"幻灯片"窗格中选择要复制的幻灯片,右击所选幻灯片,在弹出的快捷菜单中选择"复制"项,如图 5-22(a)所示,然后在"幻灯片"窗格中要插入复制的幻灯片的位置处右击鼠标,从弹出的快捷菜单中选择一种粘贴选项,如"使用目标主题"项(表示复制过来的幻灯片格式与目标位置的格式一致),如图 5-22(b)所示,即可将复制的幻灯片插入到该位置,如图 5-22(c)所示。

第 5 章　*PowerPoint 2010 的使用*

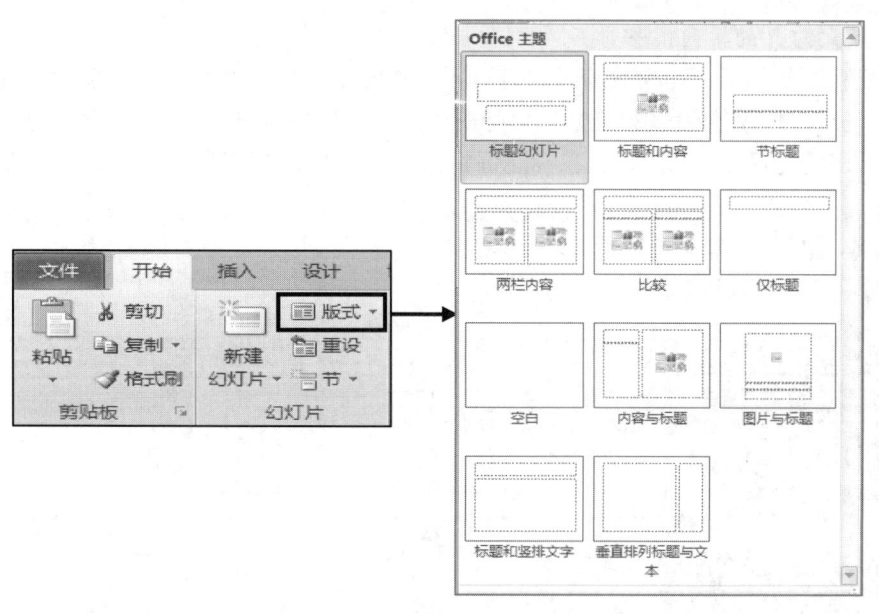

图 5-21　更改幻灯片版式

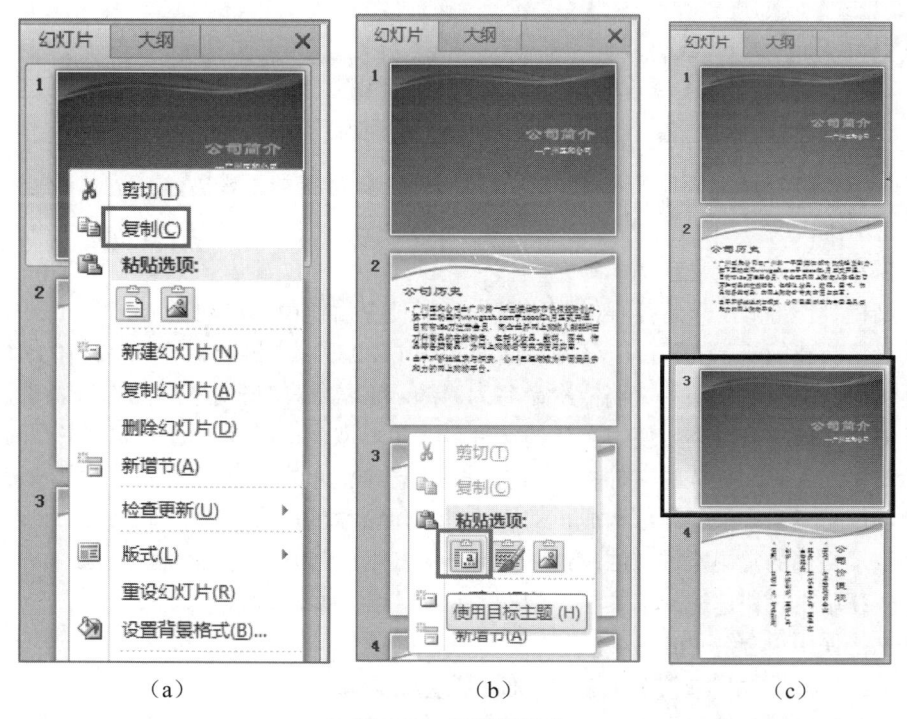

图 5-22　复制幻灯片

复制幻灯片还可以在选定幻灯片后，在"开始"选项卡的"剪贴板"组中，使用"复制"按钮和"粘贴"按钮进行操作。

（3）删除幻灯片。在"幻灯片"窗格中选择要删除的幻灯片，然后按 Delete 键；或右击要删除的幻灯片，在弹出的快捷菜单中选择"删除幻灯片"项，删除幻灯片后，系统将自动调整幻灯片的编号。

9. 改变幻灯片的排列顺序

演示文稿制作好后,在播放演示文稿时,将按照幻灯片在"幻灯片"窗格中的排列顺序进行播放。若要调整幻灯片的排列顺序,可在"幻灯片"窗格中或在幻灯片浏览视图中单击选择要调整顺序的幻灯片,然后按住鼠标左键将其拖到需要的位置即可,如图5-23所示。

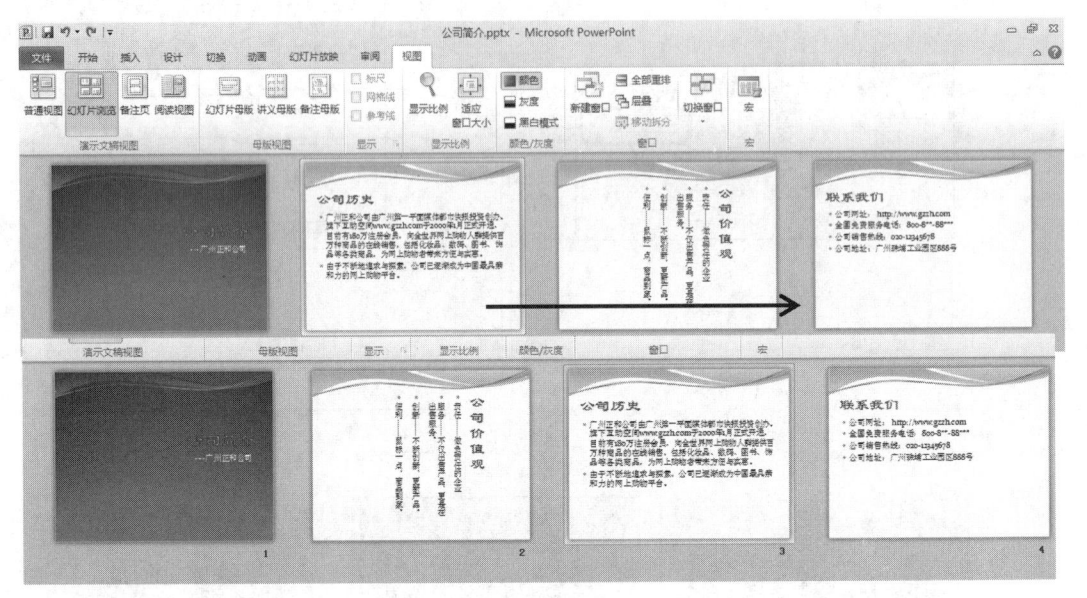

图 5-23 调整幻灯片顺序

改变一组幻灯片排列顺序的操作与改变单张幻灯片位置的操作方法相同,只要一次选择多张幻灯片即可。

10. 保存和关闭演示文稿

演示文稿制作好后应该将其存储到磁盘上,以便今后使用。启动 PowerPoint 2010 后,系统会自动命名新建的演示文稿,取名为"演示文稿1",在不退出 PowerPoint 2010 的情况下继续创建新的演示文稿,新演示文稿依次命名为"演示文稿2"、"演示文稿3"等。为了便于记忆,保存演示文稿时最好不要使用默认的文件名,可以取一个能体现演示文稿主题的文件名。

演示文稿保存时,默认的文件扩展名为.pptx。一个演示文稿文件就是一个 PowerPoint 文件,一个演示文稿由多张幻灯片构成,幻灯片是演示文稿的基本工作单元。

保存演示文稿的常用操作方法有:

方法一:单击"快速访问工具栏"中的"保存"按钮。

方法二:使用组合键 Ctrl+S。

方法三:在"文件"选项卡中单击"保存"按钮。

如果是第一次保存演示文稿,则会打开"另存为"对话框,如图5-10所示。如果对演示文稿执行第二次保存操作时,不会再打开"另存为"对话框,若希望将文档另存一份,可在"文件"选项卡中选择"另存为"项,在打开的"另存为"对话框中进行设置。

要关闭演示文稿,可在"文件"选项卡中单击"关闭"按钮;若希望退出 PowerPoint 2010 程序,可在该选项卡中单击"退出"按钮。

5.2 播放演示文稿

主要学习内容：
- 打开已有的演示文稿
- 播放幻灯片的方法
- 设置放映时间
- 设置自定义放映

一、操作要求

要播放演示文稿，首先要打开该演示文稿，然后再进行放映。通过本节的学习，主要掌握播放演示文稿最基本的方法。

（1）打开演示文稿。打开"公司简介.pptx"演示文稿。
（2）播放演示文稿。播放"公司简介.pptx"演示文稿。
（3）控制幻灯片的播放。

二、操作过程

1. 打开"公司简介"演示文稿

启动 PowerPoint，然后单击"文件"选项卡中的"打开"按钮，在"打开"对话框中选择演示文稿所在文件夹，然后再选择"公司简介.pptx"演示文稿，单击"打开"按钮，打开该演示文稿，如图 5-24 所示。

图 5-24 打开"公司简介"演示文稿

2. 播放"公司简介"演示文稿

单击"幻灯片放映"选项卡上"开始放映幻灯片"组中的"从头开始"按钮或按 F5 键，可放映当前打开的演示文稿，PowerPoint 将整屏幕显示"公司简介"演示文稿的第一张幻灯片，如图 5-25 所示。如果从当前编辑的幻灯片开即放映，则单击"从当前幻灯片开始"或按组合键 Shift+F5。

图5-25 放映"公司简介"演示文稿

3. 用鼠标控制幻灯片的播放顺序

下一个动画或下一张幻灯片：单击鼠标左键，或按字母 N 键、Enter 键、Page Down 键、向右键、向下键或空格键切换到播放下一张幻灯片。

播放上一个动画或返回到上一张幻灯片：按字母 P 键、Page Up 键、向左键、向上键。

三、知识技能要点

1. 打开已有演示文稿

除了前一节所述打开演示文稿的方法外，还可以直接双击演示文稿文件，在启动 PowerPoint 的同时打开相应的演示文稿。

2. 放映幻灯片

PowerPoint 提供了多种放映功能，使用户能在放映时运用各种技巧加强幻灯片的放映效果。

利用"幻灯片放映"选项卡上"开始放映幻灯片"组中的相关按钮，可放映当前打开的演示文稿，如图 5-25 左图所示。

单击"从头开始"按钮或按 F5 键，可从第 1 张幻灯片开始放映演示文稿。

单击"从当前幻灯片开始"按钮或单击状态栏视图切换按钮 中的 ，可从当前幻灯片开始放映演示文稿。

单击"自定义幻灯片放映"按钮，在弹出的列表中选择"自定义放映"，可将演示文稿中的指定幻灯片组成一个放映集进行放映。

在放映演示文稿过程中，可以通过鼠标和键盘来控制整个放映过程，如单击鼠标切换幻灯片和播放动画（根据先前对演示文稿的设置进行），也可以通过放映前的设置，使其自动放映，按 Esc 键结束放映，这些操作将会在后面作介绍。

3. 幻灯片放映方式的设置

（1）自动放映。

要实现自动放映，关键在于设置幻灯片切换的时间间隔。当幻灯片在屏幕上的显示时间达到设定的时间间隔时，将自动切换到下一张幻灯片。

操作方法如下：

在"切换"选项卡上"计时"组中，勾选"设置自动换片时间"并输入换片时间 00:10，即每隔 10 秒钟放映一张幻灯片，去掉"单击鼠标时"前的勾选，最后单击"全部应用"按钮 全部应用，如图 5-26 所示。

图 5-26 设置自动放映幻灯片

注意：单击 全部应用 按钮，则所有幻灯片的换片时间间隔将相同，否则，设置的仅仅是选定幻灯片切换到下一张幻灯片的时间。

（2）手动控制放映。

手动放映将由放映者自己来控制演示文稿的放映进程。在手动放映的过程中，放映者使用鼠标单击的方式来切换幻灯片。

操作方法与自动放映的不同之处是：在"换片方式"选项区域中勾选"单击鼠标时"复选框。如图 5-27 所示。

图 5-27 设置手动放映幻灯片

注意：手动放映方式是系统默认的放映方式，一般不需要特别设置。

（3）排练计时。

为了使演讲者的讲述与幻灯片的切换保持同步，除了将幻灯片切换方式设置为"单击鼠标时"外，还可以使用 PowerPoint 提供的"排练计时"功能，预先排练好每张幻灯片的播放时间。

操作方法如下：

1）打开要设置排练计时的演示文稿，然后单击"幻灯片放映"选项卡上"设置"组中的"排练计时"按钮，如图 5-28 所示。此时从第 1 张幻灯片开始进入全屏放映状态，并在屏幕左上角显示"录制"工具栏，如图 5-29 所示。这时演讲者可以对自己要讲述的内容进行排练，以确定当前幻灯片的放映时间。

图 5-28 排练计时按钮　　　　图 5-29 "录制"工具栏

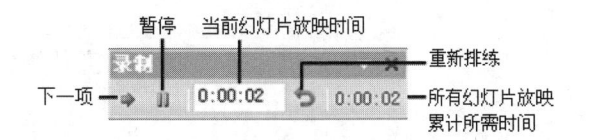

2）放映时间确定之后，单击幻灯片任意位置，或单击"录制"工具栏中的"下一项"按

钮，切换到下一张幻灯片，可以看到"录制"工具栏中间的时间重新开始计时，而右侧演示文稿放映累计时间将继续计时。

3）当演示文稿中所有幻灯片的放映时间排练完毕后（若希望在中途结束排练，可按 Esc 键），弹出一个提示对话框，如图 5-30 所示，询问是否接受排练计时的结果，如果单击"是"按钮。可将排练结果保存起来，以后播放演示文稿时，每张幻灯片的自动切换时间就会与设置的一样；如果想放弃刚才的排练结果，可以单击"否"按钮。

图 5-30　询问是否接受排练计时的结果

注意：排练计时操作完成后，PowerPoint 2010 自动切换到"幻灯片浏览"视图下，在每张幻灯片的左下角可看到幻灯片播放时间。

（4）自定义放映。

幻灯片的放映顺序一般是从第一张或从当前幻灯片（单击 按钮）开始放映，一直到最后一张。也可以通过 PowerPoint 的"自定义放映"功能重新设置演示文稿的放映顺序和放映内容，操作方法如下：

1）单击"幻灯片放映"选项卡上"开始放映幻灯片"组中的"自定义放映"项，如图 5-31 所示，弹出"自定义放映"对话框，如图 5-32 所示。

图 5-31　选择自定义放映　　　　　　　图 5-32　"自定义放映"对话框

2）在"自定义放映"对话框中单击"新建"按钮，弹出"定义自定义放映"对话框。在"在演示文稿中的幻灯片"列表框中单击要选为放映的幻灯片，然后单击"添加"按钮，将选定的幻灯片添加到右边列表框中，如图 5-33 所示。

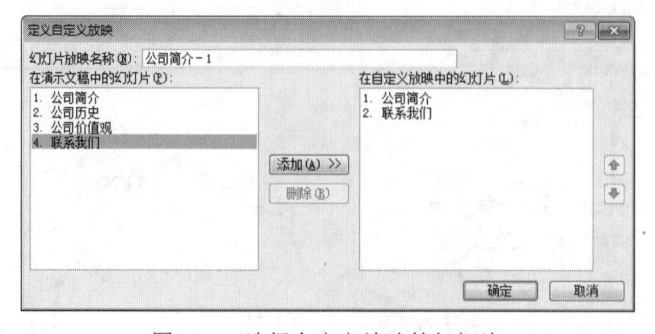

图 5-33　选择自定义放映的幻灯片

第 5 章　PowerPoint 2010 的使用

3）在"幻灯片放映名称"文本框中输入新建幻灯片放映的名称，单击"确定"按钮，返回"自定义放映"对话框，单击"放映"按钮，即可放映在"在自定义放映中的幻灯片"列表框中的幻灯片。

（5）使用"设置放映方式"对话框进行设置。

可以通过"设置放映方式"对话框进行各种不同放映方式的设置，如可以设置由演讲者控制放映，也可以设置由观众自行浏览，或让演示文稿自动播放。此外，对于每一种放映方式，还可以控制是否循环播放，指定播放哪些幻灯片以及确定幻灯片的换片方式等。

操作方法如下：

单击"幻灯片放映"选项卡上"设置"组中的"设置幻灯片放映"按钮，打开"设置放映方式"对话框，如图 5-34 所示，再对其中的各项进行选择。

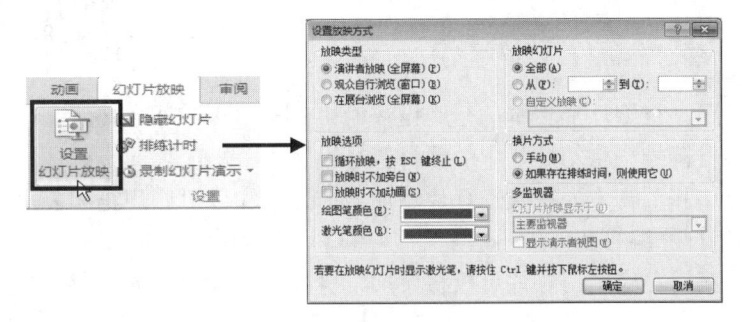

图 5-34　打开"设置放映方式"对话框

"放映类型"设置区：设置幻灯片的放映方式，其中"演讲者放映（全屏幕）"是最常用的一种放映方式，该方式下演讲者对放映过程有完整的控制权，能在演讲的同时灵活地进行放映控制。

"放映选项"设置区：其中选择"循环放映，按 Esc 键停止"复选框，表示在放映幻灯片时循环播放，即最后一张幻灯片放映结束后，会自动返回到第 1 张幻灯片继续放映。要结束放映，可按 Esc 键。

"放映幻灯片"设置区：设置播放演示文稿中的哪些幻灯片。

5.3　编辑和修饰演示文稿

主要学习内容：
- 格式化文本、设置项目符号
- 添加页眉和页脚
- 应用幻灯片母版、更改演示文稿主题
- 调整背景颜色和填充效果

一、操作要求

对"公司简介"演示文稿做进一步的编辑和修饰，使演示文稿更加美观。包括字体、字号、颜色的设置、行间距的调整，设置项目符号，添加页眉页脚等操作。完成后的效果如图 5-35 所示。

图 5-35 编辑后的"公司简介"效果图

（1）设置文本格式。将标题幻灯片主标题的字体设置为华文隶书，字号为 80，设置副标题文字的字体为楷体，字号为 32，其他幻灯片文本字体为仿宋，字号为 28，并改变字体颜色为深蓝。

（2）设置行距。将幻灯片文本的行距设置为 1.5 倍，段前间距 10 磅。

（3）设置项目符号。将幻灯片中的项目符号设置为➢。

（4）添加页眉和页脚。为每张幻灯片添加当前日期和以"广州正和公司简介"为内容的页脚，同时添加幻灯片编号。

（5）母版的应用。应用幻灯片母板将日期、页脚文字及编号的颜色设置为红色。

二、操作过程

1. 设置文本格式

打开"公司简介"演示文稿，单击主标题占位符（或选定"公司简介"文字），然后在"开始"选项卡上的"字体"组中选择字体为华文隶书，字号为 80。设置副标题文字的字体为楷体，字号为 32。适当调整主标题和副标题占位符的位置，如图 5-36 所示。以同样方法设置第 2～4 张幻灯片的正文文字格式：字体为仿宋，字号为 28，颜色为深蓝。

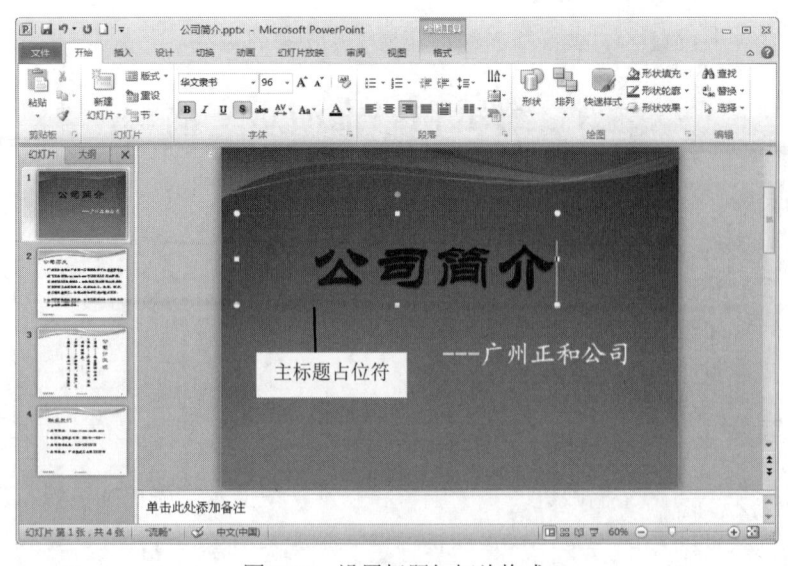

图 5-36 设置标题幻灯片格式

2. 设置行间距

选择第二张幻灯片,选定正文文字(或单击文本占位符),单击"开始"选项卡上"段落"组右下方的对话框启动器按钮，如图 5-37 所示,弹出"段落"对话框。在对话框中选择 1.5 倍行距和段前间距 10 磅,如图 5-38 所示。以同样方法设置第 3 张和第 4 张幻灯片的行间距。

图 5-37 打开"段落"对话框

图 5-38 设置行间距

3. 设置项目符号

选择第二张幻灯片,选定要添加项目符号的多个段落(或单击文本占位符),单击"开始"选项卡上"段落"组中的"项目符号"右侧的三角按钮,在展开的列表中单击"项目符号和编号"项,在打开的"项目符号和编号"对话框中选择项目符号的大小和颜色,如图 5-39 所示。单击"确定"按钮,完成项目符号的设置。以同样方法设置第 3 张和第 4 幻灯片的项目符号。

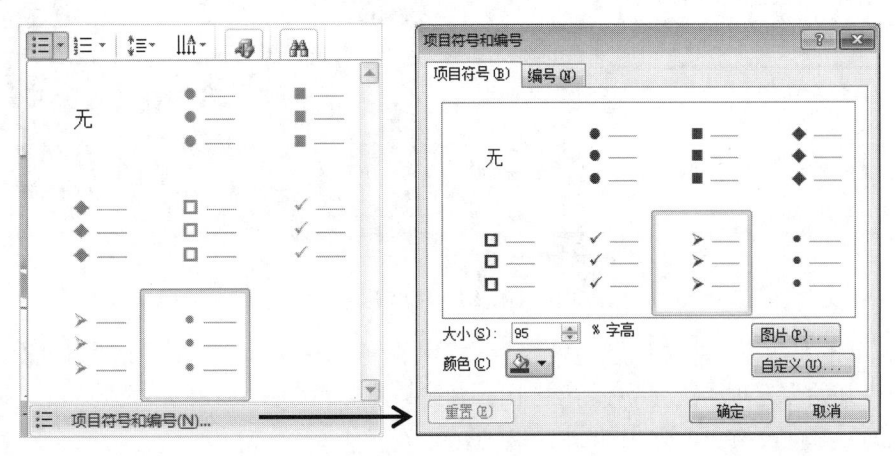

图 5-39 设置项目符号

4. 添加页眉和页脚

单击"插入"选项卡上"文本"组中的"页眉和页脚"按钮,打开"页眉和页脚"对话框,单击对话框中的"幻灯片"选项卡,勾选"日期和时间"、"幻灯片编号"、"页脚"、"标题幻灯片中不显示"复选框,并选择"日期和时间"中的"自动更新",在"页脚"文本框中输入"广州正和公司简介",如图5-40所示。最后单击"全部应用"按钮,此时在除标题幻灯片以外的所有幻灯片的底部均出现以上所选内容。

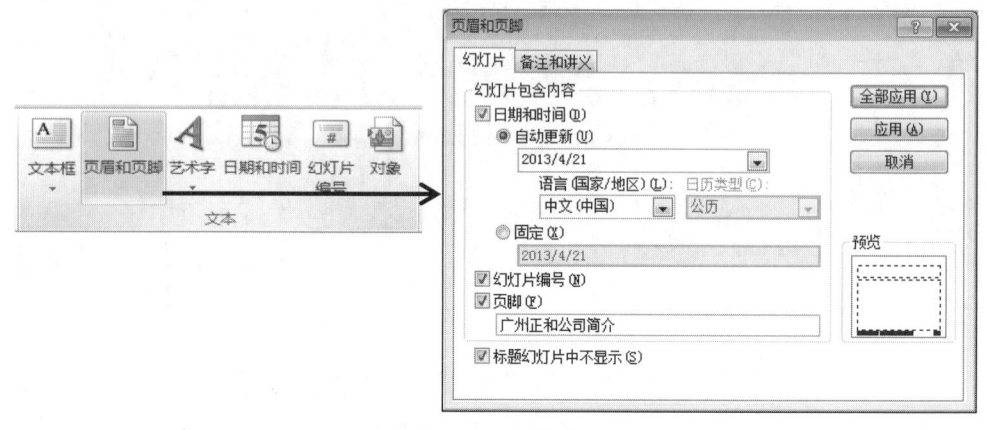

图 5-40 "页眉和页脚"对话框

5. 使用母版设置幻灯片页眉和页脚格式

(1)单击"视图"选项卡上"母版视图"组中的"幻灯片母版"按钮,进入幻灯片母版视图,如图5-41所示。

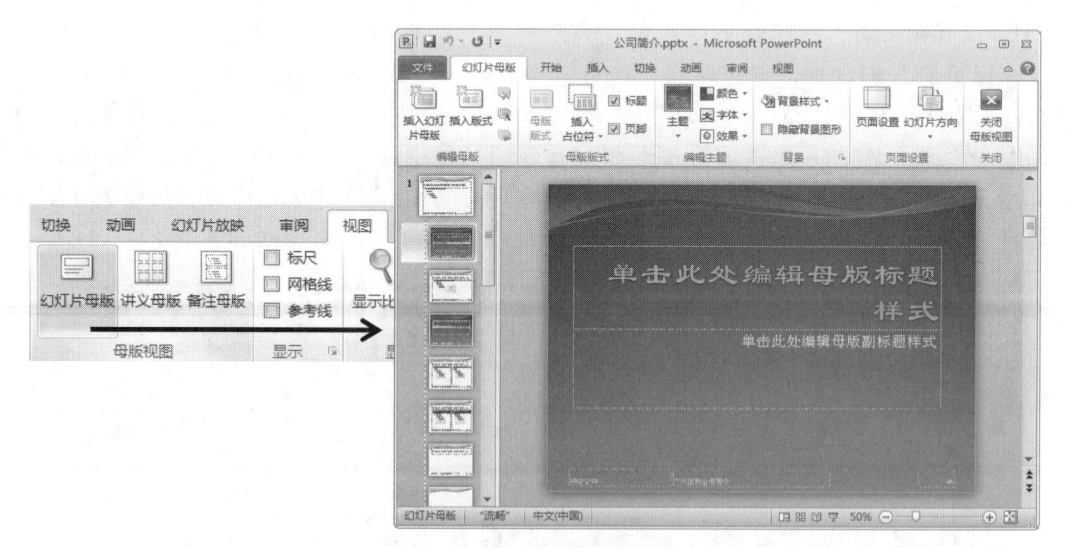

图 5-41 幻灯片母版视图

(2)单击左侧窗格中"标题与内容版式"母版(第三张),然后单击"日期时间"文本框,使用"开始"选项卡上"字体"组中的 A 按钮将颜色改变为红色,用同样的方法为"页脚"和"编号"改变颜色。效果如图5-42所示。

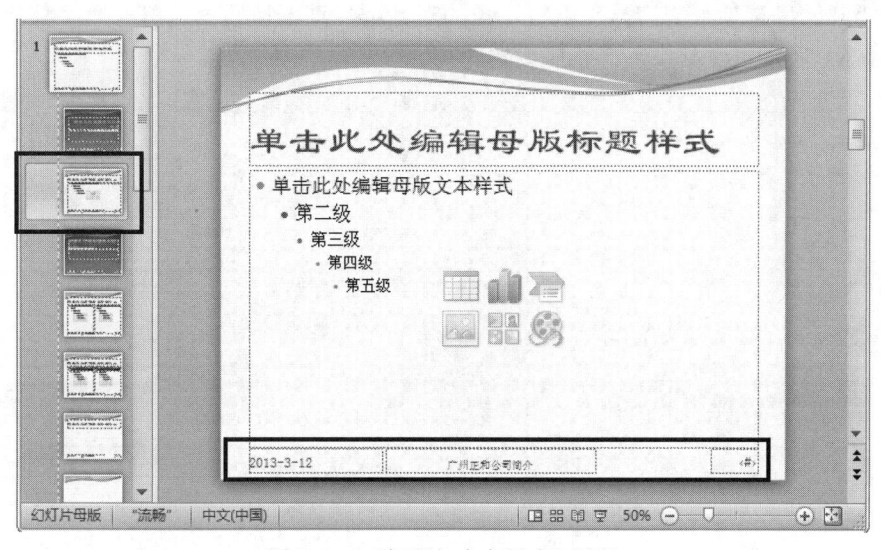

图 5-42 "标题与内容版式"母版

（3）单击左侧窗格中"垂直排列标题与文本版式"母版（最后一张），然后再更改幻灯片母版中的日期、页脚、编号的字体颜色，如图 5-43 所示。

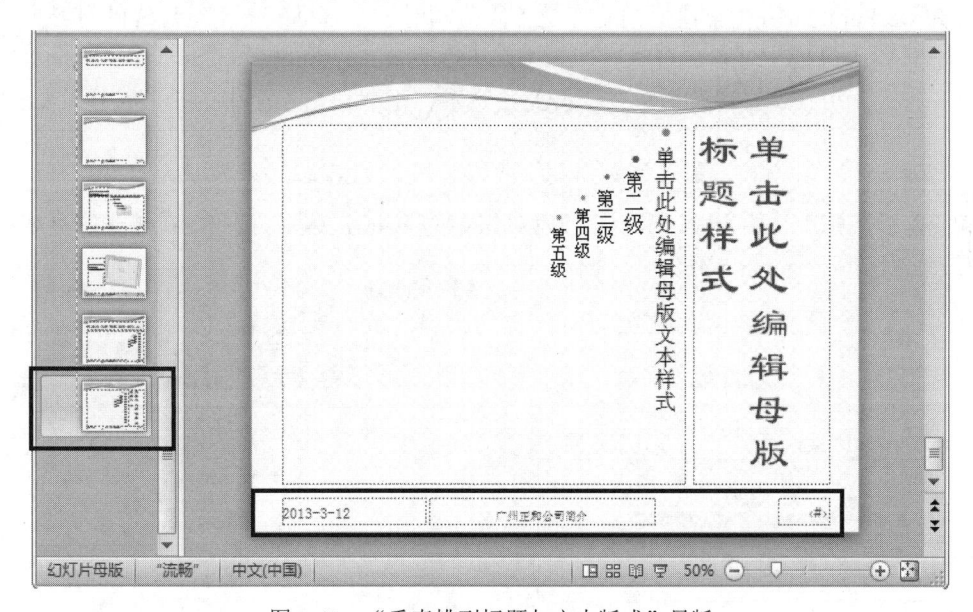

图 5-43 "垂直排列标题与文本版式"母版

（4）单击"关闭母版视图"按钮，回到演示文稿普通视图界面。

三、知识技能要点

1. 设置文本的字符格式

（1）使用字符格式按钮设置。选择要设置字符格式的文本或文本所在文本框（占位符），然后单击"开始"选项卡上"字体"组中的相应按钮进行设置即可，如图 5-44（a）所示。

（2）使用"字体"对话框设置。选择要设置字符格式的文本或文本所在文本框（占位符），然后单击"开始"选项卡"字体"组右下角的对话框启动器按钮,打开"字体"对话框,如图 5-44(b)所示,在其中进行相应设置即可。

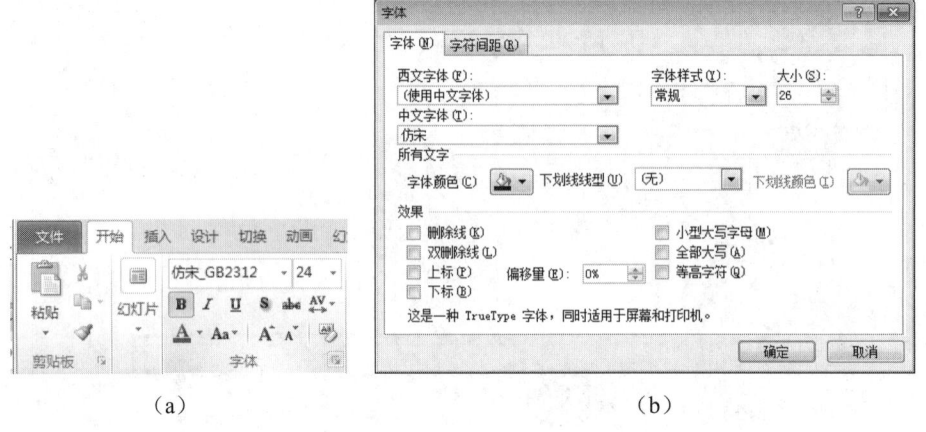

(a)　　　　　　　　　　　　　(b)

图 5-44　字符格式设置

2．设置文本的段落格式

(1)设置段落的对齐方式

在 PowerPoint 2010 中,段落的对齐是指段落相对于文本框或占位符边缘的对齐方式。

水平对齐:包括左对齐、右对齐、居中对齐、两端对齐和分散对齐。要快速设置段落的水平对齐方式,可在选择段落后单击"开始"选项卡上"段落"组中的相应按钮,如图 5-45 所示。

垂直对齐:包括顶端对齐、中部对齐、底端对齐。要快速设置段落的垂直对齐方式,可在选择段落后单击"开始"选项卡上"段落"组中的"对齐文本"按钮,在展开的列表中选择一种对齐方式即可,如图 5-46 所示。

图 5-45　水平对齐按钮　　　　　　　图 5-46　垂直对齐按钮

(2)设置段落的缩进、间距和行距。

在 PowerPoint 2010 中,常利用"段落"对话框来设置段落的缩进、间距和行距,操作方法如下:

选择段落或段落所在文本框,然后单击"开始"选项卡上"段落"组右下角的对话框启动器按钮,打开"段落"对话框,如图 5-47 所示。在其中进行设置,然后单击"确定"按钮。

文本之前:设置段落所有行的左缩进效果。

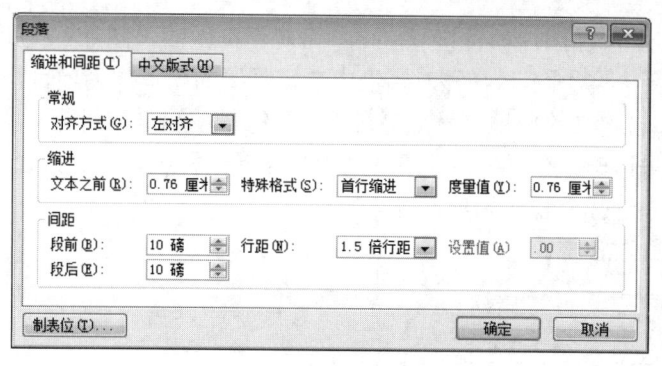

图 5-47 "段落"设置对话框

特殊格式：在该下拉列表框中包括"无"、"首行缩进"和"悬挂缩进"3 个选项，"首行缩进"表示将段落首行缩进指定的距离；"悬挂缩进"表示将段落首行外的行缩进指定的距离；"无"表示取消首行或悬挂缩进。

间距：设置段落与前一个段落（段前）或后一个段落（段后）的距离。

行距：设置段落中各行之间的距离。

3．使用项目符号与编号

项目符号和编号是放在文本前的点或其他符号，起到强调作用，使文本的层次结构更清晰，使得幻灯片更加有条理性，易于阅读。

（1）使用项目符号

如果在正文文本框中输入文本信息，输入一条文本后按 Enter 键，PowerPoint 将自动在下一行前放置一个项目符号，即在幻灯片的正文文本框中每条文字信息前面通常带有项目符号。PowerPoint 允许重新指定项目符号，也可以取消项目符号。

添加项目符号的操作方法如下：

1）将插入符定位在要添加项目符号的段落中，或选择要添加项目符号的多个段落。

2）单击"开始"选项卡上"段落"组中的"项目符号" 右侧的三角按钮，在展开的列表中选择一种项目符号，如图 5-39 左图所示。

3）若列表中没有需要的项目符号，或需要设置符号的大小和颜色等时，可单击列表底部的"项目符号和编号"项，打开"项目符号和编号"对话框，如图 5-48 所示。

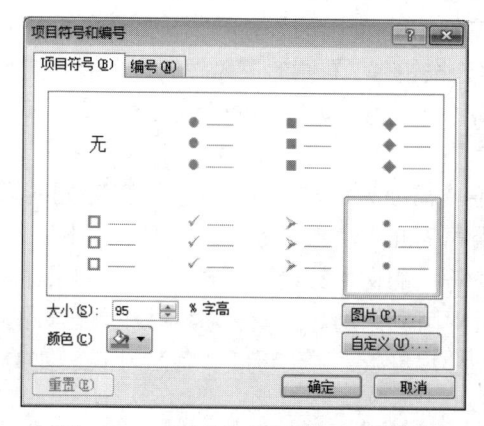

图 5-48 "项目符号和编号"对话框

4）若希望为段落添加图片项目符号，可单击对话框中的"图片"按钮，打开"图片项目符号"对话框，如图 5-49 所示。在该对话框中选择需要的图片作为项目符号。

5）若希望添加自定义的项目符号，可在"项目符号和编号"对话框中单击"自定义"按钮，打开"符号"对话框。在"字体"下拉列表中选择一种字体，例如选择 Wingdings，再在其下方的符号列表中选择一种作为项目符号的符号，如图 5-50 所示，单击"确定"按钮返回"项目符号和编号"对话框。

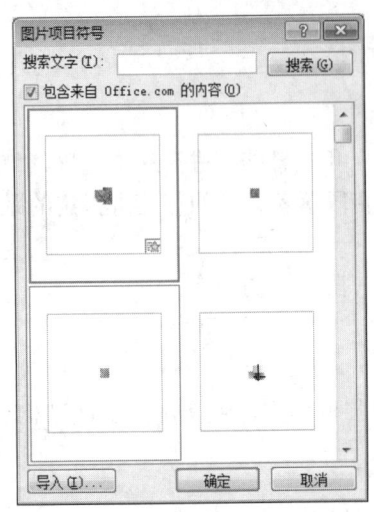

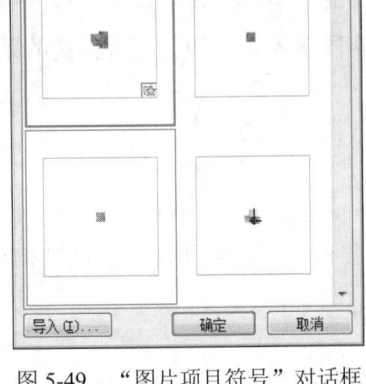

图 5-49　"图片项目符号"对话框　　　　图 5-50　"符号"对话框

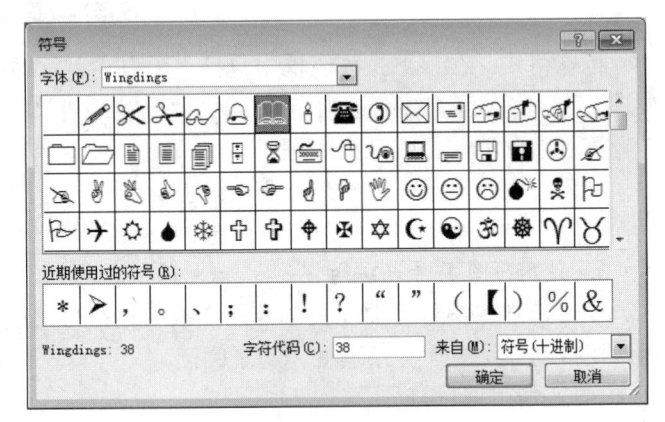

取消项目符号有以下两种方法：

1）将插入符定位在要取消项目符号的段落中，或选择要取消项目符号的多个段落，单击"开始"选项卡上"段落"组中的"项目符号"右侧的三角按钮，在展开的列表中选择"无"按钮，如图 5-51 所示，即可取消项目符号。

2）将插入符定位在要取消项目符号的段落中，或选择要取消项目符号的多个段落，直接单击"开始"选项卡上"段落"组中的"项目符号"按钮，即可取消项目符号。

（2）添加编号。

用户还可为幻灯片中的段落添加系统内置的编号，操作方法如下：

将插入符置于要添加编号的段落中，或选择要添加编号的多个段落，单击"开始"选项卡上"段落"组中的"编号"按钮右侧的三角按钮，在展开的列表中选择一种系统内置的编号样式，即可为所选段落添加编号，如图 5-52 所示。

4．母版的使用

在制作演示文稿时，通常需要为每张幻灯片设置一些相同的内容或格式，以使演示文稿主题统一。例如，要在"公司简介"演示文稿的每张幻灯片中加入公司的 Logo，且为每张幻灯片标题占位符和文本占位符中的文本都设置相同的格式。如果在每张幻灯片中重复设置这些内容，无疑会浪费时间，此时可利用幻灯片母版对这些重复出现的内容进行设置。

PowerPoint 母版包括幻灯片母版、讲义母版和备注母版三种类型。

（1）应用幻灯片母版。

幻灯片母版是一种特殊的幻灯片，利用它可以统一设置演示文稿中的所有幻灯片，或指定幻灯片的内容格式（如占位符中文本的格式），以及需要统一在这些幻灯片中显示的内容，包括图片、图形、文本或幻灯片背景等。具体应用操作方法如下：

图 5-51　取消项目符号　　　　　　　　图 5-52　系统内置的编号样式

1）打开演示文稿，单击"视图"选项卡上"母版视图"组中的"幻灯片母版"按钮，进入幻灯片母版视图。此时将显示"幻灯片母版"选项卡，如图 5-41 所示。

默认情况下，幻灯片母版视图左侧窗格中的第 1 个母版（比其他母版稍大）称为"幻灯片母版"，在其中进行的设置将应用于当前演示文稿中的所有幻灯片；其下方为该母版的版式母版（子母版），如"标题幻灯片"、"标题和内容"（将鼠标指针移至母版上方，将显示母版名称，以及其应用于演示文稿的哪些幻灯片）等。在某个版式母版中进行的设置将应用于使用了对应版式的幻灯片中。用户可根据需要选择相应的母版进行设置。

2）进入幻灯片母版视图后，可在幻灯片左侧窗格中单击选择要设置的母版，然后在右侧窗格，使用"开始"、"插入"等选项卡设置占位符的文本格式，或者插入图片、绘制图形并设置格式，还可利用"幻灯片母版"选项卡设置母版的主题和背景，以及插入占位符等，所进行的设置将应用于对应的幻灯片中。

（2）查看和编辑幻灯片母版。

幻灯片母版建立后，可以查看和编辑，操作方法如下：

1）在 PowerPoint 窗口中，打开要更改属性设置的演示文稿。

2）单击"视图"选项卡上"母版视图"组中的"幻灯片母版"按钮，进入幻灯片母版视图。

3）通过对占位符的编辑，可以重新设置文本的字体、字号、字形、颜色、对齐方式等。

4）通过"幻灯片母版"选项卡的各组功能按钮，如图 5-53 所示。可对幻灯片母版进行各种编辑操作，例如在"编辑母版"组中单击"插入幻灯片母版"按钮，将在当前幻灯片母版之后插入一个幻灯片母版，以及附属于它的各版式母版。

图 5-53　"幻灯片母版"选项卡

5）单击"关闭母版视图"按钮，退出幻灯片母版视图。

（3）应用讲义母版和备注母版

单击"视图"选项卡上"母版视图"组中的"讲义母版"或"备注母版"按钮，可进入讲义母版或备注母版视图。这两个视图主要用来统一设置演示文稿的讲义和备注的页眉、页脚、页码、背景和页面方向等，这些设置大多数与打印幻灯片讲义和备注页相关，我们将在后面具体学习打印幻灯片讲义和备注的方法。

5．页眉和页脚的设置

单击"插入"选项卡上"文本"组中的"页眉和页脚"按钮，打开"页眉和页脚"对话框，如图 5-40 所示，在对话框中勾选各选项并输入页脚内容，然后单击"全部应用"按钮，完成页眉和页脚的设置。还可以通过幻灯片母版视图来改变"日期区"、"页脚区"和"数字区"在幻灯片中的位置及文字格式。

6．更改演示文稿主题

在 PowerPoint 2010 中，可以根据主题新建演示文稿，也可以创建演示文稿后再更改其主题，还可以自定义主题的颜色和字体。

更改演示文稿主题的操作方法如下：

打开要更改主题的演示文稿，单击"设计"选项卡上"主题"组中的"其他"按钮，在展开的列表中单击某个主题的缩览图，例如单击"流畅"，如图 5-54 所示，此时，各幻灯片背景、文本、填充、线条、阴影等都将自动应用所选的主题格式。

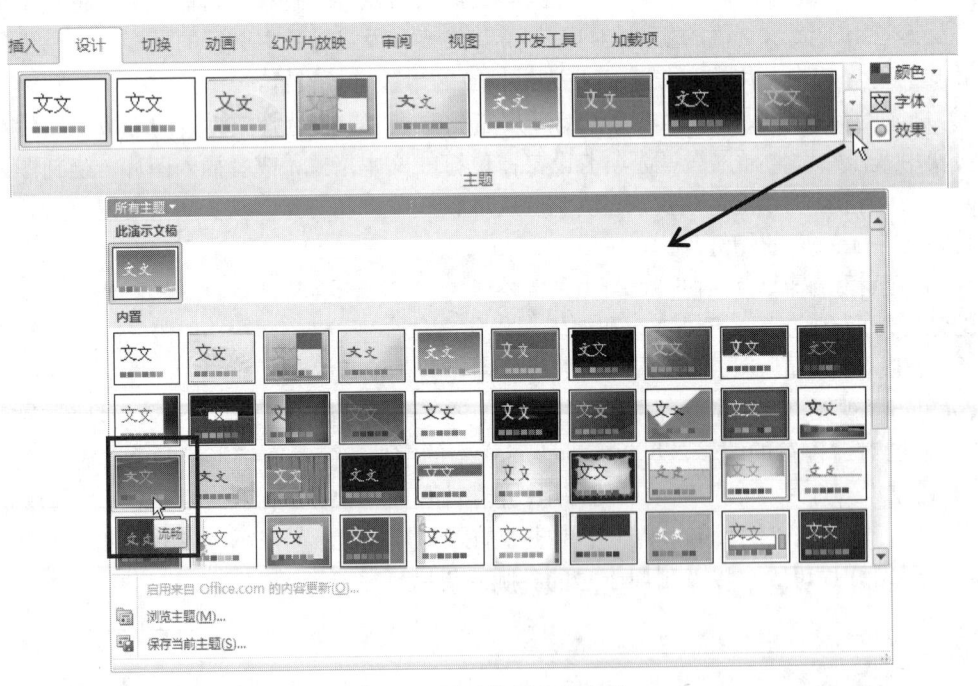

图 5-54　更改演示文稿主题

7．调整主题颜色、字体及效果

（1）主题颜色。

PowerPoint 2010 的主题颜色是幻灯片背景颜色、图形填充颜色、图形边框颜色、文字颜

第 5 章　PowerPoint 2010 的使用

色、强调文字颜色、超链接颜色和已访问过的超链接颜色等的组合。单击"设计"选项卡上"主题"组中的"颜色"按钮，展开颜色列表，在列表中单击某颜色组合，如"华丽"，即可将其应用于演示文稿中的所有幻灯片，如图 5-55 所示。

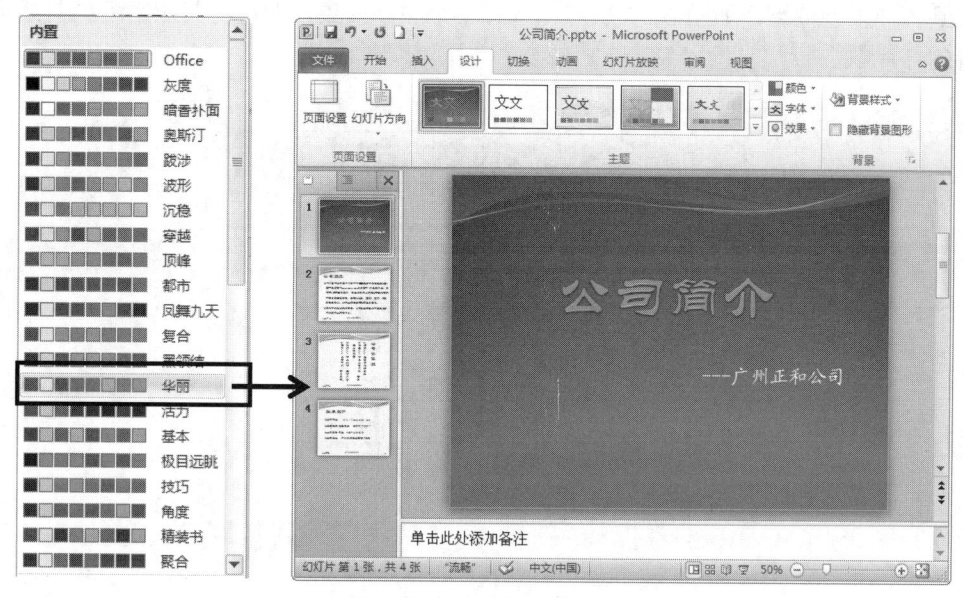

图 5-55　选择新的主题颜色

（2）主题字体。

通过设置主题字体可以快速更改演示文稿中所有标题文字和正文文字的字体格式。PowerPoint 2010 自带了多种常用的字体格式组合，用户可自由选择，也可以根据实际情况自定义字体的搭配效果。单击"设计"选项卡上"主题"组中"字体"按钮，展开"字体"列表，在每个主题名称下方可看到该主题的标题和正文文本字体的名称，例如选择"暗香扑面"主题字体，可以看到当前演示文稿的所有幻灯片的标题文本字体变成了"微软雅黑"，正文文本字体变成了"黑体"，如图 5-56 所示。

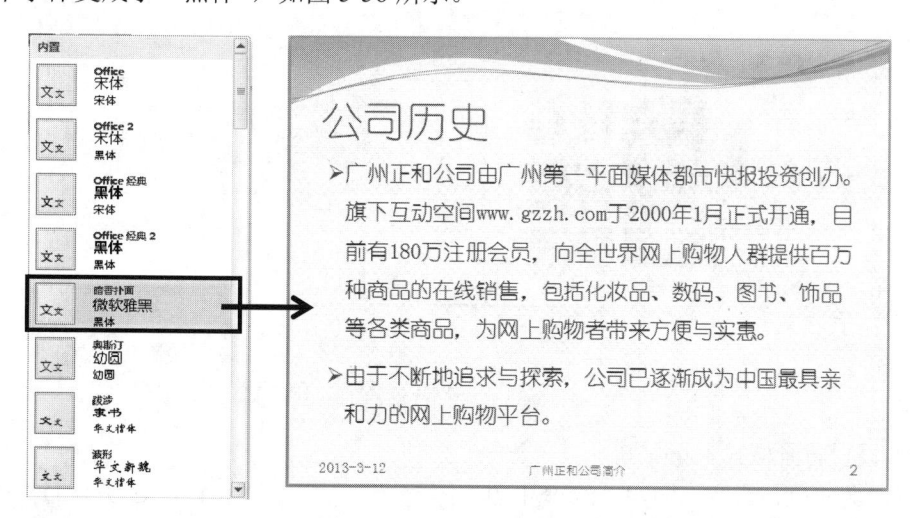

图 5-56　选择新的主题字体

(3) 主题效果。

主题效果是幻灯片中图形线条和填充效果设置的组合，其中包含了多种常用的阴影和三维设置组合。单击"设计"选项卡上"主题"组中"效果"按钮 ◎ 效果▼，在展开的列表中可以看到各种主题效果，如图 5-57 所示。选择某个主题效果，即可将其应用于当前演示文稿的所有幻灯片中。

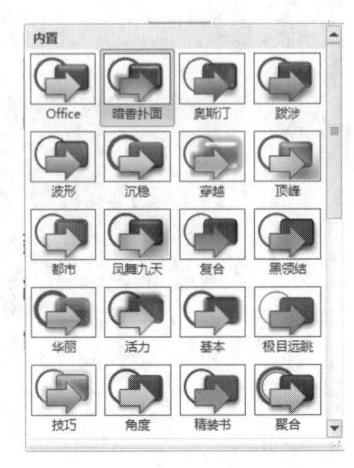

图 5-57　主题"效果"列表

8. 设置幻灯片背景

默认情况下，演示文稿中的幻灯片背景使用主题规定的背景，用户也可以重新为幻灯片设置纯色、渐变色、图案、纹理和图片等背景。

(1) 应用背景样式。

打开要应用背景样式的演示文稿，然后单击"设计"选项卡上"背景"组中的"背景样式"按钮 背景样式▼，展开"背景样式"列表，在列表中右击一种背景样式，并在弹出的快捷菜单中选择"应用于所有幻灯片"或"应用于所选幻灯片"项，即可为演示文稿中的幻灯片应用该样式。如图 5-58 所示。

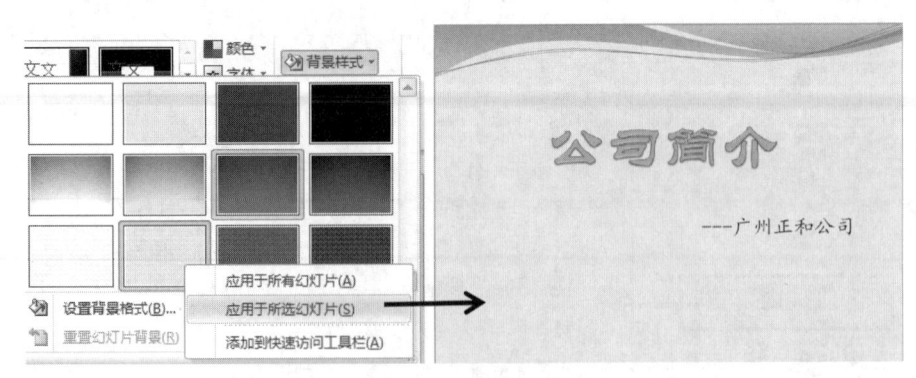

图 5-58　设置背景样式

(2) 设置背景格式。

要自定义纯色、渐变、图案、纹理和图片等背景，可单击"设计"选项卡上"背景"组右下角的对话框启动器按钮 ，打开"设置背景格式"对话框进行设置，如图 5-59 所示。

第 5 章　*PowerPoint 2010 的使用*

图 5-59　"设置背景格式"对话框

设置纯色填充：在选择"纯色填充"单选按钮后，单击"颜色"右边按钮，从弹出的颜色列表中选择所需颜色，设置的颜色将自动应用于当前幻灯片，如图 5-60 所示。若要将该颜色应用于所有幻灯片，可单击"全部应用"按钮。

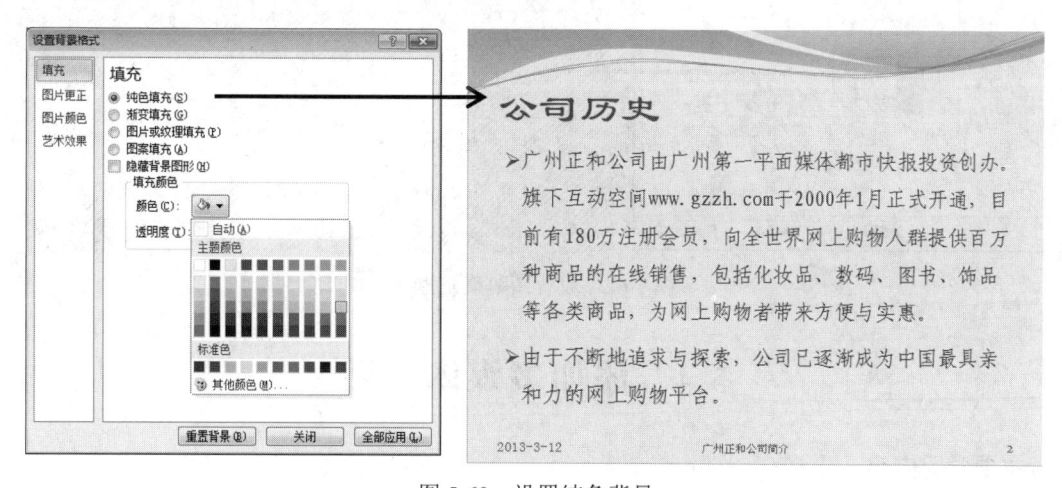

图 5-60　设置纯色背景

设置渐变填充：选择"渐变填充"单选按钮，单击"预设颜色"右边按钮，从弹出的列表中选择系统预设的渐变色，例如"麦浪滚滚"，设置的渐变色将自动应用于当前幻灯片，如图 5-61 所示。

设置图片、纹理和图案填充：在选择"图片或纹理填充"单选按钮后，单击"纹理"右边按钮，从弹出的列表中选择所需纹理，或单击"插入自："下面的"文件"按钮，选择所需图片即可为幻灯片设置纹理或图片填充；选择"图案填充"单选按钮，可设置图案填充，例如在弹出的图案列表中选择"宽下对角线"图案，其效果如图 5-62 所示。

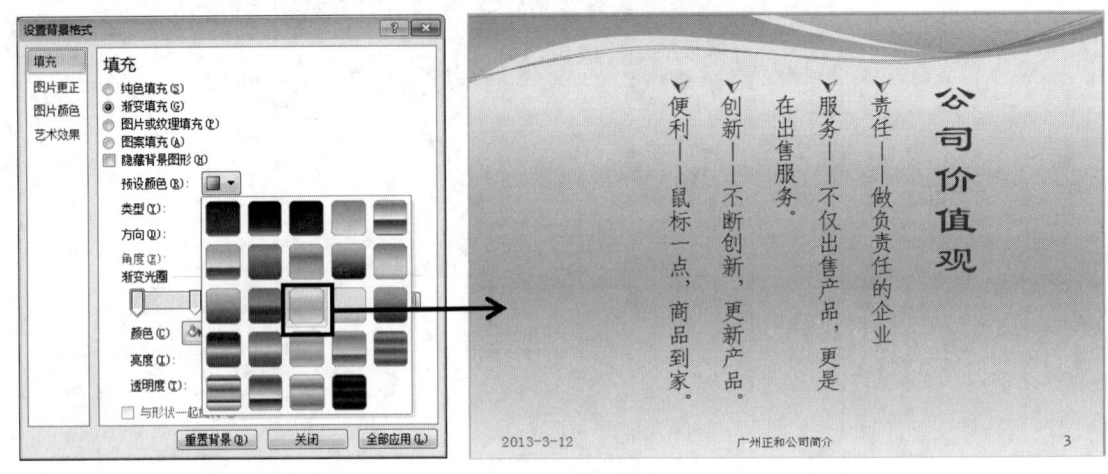

图 5-61　设置渐变色背景

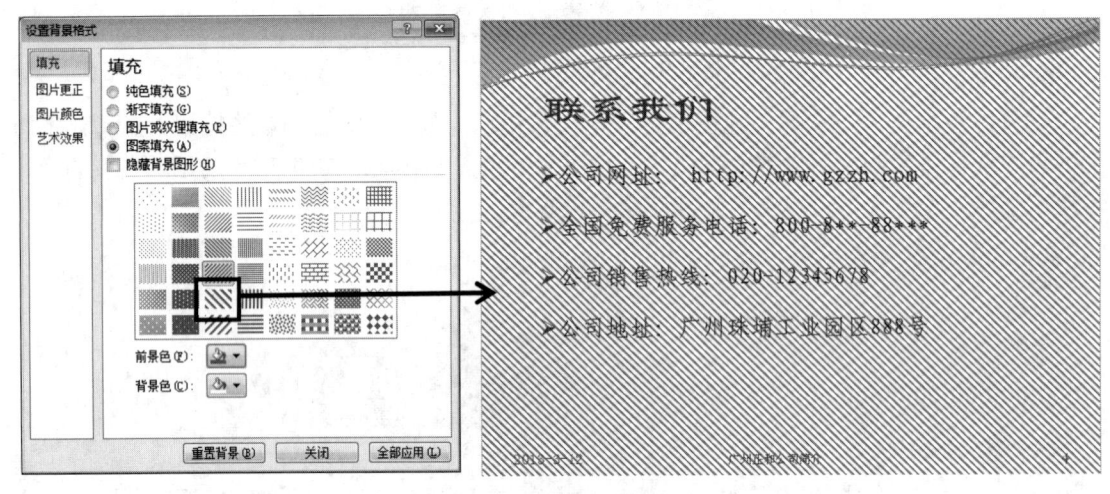

图 5-62　设置图案填充背景

5.4　添加多媒体效果

主要学习内容：
- 插入图片、表格、声音和艺术字
- 创建图表

一、操作要求

在"公司简介"演示文稿中插入图片、艺术字，添加表格、图表幻灯片，使演示文稿图文并茂、内容更加丰富、版面更加悦目。完成后的效果如图 5-63 所示。

（1）插入公司 Logo 图片。在标题幻灯片中直接插入公司 Logo，通过幻灯片母版为其他幻灯片插入公司 Logo。

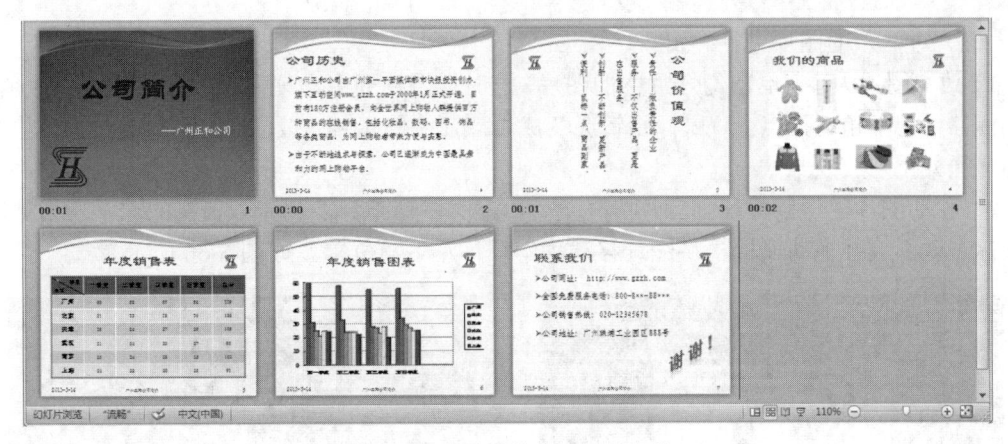

第 5 章　PowerPoint 2010 的使用

图 5-63　"公司简介"演示文稿

（2）制作"商品介绍"幻灯片。插入一张"标题与内容"版式的新幻灯片，插入销售商品图片。

（3）制作"年度销售"表格幻灯片。插入一张"标题与表格"版式的新幻灯片，在幻灯片中制作"年度销售"表格。

（4）制作"年度销售"图表幻灯片。插入一张"标题与图表"版式的新幻灯片，在幻灯片中制作"年度销售量"图表。

（5）添加艺术字。在最后一张幻灯片中添加艺术字"谢谢！"。

二、操作过程

1．打开演示文稿

打开"公司简介"演示文稿，并使其处于普通视图模式。

2．插入公司 Logo 图片

（1）在第一张幻灯片中插入公司 Logo。

单击"插入"选项卡上"图像"组中的"图片"按钮，打开"插入图片"对话框，选择要插入的图片，单击"插入"按钮，如图 5-64 所示。即可将所选的图片插入到当前幻灯片的中心位置。

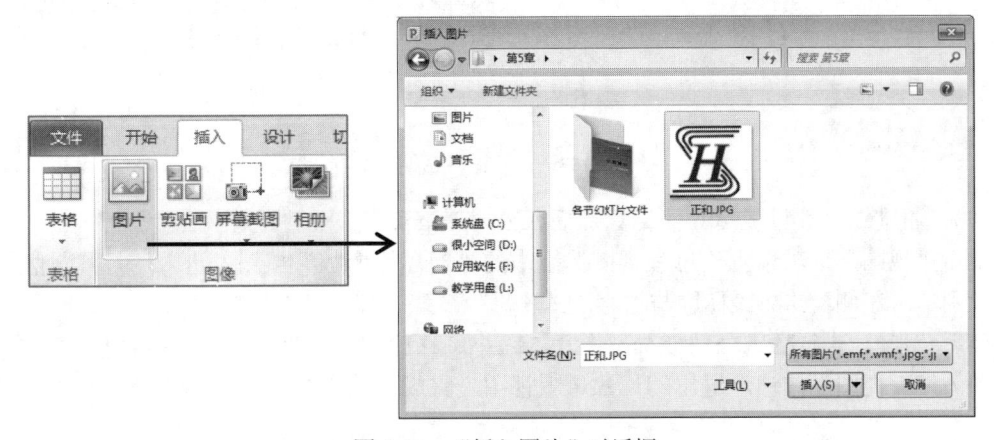

图 5-64　"插入图片"对话框

(2) 对插入的图片进行编辑。

1) 改变图片大小。单击幻灯片中的图片，这时在图片周围出现 8 个控点，如图 5-65 所示。将鼠标移到右下角的控点上，鼠标指针会变成带双箭头的指针，按住鼠标左键往内拉，将图片缩小（往外拉则放大）。

2) 移动图片。将鼠标移到图片中任一处，此时鼠标指针变为带双箭头的十字形指针，按住鼠标左键不放并拖动鼠标，将图片移动到幻灯片左下角位置。如图 5-66 所示。

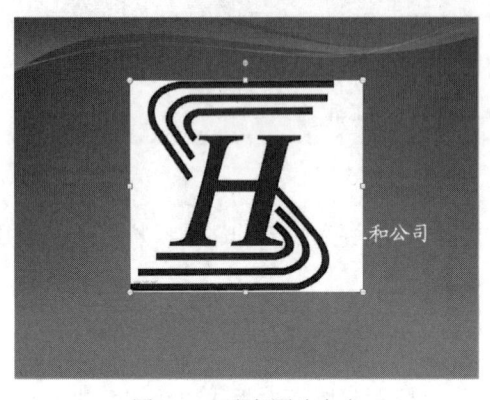

图 5-65　改变图片大小　　　　　　　　图 5-66　改变图片位置

3) 设置图片的透明色。选定图片，然后单击"图片工具格式"选项卡上"调整"组中的"颜色"按钮，在展开的列表中单击"设置透明色"按钮，移动鼠标到图片上单击，图片变为透明色，如图 5-67 所示。

图 5-67　设置图片透明色

(3) 通过幻灯片母版给其他幻灯片插入公司 Logo。

单击"视图"选项卡上"母版视图"组中的"幻灯片母版"按钮，进入幻灯片母版视图，然后分别单击左侧窗格中"标题与内容版式"母版（第三张），"垂直排列标题与文本版式"母版（最后一张），进行插入公司 Logo 图片、缩小、移动图片、设置透明色等操作，完成后单击"关闭母版视图"按钮，退出幻灯片母版视图。完成后的效果如图 5-68 所示。

3. 制作"商品介绍"幻灯片

(1) 选定第三张幻灯片，单击"开始"选项卡上"幻灯片"组中的"新建幻灯片"按钮，添加一张"标题和内容"版式的幻灯片。如图5-69所示。

图5-68 使用幻灯片母版插入图片

(2) 单击文本占位符中的插入图片按钮，打开"插入图片"对话框，选择"商品介绍"图片，单击"插入"按钮，将图片插入到幻灯片中。

(3) 在标题占位符中输入"我们的商品"文本，如图5-70所示。

图5-69 "标题和内容"幻灯片版式　　图5-70 新插入的幻灯片

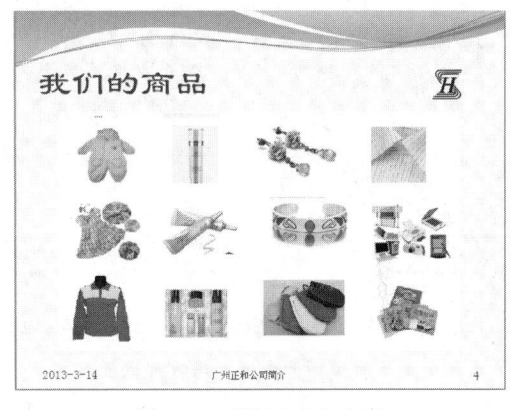

4. 制作"年度销售量"表格幻灯片

(1) 选定第四张幻灯片，添加一张"标题和内容"版式的幻灯片。

(2) 单击文本占位符中的"插入表格"按钮，弹出"插入表格"对话框，输入表格列数和行数，如图5-71所示，单击"确定"按钮，在幻灯片上插入一个7行6列的表格。

(3) 在表格中输入内容，并对表格进行格式化（方法与Word表格编辑方法相同），在标题占位符中输入"年度销售表"，如图5-72所示。

图5-71 "插入表格"对话框

5. 制作"年度销售"图表幻灯片

(1) 选定第五张幻灯片，添加一张"标题与内容"版式的幻灯片。

(2) 单击文本占位符中的"插入图表"按钮。打开"插入图表"对话框，如图5-73所示，选择"簇状柱型图"，单击"确定"按钮后弹出数据表窗口，如图5-74所示。

(3) 在数据表中输入实际数据，如图5-75所示，然后关闭数据表窗口，完成插入图表的操作。插入图表后的幻灯片效果如图 5-76 所示。

图 5-72　插入表格幻灯片

图 5-73　"插入图表"对话框

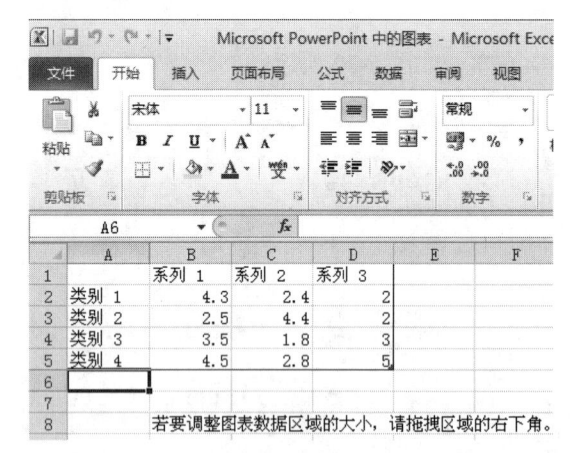

图 5-74　数据表窗口

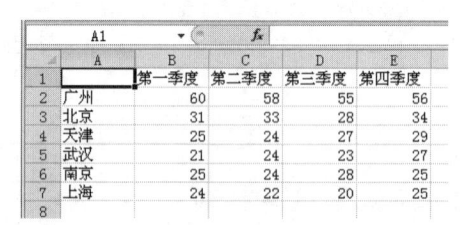

图 5-75　输入实际数据

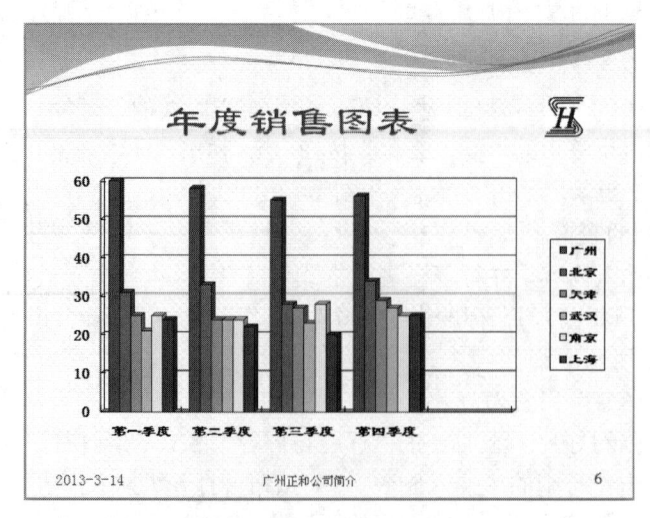

图 5-76　插入图表幻灯片

6. 添加艺术字

（1）选择最后一张幻灯片，单击"插入"选项卡上"文本"组中的"艺术字"按钮，在打开的列表中选择一种艺术字样式，如图 5-77 所示。

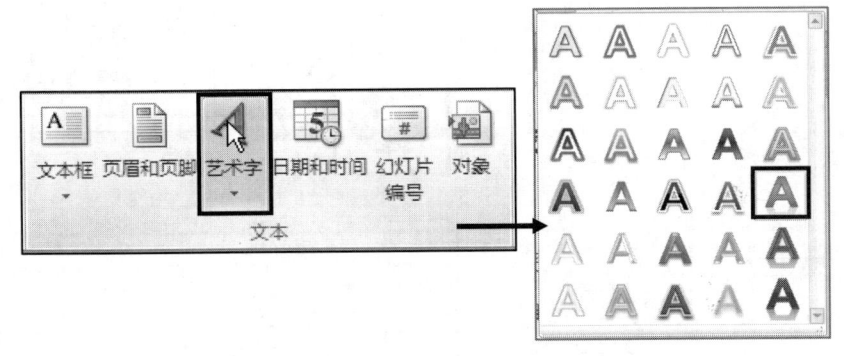

图 5-77 选择艺术字样式

（2）此时在幻灯片的中心位置出现一个文本框，在其中输入"谢谢！"，如图 5-78 所示。

（3）设置艺术字的字体、字号和字形，调整文本框位置（方法与调整图片位置相同），如图 5-79 所示。

图 5-78 输入艺术字文本　　　　图 5-79 插入艺术字

三、知识技能要点

1. 插入剪贴画

在 PowerPoint 中有两种插入图片的方法：插入外部图片和插入剪贴画。插入外部图片的方法在上面已讲述过，这里不再重复。

PowerPoint 2010 提供了多种类型的剪贴画，这些剪贴构思巧妙，能够表达不同的主题，用户可以根据需要将它们插入到幻灯片中。插入剪贴画的操作方法如下：

（1）选择要插入剪贴画的幻灯片，单击"插入"选项卡上"图像"组中的"剪贴画"按钮，打开"剪贴画"任务窗格，如图 5-80（a）所示。

（2）在"搜索文字"编辑框中输入剪贴画的相关主题或关键字，例如输入"计算机"，在"结果类型"下拉列表中选择文件类型，例如勾选"插图"复选框，设置完毕，如图 5-80（b）所示，单击"搜索"按钮。

(a)   (b)

图 5-80 "剪贴画"任务窗格

（3）搜索完成后，在搜索结果预览框中将显示所有符合条件的剪贴画，单击所需的剪贴画，即可将它插入到幻灯片的中心位置，如图 5-81 所示。

图 5-81 插入剪贴画

2. 图片、艺术字、表格、图表的编辑

在幻灯片中插入图片、艺术字、表格、图表的编辑方法与 Word、Excel 中的操作类似，在这里不再详细讲述，请参照前面相关章节。

3. 插入声音

在幻灯片中插入声音，作为演示文稿的背景音乐或演示解说等，使幻灯片更加生动。插入声音的操作方法如下：

（1）打开一个演示文稿，选择要插入声音的幻灯片。

（2）单击"插入"选项卡上"媒体"组中的"音频"按钮下拉箭头，在展开的列表中选择"文件中的音频"项，如图 5-82（a）所示，打开"插入音频"对话框。

（3）在"插入音频"对话框中，选择要插入的声音文件，在 PowerPoint 2010 中可以插入.mp3、.midi、.wav、.au 和.aiff 等格式的声音文件，如图 5-82（b）所示。

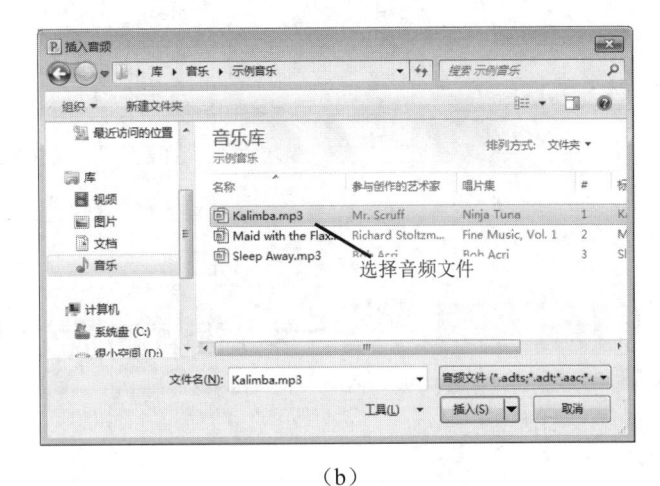

第 5 章　PowerPoint 2010 的使用

(a)　　　　　　　　　　　　　　　(b)

图 5-82　插入音频文件

（4）单击"插入"按钮，系统将在幻灯片中心位置添加一个声音图标，并在声音图标下方显示音频播放控件，如图 5-83 所示。单击其左侧的"播放/暂停"按钮▶可预览声音，将鼠标指针移到"静音/取消静音"按钮 🔊 上，可调整播放音量的大小。

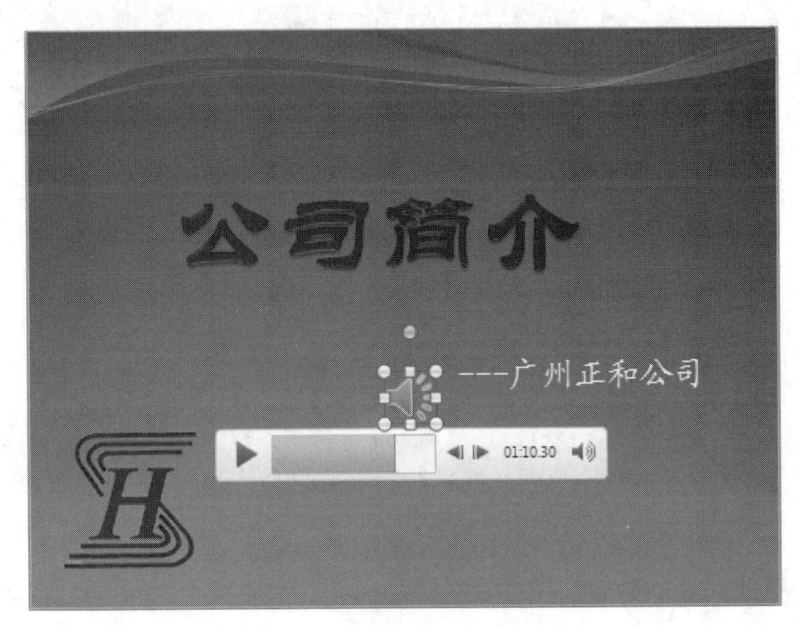

图 5-83　插入音频文件

4. 声音的播放设置

如果在演示文稿中插入了声音，且要将此声音设置为跨多张幻灯片循环播放同时在播放时隐藏音频图标，则需对其进行相应的设置。操作方法如下：

选定幻灯片中的音频图标 🔊，单击"音频工具→播放"选项卡，在"音频选项"组中单击"开始"按钮右侧的三角按钮，在展开的列表中选择"跨幻灯片播放"，表示声音自动跨多张幻灯片播放，接着选择"循环播放，直到停止"和"放映时隐藏"复选框，如图 5-84 所示。

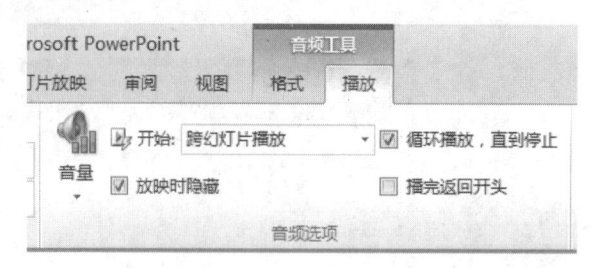

图 5-84 设置声音的播放方式

5.5 设置播放效果

主要学习内容：
- 设置动画效果
- 设置幻灯片切换效果
- 插入超链接
- 添加动作按钮

一、操作要求

本节将学习如何设置幻灯片在播放时出现的动画效果、幻灯片切换效果，以及在幻灯片播放时使用的动作按钮、超链接等。

（1）为幻灯片设置动画效果。设置"公司简介"演示文稿的标题幻灯片中公司 Logo 图片的"飞入"动画效果。

（2）为幻灯片设置切换效果。为"公司简介"幻灯片设置放映过程中的切换效果。

（3）新建一张"目录"幻灯片。在第一张幻灯片的后面插入一张新的"目录"幻灯片，并添加文字。

（4）插入超链接。为"目录"幻灯片上各项文本设置超链接，使放映幻灯片时，单击文本能跳转到相应内容的幻灯片上。

（5）添加动作按钮。在"公司简介"演示文稿中添加"第一张"、"结束"、"前一项"、"后一项"动作按钮。当放映幻灯片时，单击"第一张"按钮，可返回到第一张幻灯片，单击"结束"按钮，可结束幻灯片放映，单击"前一项"按钮可退回到前一张幻灯片，单击"后一项"按钮可放映下一张幻灯片。

二、操作过程

1. 为幻灯片设置动画效果

（1）打开"公司简介"演示文稿，选择第一张幻灯片。

（2）选定幻灯片中的公司 Logo 图片，如图 5-85 左下图所示。

（3）单击"动画"选项卡上"动画"组中的"其他"按钮，如图 5-85 左上图所示，展开动画列表，在"进入"分类下选择一种动画效果，这里选择"飞入"，如图 5-85 右图所示，即可为所选对象添加该动画效果。

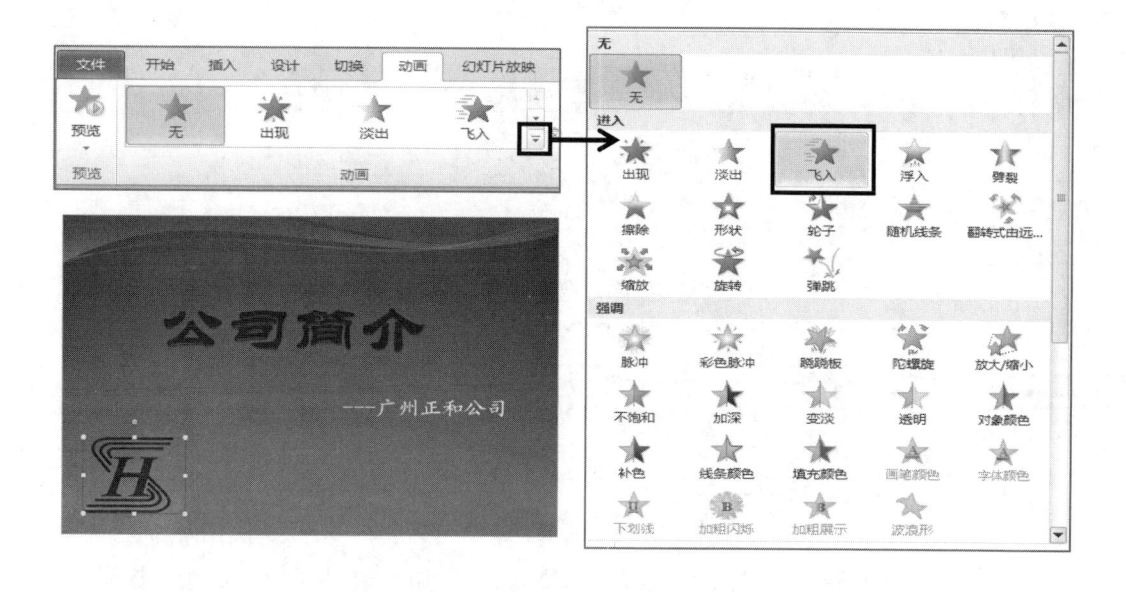

图 5-85 设置"飞入"动画效果

2. 为幻灯片设置切换效果

(1) 单击"切换"选项卡上"切换到此幻灯片"组中的"其他"按钮，如图 5-86 左上图所示，在展开的列表中选择"华丽型"下面的"框"项，如图 5-86 左下图所示。

(2) 单击"切换"选项卡上"切换到此幻灯片"组中的"效果选项"按钮，从弹出的列表中选择"自底部"，如图 5-86 右图所示，表示从下到上展开幻灯片。

(3) 单击"全部应用"按钮，完成幻灯片切换效果的设置。。

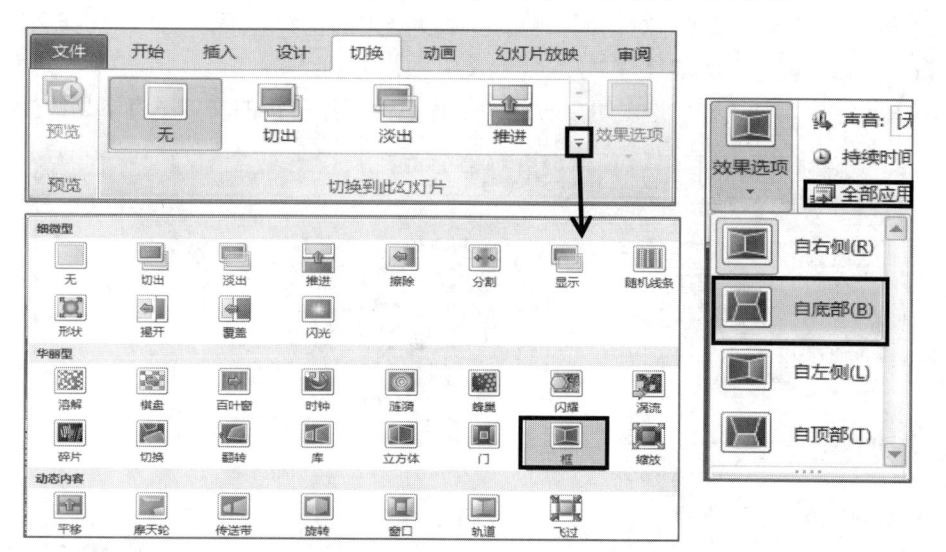

图 5-86 设置切换效果

3. 插入超链接

(1) 在第一张幻灯片后添加一张"标题和内容"版式的"目录"幻灯片，输入文字，如

图 5-87 所示。

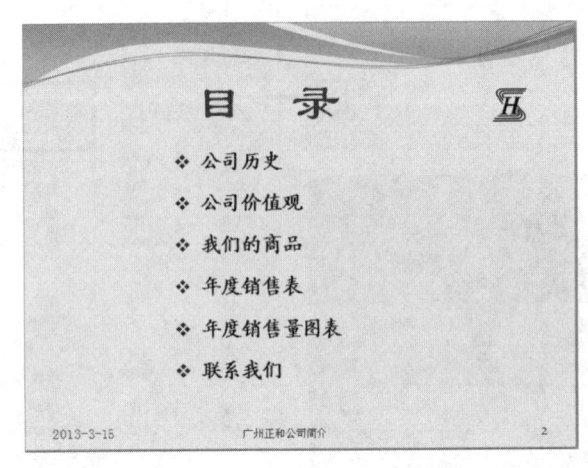

图 5-87 添加"目录"幻灯片

（2）选定"公司历史"，单击"插入"选项卡上"链接"组中的"超链接"按钮，如图 5-88 所示，打开"插入超链接"对话框。

图 5-88 选定对象后单击"超链接"按钮

（3）单击"插入超链接"对话框左侧的"本文档中的位置"项，在"请选择文档中的位置"列表中选择要链接到的幻灯片"3.公司历史"项，如图 5-89 所示，单击"确定"按钮，关闭"插入超链接"对话框，这时可以看到幻灯片中带有超链接的文本下有下划线标记。

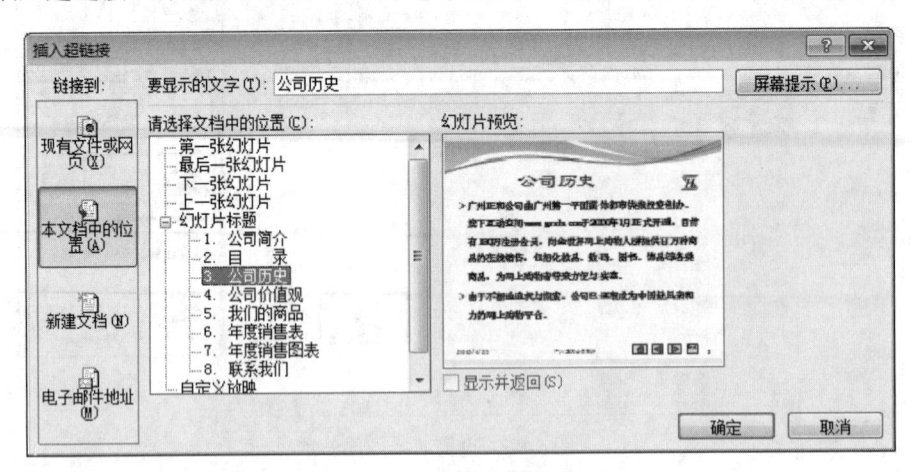

图 5-89 "插入超链接"对话框

（4）用同样的方法为其他文本行建立超链接。各行与幻灯片编号链接的对应关系为：公司价值观—4，我们的商品—5，年度销售表—6，年度销售量图表—7，联系我们—8，链接后的效果如图 5-90 所示。当放映幻灯片时，单击该张幻灯片的任意一行，就会切换到该行所链接的幻灯片。

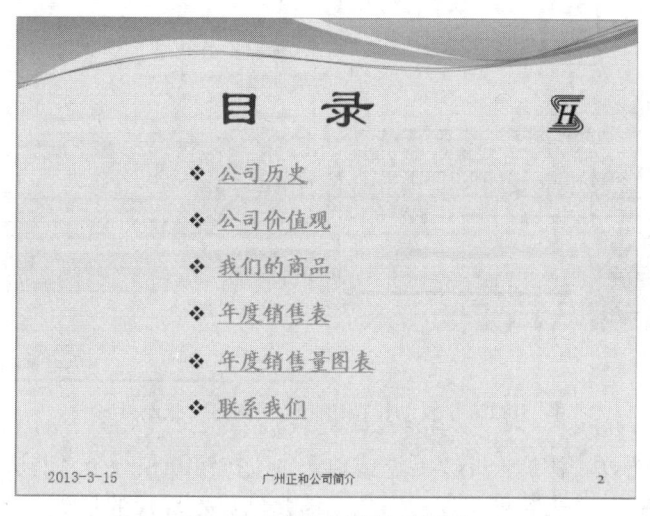

图 5-90　插入超链接效果图

4. 添加动作按钮

在"公司简介"幻灯片中添加动作按钮，效果如图 5-91 所示的。

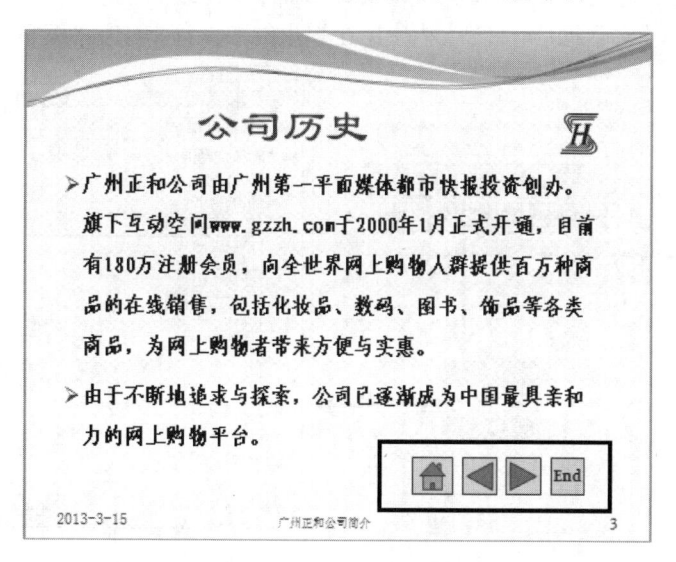

图 5-91　添加动作按钮

（1）选择第三张幻灯片，单击"插入"选项卡上"插图"组中的"形状"按钮，在打开的列表下方"动作按钮"类别中选择"第一张"动作按钮，接着在幻灯片的合适位置按住鼠标左键并拖动，绘制出动作按钮，如图 5-92 左图所示，松开鼠标左键，将自动打开如图 5-92 右图所示的"动作设置"对话框，可看到"超链接到"单选按钮被选择，并默认链接到第一张灯片（一般保持默认设置即可），最后单击"确定"按钮。

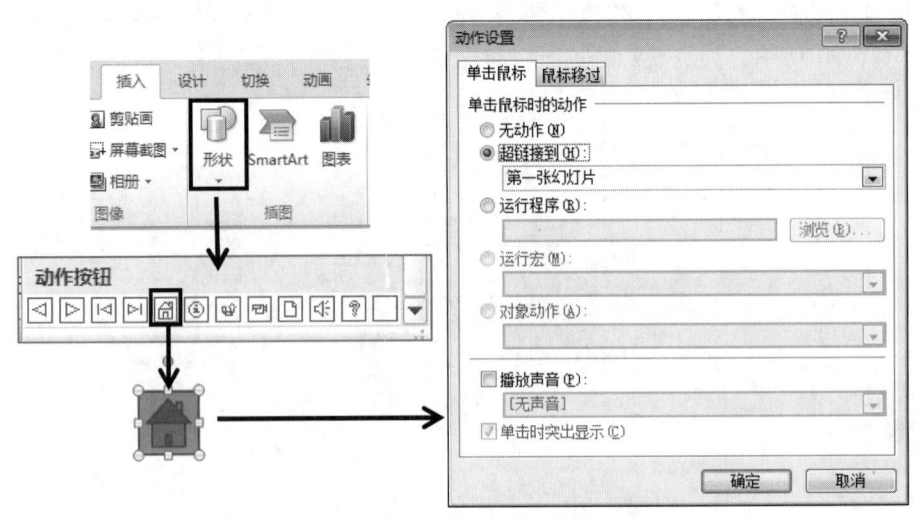

图 5-92　设置动作按钮超链接到第一张幻灯片

（2）用类似的方法，添加一个"后退或前一项"按钮◀和一个"前进或下一项"按钮▶。

（3）添加"End"按钮 End 。该按钮的功能是结束幻灯片的播放。系统动作按钮中没有该按钮。用户可以选"动作按钮"列表中的"自定义"□选项，在幻灯片的合适位置按住鼠标左键并拖动，绘制出动作按钮，如图5-93左图所示。当弹出"动作设置"对话框时，在"超链接到"下拉列表中选择"结束放映"，如图5-93右图所示，然后单击"确定"按钮。

退出"动作设置"对话框后，右击该按钮，在弹出的快捷菜单中选"编辑文字"，输入"End"。

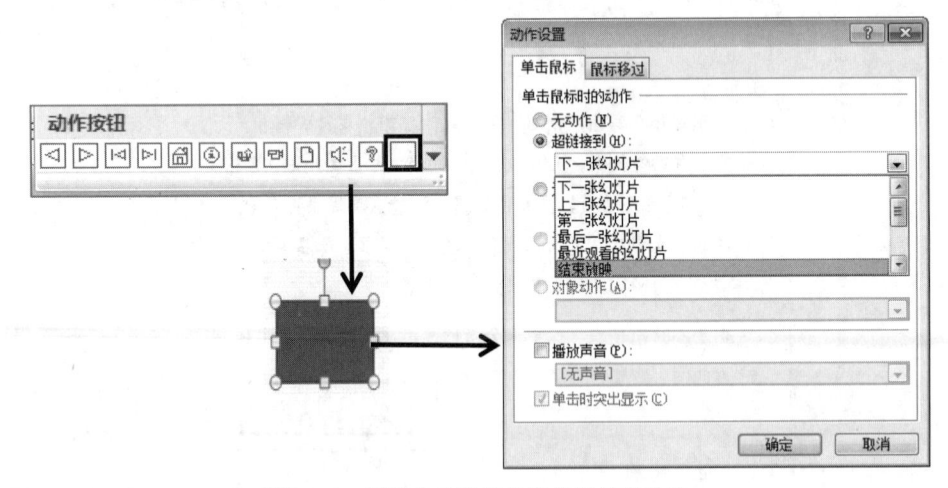

图 5-93　设置动作按钮超链接到结束放映

（4）将4个动作按钮复制到第4~8张幻灯片上（最后一张幻灯片可以不复制▶按钮）。

三、知识技能要点

1. 设置动画效果

所谓幻灯片的动画效果，是指在播放一张幻灯片时，幻灯片中的不同对象（文本、图片、声音和图像等）的动态显示效果。

在 PowerPoint 中的动画主要有进入、强调、退出和路径引导几种类型，用户可利用"动画"选项卡来添加和设置这些动画效果。

- "进入"动画：是 PowerPoint 2010 中应用最多的动画类型，是指放映某张幻灯片时，幻灯片中的文本、图像和图形等对象进入放映画面时的动画效果。
- "强调"动画：是指在放映幻灯片时，为已显示在幻灯片中的对象设置的动画效果，目的是为了强调幻灯片中的某些重要对象。
- "退出"动画：是指在幻灯片放映过程中为了使指定对象离开幻灯片而设置的动画效果，它是进入动画的逆过程。
- "动作路径"动画：不同于上述三种动画效果，它可以使幻灯片中的对象沿着系统自带的或用户自己绘制的路径进行运动。

除动作路径动画外，在 PowerPoint 中添加和设置不同类型动画效果的操作基本相同。

2．使用动画窗格管理动画

可利用动画窗格管理已添加的动画效果，如选择、删除动画效果，调整动画效果的播放顺序，以及对动画效果进行更多设置等。

（1）打开动画窗格。单击"动画"选项卡上"高级动画"组中的"动画窗格"按钮，在 PowerPoint 窗口右侧打开"动画窗格"，可看到为当前幻灯片添加的所有动画效果都将显示在该窗格中。把鼠标指针移至某个动画效果上方，将显示动画的开始播放方式、动画效果类型和添加动画的对象，如图 5-94 所示。

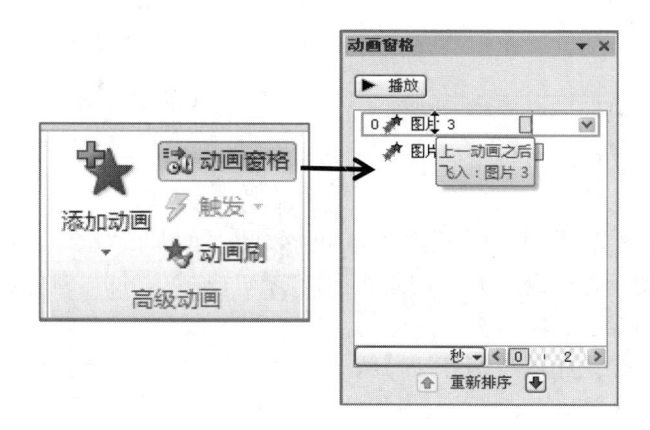

图 5-94　打开动画窗格

（2）通过"效果选项"设置动画效果。若希望对动画效果进行更多设置，可在"动画窗格"中单击要设置的效果，再单击右侧的三角按钮，从弹出的列表中选择"效果选项"，然后在打开的对话框中进行设置并确定即可。不同动画效果的设置项也不相同，如图 5-95 所示。

（3）调整同一张幻灯片中动画的播放顺序。各幻灯片中的动画效果都是按照添加时的顺序进行播放的，可根据需要调整动画的播放顺序。方法是在"动画窗格"中单击选择要调整顺序的动画效果，然后单击"上移" ⬆ 或"下移" ⬇ 按钮即可。图 5-96 所示的是将"图片 4"动画效果移到"图片 3"动画效果上方。

图 5-95 设置更多的动画效果选项

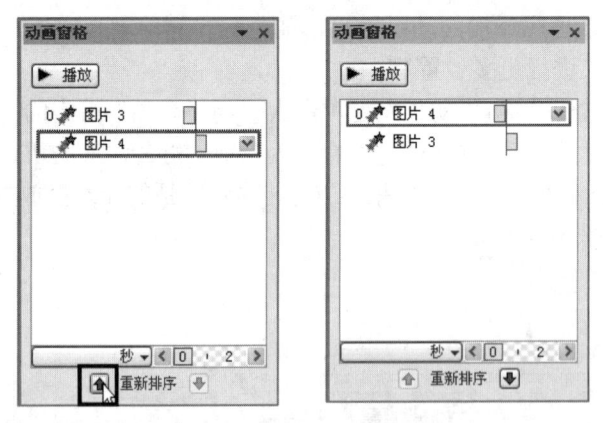

图 5-96 调整动画播放顺序

（4）删除动画效果。如果删除已添加的动画效果，可以在"动画窗格"中单击要删除的效果，再单击右侧的三角按钮，从弹出的列表中选择"删除"，即可删除选择的动画效果。

3．设置幻灯片切换效果

幻灯片的切换效果是指放映幻灯片时从一张幻灯片过渡到下一张幻灯片时的动画效果。默认情况下，各幻灯片之间的切换是没有任何效果的。根据需要，可为幻灯片添加具有动感的切换效果以丰富其放映过程，还可以控制每张幻灯片切换的速度，以及添加切换声音等。

要为幻灯片设置切换效果，可选择幻灯片后在"切换"选项卡"切换到此幻灯片"组中选择一种系统内置的动画效果并设置相应属性即可（具体操作方法在前面已讲述过）。

利用"切换"选项卡上"计时"组中的选项可为幻灯片的切换设置声音、设置效果的持续时间和换片方式等，如图 5-97 所示。

图 5-97 "切换"选项卡上的"计时"组

设置完成后，单击"全部应用"按钮，则将设置的效果应用于全部幻灯片。否则所设效果将只应用于当前幻灯片，需要继续对其他幻灯片的切换效果进行设置。

4. 创建交互式演示文稿

交互式演示文稿是指在放映幻灯片时，单击幻灯片的某个对象便能跳转到指定的幻灯片，或打开某个文件或网页。在 PowerPoint 2010 中，用户可通过创建超链接或设置动作按钮来实现演示文稿的交互。

创建超链接可以是幻灯片中的任何对象，激活超链接的方式可以是"单击鼠标"或"鼠标移过"。

如果是为文本设置超链接，则在设置的超链接的文本上会自动添加下划线，并且其颜色为配色方案中指定的颜色。从超链接跳转到其他位置后，其颜色会改变，因此，可以通过颜色来分辨访问过的超链接。

除了可以通过单击"插入"选项卡上"链接"组中的"超链接"按钮打开"插入超链接"对话框，来为幻灯片设置超链接。也可右击对象，在快捷菜单中选择"超链接"命令来打开"插入超链接"对话框，如图 5-98 所示。

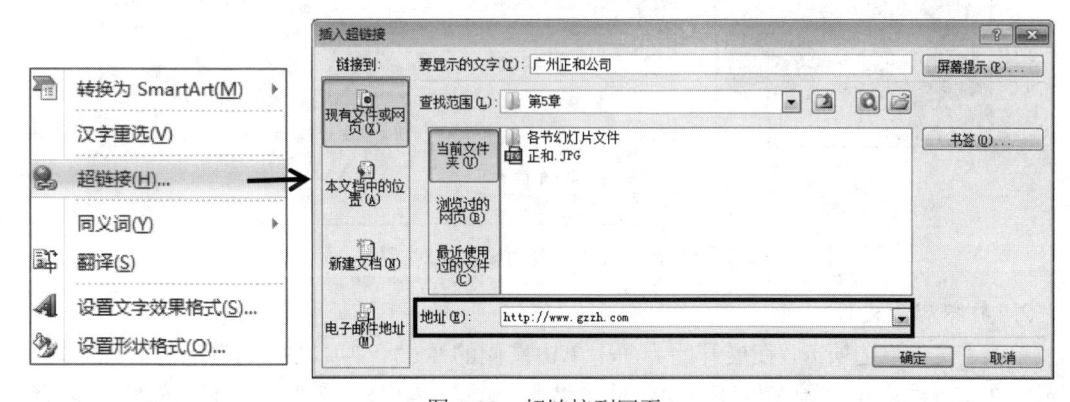

图 5-98　超链接到网页

"插入超链接"对话框中"链接到"列表中各选项的意义如下：
- "现有文件或网页"：将所选对象链接到网页或储存在电脑中的某个文件。如果要链接到网页，可直接在"地址"编辑框中输入要链接到的网页地址，如图 5-98 所示。
- "本文档中的位置"：当前演示文稿中的任何一张幻灯片。
- "新建文档"：新建一个演示文稿文档并将所选对象链接到该文档。
- "电子邮件地址"：将所选对象链接到一个电子邮件地址。

5.6　打包演示文稿

主要学习内容：
- 页面设置
- 打印演示文稿
- 演示文稿打包

一、操作要求

通过对本节的学习，可了解有关演示文稿打印的基本知识、演示文稿打包等方法。

（1）页面设置。对"公司简介"演示文稿进行页面设置。

（2）打印演示文稿。打印"公司简介"演示文稿。

（3）打包演示文稿。将"公司简介"演示文稿打包，生成一个可以在其他没安装 PowerPoint 2010 程序的计算机中播放的演示文稿。

（4）放映打包后的"公司简介"演示文稿。

二、操作过程

1. 页面设置

打开"公司简介"演示文稿，单击"设计"选项卡上"页面设置"组中的"页面设置"按钮，弹出"页面设置"对话框，如图 5-99 所示，按图中所示设置参数。

图 5-99　打开"页面设置"对话框

2. 打印演示文稿

单击"文件"选项卡，在展开的界面中单击左侧的"打印"项，进入打印界面，如图 5-100 所示。在该界面右侧可预览打印效果，单击"上一页"按钮◀ 或"下一页"按钮▶，可预览演示文稿中的所有幻灯片，单击"打印"按钮即可打印"公司简介"演示文稿。

图 5-100　打印预览界面

3. 打包演示文稿

（1）单击"文件"选项卡，在展开的界面中单击"保存并发送"→"将演示文稿打包成 CD"→"打包成 CD"项，如图 5-101 所示。

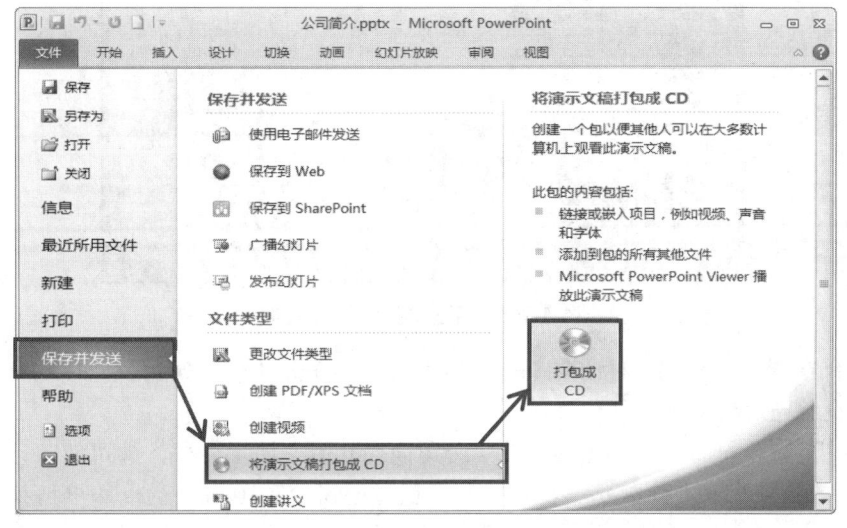

图 5-101　打包演示文稿

（2）在打开的"打包成 CD"对话框中的"将 CD 命名为"编辑框中输入"正和公司简介"，如图 5-102 所示。

（3）单击"打包成 CD"对话框中的"复制到文件夹"按钮，打开"复制到文件夹"对话框，单击"浏览"按钮，设置打包文件的保存位置，如图 5-103 所示。

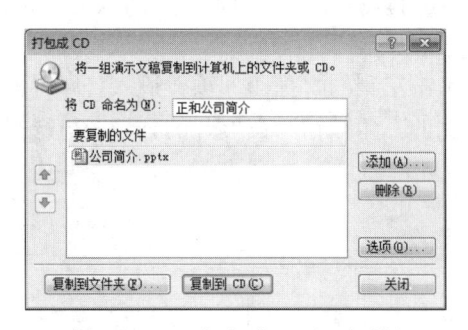

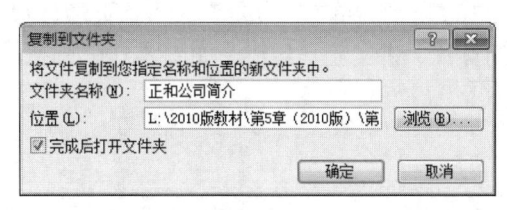

图 5-102　"打包成 CD"对话框　　　　　图 5-103　"复制到文件夹"对话框

（4）单击"确定"按钮，弹出如图 5-104 所示的提示框，询问是否打包链接文件，单击"是"按钮，系统开始打包演示文摘，并显示打包进度。

图 5-104　打包提示框

（5）系统打包完毕后，即可将演示文稿打包到指定的文件夹"正和公司简介"中，并自动打开该文件夹，显示其中的内容，如图 5-105 所示。

图 5-105　打包文件夹中的文件

（6）单击"打包成 CD"对话框中的"关闭"按钮，完成"公司简介"演示文稿的打包操作。

4．放映打包后的演示文稿

双击"正和公司简介"文件夹中的"公司简介.pptx"演示文稿，即可放映该演示文稿。

注意：若要将演示文稿在另一台没有安装 PowerPoint 2010 程序的电脑中播放，则需要下载 PowerPoint Viewer 2010 播放器才能正常播放。

三、知识技能要点

1．打印演示文稿

在演示文稿制作完毕后，不但可以在计算机上进行幻灯片放映，也可将需要的幻灯片打印出来。打印演示文稿除了可以打印幻灯片页面外，还可以打印讲义和备注页面以及大纲视图。其操作方法如下：

（1）单击"文件"选项卡，在展开的界面中单击左侧的"打印"项，进入打印界面，如图 5-100 所示。单击"设置"区"整页幻灯片"右侧的三角按钮，在展开的列表中可选择是打印幻灯片、讲义还是备注，如图 5-106 所示。

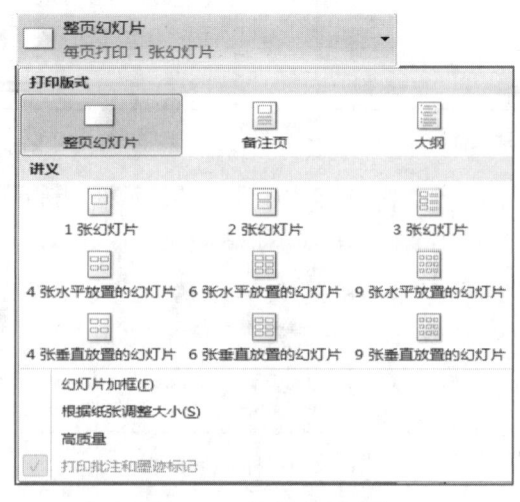

图 5-106　打印选项界面

- 整页幻灯片:每页纸打印一张幻灯片。
- 备注页:打印与"打印范围"中所选择的幻灯片编号相对应的演讲者备注。
- 大纲视图:打印演示文稿的大纲,即将大纲视图的内容打印出来。
- 讲义:为演示文稿中的幻灯片打印书面讲义。通常一页 A4 纸打印 3 张或 4 张幻灯片比较合适;为了增强讲义的打印效果,最好选择"打印"对话框底部的"幻灯片加框"复选项,这样能为打印出的幻灯片加上一个黑色的边框。

(2)在"调整"下拉列表中可选择幻灯片打印顺序。当选择打印备注页或讲义时,还可选择"横向"还是"竖向"打印,如图 5-107(a)、(b)所示。

(3)单击"颜色"按钮,在展开的列表中可选择是以彩色、灰度或纯黑白进行打印,如图 5-107(c)所示。

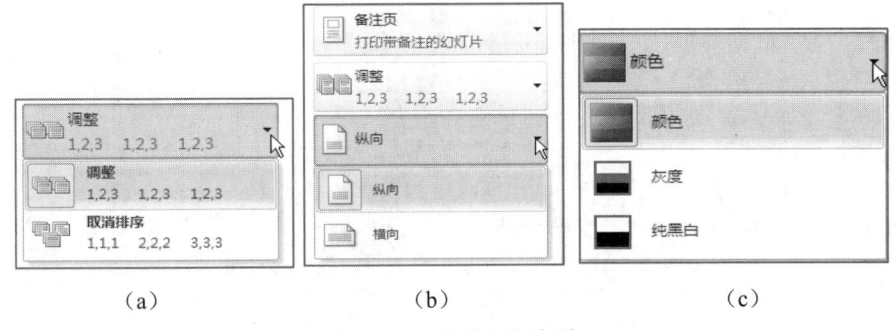

图 5-107 设置打印选项

(4)设置完毕,单击"打印"按钮,即可打印设置好的演示文稿。

2. 输出演示文稿

(1)单击"文件"选项卡,在展开的界面中单击"保存并发送"项,此时的"文件"界面如图 5-108 所示。可以将演示文稿发送到网络上,或将演示文稿创建为 PDF 文件或视频,还可以将演示文稿打包到 CD 或本地磁盘以方便在其他计算机中播放等。操作方法与上面讲述的"打包成 CD"方法类似。

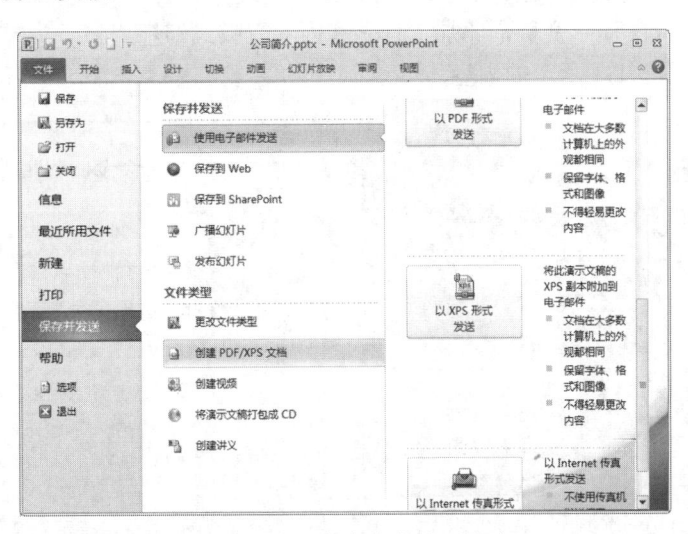

图 5-108 "保存并发送"界面

（2）单击"文件"→"另存为"命令，打开"另存为"对话框，在"保存类型"下拉列表中选择相应的选项，如图5-109所示，也可以将演示文稿保存为不同类型的文件。例如将"公司简介"演示文稿保存为ppsx放映格式，这种格式的演示文稿可以在没有安装PowerPoint软件的电脑中播放（但不能对演示文稿进行编辑）。

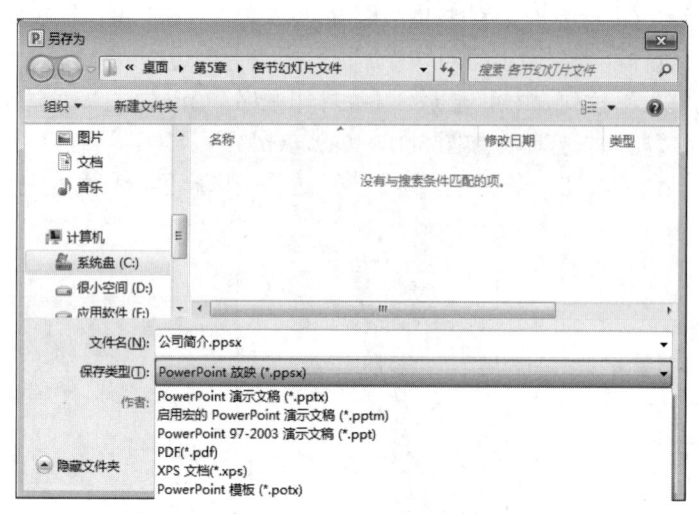

图5-109　将演示文稿保存为不同类型的文件

练习题

1．创建"标题幻灯片"，效果如图5-110所示。

（1）应用"龙腾四海"主题新建演示文稿，添加标题"信息技术研讨会"，标题字体颜色为深蓝色、字形为加粗。

（2）添加副标题文字"博天商业顾问有限公司"，颜色为蓝色。

（3）将演示文稿保存，文件名为P01.pptx。

2．打开P01.pptx演示文稿，添加"标题和内容"版式幻灯片。

（1）输入如图5-111所示的内容。

图5-110　练习题1样张　　　　　图5-111　练习题2样张

（2）设置标题文字为隶书，字号为 48，加粗，文本字体为华文楷体，字号为 28，颜色为绿色。

（3）设置文本为 1.5 倍行距。

（4）放映幻灯片。

（5）保存演示文稿。

3．打开 P01.pptx 演示文稿，在第二张幻灯片的后面添加两张幻灯片，输入如图 5-112 和图 5-113 所示的内容并设置格式。

图 5-112　练习题 3 样张 1　　　　　　　　图 5-113　练习题 3 样张 2

（1）对第四张幻灯片的后三段文本重新设置项目符号，并使用开始选项卡上"段落"组中的"增加缩进量"按钮 使后三段文本增加缩进量。

（2）对第四张幻灯片中的"振动模式"、"切勿大声讨论"、"请勿离开会场"等文字设置为红色、倾斜。

（3）设置第二张幻灯片中的标题动画效果为"出现"，文本动画效果为"至左侧飞入"。

（4）设置所有幻灯片切换效果为"水平百叶窗"。

（5）放映幻灯片。

（6）保存演示文稿。

4．制作空白版式母版，如图 5-114 所示。

图 5-114　练习题 4 样张

(1)为空白版式幻灯片母版添加背景,背景格式为渐变填充中的预设颜色"雨后初晴"。
(2)在母版的右下角插入一张剪贴画(计算机类中名为"个人电脑"的图片)。
(3)在幻灯片页脚处输入文字"惠州经济职业技术学院",并编辑文字,将其移动到适当位置。
(4)将幻灯片母版保存,文件名为P02.pptx。

5．制作表格幻灯片,如图5-115所示。

图5-115　练习题5样张

(1)选取"标题和内容"幻灯片版式,应用主题"行云流水",创建一页新的幻灯片,添加标题"局域网管理考试(中级)"。
(2)添加一个单列8行表格,录入如图5-115所示的内容。设置表格动画:垂直随机线条,开始:上一动画之后,快速。
(3)将演示文稿保存,文件名为P03.pptx。

第 6 章　Internet 基础

Internet 即互联网，是指将两台或者两台以上的计算机终端、客户端、服务端通过计算机信息技术互相联系起来的国际互联网。1969 年，美国国防部高级研究局（ARPA）建立了 Arpanet（阿帕网），把美国重要的军事基地及研究中心的计算机用通信线路连接起来，首批连网的计算机主机只有 4 台。其后，Arpanet 不断发展和完善，特别是开发研制了互联网通信协议 TCP/IP，实现了与多种其他网络及主机互联，形成了网际网，即由网络构成的网络 Internetwork，简称 Internet，也称作因特网。1991 年，美国企业组成了"商用 Internet 协会"，进一步发挥了 Internet 在通信、资料检索、客户服务等方面的巨大潜力，也给 Internet 带来了新的飞跃。中国于 1994 年 5 月正式接入 Internet。

由于越来越多的计算机的加入，Internet 上的资源变得越来越丰富。到今天，Internet 已超出一般计算机网络的概念，Internet 不仅仅是传输信息的媒体，更是一个全球规模的信息服务系统。人们足不出户就可利用 Internet 行万里路、读万卷书，获取信息、发布信息、交友购物、寻找商业机会。

6.1　接入 Internet

为使用 Internet 上的资源，用户的计算机就必须与 Internet 进行连接。所谓与 Internet 连接，实际上是与已经连接在 Internet 上的某台主机或网络进行连接。

目前接入 Internet 的方式主要有：局域网入网、拨号入网、无线上网。

6.1.1　局域网入网

主要学习内容：
- 为局域网中的计算机配置 IP 地址
- 了解 Internet 的有关概念

一、操作要求

在学校、企业和一些生活小区等环境中一般使用局域网。在局域网中，只要有一台计算机连上 Internet，其他计算机就可以通过这台计算机连上 Internet。以校园网环境为例，为一台计算机配置 IP 地址，使其能进入 Internet 浏览网页。

二、操作过程

（1）根据校园网络中心 IP 地址分配，向管理员获取 IP 地址、掩码、网关和 DNS 服务器。

（2）在 Win7 桌面上右击"网络"图标，系统打开快捷菜单，单击"属性"命令，打开"网络和共享中心"对话框，点击"更改适配器设置"，双击"本地连接"图标，打开"本地连接 属性"对话框，在"网络"选项卡中选择"Internet 协议版本 4（TCP/IPv4）"项目，使项目呈现选中状态，如图 6-1 所示。

（3）单击"本地连接 属性"对话框中的"属性"按钮，打开"Internet 协议版本 4（TCP/IPv4）属性"对话框，如图 6-2 所示，选择"使用下面的 IP 地址"，并按图示输入 IP 地址、子网掩码、默认网关和 DNS 服务器 IP 地址，依次单击"确定"、"关闭"等按钮关闭各对话框和窗口。

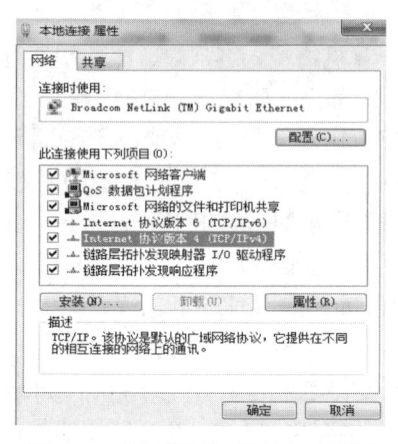

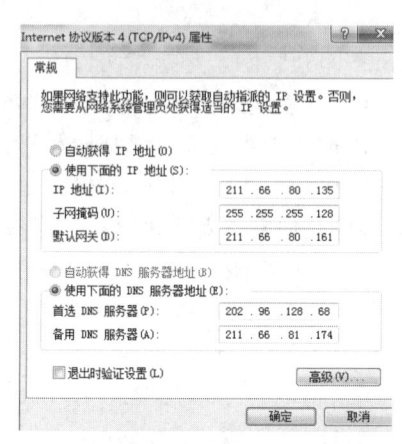

图 6-1 "本地连接 属性"对话框　　　　图 6-2 "Internet 协议（TCP/IP）属性"对话框

三、知识技能要点

1. 通过局域网接入 Internet

如果局域网的 IP 地址管理采用动态分配方式，则应在"Internet 协议（TCP/IP）属性"对话框中选择"自动获取 IP 地址"选项，而不必配置 IP 地址、子网掩码、默认网关和 DNS 服务器 IP 地址，设置自动获取 IP 地址后，计算机将自动获得 IP 地址，不需配置就可进入 Internet 浏览网页。

2. TCP/IP 协议

TCP/IP（Transmission Control Protocol/ Internet Protocol，简称为 TCP/IP）全称为传输控制协议/网际协议，是 Internet 中广泛使用的通信协议。这种协议使得不同的计算机系统可以在 Internet 互相传送信息。目前大部分具有网络功能的计算机系统都支持 TCP/IP 协议。

3. IP 地址

在 Internet 中，IP 地址用于唯一指定某台主机，这个地址在全世界是唯一的。在 Internet 上进行信息交换离不开 IP 地址，就像日常生活中朋友间通信必须知道对方的通信地址一样。

IP 地址占用 4 个字节（32 位），用 4 组十进制数字表示，每组数字取值范围为 0～255（8 位二进制），相邻两组数字之间用圆点分隔，例如：211.66.80.135。

Internet 中的 IP 地址不能任意使用，需要使用时，必须向管理本地区的互联网信息中心申请，如中国互联网信息中心的网址是：http://www.cnnic.cn/。

在一个单位的内部网（局域网）可以使用内部统一分配的内部 IP 地址，但这个内部 IP 地址只能在局域网内部使用，不可以直接进入 Internet。

6.1.2 拨号入网

主要学习内容：
- 拨号连接的设备连接
- 建立 ADSL 虚拟拨号连接

一、制作要求

在家庭环境中，利用电话线将家用计算机接入 Internet。

二、操作过程

（1）向电信公司或其他因特网服务提供商（ISP）申请账号（如电信的 ADSL）和密码。

（2）准备好网卡、ADSL 调制解调器（Modem）、一条电话线，并在计算机中安装好网卡，按照图 6-3 所示，将各设备连接好。

注意：电话线的 RJ11 插头插入 Modem 的 Line 接口，电话机的电话线接入 Modem 的 Phone 接口。

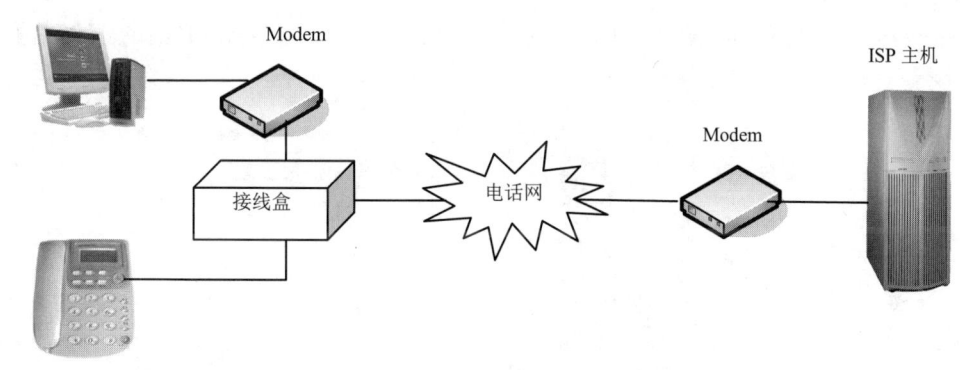

图 6-3 ADSL 虚拟拨号入网连接

（3）在 Win7 桌面右击"网络"图标，并选择"属性"菜单命令，打开"网络和共享中心"对话框，如图 6-4 所示。

图 6-4 "网络和共享中心"对话框

（4）点击"设置新的连接或网络"，打开"设置连接或网络"对话框，如图6-5所示。

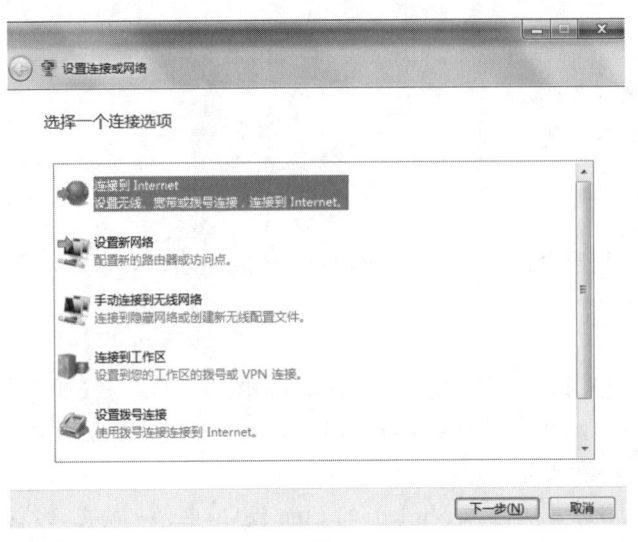

图6-5 "设置连接或网络"对话框

（5）点击"连接到Internet"，单击"下一步"按钮，打开"连接到Internet"对话框，如图6-6所示。

图6-6 "连接到Internet"对话框之一

（6）点击"宽带"，打开如图6-7所示的对话框。输入Internet服务提供商（ISP）提供的信息，输入密码。点击"连接"，计算机连接成功后就可以进入Internet浏览网页了。

三、知识技能要点

（1）安装网卡、连接设备时请关闭计算机电源。

（2）向ISP申请账号和密码后，ISP一般会向用户提供入网软件，如中国电信的"互联星空"软件。如果使用ISP提供的软件，则不需要创建新连接。

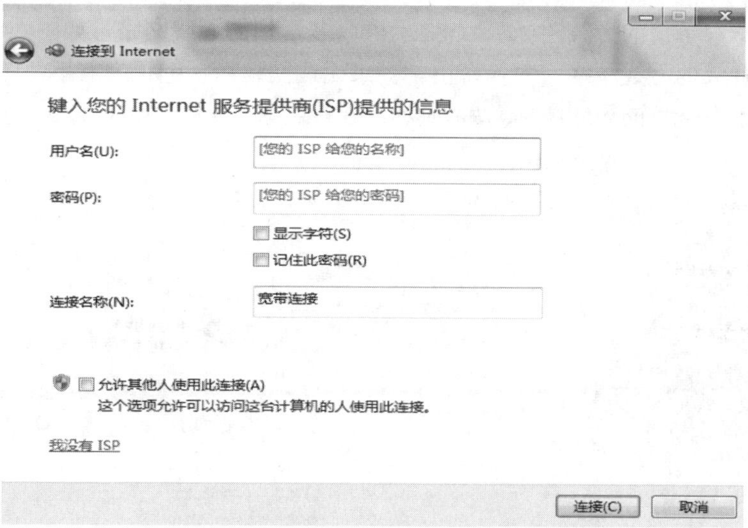

图 6-7 "连接到 Internet"对话框之二

（3）ISP 和 ICP。

ISP（Internet Service Provide），即 Internet 服务提供商，它是为客户提供连接 Internet 服务的组织。

ICP（Internet Content Provide），即 Internet 信息提供商，与 ISP 不同，ICP 不为客户提供连接 Internet 的服务，而是仅仅提供网上信息服务。

6.1.3 无线上网

主要学习内容：
- 设置电脑无线连接
- 建立电脑无线上网

一、制作要求

将 Win7 电脑通过无线网络接入 Internet。

二、操作过程

台式机一般需要安装无线网卡（内置或外置），安装网卡附带的驱动程序，或从网络下载驱动程序安装。

笔记本电脑一般都内置无线网卡，安装了网卡驱动。设置笔记本电脑无线上网，一般需要两步：

（1）打开无线开关。

没打开无线开关时，笔记本右下角图标显示 。

有的品牌笔记本的无线开关是硬件开关，在键盘的侧面或者下面，开关上有无线标识 ；有的品牌笔记本是软开关，功能键是 Fn+F1～F10 中的一个，该键上有无线标识。无线开关打开后，笔记本右下角图标显示 。

（2）选择网络登录。

点击笔记本右下角的无线图标 ，显示可以搜索到的无线网络，如图 6-8 所示。

点击需要登录的无线网络，输入密钥。登录无线网络后，笔记本右下角图标显示 。

点击笔记本右下角的无线图标 ，显示已连接到某个无线网络以及系统检测到的无线网络，如图 6-9 所示。

图 6-8　搜索到的无线网络　　　　　　图 6-9　连接到某个无线网络

三、知识技能要点

1. 无线网卡

无线网卡的作用、功能跟普通电脑网卡一样，是用来连接到局域网上的。它只是一个信号收发的设备，只有在找到连接互联网的出口时才能实现与互联网的连接，所有无线网卡只能局限在已布有无线局域网的范围内。

无线网卡采用无线信号进行连接，不需网线。无线网卡相当于有线的调制解调器，也就是俗称的"猫"。在无线信号覆盖的地方，电脑可以利用无线网卡连接到互联网。

2. 标准类型

为了解决各种无线网络设备互连的问题，美国电气与电子工程师协会（IEEE）推出了IEEE802.11 无线协议标注。目前 802.11 主要有 802.11b、802.11a、802.11g 三个标准。最开始推出的是 802.11b，它的传输速度为 11MB/s，最大距离为室外 300 米，室内约 50 米。因为它的连接速度比较低，随后推出了 802.11a 标准，它的连接速度可达 54MB/s。但由于两者不互相兼容，致使一些早已购买 802.11b 标准的无线网络设备在新的 802.11a 网络中不能使用，所以 IEEE 又正式推出了完全兼容 802.11b 标准且与 802.11a 速率上兼容的 802.11g 标准，这样通过 802.11g，原有的 802.11b 和 802.11a 两种标准的设备就可以在同一网络中使用。IEEE802.11g 同 802.11b 一样，也工作在 2.4GHz 频段内，比现在通用的 802.11b 速度要快出 5 倍，并且与 802.11 完全兼容。

6.2 Internet Explorer 浏览器的使用

用户使用网页浏览软件（浏览器）可在计算机上浏览、搜索、下载 Internet 的丰富资源。常用的浏览器有遨游浏览器、搜狗浏览器、360 浏览器、IE 浏览器等。Internet Explorer（IE）是 Windows 操作系统内置的网页浏览器，不同的 Windows 操作系统内置的 IE 版本不同，在这里介绍 IE10 的使用方法。

6.2.1 浏览网页

主要学习内容：
- IE 的启动和关闭
- 浏览网页
- 保存网页

一、操作要求

（1）启动 IE，打开"太平洋电脑网"主页，浏览主页内容，并浏览部分链接网页。
（2）将"太平洋电脑网"主页添加到收藏夹，并保存到计算机中。
（3）查看近期浏览过的网页。

二、操作过程

（1）双击桌面的 Internet Explorer 图标，启动 IE 浏览器。IE10 的界面如图 6-10 所示。

图 6-10 IE10 界面

（2）单击地址栏，输入太平洋电脑网的网址 http://www.pconline.com.cn，按 Enter 键进入太平洋电脑网站的首页，如图 6-11 所示。
（3）浏览网页中的内容，然后将鼠标移到网页的导航栏中，并单击"软件"超链接，打开"软件"栏目的页面，如图 6-12 所示。

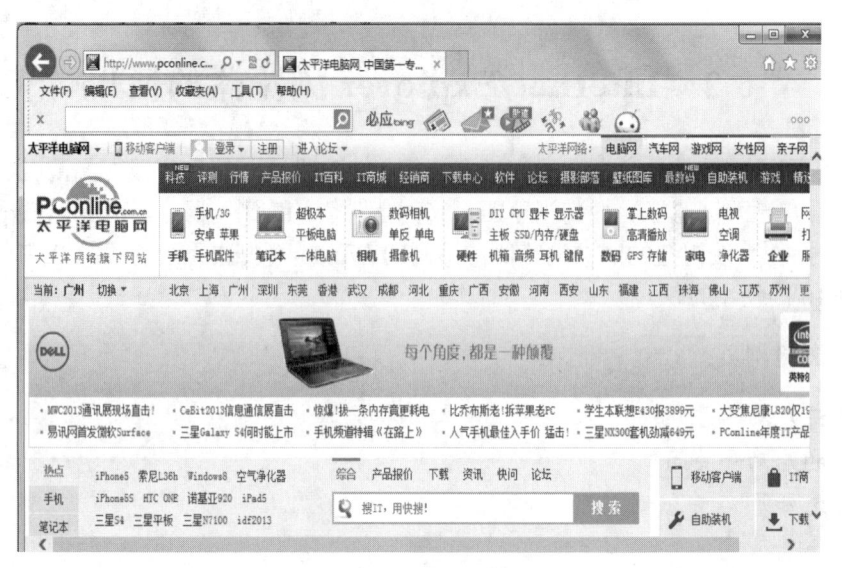

图 6-11 太平洋电脑网站首页

图 6-12 "软件"栏目页面

(4) 浏览"软件"栏目页面,网页中有许多网页标题,单击这些标题的超链接,可以跳转到其他更详细的页面,依次沿着超链接前进,就像在"冲浪"一样。

(5) 切换到太平洋电脑网站的首页,选择"收藏夹"→"添加到收藏夹"菜单命令,打开"添加收藏"对话框,如图 6-13 所示。

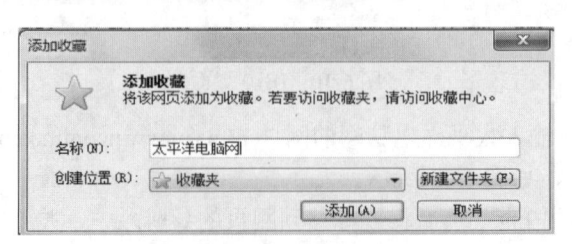

图 6-13 "添加收藏"对话框

在"名称"框中将默认的名称改为"太平洋电脑网",单击"添加"按钮关闭"添加收藏"对话框。

若选择"收藏夹"→"添加到收藏夹栏",则将网页保存在收藏夹栏中,如图6-14所示。

图 6-14 添加到"收藏夹栏"

(6)与关闭 Windows 窗口操作类似,关闭所有网页,重新启动 IE,选择"收藏夹"→"太平洋电脑网"命令,如图6-15所示,重新打开太平洋电脑网网站的首页。若点击收藏夹栏中"太平洋电脑网",也可以打开该网页。

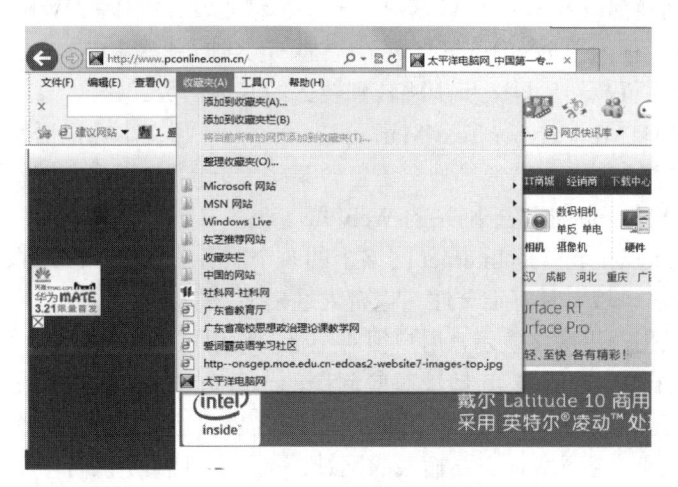

图 6-15 收藏夹菜单列表

(7)选择"文件"→"另存为"菜单命令,打开"保存网页"对话框,如图6-16所示。

图 6-16 "保存网页"对话框

选择"桌面"作为保存网页的文件夹,在"文件名"框中输入"太平洋电脑网",用作保存该网页的名称。单击"保存"按钮返回。以后可以通过双击该文件,打开该文件中保存的网页。

三、知识技能要点

(1)启动 IE 的操作与启动其他应用程序相类似,除了双击桌面图标外,还可以单击任务栏中的快捷图标,以及选择"开始"菜单中的"程序"项。

(2)WWW 服务。WWW(World Wide Web),原意是"遍布世界的网络",被译为环球网、万维网或 Web 网,还有人简称它为 3W。WWW 是指在因特网上以超文本为基础形成的信息网。它为用户提供了一个可以轻松驾驭的图形化界面,用户通过它可以查阅 Internet 上的信息资源。

(3)Web 页。在 WWW 中,信息是以 Web 页的方式来组织的,Web 页也称为网页或 Web 页面。每个 Web 网站都通过 Web 服务器提供一系列精心设计制作的 Web 页。在这些 Web 页中,有一个起始页,称为主页(Home Page)。主页是其他页的根。进入一个 Web 站点时,一般都是先进入它的主页,然后再一步步跳转到要去的其他网页。

Web 页是采用 HTML(Hyper Text Markup Language,超文本标记语言)语言来制作的,其内容除了普通文本、图形、声音等外,还包含某些"链接",而这些链接又可以指向另外一些 Web 页(可以是 Internet 上某一网站的 Web 页)。

(4)域名。Internet 域名是 Internet 网络上的一个服务器或一个网络系统的名字,在全世界,没有重复的域名,域名具有唯一性。也有人通俗笼统的称其为某网站的网址。

由于 IP 地址采用一串数字表示,用户很难记忆,使用域名便于记忆,因此,从技术上讲,域名是一个 Internet 中用于解决 IP 地址对应问题的一种方法,可以说只是一个技术名词。但是,由于 Internet 已经成为了全世界的 Internet,域名也自然地成为了一个社会科学名词,简单形象点说就是访问一个网站时需要输入的网址。域名的形式是以若干个英文字母或数字组成,由"."分隔成几部分,如 www.gdfs.edu.cn 就是一个域名。

域名的最后一个后缀是一些诸如.com、.net、.gov、.edu 的"国际通用域",这些不同的后缀分别代表了不同的机构性质。比如.com 表示的是商业机构,.net 表示的是网络服务机构,.gov 表示的是政府机构,.edu 表示的是教育机构。

需要注意的是,IP 地址是 Internet 系统能直接识别的地址,而域名则必须由域名服务器(DNS)进行域名解析,即由该服务器将域名自动翻译成 IP 地址后交给客户的浏览器进行访问。

(5)URL 地址。WWW 的信息分布在各个 Web 站点,要找到所需信息就必须有一种确定信息资源位置的方法。统一资源定位器(URL,Uniform Resource Locator)就是用来确定各种信息资源位置的。

一个完整的 URL 包括访问方式(通信协议)、主机名、路径名和文件名。如:http://www.microsoft.com/pub/index.html,其中:"http://"是超文本传输协议的英文缩写,"://"表示其后跟着的是 Internet 上站点的域名,再接下来的是文件的路径名及文件名。示例中的文件扩展名为.html(或 htm),表明这是 HTML 语言编写的 Web 页文档。URL 不限于描述 Web 资源地址,也可以描述其他服务器的地址,如 FTP、Telnet 等,还可以表示本机资源。

6.2.2 IE 的设置

主要学习内容：
- 设置临时文件夹
- 设置安全内容
- 设置多媒体选项、保存记录天数
- 显示 DNS、测试连通性

一、操作要求

（1）设置 IE 的临时文件夹为 C:\windows\temp，并将 IE 的临时文件夹在原有基础上再增加 100MB 的临时空间。

（2）设置 IE 显示的多媒体选项：只显示图片；设置保存历史记录的天数为 10 天。

（3）设置 IE 的 Internet 安全内容：禁止运用 Java 小程序脚本；用户验证时，采用"匿名登录"。

（4）显示本机的 DNS，并测试本机到 DNS 的连通性。

二、操作过程

（1）启动 IE，选择"工具"→"Internet 选项"命令，弹出"Internet 选项"对话框，如图 6-17 所示。

（2）在"浏览历史记录"区域，单击"设置"按钮，弹出"网站数据设置"对话框，如图 6-18 所示。调整"使用的磁盘空间"为 100M。单击"移动文件夹"按钮，选择路径"C:\windows\temp"，单击"确定"按钮关闭相应对话框。

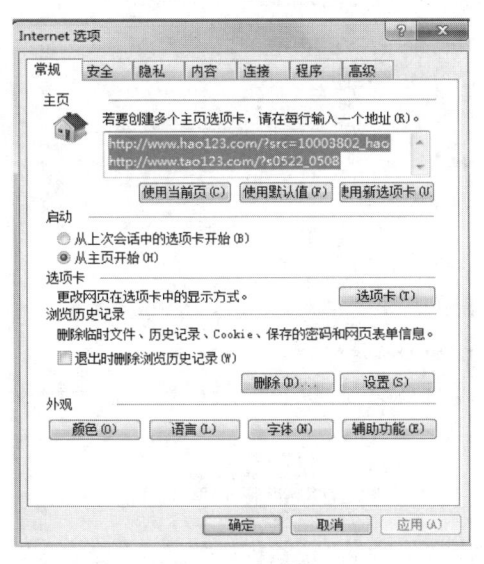

图 6-17　"Internet 选项"对话框　　　　图 6-18　"网站数据设置"对话框

（3）启动 IE，选择"工具"→"Internet 选项"→"高级"选项卡，拖动"设置"区域的垂直滑块到"多媒体"选项位置，如图 6-19 所示，取消其他勾选，只勾选"显示图片"。

（4）在"常规"选项卡下，选择"浏览历史记录"区域的"设置"按钮，弹出"网站数据设置"对话框，选择"历史记录"选项卡，设置"在历史记录中保存网页的天数"为10天，如图6-20所示。

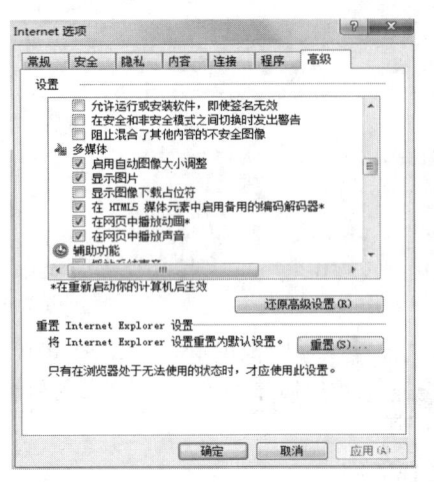

图6-19 "Internet 选项"对话框－高级　　　图6-20 设置"保存历史记录"天数

（5）启动IE，选择"工具"→"Internet 选项"→"安全"选项卡→"自定义级别"，拖动"设置"区域的垂直滑块到"脚本"选项位置，对"Java 小程序脚本"选择"禁用"，如图6-21所示。

（6）拖动垂直滑块至"设置"区域末尾的"用户身份验证"选项位置，对"登陆"选择"匿名登陆"，如图6-22所示。

图6-21 设置"禁用 Java 小程序"　　　图6-22 设置"匿名登陆"

（7）点击桌面左下角"开始"按钮→在打开列表最下端的"搜索程序和文件"处输入"cmd"→打开命令指令窗口→输入"ipconfig /all"，如图6-23所示。

（8）输入命令后按 Enter 键，命令窗口显示命令执行结果。在命令窗口查看"DNS 服务器"行，如图6-24所示，记下 DNS 服务器的 IP 地址，本例为192.168.1.1。

图 6-23 在命令指令窗口输入 "ipconfig /all"

图 6-24 找到 DNS 服务器 IP 地址

（9）在命令行输入命令：ping 192.168.1.1，如图 6-25 所示，然后按 Enter 键。

图 6-25 输入 ping 命令

（10）命令窗口显示命令执行结果，如图 6-26 所示，有返回结果表示网络连通。若无返回结果，则表示网络断路，如图 6-27 所示。

图 6-26　网络连通返回结果

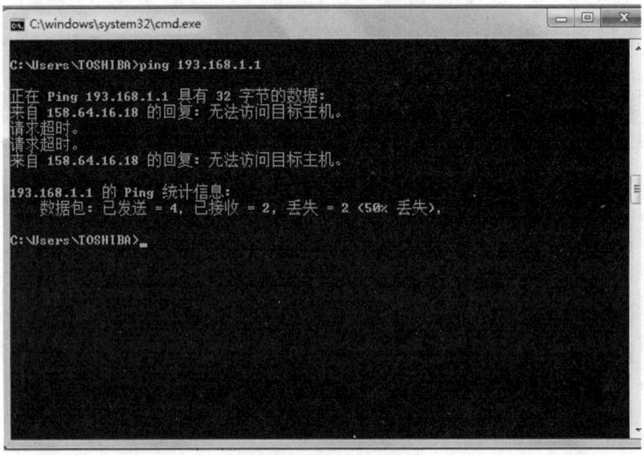

图 6-27　网络断路返回结果

三、知识技能要点

（1）常使用下面方法打开"Internet 选项"对话框：启动 IE，点击右上角锯齿状图标，打开列表，如图 6-28 所示，选择"Internet 选项"，打开"Internet 选项"对话框。

（2）IE10 的多窗口特点。可以同时打开多个网页，并可以通过点击任务栏在各网页间切换，如图 6-29 所示。其他浏览器，如遨游浏览器、搜狗浏览器、360 浏览器等，很早就有这种功能。

（3）ping 命令。ping 不仅仅是 Windows 下的命令，在 UNIX 和 Linux 下也有这个命令，ping 只是一个通信协议，是 IP 协议的一部分，TCP/IP 协议的一部分。ping 在 Windows 系统下是自带的一个可执行命令，利用它可以检查网络是否能够连通，帮助用户分析判定网络故障。应用格式：ping IP 地址。该命令还可以加许多参数使用，具体方法是键入 ping 按回车键即可看到详细说明，如图 6-30 所示。

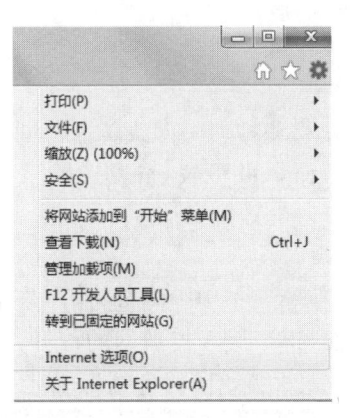

图 6-28 "Internet 选项"位置

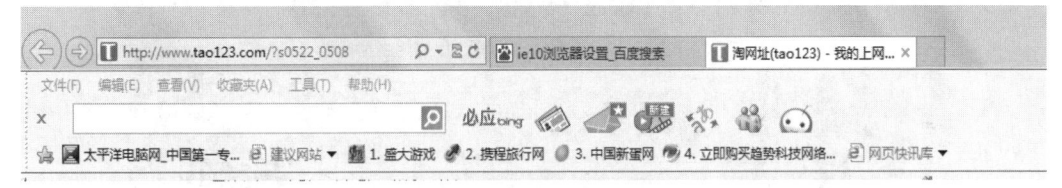

图 6-29 IE 多窗口操作

图 6-30 ping 命令的各种参数

6.2.3 从网上搜索信息

主要学习内容：
- 搜索网上信息
- 下载文件

一、操作要求

（1）利用 Web 页提供的搜索引擎搜索与四级英语考试相关的网页。

（2）利用百度搜索引擎搜索 caj，并下载 caj 阅读器。

二、操作过程

（1）打开搜狐网的主页。启动 IE 浏览器，在地址栏输入 www.sohu.com 或 http://www.sohu.com，然后按 Enter 键，进入搜狐网的首页。

（2）在搜索引擎输入框中输入"英语四级考试"，如图 6-31 所示。

图 6-31　搜狐网主页的搜索引擎

（3）单击"搜索"按钮，稍候将在 IE 窗口显示搜索结果，如图 6-32 所示。

图 6-32　搜索的结果

（4）搜索出来的结果往往很多，可通过查看链接下的内容提示来选择某个结果，单击相应的链接进入相关网站。

（5）在 IE 地址栏输入 www.baidu.com，按 Enter 键，打开百度网主页。

（6）在搜索引擎中输入"caj"，如图 6-33 所示。

图 6-33　百度网主页

（7）单击"百度一下"按钮或按回车键，出现搜索结果，如图 6-34 所示。

图 6-34　搜索结果

（8）将鼠标指向"CAJ 阅读器|CAJViewer 全文浏览器 7.2 官方中文版下载 太平洋下载中心"，单击鼠标左键，进入相关网页，如图 6-35 所示。

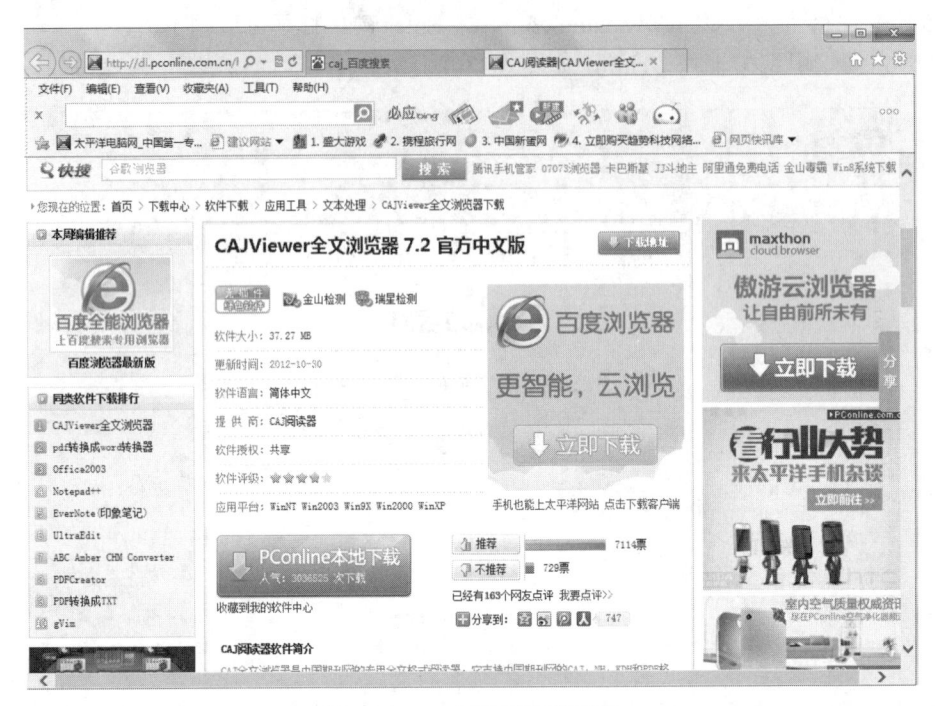

图 6-35 caj 阅读器下载页面

（9）点击"下载地址"，选择服务器位置的链接，如图 6-36 所示。

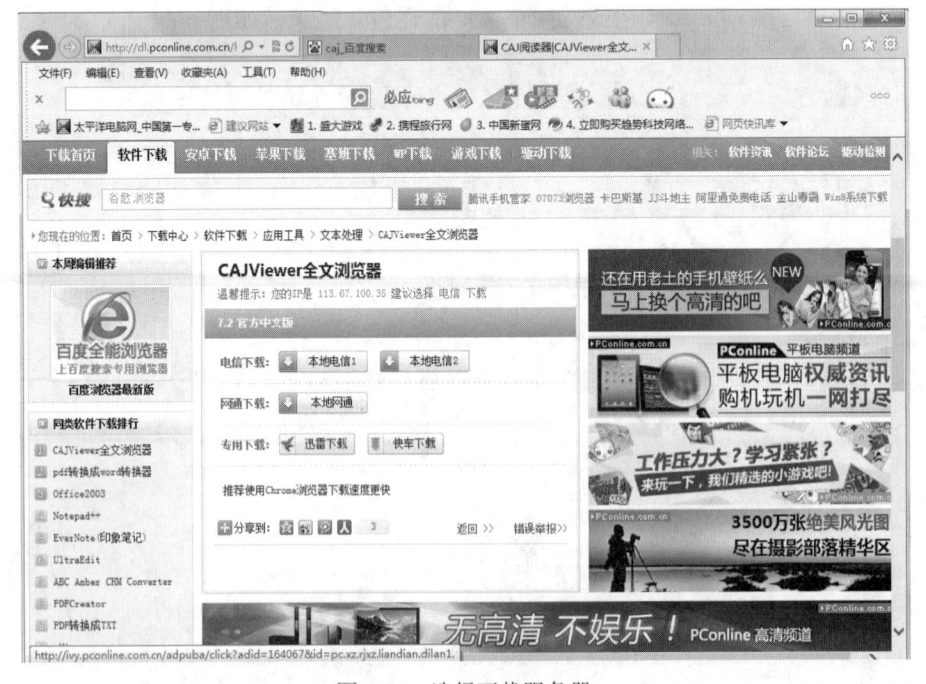

图 6-36 选择下载服务器

（10）选择"本地电信 1"，单击"保存"按钮右侧的向下箭头，选"另存为"，如图 6-37 所示。

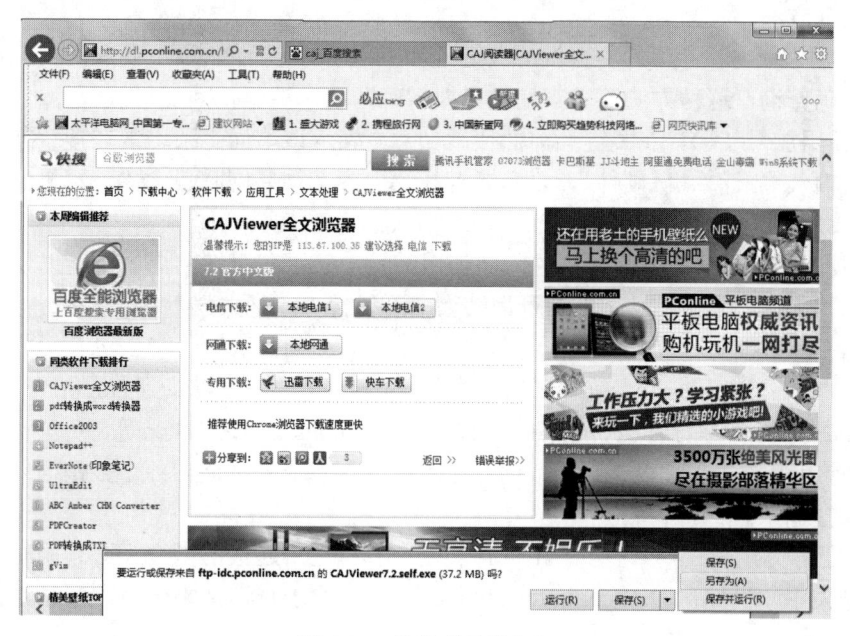

图 6-37　选择"另存为"

（11）根据自己需要选择合适的路径，如图 6-38 所示。单击"保存"开始下载文件。屏幕下端的进度框显示已下载文件的进度。

图 6-38　选择下载文件保存路径

三、知识技能要点

1. 下载文件

下载网上文件，可以使用一些下载软件工具，如网际快车、搜狗、迅雷等，以加快文件下载速度。

2. 搜索技巧

不同的搜索引擎提供的查询方法不完全相同，可以到各个网站中去查询，但它们都有一些通用的查询方法。

（1）使用双引号(" ")。为要查询的关键词加上双引号（半角，以下要加的其他符号同此），可以实现精确查询，这种方法要求查询结果要精确匹配，不包括演变形式。

（2）使用加号（+）。在关键词前面使用加号，表示该单词必须出现在搜索结果中的网页上。例如，输入"+计算机+硬件"，表示要查找的内容必须要同时包含"计算机、硬件"这两个关键词。

（3）使用减号（-）。在关键词的前面使用减号，表示在查询结果中不能出现该关键词。例如，输入"大学-清华大学"，表示查询结果中不包含"清华大学"。

（4）使用通配符（*和?）。通配符包括星号（*）和问号（?），"*"可表示零个或多个字符，而一个"?"只表示一个字符。例如，输入computer*，就可以找到computer、computers、computerized等单词，而输入comp?ter，只能找到computer、compater等。

（5）使用逻辑关系检索。这种查询方法允许输入多个关键词，各个关键词之间的关系可以用逻辑关键词来表示。

- and 称为逻辑"与"，用 and 进行连接，表示它所连接的两个词必须同时出现在查询结果中。例如，输入 computer and book，它要求查询结果中必须同时包含 computer 和 book。
- or 称为逻辑"或"，它表示所连接的两个关键词可以单独或共同出现在查询结果中。例如输入 computer or book，就要求查询结果可以只有 computer 或只有 book，或同时包含 computer 和 book。
- not 称为逻辑"非"，它表示所连接的两个关键词中应从第一个关键词概念中排除第二个关键词。例如输入 automobile not car，就要求查询结果中包含 automobile，但同时不能包含 car。

另外，可以将各种逻辑关系综合运用，灵活搭配，以便进行更加复杂的查询。

（6）使用括号。当两个关键词用另一种操作符连在一起，而又想把它们列为一组时，就可以给这两个词加上圆括号。

（7）区分大小写。这是检索英文信息时要注意的一个问题，许多英文搜索引擎可以选择是否要求区分关键词的大小写，这一功能对查询专有名词有很大的帮助。

（8）逐步缩小查询范围。搜索引擎一般都提供在查询结果中再查询的功能，因此，应根据查询结果逐步缩小查询范围，直到检索到所需的信息。

（9）更换搜索引擎。每个搜索引擎的数据库信息有所不同，如果一个搜索引擎不能检索到所需的信息，可以考虑使用其他搜索引擎。

3. CAJ 全文浏览器

CAJ 全文浏览器是中国期刊网的专用全文格式阅读器，它支持中国期刊网的 CAJ、NH、KDH 和 PDF 格式文件。它可以在线阅读中国期刊网的原文，也可以阅读下载到本地硬盘的中国期刊网全文，并且它的打印效果与原版的效果一致，它已成为人们查阅学术文献不可或缺的阅读工具。

6.3 电子邮件

电子邮件（E-mail）是 Internet 提供的一个非常重要的服务，与传统邮件相比，电子邮件更方便、更迅速，而且节省邮费。随着 Internet 的发展和普及，电子邮件已成为人们通信和数据传送的重要途径，是日常工作、生活中不可或缺的一项内容，人们昵称她为"伊妹儿"。

电子邮件的工作原理是利用 SMTP 协议将信息发送到网络上，然后通过邮件网关把电子邮件从一个网络传送到另一个网络（犹如邮车把邮件从一个邮局送到另一个邮局）。当电子邮件被送到指定的网络后，再由邮件代理把电子邮件发送到接收者的邮箱中（即如邮差将信件投递到收信者的信箱里），接收者使用 POP3 协议从网络上收取自己的信件。

每个人的电子邮件都有一个全世界唯一的地址，叫 E-mail 地址，如 wei_liu@sina.com。E-MAIL 地址由三部分组成：

（1）用户名：这并不是用户的真实姓名，而是用户在服务器上的信箱名。一般情况下由用户自己确定，所以都与真实的人名有一定联系。

（2）分隔符"@"：该符号将用户名与域名分开，读做"at"（很多人习惯称之为蜗牛）。

（3）域名（邮件服务器名）：这是邮件服务器的 Internet 地址，实际是这台计算机为用户提供了电子邮件信箱。

6.3.1 申请电子邮箱

主要学习内容：
- 在"网易126免费邮"网站上申请一个免费邮箱
- 了解其他网站提供的电子邮箱服务情况

一、操作要求

要想通过 Internet 收发邮件，必须先到相关网站上申请一个属于自己的邮箱。只有这样才能将电子邮件准确送达给每个 Internet 用户。这一节将介绍在"网易126免费邮"网站上申请电子邮箱的过程。

二、操作过程

（1）启动 IE，输入网址 www.126.com，打开"网易126免费邮"主页，如图 6-39 所示。

（2）单击"注册"按钮，开始输入注册信息，如图 6-40 所示，选择"注册字母邮箱"，根据自己需要输入"邮件地址"、"密码"、"验证码"，若选择"注册手机号码邮箱"，则通过手机接收验证码。

（3）单击"立即注册"，则拥有了一个以@126.com为后缀的电子邮箱。

三、知识技能要点

（1）用户名的命名规则。

依据不同的网站，命名时注意规则提示，但一般用户名只能由英文字母 a~z（不区分大小写）、数字 0~9、下划线组成，起始字符一般是英文字母，长度为 5~20 个字符。

图 6-39 "网易 126 免费邮"主页

图 6-40 "注册邮箱"页面

（2）密码。

设置密码时要注重安全性，密码长度应不少于 8 个字符，最好是英文字母与数字相混合。

（3）邮箱种类。

申请的邮箱一般有两种：一种是免费邮箱，另一种就是收费邮箱。使用免费邮箱不需要向商家支付任何费用，当然容量、服务相对收费邮箱要差一些。

6.3.2 使用 WWW 的形式收发电子邮件

主要学习内容：
- 使用用户名和密码登录邮箱
- 撰写邮件并发送
- 阅读邮件

一、操作要求

利用申请到的邮箱，向同学和老师发送一封关于电子邮箱学习体会的邮件。打开"网易126免费邮"主页，通过用户名和密码登录邮箱，打开收件箱，阅读新收到的邮件。撰写一封带附件的邮件，发送到一个指定的邮箱。

二、操作过程

（1）启动 IE，输入网址 www.126.com，打开"网易 126 免费邮"主页，输入注册的"邮箱账号"、"密码"，单击"登录"按钮，打开"网易电子邮箱"页面，如图 6-41 所示。

图 6-41　登陆邮箱首页

（2）在左侧的"文件夹"窗格中单击"收件箱"项，打开收件箱，其中显示每一封来信的状态（是否已阅读）、发件人、主题、接收的日期、文件的大小、是否有附件等，如图 6-42 所示。

（3）当前邮箱中只有两封邮件，这是注册时系统发给用户的邮件。单击该邮件的标题，可以查看其具体内容。

（4）撰写并发送邮件。

1）单击左侧"文件夹"窗格上方的"写信"按钮，打开写邮件页面。在"收件人"处填写自己的邮箱地址，输入主题、邮件的内容。

图 6-42　收件箱

2）单击"附件"按钮，打开"选择文件"对话框，找到相关文件后返回，文件附件就添加到了"附件"按钮的下方，如图 6-43 所示。

图 6-43　添加附件

3）单击页面上部的"发送"按钮，即可将邮件发送出去。
4）打开"收件箱"，可以看见给自己发送的邮件已收到。

三、知识技能要点

（1）当需要将一封邮件发送给多个人时，可以使用以下两种办法：

1）在"收件人"框中输入多个电子邮箱地址，地址之间用逗号隔开，如：hld520@163.com，lxj550@sohu.com。

2）使用抄送和密送。"抄送"表示"副本"。列在"抄送"栏中的任何一位收件人都将收到信件的副本。信件的所有其他收件人都能够看到您指定为"抄送："的收件人已经收到该信件的副本。"密送"代表"不显示的副本"。这极相似于"抄送"功能，只不过"密送"的收件人不会被其他收件人看到，而"收件人"字段中的收件人彼此都能看见。例如，如果将信件发送给"收件人"abc@188.com，"密送"给 def@163.com，那么 abc 将会看到自己是信件的唯一收件人，而 def 将会看到您也将该信件发送给了"收件人"abc。

（2）如果需要确认收信人已读邮件，则可以选择"设置"→"已读回执"命令项。

6.3.3 使用 Outlook 收发电子邮件

主要学习内容：
- 设置 Outlook 的账户
- 收发电子邮件

一、操作要求

以你自己申请的电子邮件地址在 Outlook 中设置电子邮件账户，并在 Outlook 中收发电子邮件。

二、操作过程

（1）在桌面单击"开始"菜单按钮，依次选择"所有程序"→"Microsoft Office"→"Microsoft Outlook 2010"命令项，打开"Outlook"窗口。依次点击"文件"→"信息"→"添加账户"，如图 6-44 所示。

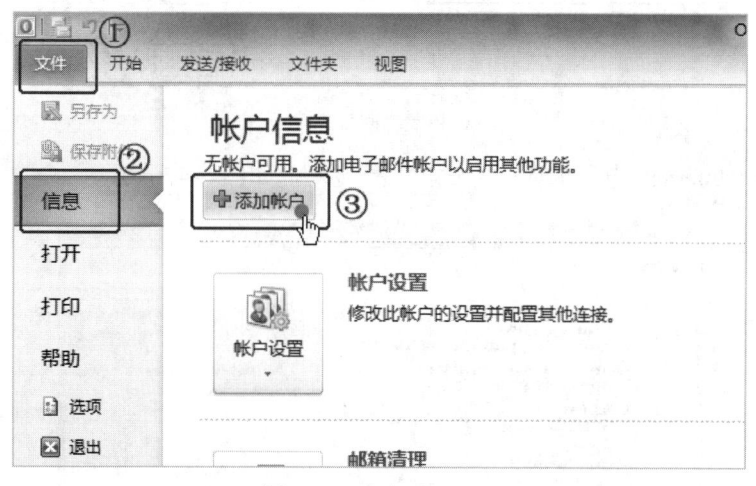

图 6-44 "向导"之一

（2）弹出"添加账户"对话框，选择"电子邮件账户"服务，点击"下一步"，如图 6-45 所示。

（3）选择"手动配置服务器设置或其他服务器类型"，点击"下一步"，如图 6-46 所示。

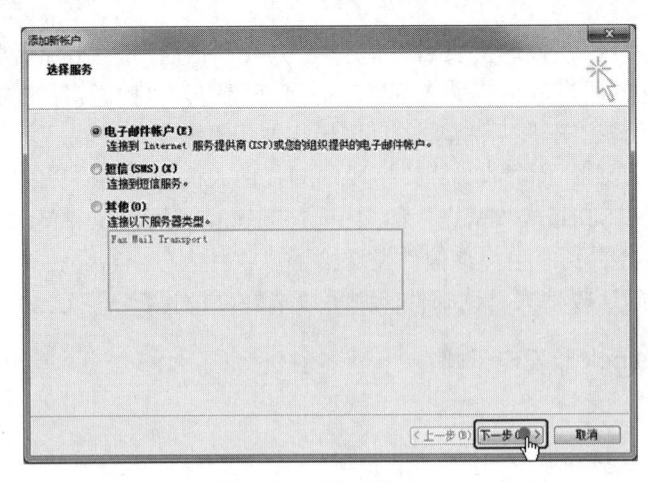

图 6-45 "向导"之二

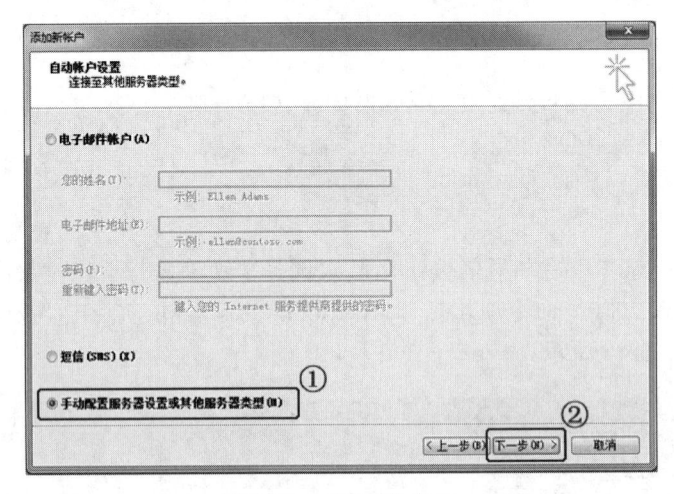

图 6-46 "向导"之三

（4）选中"Internet 电子邮件"，点击"下一步"，如图 6-47 所示。

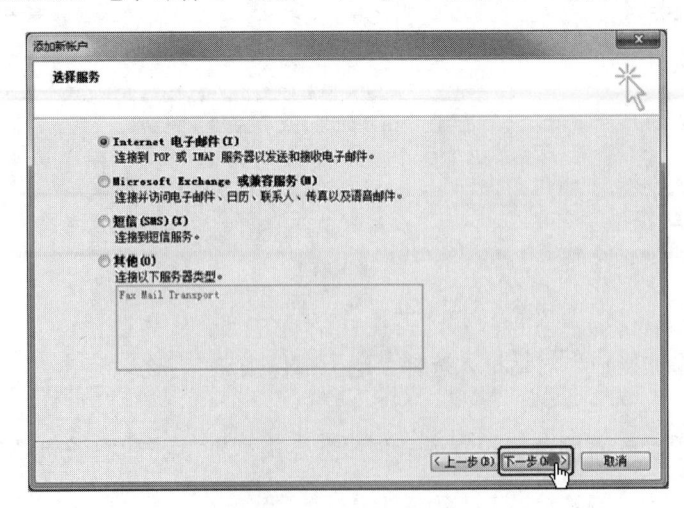

图 6-47 "向导"之四

（5）按页面提示填写账户信息：账户类型选择：pop3，接收邮件服务器：pop.126.com，发送邮件服务器：smtp.126.com，用户名：使用系统默认（即不带后缀的@126.com），填写完毕后，点击"其他设置"，如图 6-48 所示。

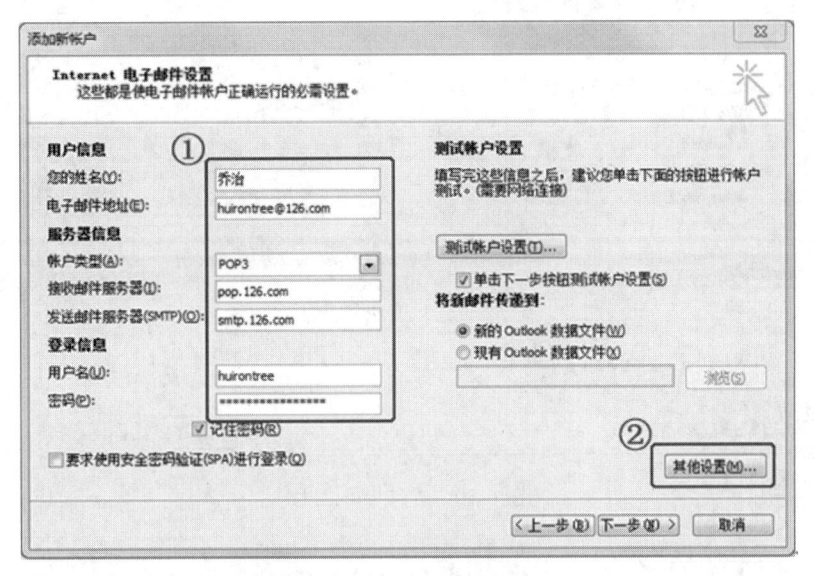

图 6-48 "向导"之五

（6）点击"其他设置"后会弹出对话框（如下图），选择"发送服务器"，勾选"我的发送服务器（SMTP）要求验证"，并点击"确定"，如图 6-49 所示。

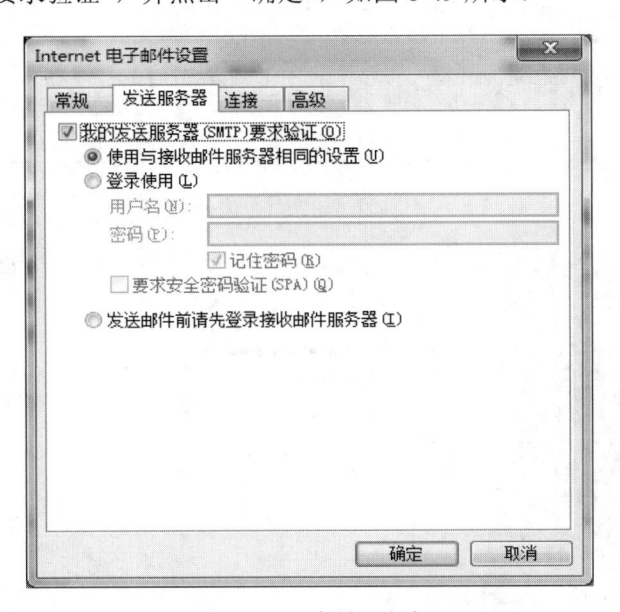

图 6-49 "向导"之六

（7）回到刚才的对话框，点击"下一步"，如图 6-50 所示。
（8）在弹出的"测试账户设置"对话框，如出现如图 6-51 所示的情况，说明您的设置成功了。

(9) 在弹出的对话框中，点击"完成"，如图 6-52 所示。

图 6-50　"向导"之七

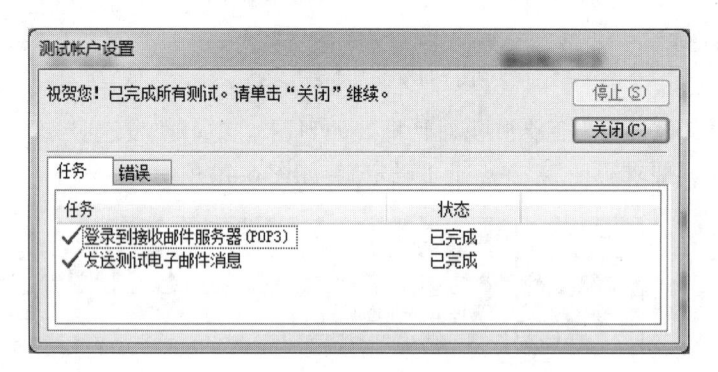

图 6-51　"向导"之八

图 6-52　"向导"之九

（10）设置好邮件账号后，用户可以给自己发一封电子邮件，然后根据接收情况来检查设置正确与否。单击菜单"邮件"→"写新邮件"，打开"写邮件"窗口，输入收件人地址、主题、邮件内容，单击带别针图形"附加文件"按钮，打开查找文件对话框，插入附件，如图6-53所示。

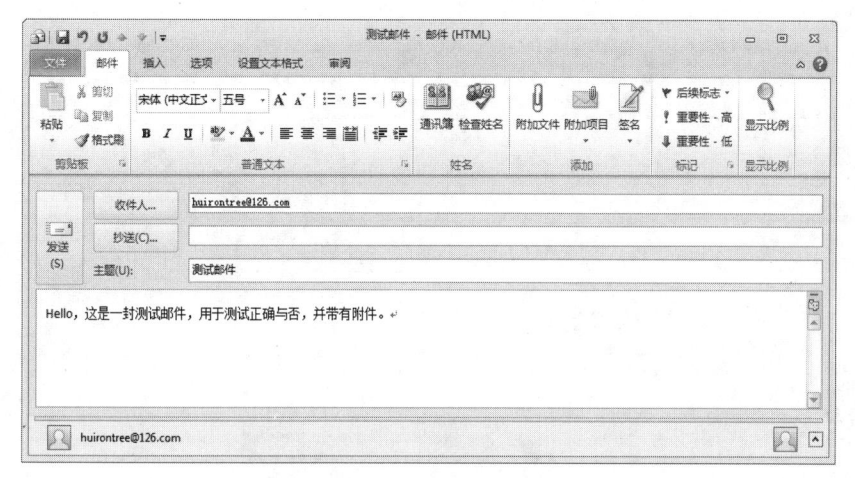

图 6-53 "新邮件"窗口

（11）单击"发送"按钮，回到原来邮箱，可看到收到一封邮件。

三、知识技能要点

（1）Outlook 是电子邮件管理软件，可同时使用多个电子邮箱收发邮件，更适合公司级别的使用，如面向大量员工、客户群收发电子邮件。

（2）如果是第一次打开 Outlook，则会自动打开"Microsoft Outlook 2010 启动向导"对话框，该向导将指导用户完成电子邮件账户的配置过程。

（3）要使用 Outlook 进行外部收信，所申请的电子邮箱必须支持外部收信功能。

6.3.4 通讯簿的管理与使用

主要学习内容：
- 给通讯簿添加联系人
- 使用通讯簿发送电子邮件

一、操作要求

通讯簿是 Outlook 中一个非常有用的工具，它就像我们平时使用的电话号码簿，用于记录朋友的 E-mail 地址和其他联系方式。

（1）将一个名为乔治，E-mail 地址为 huirontree@126.com 的朋友添加到通讯簿中。

（2）利用通讯簿中乔治的 E-mail 地址，给乔治发送电子邮件。

二、操作过程

（1）启动 Outlook，选择"开始"→"新建项目"→"联系人"菜单命令，打开"新建联系人"窗口，在"姓氏"框中输入"乔"，在"名字"框中输入"治"，在"电子邮件"栏中输入 huirontree@126.com，这时对话框如图 6-54 所示。单击"保存并关闭"按钮，返回 Outlook 窗口。

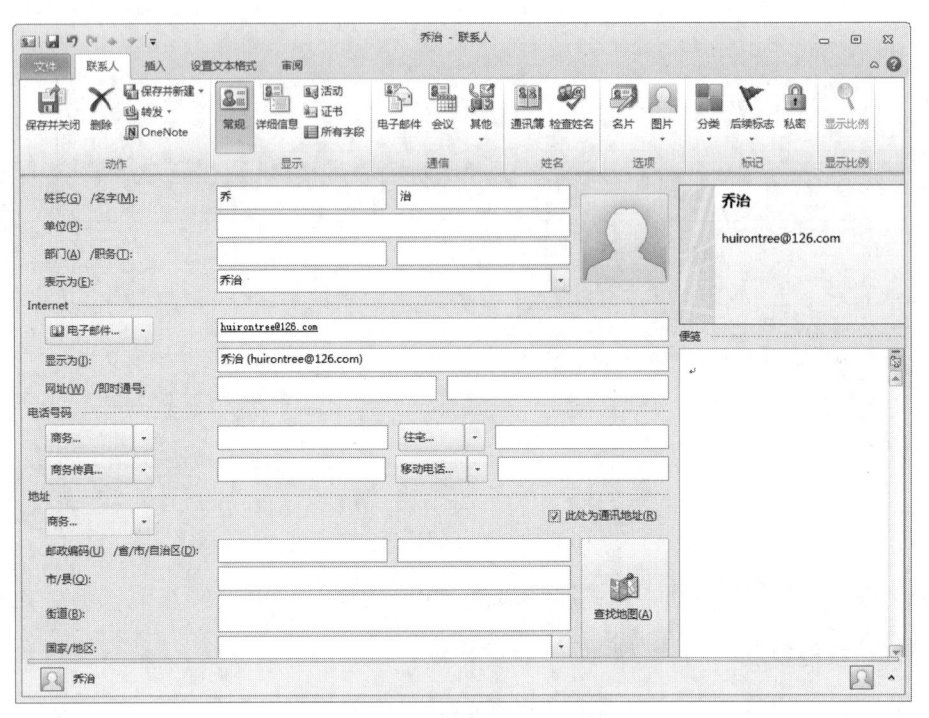

图 6-54　"新建联系人"窗口

（2）单击"开始"→"新建电子邮件"，打开"写邮件"窗口。单击"收件人"按钮，弹出"选择姓名"对话框。在"名称"框中选择"乔治"，单击"收件人向右移动"按钮 收件人(O) ->，将"乔治"添加到"收件人"列表框中，如图 6-55 所示，单击"确定"按钮。

（3）输入主题、邮件内容、插入附件，其余操作与前述发送邮件操作相同。

图 6-55　"选择地址"对话框

三、知识技能要点

（1）接收到电子邮件后，如果想将此电子邮件地址添加到通讯簿中，可打开收件箱，选择发件人的地址，右击，在快捷菜单中选择"添加到 Outlook 联系人"。

（2）手工添加联系人时，如果联系人的电子邮件地址有多个，在图 6-54 所示的对话框中，添加完一个地址后，可在"Internet"栏中的"电子邮件"下拉列表中选择"电子邮件 2"、"电子邮件 3"，将其他电子邮件添加到相应的电子邮件列表框中，再单击"保存并关闭"按钮返回。

（3）在通讯簿中可以使用"组"的功能，即当发送邮件给一个"组"时，这个组里的所有成员都将收到这个邮件。

生成一个"组"的方法："开始"→"新建项目"→"其他项目"→"联系人组"，打开"联系人组"对话框，然后在对话框中指定组名称，并选择组成员或添加新联系人。

6.4 使用 QQ、微博、网上购物

当今，人们的日常生活几乎离不开网络，除了前面提到的在网络上查找信息、下载程序、收发电子邮件外，人们还经常使用 QQ 聊天、微博发表评论、网上购物、在线看电影、网络课堂学习、网络游戏等功能。这里主要介绍 QQ、微博、网上购物。

6.4.1 使用 QQ

主要学习内容：
- 创建讨论组
- 发送离线文件
- 视频通话
- 远程控制

一、操作要求

（1）进入 QQ，创建讨论组，主题为"办公软件中级职业资格认证"。
（2）进入 QQ，向好友发送离线文件，文件为桌面上的"大纲及评分标准.doc 文档"。
（3）进入 QQ，并向好友开启视频通话。
（4）进入 QQ，向好友申请远程控制。

二、操作过程

（1）启动 QQ，输入账号、密码，登录 QQ，进入 QQ 窗口，如图 6-56 所示。若第一次使用，选择"注册账户"，然后再用注册的账号、密码登录。

（2）单击工具栏上的"群/讨论组"按钮，如图 6-57 所示，进入"群/讨论组"窗口，如图 6-58 所示。

（3）单击"创建"按钮右侧向下箭头，选择"创建讨论组"，打开"创建讨论组"窗口，如图 6-59 所示。在输入框随便输入一个字母，打开联系人下拉列表，选择需要的联系人添加到右侧的已选联系人列表，如图 6-60 所示，单击"确定"按钮。

图 6-56　QQ 窗口

图 6-57　"群/讨论组"按钮

图 6-58　"群/讨论组"窗口

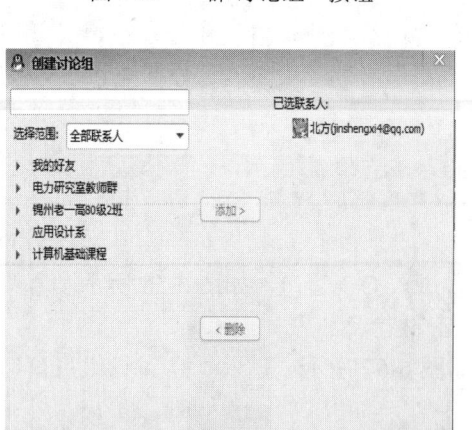

图 6-59　"创建讨论组"窗口

图 6-60　添加联系人

（4）单击主题右侧的"编辑主题"输入框，输入"办公软件中级职业资格认证"，如图 6-61 所示。在左侧下方窗口输入要发表的信息，按回车键，可以将该信息向讨论组发送，同时发送信息显示在左侧上方窗口。也可以双击右侧某一姓名，打开一个窗口，单独向该成员发送信息，如图 6-62 所示。

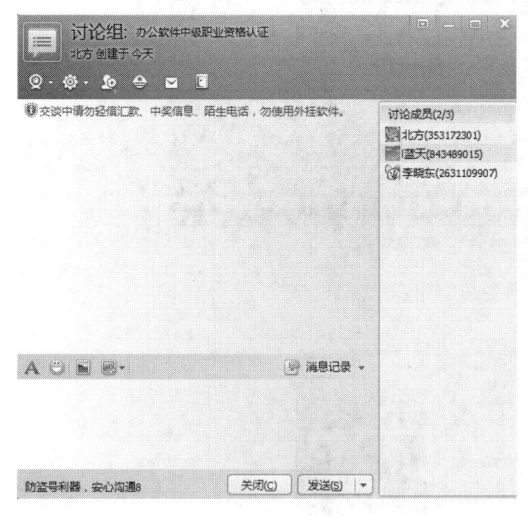

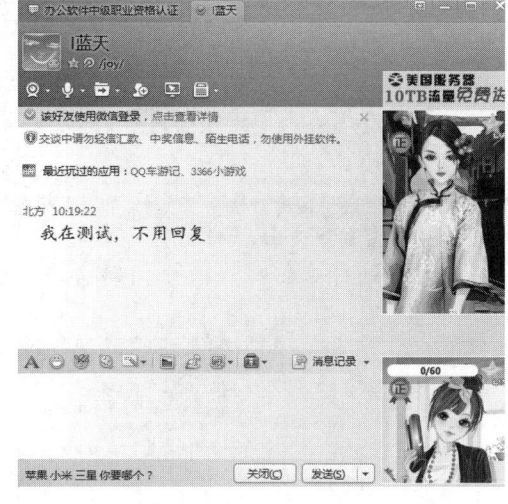

图 6-61　输入主题　　　　　　　　　图 6-62　向成员发送信息

（5）回到 QQ 窗口，单击工具栏"联系人"按钮，选择好友姓名，打开好友窗口，单击工具栏"传送文件"右侧箭头，如图 6-63 所示，选择"发送离线文件"，选择桌面文件"大纲及评分标准.doc 文档"，单击"打开"按钮即开始发送。

（6）在图 6-63 好友窗口中，单击工具栏"开始视频会话"按钮，如图 6-64 所示，打开视频会话窗口，等待对方接受邀请，如图 6-65 所示。

图 6-63　发送离线文件　　　　　　　图 6-64　开始视频会话

（7）在图 6-63 好友窗口中，单击工具栏"远程协助"按钮，如图 6-66 所示，向好友发出远程协助请求，待好友接受请求后，即可在远程操纵这台计算机。

图 6-65 "视频会话"窗口

图 6-66 远程协助

三、知识技能要点

QQ 是深圳市腾讯公司（腾讯控股有限公司）开发的一款基于 Internet 的即时通信软件。腾讯 QQ 支持在线聊天、视频电话、点对点断点续传文件、共享文件、QQ 邮箱等多种功能，并可与移动通讯终端等多种通讯方式相连。1999 年 2 月，腾讯正式推出第一个即时通信软件"腾讯 QQ"，至今，QQ 在线用户由 1999 年的 2 人（2 人指马化腾和张志东）发展到现在上亿用户，在线人数超过一亿，是中国目前使用最广泛的聊天软件之一。

6.4.2 使用博客

主要学习内容：
- 注册微博
- 用微博发表话题
- 查找昵称、加关注

一、操作要求

（1）进入新浪微博，进行账号注册，邮箱为 abc1234@qq.com，密码为 abc1234_xyz，昵称为 zhangsan，姓名为张三，其他参数根据实际填写。

（2）进入新浪微博，公开发表话题，话题：办公软件中级应用经验，内容：搜寻局域网中的计算机以实现共享非常实用。

（3）进入新浪微博，查找昵称为 zhangsan 的账户，并加他为关注。

二、操作过程

（1）在 IE 地址栏输入 weibo.com，进入新浪微博，单击"立即注册"，打开注册页面，输入账号为 abc1234@qq.com，密码为 abc1234_xyz，昵称为 zhangsan，如图 6-67 所示。

图 6-67　新浪微博注册

（2）单击"立即注册"，其他参数根据实际填写，姓名为张三，单击"下一步"，经过设置后进入微博，如图 6-68 所示。

图 6-68　新浪微博

(3)单击"话题",单击"插入话题",如图 6-69 所示。

图 6-69　插入话题

(4)输入话题、内容,如图 6-70 所示。

图 6-70　输入话题、内容

(5)单击"发布"按钮,可以在发布区看见发布的信息,如图 6-71 所示。

图 6-71　发布信息

（6）在"搜索微博、找人"文本框输入昵称"zhangsan"，打开相应的微博页面，单击"加关注"按钮。

三、知识技能要点

微博，即微博客（MicroBlog）的简称，是一个基于用户关系信息分享、传播以及获取平台，用户可以通过 Web、WAP 等各种客户端组建个人社区，以 140 字左右的文字更新信息，并实现即时分享。美国 twitter 是最早也是最著名的微博。2009 年 8 月中国门户网站新浪推出"新浪微博"内测版，成为门户网站中第一家提供微博服务的网站，微博正式进入中文上网主流人群视野。截至 2013 年 6 月，中国微博用户规模达到 3.31 亿，成为世界微博用户大国之一。

6.4.3 网上购物

主要学习内容：
- 京东商城注册
- 搜索要购买的 U 盘
- 加入购物车

一、操作要求

进入京东商城，搜索要购买的 U 盘，16G，型号是 U208，品牌是朗科，将找到的商品选择 1 件加入到购物车中。

二、操作过程

（1）启动 IE，在地址栏输入"www.jd.com"，按 Enter 键，进入京东商城首页，如图 6-72 所示。

图 6-72 京东商城首页

（2）单击右上角"我的京东"按钮右侧箭头，单击"登录"按钮，打开登录及注册页面，如图 6-73 所示。第一次使用京东商城的新用户，可单击"注册新用户"按钮，输入相应的信息。已注册过的用户只需输入账号、密码，登录京东商城。

图 6-73 京东商城登录及注册窗口

（3）进入京东高城首页，在"全部商品分类"处找到"电脑、办公"→"外设产品"→"U 盘"，打开搜索页面，选择型号"U208"、品牌"朗科"、16G，单击该产品图标，打开该产品详细信息页面，如图 6-74 所示。

图 6-74 产品详细信息方面

（4）调整好购买数量，单击"加入购物车"按钮，弹出成功加入购物车页面，如图 6-75 所示。若还需要购买其他商品，单击"继续购物"按钮，若需要结账，单击"去购物车并结算"按钮。

图 6-75　U 盘加入购物车

（5）若单击"去购物车并结算"按钮，弹出"我的购物车"页面，列出选择的全部商品，如图 6-76 所示。

图 6-76　"我的购物车"页面

（6）单击"去结算"按钮，弹出核对信息窗口，如图 6-77 所示。若第一次使用，则需要输入相应信息。

图 6-77 核对信息

（7）单击"提交订单"，弹出"选择支付方式"窗口，如图 6-78 所示，选择相应的支付方式。若办理了网上银行业务，可选"网银支付"，选择相应银行，操作完成提示支付成功。在 1 至 2 天内，就可以送货上门。

图 6-78 选择支付方式

三、知识技能要点

（1）网上购物。

网上购物，就是通过互联网检索商品信息，并通过电子订购单发出购物请求，然后填写私人支票账号或信用卡的号码，厂商通过邮购的方式发货，或是通过快递公司送货上门。国内的网上购物，一般付款方式是款到发货（直接银行转账，在线汇款），担保交易（淘宝支付宝、百度百付宝、腾讯财付通等的担保交易），货到付款等。

网上购物给用户提供方便的购买途径，只要简单的网络操作，足不出户，即可送货上门，并具有完善的售后服务。

（2）网上商城查看商品信息，不需要注册，若要购买，则需要注册。若要使用在线支付方式，需要先办理网上银行业务，在银行卡对应的银行办理即可。

（3）网上商店有很多，京东商城只是有代表性的一家，其他的还有淘宝、拍拍、百度、天猫、阿里巴巴等。

练习题

1．用 IE 搜索"太平洋电脑网"网站，并将其添加到收藏夹。

2．登录"百度"网站，地址是 http://www.baidu.com，利用百度搜索引擎搜索名称为"风景"的图片，并把查到的任一张图片下载到本地计算机的桌面上，保存的文件名为：fj，文件类型为：.jpg。

3．登录"太平洋电脑网"门户网站，网址是 http://www.pconline.com.cn，找到"产品报价"栏目，点击链接进入子页面，并将该页面以"product.html"名字保存到本地计算机的桌面上。

4．在网站上申请免费的 E-mail 邮箱，并在网页中直接收发电子邮件。

5．利用 Outlook Express 与同学互发带附件的邮件，并将发件人的地址添加到通讯簿中。

6．在 Outlook Express 中，使用"组"功能，给组成员发送一封邮件。

7．使用 QQ，与朋友视频会话。

8．进入京东商城，查看笔记本电脑信息，选择合适商品加入购物车。

第7章 多媒体技术基础

多媒体技术是当今信息技术领域发展最快、最活跃的技术，是新一代电子技术发展和竞争的焦点。多媒体技术融计算机、声音、文本、图像、动画、视频和通信等多种功能于一体，借助日益普及的高速信息网，可实现计算机的全球联网和信息资源共享，因此被广泛应用在咨询服务、图书、教育、通信、军事、金融、医疗等诸多行业，并正潜移默化地改变着我们生活的面貌。多媒体技术及其应用已经成为大学生必须掌握的一项基本技能。

7.1 多媒体概述

主要学习内容：

- 多媒体基本概念
- 多媒体技术的基本特性
- 多媒体技术的应用与发展
- 多媒体系统组成

计算机自诞生以来，改变了人们处理信息的方式。随着计算机技术、通讯技术、网络技术、传感器技术、信号处理技术和人机交互技术的发展，信息传播和表达的方式从单一的文字转向文字、声音、图形、图像和超文本、超媒体等多媒体方式。多媒体技术已经渗透到人们生活和工作的各个方面。

7.1.1 多媒体基本概念

经过不断摸索和研究，人们对"多媒体"的认识进一步加深，掌握多媒体基本概念是熟练使用多媒体技术的前提。

1. 媒体

媒体是信息表示和传输的载体。媒体在计算机领域中有两种含义：一是指用来存储信息的实体，如磁带、磁盘、光盘和半导体存储器等；二是指传递信息的载体，如数字、文字、声音、图形和图像等；多媒体技术中的媒体是指后者。

根据国际标准化组织制定的媒体分类标准，媒体有以下几种类型：

（1）感觉媒体。指能直接作用于人们的感官，能使人产生直接感觉的媒体。目前用于计算机系统的主要是视觉和听觉所感知的信息，如语言、音乐、自然界中的声音、图像、动画、文本等，触觉也正逐渐被引入到计算机系统中。

（2）表示媒体。指用于数据交换的编码，即为了加工、处理和传输感觉媒体而人为构造出来的媒体，如声音编码、图像编码、文本编码等。借助于此种媒体，能更有效地存储感觉媒体或将感觉媒体从一个地方传送到另一个遥远的地方。

（3）显示媒体。又称为表现媒体，指用于通信中使电信号和感觉媒体之间产生转换用的媒体，即进行信息输入和输出的媒体，如显示屏、打印机、扬声器等输出媒体和键盘、鼠标器、扫描器、触摸屏等输入媒体。

（4）存储媒体。又称存储介质，指进行信息存储的媒体，如纸张、硬盘、软盘、光盘、磁带、ROM、RAM 等。

（5）传输媒体。指用于承载信息，将信息进行传输的媒体，如同轴电缆、双绞线、光纤、无线电波等。

2. 多媒体

多媒体指融合两种以上并具有交互性的媒体。多媒体由多种媒体元素组成，媒体元素是指多媒体应用中可以显示给用户的媒体组成元素，目前主要包括文本、图形、图像、声音、动画和视频等。

（1）文本。

文本就是各种文字符号的集合。是人和计算机交互作用的主要形式，是用得最多的一种符号媒体形式。

（2）图形。

图形是指经过计算机运算而形成的抽象化的产物，由具有方向和长度的矢量线段构成，图形使用坐标、运算关系以及颜色数据进行描述，因此通常把图形称为"矢量图"。

（3）图像。

凡是能被人类视觉系统所感知的信息形式或人们思想中的有形想象统称为图像。图像是由像素点描述的自然影像。位图是最基本的一种图像形式。

（4）动画。

在时间轴上，每隔△t 时间在屏幕上展现一幅有上下关联性的图形或图像，就形成了动态图像，任何动态图像都是由多幅连续的图像序列构成的，序列中的每幅图像称为一帧。如果每一帧图像是由人工或计算机生成的图形，那么这种动态图像就称为动画。

（5）音频。

音频是通过一定介质（如空气、水等）传播的一种连续波，在物理学中称为声波。声音的强弱体现在声波压力的大小上（和振幅相关），音调的高低体现在声波的频率上（与周期相关）。

（6）视频。

视频是将一幅幅独立图像组成的序列按照一定的速率连续播放，常用于交待事物的发展过程。视频非常类似于我们熟知的电影和电视，有声有色，在多媒体中充当重要的角色。

7.1.2　多媒体技术的基本特性

多媒体技术所处理的文字、数据、声音、图像、图形等媒体数据是一个有机的整体，多种媒体间不论在时间还是空间上都存在着紧密的联系，具有多样性、集成性、协同性、实时性和交互性等特点。

（1）多样性。

多样性包括信息媒体的多样性和媒体处理方式的多样性。信息媒体的多样性指使用文本、图形、图像、声音、动画、视频等多种媒体来表示信息。对信息媒体的处理方式可分为一维、二维和三维等不同方式，例如文本属于一维媒体，图形属于二维或三维媒体。

（2）交互性。

交互性是指通过各种媒体信息，使参与交互的各方（发送方和接收方）都可以对有关信息进行编辑、控制和传递。

（3）协同性。

协同是指元素对元素的相干能力，表现了元素在整体发展运行过程中协调与合作的性质。每一种媒体都有其自身规律，各种媒体之间必须有机地配合才能协调一致。多种媒体之间的协调以及时间、空间和内容方面的协调是多媒体的关键技术之一。

（4）实时性。

实时性是指当操作人员给出操作命令时，相应的多媒体信息都能够得到实时控制。在多媒体系统中，声音媒体和视频媒体是与时间因子密切相关的，多媒体系统在处理信息时有着严格的时序要求和很高的速度要求。

（5）集成性。

集成性是指以计算机为中心，综合处理多种信息媒体的特性。多媒体技术是多种媒体的有机集成。一方面，它集文字、图形、图像、视频、语音等多种媒体信息于一体；另一方面，还包括传输、存储和呈现媒体设备的集成。

7.1.3 多媒体技术的应用与发展

随着多媒体技术的飞速发展，多媒体计算机已成为人们朝夕相伴的良师益友。作为一种新型媒体，多媒体正使人们的学习方式、工作方式、生活方式产生巨大的变革。

1. 多媒体技术的应用

（1）教育与培训方面的应用。

世界各国的教育学家们正努力研究用先进的多媒体技术改进教学与培训。电子教案、形象教学、模拟交互过程、网络多媒体教学、仿真工艺过程等新型的多媒体教学手段，改变了传统的教学方式，使教学的形式和内容变得丰富多彩。

（2）网络通信方面的应用。

可视电话、视频点播、视频会议等多媒体网络通信技术已被广泛应用，对人类的生活、学习和工作产生了深刻的影响。

（3）个人信息通信中心。

采用多媒体技术使一台个人计算机具有录音电话机、可视电话机、图文传真机、立体声音响设备、电视机和录像机等多种功能，即完成通信、娱乐和计算机的功能。如果计算机再配备丰富的软件上网，还可以完成更多功能，进一步提高用户的工作效率。

（4）多媒体信息检索与查询。

将图书馆中所有的数据、报刊资料输入数据库，通过网络，人们坐在办公室或家中就可以在多媒体终端上查阅资料；同样，人们坐在家中就可以对琳琅满目的商品进行网络购销。

（5）虚拟现实。

虚拟现实通过综合应用计算机图像、模拟与仿真、传感器、显示系统等技术和设备，以模拟仿真的方式，给用户提供一个真实反映操纵对象变化与相互作用的三维图像环境所构成的

虚拟世界，并通过特殊设备（如头盔和数据手套）提供给用户一个与该虚拟世界相互作用的三维交互式用户界面。

(6) 其他应用。

多媒体技术给出版、传媒业带来了巨大的影响，同时利用多媒体技术可为各类咨询提供服务，如旅游、邮电、交通、商业、金融、宾馆等。还将改变未来的家庭生活，人们足不出户便能在多媒体计算机前办公、上学、购物、打可视电话、登记旅游、召开电视会议等。

总之，多媒体技术的应用非常广泛，它既能覆盖计算机的绝大部分应用领域，同时也拓展了新的应用领域，它将在各行各业中发挥出巨大的作用。

2．多媒体技术的发展

多媒体计算机是一个不断发展与完善的系统。未来对多媒体的研究主要包括：数据压缩、多媒体信息特性与建模、多媒体信息的组织与管理、多媒体信息表现与交互、多媒体通信与分布处理、多媒体的软硬件平台、虚拟现实技术、多媒体应用开发等方面。未来多媒体技术将向着高分辨率、高速度化、简单化、多维化、智能化、标准化等方向发展。

7.1.4 多媒体系统组成

多媒体计算机系统不是单一的技术，而是多种信息技术的集成，把多种技术综合应用到一个计算机系统中，实现信息输入、信息处理、信息输出等多种功能。

一个完整的多媒体计算机系统由多媒体计算机硬件系统和多媒体计算机软件系统两部分组成，如图7-1所示。

```
                          ┌ 多媒体应用软件
                          │ 多媒体创作工具软件
               ┌ 软件系统 ┤ 多媒体数据处理系统
               │          │ 多媒体操作系统
多媒体计算机系统┤          └ 多媒体驱动软件
               │          ┌ 多媒体外部设备
               └ 硬件系统 ┤ 多媒体外部设备接口卡
                          └ 主机
```

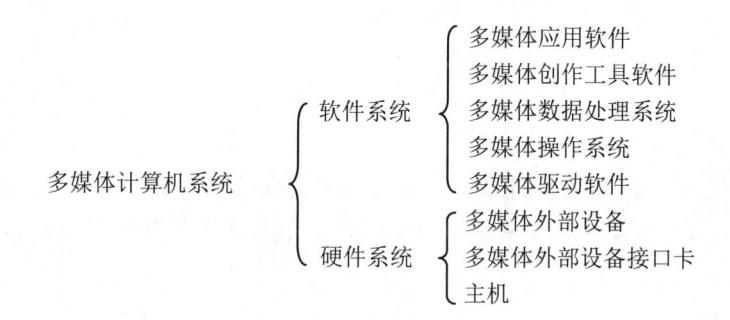

图7-1 多媒体计算机系统的组成

1．多媒体计算机硬件系统

多媒体计算机硬件系统是构成多媒体系统的物质基础，是指系统中所有的物理设备。多媒体硬件系统由主机、多媒体外部设备接口卡和多媒体外部设备构成。如音频卡、视频卡、采集卡、扫描仪、光驱等都是主要的多媒体硬件。

音频卡用于处理音频信息；视频卡用来支持视频信号（如电视）的输入与输出；采集卡能将电视信号转换成数字信号；扫描仪将摄影作品、绘画作品或其他印刷材料上的文字和图像，甚至实物，扫描到计算机中，以便进行加工处理；光驱用于读取或存储大容量的多媒体信息。

2．多媒体计算机软件系统

多媒体软件系统是多媒体技术的核心，负责组织和管理不同的硬件和各种多媒体数据。多媒体软件系统包括多媒体驱动软件、多媒体操作系统、多媒体数据处理软件、多媒体创作工具软件、多媒体应用软件。

（1）多媒体驱动软件完成设备的初始化，支持设备的各种操作，如声卡驱动程序。

（2）多媒体操作系统具备对多媒体数据和多媒体设备的管理和控制功能，能灵活地调度多种媒体数据，并能进行相应的传输和处理，使各种媒体硬件和谐地工作。Windows 7 就是在微型计算机中使用最广的一种多媒体操作系统。

（3）多媒体数据处理软件是专业人员在多媒体操作系统之上开发的。如音频编辑软件 Sound Edit，图形图像编辑软件 Photoshop，非线性视频编辑软件 Premiere，动画编辑软件 Flash 等。

（4）多媒体创作工具软件也称为多媒体平台软件，是一种高级的多媒体应用程序开发平台，它支持应用人员方便地创作多媒体应用系统（或软件）。常见的有 Visual C、Authorware 等。

（5）多媒体应用软件是由各种应用领域的专家或开发人员利用多媒体开发工具软件或计算机语言，组织编排大量的多媒体数据而成为最终多媒体产品，是直接面向用户的。所涉及的应用领域主要有文化教育教学软件、信息系统、电子出版、音像影视特技、动画等。如多媒体电子出版物、视频会议系统、计算机辅助教学软件（CAI）等。

7.2 多媒体技术

主要学习内容：

- 音频技术
- 图形图像技术
- 动画技术
- 视频处理技术

多媒体技术是一种把文字、图像、图形、动画、视频和声音等表现信息的媒体结合在一起，并通过计算机进行综合处理和控制，将多媒体各个要素进行有机组合，完成一系列随机性交互式操作的技术。

7.2.1 音频技术

音频是人们用来传递信息最方便、最熟悉的方式，是多媒体系统使用最多的信息载体。

1. 基本概念

音频是通过一定介质（如空气、水等）传播的一种连续的波，在物理学中称为声波。声音有音调、音色、音强三要素。

（1）音调。音调代表了声音的高低。音调与频率有关，频率越高，音调越高，反之亦然。

（2）音色。音色即特色的声音。声音分纯音和复音两种类型。所谓纯音，是指振幅和周期均为常数的声音；复音则是具有不同频率和不同振幅的混合声音。大自然中的声音绝大部分是复音。

（3）音强。指声音的强度，也称声音的响度，常说的"音量"也是指音强。音强与声波的振幅成正比，振幅越大，强度越大。

声音的强弱体现在声波压力的大小上（和振幅相关），音调的高低体现在声波的频率上（和周期相关)。

(1) 振幅。声波的振幅就是通常所说的音量。

(2) 周期。声音信号以规则的时间间隔重复出现,这个时间间隔称为声音信号的周期,用"秒"作表示单位。

(3) 频率。声音信号的频率是指信号每秒钟变化的次数,用赫兹(Hz)表示。

(4) 带宽。带宽是指在一条通信线路上可以传输的载波频率范围。

2. 音频文件的采集与制作

在多媒体技术中,存储音频信息的文件主要有 wav、mid、mp3、wma 等格式。对音频信息的采集以及音频文件的编辑有多种方法,使用 Windows 7 系统提供的"音量合成器"、"录音机"等工具软件就可以实现简单的音量调节、音频处理和声音素材的采集等功能。

(1) Windows 7 环境下音量的调节和设置。

Windows 7 环境下常用以下几种方法调节音量。

- 单击任务栏通知区的"扬声器"图标,打开扬声器音量调节面板,如图 7-2 所示,可以上下拖动滑块调节音量。
- 在如图 7-2 所示的扬声器音量调节面板上,单击"合成器"链接,打开"音量合成器"对话框,如图 7-3 所示。在"音量合成器"对话框中,可以对设备的音量、打开的应用程序的音量进行调节,还可以进行不同音源的音量控制和是否静音的设置。

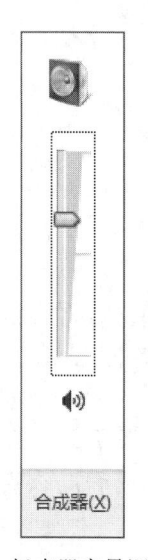

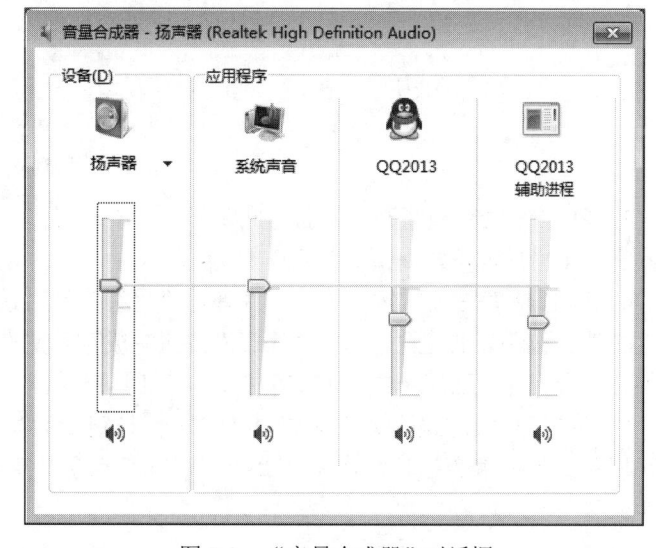

图 7-2 扬声器音量调节面板   图 7-3 "音量合成器"对话框

Windows 7 系统提供了对系统中的声音进行设置的环境。如图 7-4 所示,在"声音"对话框中有"播放"、"录制"、"声音"和"通信"选项卡,可以分别对每个选项进行相应设置。

用以下几种方法可以打开"声音"对话框。

- 右击任务栏通知区的"扬声器"图标,在快捷菜单中选择"播放设备"、"录音设备"或"声音"选项。
- 选择"开始"→"控制面板"→"声音",也可以打开"声音"对话框。

(2) Windows 7 的录音机程序。

Windows 7 系统提供的"录音机"程序具有启动快、占用内存少、界面简洁、简单易用的特点，可以完成录制声音、混合声音等操作。使用录音机程序录制声音的一般操作步骤如下：

1）确保有音频输入设备（如麦克风）连接到计算机。

2）选择"开始"→"所有程序"→"附件"→"录音机"命令，打开"录音机"对话框，如图7-5（a）所示。

图 7-4　"声音"对话框

3）单击 ● 开始录制(S) 按钮开始录音，此时只需要对着麦克风就可以记录声音了，同时，音量指示器窗口中出现波形，如图7-5（b）所示。

4）单击 ● 停止录制(S) 按钮暂停录音，并弹出"另存为"对话框。在"另存为"对话框中，可以输入文件名和保存的位置，单击"保存"按钮完成声音文件的保存；若要继续录制声音，则不要保存声音文件，而应单击"取消"按钮，返回录音机对话框。

5）返回到录音机对话框后，单击 ● 继续录制(S) 按钮，继续录制声音，如图7-5（c）所示。

提示：使用录音机时，计算机上必须装有声卡和扬声器；若想录制声音，还需要麦克风或其他音频输入设备。

（a）"开始录制"按钮的使用　　（b）"停止录制"按钮的使用　　（c）"继续录制"按钮的使用

图 7-5　"录音机"对话框

一般的录音方式就是录电脑上播放出的声音，实质上是电脑的外放先将声音讯号播放出来，经过空气传播，再传入麦克风后录制所得，其音质比直接听到的逊色了不少。Windows 7 系统能够实现电脑播放的声音与麦克风录制的声音进行混音的功能，操作方法如下：

1）右击任务栏上的"扬声器"图标 →"录音设备"，打开"声音"对话框。

2)"立体声混音"设备在系统中默认是禁用的,在"声音"对话框中不可见,如图 7-4 所示,所以需要我们手动打开。在"声音"对话框的"录制"选项卡下,右击空白区→选择"显示禁用的设备"复选框,对话框中显示出"立体声混音",如图 7-6 所示。

3)右击"立体声混音"→"启用"命令,启用该设备;再次右击"立体声混音",选择"设置为默认设备"。

4)当"立体声混音"被正确启用后,在该图标下可见一个绿色的"√"标记,如图 7-7 所示。

图 7-6 立体声混音设备的设置　　　　　　　图 7-7 启用立体声混音设备

启用"立体声混音"设备后,能够在 Windows 7 系统下内录播放的声音,播放的同时对着麦克风唱歌或朗读,可实现混音的功能。

在录制的过程中,如果麦克风的输入音量很小,对方无法听见,要解决此问题,可以按如下方法进行设置:

1)选择"开始"→"控制面板"→"Realtek 高清晰音频管理器",打开"Realtek 高清晰音频管理器"窗口,选择"麦克风"选项卡,如图 7-8 所示。麦克风选项卡提供调节麦克风音量的功能。注意"录制音量"和"播放音量"不能设置为静音模式。

2)单击"麦克风增强"按钮,打开"麦克风增强"对话框,如图 7-9 所示。系统默认增强值为零,这样的设置几乎听不见麦克风录制的声音,用户可以根据实际情况,拖动滑块以调节麦克风增强值。

3)在"立体声混音"选项卡下,要注意"录制音量"不宜过高,如果感觉有爆音,应向左拖动滑块,把增强值调小些。

经过以上设置,就完美地实现了 Windows 7 的立体声混音功能。

3. 音频文件的格式转换

音频文件的格式很多,不同格式的音频文件压缩编码的方法不同,播放出的音质效果也不同，不同格式的音频文件之间可以互相转换。

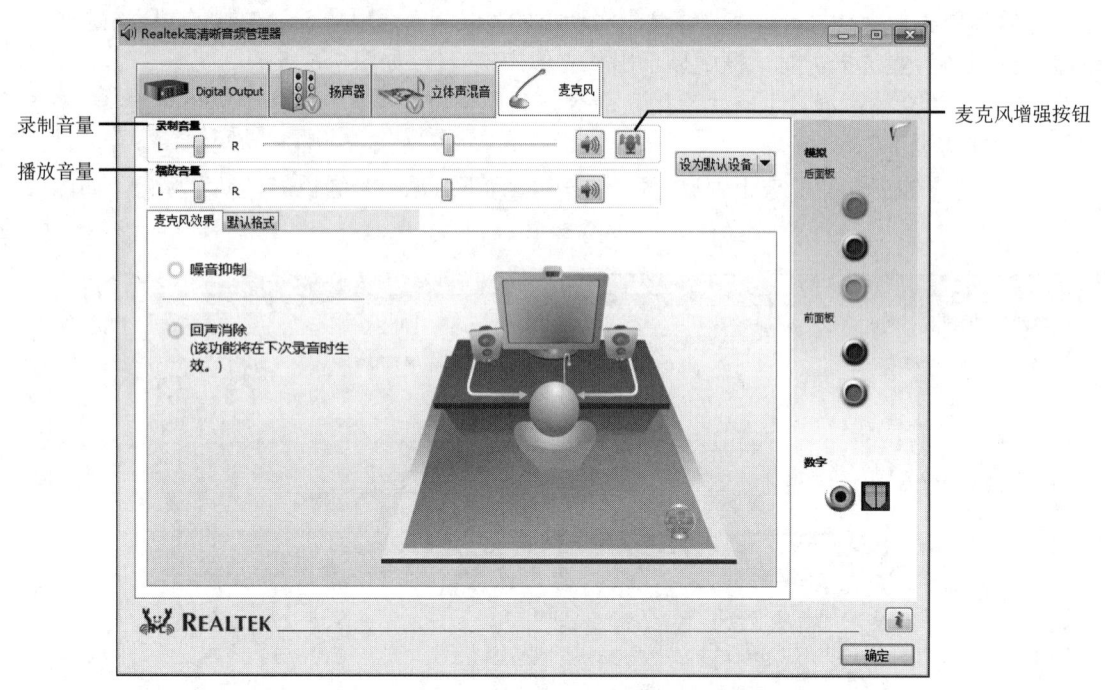

图 7-8 "Realtek 高清晰音频管理器"窗口

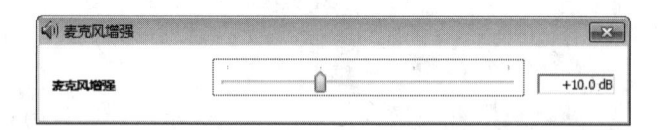

图 7-9 "麦克风增强"对话框

现在流行很多音频文件格式转换的软件，如 Cool Edit Pro、格式工厂等，Cool Edit Pro 软件不仅具有方便、实用的多类型音频文件格式的转换功能，还具有录音、混音、编辑等功能。

7.2.2 图形图像技术

图形、图像是多媒体软件中最重要的信息表现形式之一，它是决定一个多媒体软件视觉效果的关键因素。在多媒体系统中，图形和图像文件格式有 bmp、jpg、jpeg、gif、tif、psd、tga、pcx、png、wmf 等多种。

1. 基本概念

图像的清晰度是由图像的技术参数决定的，根据所需要的图像采取不同的获取方式。图像的技术参数有以下几种。

（1）分辨率。指数字化图像的大小，以水平、垂直像素点表示，如 320×240。

（2）图像灰度。指每个图像的最大颜色数，在黑白图像下就是灰度等级。由于每个像素上的颜色被量化后用若干位（bit）来表示，所以，在位图图像中每个像素所占的位数被称为图像深度，它也用来度量图像的分辨率。

（3）图像文件的大小。以字节为单位表示图像文件的大小时，描述方法为（高×宽×灰度位数）/8，其中的高和宽是指垂直和水平方向的像素个数值。图像的大小影响到图像从外存读入内存的传送时间，在多媒体设计中，尽量缩小图像尺寸或采用图像压缩技术。

（4）调色板。在生成一幅位图图像时，要对图像中不同色调进行采样，也就产生了包含在此幅图像中各种颜色的颜色表，该颜色表就称为调色板。

2. 图像的采集

把自然的影像转换成数字化图像的过程称为"图像采集过程"，图像采集过程的实质是进行模/数（A/D）转换的过程，即通过相应的设备和软件，把作为模拟量的自然影像转换成数字量。图像的采集有以下几种方法。

（1）扫描仪。

对于收集的图像素材，如印刷品、照片以及实物等，可以使用扫描仪扫描并输入计算机，在计算机中再对这些图像作进一步的编辑处理。

（2）数码相机和数码摄像机。

数码相机和数码摄像机与普通相机和摄像机不同，它们将拍摄到的景物直接数字化，并保存在存储器中，而不是普通的胶片上。

（3）抓图软件。

抓图软件能够截取屏幕上的图像，也可以使用键盘上的功能键直接抓图。

1）使用键盘上的 Print Screen 键可以直接进行抓图，具体有以下两种方法：
- 按下功能键 Print Screen，将整个屏幕的图像拷贝到剪贴板。
- 使用组合键 Alt+Print Screen，将当前活动窗口或对话框的图像拷贝到剪贴板。

说明：对于 Windows 下的"命令提示符"窗口（又称 DOS 窗口）和视频播放窗口，这种方法无效。

2）使用抓图软件。

抓图软件不仅可以完成抓取屏幕或窗口的目的，还可以让用户有选择地抓取屏幕中的窗口元素，如窗口的菜单、光标、文本等，有的抓图软件还提供了区域抓图功能，用户可以在计算机屏幕上定义区域，一些专业抓图软件甚至可以进行连续抓取，得到动态的屏幕视频。

常用的抓图软件有 HyperSnap、SnagIt、Capture Professional、PrintKey 等。

3. 图像处理软件简介

Photoshop 是 Adobe 公司开发的一种功能强大的图像设计和处理软件，集图形创作、文字输出、效果合成、特技处理等诸多功能于一体的绝佳图像处理工具，被形象地称为"图像处理超级魔术师"。

Photoshop 为美术设计人员提供了无限的创意空间，可以从一个空白的画面或从一幅现成的图像开始，通过各种绘图工具的配合使用及图像调整方式的组合，在图像中任意调整颜色、明度、彩度、对比、甚至轮廓；通过几十种特殊滤镜的处理，为作品增添变幻无穷的魅力。

7.2.3 动画技术

随着计算机图形学和计算机硬件的不断发展，人们已经不满足于仅仅生成高质量的静态景物，于是计算机动画和视频应运而生。

1. 动画的基本概念

所谓动画，就是利用人类视觉暂留的特性，快速播放一系列静态图像，使视觉产生动态的效果。也就是利用具有连续性内容的静止画面，一幅接着一幅高速地呈现在人们的视野之中。

随着计算机技术的发展，人们开始用计算机进行动画的创作，并称其为计算机动画。

2．动画处理软件简介

Flash 是 Macromedia 公司推出的一种优秀的矢量动画编辑软件，用户不但可以在动画中加入声音、视频和位图图像，还可以制作交互式的影片和具有完备功能的网站。

Flash 以其制作方便、动态效果显著、容量小巧而适合于网络传播，成为网络动画的代表。它与该公司的 Dreamweaver（网页设计软件）和 Fireworks（图像处理软件）一起并称为"网页三剑客"，而 Flash 则被称为"闪客"。

在互联网飞速发展的今天，Flash 正被越来越多地应用于动画短片制作、动感网页、LOGO、广告、MTV、游戏和高质量的课件等方面，成为交互式矢量动画的标准。

7.2.4 视频处理技术

20 世纪 80 年代，计算机技术、多媒体技术与影视制作结合，用计算机制作影视节目取得成功，其典型标志就是数字的非线性编辑系统被电视台和影视制作单位广泛采用。

1．视频的基本概念

视频就是利用人的视觉暂留特性产生动感的可视媒体。当一张张画面在人的眼睛前以每秒 25 幅的速度变化时，我们就会感觉到这些画面动了起来，电影正是利用这个特性制成的，所以电影、电视属于视频。网络上的"电影"也是视频的一种，构成它的文件称为视频文件。

2．视频的特点

视频不同于图像，它具有以下几个特点：

（1）表现能力强。视频具有时间连续性，非常适合表示事件的演化过程，比静态图像更强、更生动、更具有自然表现力。

（2）数据量大。由于视频数据量大，必须采用有效的压缩方法才能使之在计算机中使用。

（3）相关性。相关性是视频动画连续动作的基础，也是进行数据压缩的基本条件。

（4）实时性。视频对实时性要求很高，必须在规定的时间内完成更换画面播放的过程。这要求计算机的处理速度、显示速度以及数据的读取速度都应该达到一定的要求。

3．视频素材的获取

在视频作品的制作过程中，素材的多少与质量的好坏会直接影响到作品的质量，因此应尽可能地获取质量高的视频素材。

（1）从网络下载数字视频电影文件。

互联网是一个非常方便的获取途径，可以在许多网站找到自己需要的视频素材，但是这种途径得到的视频素材质量不高，分辨率低，实用性不是很大。

（2）从光盘的视频文件中截取视频素材。

可以利用"豪杰超级解霸"等视频软件从 VCD 或 DVD 文件中截取视频素材。如果这样所截取的视频文件格式不能被视频编辑软件支持，还需要利用一些视频格式转换软件，如"视频转换大师"、"豪杰视频通"等对其进行格式的转换，然后再对转换后的文件利用视频编辑软件进行处理。

（3）用视频捕捉卡配合相应的软件来采集录像带上的素材。

先用视频捕捉设备录制视频，然后通过相关软件从获取设备上采集，如使用"Premiere"

视频编辑软件，存入相应的存储设备。

（4）利用计算机生成的视频。

可以通过常见的视频制作软件获得视频，如：Flash、3ds max、Maya 等动画制作软件生成视频文件。

4．视频编辑软件简介

获取视频素材之后，一般的原始素材难免会有不足之处，例如只需要其中某一些画面或一个小片段，这就需要对素材进行编辑。常用的视频处理软件很多，例如非专业人员常用的"绘声绘影"软件，专业人员常用的 Adobe Premiere、After Effects 等。

Adobe Premiere 是 Adobe 公司推出的一款多媒体非线性视频编辑软件。是当今最为流行的非线性编辑软件之一，专业且功能详尽，操作也比较简单，它能对视频、声音、动画、图片、文本等多种素材进行编辑加工，并可以根据用户的需要生成多种格式的电影文件。它不仅能采集多种视频源素材，处理多种格式的视频节目，还可以为视频作品配音、添加音乐效果，并实时预演节目。

练习题

1．下列设备中不属于图像采集输入设备的是（   ）。
   A．打印机　　　　B．扫描仪　　　　C．数码照相机　　　D．数码摄像机
2．多媒体计算机技术中的"多媒体"，可以认为是（   ）。
   A．磁带、磁盘、光盘等实体
   B．文字、图形、图像、声音、动画、视频等载体
   C．多媒体计算机、手机等设备
   D．因特网、Photoshop
3．在计算机领域，媒体一般分为_____、_____、_____、_____和传输媒体。
4．多媒体技术具有_____、_____、_____、_____和集成性的基本特性。
5．多媒体元素主要包括_____、_____、_____、_____、_____和视频。
6．声音的三要素包括_____、_____、_____。
7．图像的技术参数有哪些？
8．多媒体软件系统包括哪些软件？
9．什么是视频，视频有哪些特点？
10．简述多媒体计算机系统的组成。
11．利用 Windows 7 环境下的录音机程序录制一段配乐诗朗诵。

附录一　全国计算机等级考试一级 MS Office 考试大纲

基本要求

1．具有微型计算机的基础知识（包括计算机病毒的防治常识）。
2．了解微型计算机系统的组成和各部分的功能。
3．了解操作系统的基本功能和作用，掌握 Windows 的基本操作和应用。
4．了解文字处理的基本知识，熟练掌握文字处理 MS Word 的基本操作和应用，熟练掌握一种汉字（键盘）输入方法。
5．了解电子表格软件的基本知识，掌握电子表格软件 Excel 的基本操作和应用。
6．了解多媒体演示软件的基本知识，掌握演示文稿制作软件 PowerPoint 的基本操作和应用。
7．了解计算机网络的基本概念和因特网（Internet）的初步知识，掌握 IE 浏览器软件和 Outlook Express 软件的基本操作和使用。

考试内容

一、计算机基础知识

1．计算机的发展、类型及其应用领域。
2．计算机中数据的表示、存储与处理。
3．多媒体技术的概念与应用。
4．计算机病毒的概念、特征、分类与防治。
5．计算机网络的概念、组成和分类；计算机与网络信息安全的概念和防控。
6．因特网网络服务的概念、原理和应用。

二、操作系统的功能和使用

1．计算机软、硬件系统的组成及主要技术指标。
2．操作系统的基本概念、功能、组成及分类。
3．Windows 操作系统的基本概念和常用术语，文件、文件夹、库等。
4．Windows 操作系统的基本操作和应用：
（1）桌面外观的设置，基本的网络配置。
（2）熟练掌握资源管理器的操作与应用。
（3）掌握文件、磁盘、显示属性的查看、设置等操作。
（4）中文输入法的安装、删除和选用。
（5）掌握检索文件、查询程序的方法。
（6）了解软、硬件的基本系统工具。

三、文字处理软件的功能和使用

1. Word 的基本概念，Word 的基本功能和运行环境，Word 的启动和退出。
2. 文档的创建、打开、输入、保存等基本操作。
3. 文本的选定、插入与删除、复制与移动、查找与替换等基本编辑技术；多窗口和多文档的编辑。
4. 字体格式设置、段落格式设置、文档页面设置、文档背景设置和文档分栏等基本排版技术。
5. 表格的创建、修改；表格的修饰；表格中数据的输入与编辑；数据的排序和计算。
6. 图形和图片的插入；图形的建立和编辑；文本框、艺术字的使用和编辑。
7. 文档的保护和打印。

四、电子表格软件的功能和使用

1. 电子表格的基本概念和基本功能，Excel 的基本功能、运行环境、启动和退出。
2. 工作簿和工作表的基本概念和基本操作，工作簿和工作表的建立、保存和退出；数据输入和编辑；工作表和单元格的选定、插入、删除、复制、移动；工作表的重命名和工作表窗口的拆分和冻结。
3. 工作表的格式化，包括设置单元格格式、设置列宽和行高、设置条件格式、使用样式、自动套用模式和使用模板等。
4. 单元格绝对地址和相对地址的概念，工作表中公式的输入和复制，常用函数的使用。
5. 图表的建立、编辑和修改以及修饰。
6. 数据清单的概念，数据清单的建立，数据清单内容的排序、筛选、分类汇总，数据合并，数据透视表的建立。
7. 工作表的页面设置、打印预览和打印，工作表中链接的建立。
8. 保护和隐藏工作簿和工作表。

五、PowerPoint 的功能和使用

1. 中文 PowerPoint 的功能、运行环境、启动和退出。
2. 演示文稿的创建、打开、关闭和保存。
3. 演示文稿视图的使用，幻灯片基本操作（版式、插入、移动、复制和删除）。
4. 幻灯片基本制作（文本、图片、艺术字、形状、表格等插入及其格式化）。
5. 演示文稿主题选用与幻灯片背景设置。
6. 演示文稿放映设计（动画设计、放映方式、切换效果）。
7. 演示文稿的打包和打印。

六、因特网（Internet）的初步知识和应用

1. 了解计算机网络的基本概念和因特网的基础知识，主要包括网络硬件和软件，TCP/IP 协议的工作原理，以及网络应用中常见的概念，如域名、IP 地址、DNS 服务等。
2. 能够熟练掌握浏览器、电子邮件的使用和操作。

附录二 ASCII 字符集

ASCII 码	字符	ASCII 码	字符	ASCII 码	字符	ASCII 码	字符
0	NUL	32	space	64	@	96	`
1	SOH	33	!	65	A	97	a
2	STX	34	"	66	B	98	b
3	ETX	35	#	67	C	99	c
4	EOT	36	$	68	D	100	d
5	ENQ	37	%	69	E	101	e
6	ACK	38	&	70	F	102	f
7	BEL	39	'	71	G	103	g
8	BS	40	(	72	H	104	h
9	HT	41	)	73	I	105	i
10	LF	42	*	74	J	106	j
11	VT	43	+	75	K	107	k
12	FF	44	,	76	L	108	l
13	CR	45	-	77	M	109	m
14	SO	46	.	78	N	110	n
15	SI	47	/	79	O	111	o
16	DLE	48	0	80	P	112	p
17	DC1	49	1	81	Q	113	q
18	DC2	50	2	82	R	114	r
19	DC3	51	3	83	S	115	s
20	DC4	52	4	84	T	116	t
21	NAK	53	5	85	U	117	u
22	SYN	54	6	86	V	118	v
23	ETB	55	7	87	W	119	w
24	CAN	56	8	88	X	120	x
25	EM	57	9	89	Y	121	y
26	SUB	58	:	90	Z	122	z
27	ESC	59	;	91	[	123	{
28	FS	60	<	92	\	124		
29	GS	61	=	93	]	125	}
30	RS	62	>	94	^	126	~
31	US	63	?	95	_	127	DEL

说明：在 ASCII 码字符集中，0～31 表示控制码。退格键的 ASCII 码值为 8，制表键的 ASCII 码值为 9，换行和回车字符的 ASCII 码值分别为 10 和 13，Esc 键的 ASCII 码值为 27。